程序员必会的50种算法
（原书第2版）

[加] 伊姆兰·艾哈迈德（Imran Ahmad） 著

赵海霞 骆滨毓 译

50 Algorithms Every Programmer Should Know

Second Edition

机械工业出版社
CHINA MACHINE PRESS

Imran Ahmad: *50 Algorithms Every Programmer Should Know, Second Edition*（ISBN:978-1-80324-776-2）。

Copyright © 2023 Packt Publishing. First published in the English language under the title "50 Algorithms Every Programmer Should Know, Second Edition".

All rights reserved.

Chinese simplified language edition published by China Machine Press.

Copyright © 2025 by China Machine Press.

本书中文简体字版由 Packt Publishing 授权机械工业出版社独家出版。未经出版者书面许可，不得以任何方式复制或抄袭本书内容。

北京市版权局著作权合同登记　图字：01-2023-5613 号。

图书在版编目（CIP）数据

程序员必会的 50 种算法：原书第 2 版 /（加）伊姆兰·艾哈迈德 (Imran Ahmad) 著；赵海霞，骆滨毓译. --
北京：机械工业出版社，2025.5. --（程序员书库）.
ISBN 978-7-111-78383-1

Ⅰ．TP301.6

中国国家版本馆 CIP 数据核字第 2025PU4292 号

机械工业出版社（北京市百万庄大街 22 号　邮政编码 100037）
策划编辑：王春华　　　　　　　　　　责任编辑：王春华　章承林
责任校对：甘慧彤　张慧敏　景　飞　　责任印制：张　博
北京机工印刷厂有限公司印刷
2025 年 7 月第 1 版第 1 次印刷
186mm×240mm · 23.75 印张 · 499 千字
标准书号：ISBN 978-7-111-78383-1
定价：129.00 元

电话服务　　　　　　　　　　　　　网络服务
客服电话：010-88361066　　　　　　机　工　官　网：www.cmpbook.com
　　　　　010-88379833　　　　　　机　工　官　博：weibo.com/cmp1952
　　　　　010-68326294　　　　　　金　　书　　网：www.golden-book.com
封底无防伪标均为盗版　　　　　　机工教育服务网：www.cmpedu.com

Foreword 序

2014年，我怀着满腔热情成为一名数据科学家，尽管我拥有的是经济学博士学位。有些人可能认为这是一个巨大的转变，但对我来说，这是一种自然的进展。然而，传统的经济学观点可能认为，计量经济学家和数据科学家处于不同的发展轨迹。

在开始进行数据科学探索时，我浏览了大量的在线资料。这些资料数量之多，以至于要找到合适的资源就像在荒野中寻找钻石一样困难。很多时候，这些资料内容缺乏与我的职位相关的实用洞见，令我失望。

在我的数据科学探索旅程中，我的资深同事伊姆兰就像一盏明灯。他一直给予我指导和建议，对我具有革命性的影响。他总是慷慨地分享他深厚的知识，并指引我找到可以提高理解能力的资源。他天生具备让复杂的话题易于理解的才能。我很感激有他在旁边支持和启发我。

除了作为数据科学家所具有的专业知识外，伊姆兰还是一位有远见的领导者和熟练的工程师。他善于寻找创新的解决方案，尤其是在面对逆境时，挑战似乎使他充满了活力。凭借天生的领导能力，他可以轻松地驾驭复杂的项目。他在人工智能和机器学习方面的非凡贡献值得称赞。此外，他还擅长以幽默的方式与受众沟通，这一点使他与众不同。

这种能力让这本书更加闪耀。这本书不仅列出了算法，还反映了伊姆兰在复杂主题方面与人产生共鸣的能力。书中的实际应用广泛，从预测天气到构建电影推荐引擎。

这本书以其对算法的全面阐述而闻名——不仅讲解方法，还剖析背后的逻辑。对于那些倡导负责任的人工智能的人来说，这本书是一座知识宝库，强调了数据透明度和偏差意识的重要性。

这本书是数据科学家知识储备库中的必备品。如果你正在努力进入数据科学领域或想要拓展你的技能集，这本书可助你打下坚实的基础。

Somaieh Nikpoor 博士
加拿大政府数据科学与人工智能负责人
加拿大卡尔顿大学斯普罗特商学院兼职教授

前　言 Preface

在计算机领域，从基础理论到实际应用，算法是推动技术进步的关键。在本书中，我们进一步深入研究了算法的动态世界，扩大了我们解决现实世界中迫切问题的范围。从算法的基础知识开始，我们通过多种设计技术进行探索，涉及线性编程、页面排序、图等复杂领域，并深入探讨了机器学习和其他相关技术。为了确保我们始终处于技术进步的前沿，我们还进行了大量关于时序网络、LLM、LSTM、GRU 以及在密码学和云计算环境下部署大规模算法的讨论。

在当今数字时代，推荐系统至关重要，算法在其中扮演着关键的角色。为了有效地应用这些算法，深入理解它们的数学和逻辑原理是非常重要的。本书中的实践案例研究涵盖了多个领域，从天气预报、推特分析到电影推荐，甚至对 LLM 进行了深入研究，以便更好地展示它们的实际应用。通过这些案例，本书详细阐述了算法的细微差别和它们在实际场景中的应用。

本书的目的是帮助读者增强在部署算法来应对现代计算挑战方面的信心。在当今不断发展的数字时代，我们需要不断探索并掌握算法的各种应用。希望本书能带领读者踏上一段学习和利用算法的拓展之旅。

目标读者

如果你是一位渴望利用算法解决问题、编写高效代码的程序员或开发者，那么本书非常适合你。它涵盖了从经典且广泛应用的算法到最新的数据科学、机器学习和密码学的全面内容。如果你熟悉 Python 编程，会对理解本书内容更有帮助，但并不是必需的。无论你是初学者还是有经验的专业人士，本书都将为你提供宝贵的见解和实用的指导。

无论你具备哪种编程语言的基础，本书都对你非常有用。此外，即使你不是一名程序员，但对技术有一定的偏好，你也可以通过本书深入了解解决问题的算法这一广阔世界。

本书内容

第一部分：基础算法和核心算法

第 1 章提供了对算法基本原理的介绍。它从算法的基本概念开始，讲述人们如何使用算法来描述问题，以及不同算法的局限性。由于本书中使用 Python 编写算法，因此将解释如何设置 Python 环境来运行这些示例。接着，我们研究了如何量化算法的性能，并与其他算法进行比较。

第 2 章讨论了算法上下文中的数据结构。由于我们在本书中使用的是 Python，因此该章重点关注 Python 数据结构，但所提供的概念可以在其他语言中使用，如 Java 和 C++。该章展示了 Python 如何处理复杂的数据结构，并介绍哪些数据结构适用于某些类型的数据。

第 3 章首先介绍了不同类型的排序算法和各种设计方法。然后，通过实际示例，讨论了搜索算法。

第 4 章讨论了描述我们正在试图解决的问题使用算法设计的重要性。接下来，应用我们介绍的设计技术来求解著名的**旅行商问题（TSP）**。最后，介绍了线性规划，并讨论了其应用。

第 5 章涵盖了我们可以捕获图形来表示数据结构的方法。它涵盖了一些与图算法相关的基本理论、技术和方法，如网络理论分析和图遍历。我们通过一个案例来研究图算法在欺诈分析方面的应用。

第二部分：机器学习算法

第 6 章阐释了无监督机器学习如何应用于现实世界的问题。我们介绍了它的基本算法和方法，如聚类算法、降维算法和关联规则挖掘。

第 7 章深入研究了监督机器学习的本质，即具有分类器和回归器的特征。我们将利用现实世界的问题作为案例来探索它们的作用。本书先后介绍了 6 种不同的分类算法和 3 种回归算法。最后，通过比较它们的结果，以得出关键结论。

第 8 章介绍了典型神经网络的主要概念和组成部分。然后介绍了各种类型的神经网络，并阐述了用于实现这些神经网络的各种激活函数。之后，详细讨论了反向传播算法，这是目前应用最广泛的神经网络训练算法。最后，给出一个学习示例，讨论如何在现实世界中利用深度学习进行欺诈检测。

第 9 章介绍了**自然语言处理（Natural Language Processing，NLP）**的算法。该章介绍了 NLP 的基础知识以及如何为 NLP 任务准备数据。接下来解释了向量化文本数据和词嵌入的概念。最后给出了一个详细的用例。

第 10 章深入探讨了针对序列数据训练神经网络的方法。该章涵盖了序列模型的核心原理，并初步概述了其技术和方法。接下来，该章探讨了深度学习如何改进自然语言处理技术。

第 11 章探讨了序列模型的局限性以及序列建模如何发展以克服这些局限性，还深入探讨了序列模型的高级方面，以帮助读者理解复杂配置的创建过程。首先，对自动编码器和**序列到序列（Seq2Seq）**模型等关键要素进行了分解。接下来研究了注意力机制和 Transformer，它们在**大型语言模型（LLM）**的开发中起着关键作用。

第三部分：高级主题

第 12 章详细介绍了主要类型的推荐引擎及其内部工作原理。这些系统能够熟练地向用户推荐个性化的物品或产品，但同时也面临一些挑战。我们深入探讨了它们的优点和局限性。最后介绍如何利用推荐引擎来解决现实世界中的问题。

第 13 章介绍了数据算法和数据分类背后的基本概念。我们研究了用于有效管理数据的数据存储和数据压缩算法，以帮助读者理解在设计和实现以数据为中心的算法时所需要考虑的权衡。

第 14 章介绍了与密码学相关的算法。在讨论对称加密算法之前，该章先介绍密码学的背景，涵盖**消息摘要（MD5）**算法和**安全散列算法（SHA）**，以及每种算法的局限性和弱点。然后，讨论非对称加密算法，以及如何使用它们来创建数字证书。最后，举一个实例来总结所有这些技术。

第 15 章首先介绍了大规模算法和支持它们所需的高效基础设施。我们探讨了管理多资源处理的各种策略，审视了阿姆达尔（Amdahl）定律所概述的并行处理的局限性，并研究了**图形处理单元（GPU）**的使用。完成该章后，你将对设计大规模算法所必需的基本策略有扎实的基础。

第 16 章提出了关于算法可解释性的问题，即算法的内部机制可以用易于理解的术语来解释的程度。然后，我们介绍了算法伦理学，并探讨了在实施算法时产生偏差的可能性。接下来讨论处理 NP 难问题的技术。最后，我们研究了在选择算法之前需要考虑的各种因素。

下载示例代码文件和彩色图像

书中的代码也可以通过访问 GitHub 代码库（`https://github.com/cloudanum/50Algorithms`）获取。还可以通过访问 `https://github.com/PacktPublishing/` 了解其他书籍的代码和视频。

我们还提供了一个 PDF 文件，其中包含本书中使用的屏幕截图和图表的彩色图像。你可以在 `https://packt.link/UBw6g` 下载。

排版约定

本书中使用了一些排版约定。

代码体：表示文本中的代码、数据库表名、文件夹名、文件名、文件扩展名、路径名、虚拟URL、用户输入和Twitter句柄。例如，"让我们尝试使用Python中的`networtx`包创建一个简单的图。"

粗体：表示新术语、重要单词或屏幕上显示的内容。例如，新的术语出现在这样的文本中："Python也可以用于各种云计算基础设施中，如**亚马逊网络服务（AWS）**和**谷歌云平台（GCP）**。"

> 表示警告或重要的说明。

> 表示提示和技巧。

作者简介 About the author

Imran Ahmad 博士目前在加拿大联邦政府的高级分析解决方案中心（A2SC）担任数据科学家，利用机器学习算法进行关键任务应用。

他在 2010 年的博士论文中介绍了一种基于线性规划的算法，用于在大规模云计算环境中进行最优资源分配。2017 年，他开发了一个实时分析框架"Stream Sensing"，成为他多篇研究论文的基础，该框架用于处理各种机器学习范式中的多媒体数据。

除了在政府工作之外，他还是渥太华卡尔顿大学的客座教授。在过去几年中，他还是谷歌云和 AWS 的授权讲师。

我非常感谢妻子 Naheed、儿子 Omar 和女儿 Anum，感谢他们坚定的支持。特别感谢我的父母，尤其是父亲 Inayatuallah，感谢他不断鼓励我继续学习。进一步感谢来自 Packt 的 Karan Sonawane、Rianna Rodrigues 和 Denim 的宝贵贡献。

审校者简介

Aishwarya Srinivasan 之前在谷歌云人工智能服务团队担任数据科学家，致力于为客户用例构建机器学习解决方案。她拥有哥伦比亚大学数据科学专业研究生学位，在领英上拥有超过45万名粉丝。她被评为领英上最具影响力的数据科学者（2020年），并被公认为年度女性人工智能开创者之一。

Tarek Ziadé 是法国勃艮第市的一名程序员。他在多家大型软件公司工作过，包括 Mozilla 和 Elastic，为开发人员构建网络服务和工具。Tarek 还创立了法国 Python 用户组 Afpy，并撰写了几本关于 Python 和网络服务的畅销书籍。

我要感谢家人：Freya、Suki、Milo、Amina 和 Martine。他们一直都在支持我。

Brian Spiering 的编程生涯始于他在小学计算机实验室中的探索，他利用 BASIC 进行编程，制作了一些有趣的程序，既能逗乐同学，又能惹恼老师。后来，Brian 在加州大学圣巴巴拉分校获得认知心理学博士学位。目前，Brian 从事编程和人工智能方面的教学工作。

目录 Contents

序
前言
作者简介
审校者简介

第一部分　基础算法和核心算法

第 1 章　算法概述 ······ 2
1.1　什么是算法 ······ 3
　　1.1.1　算法的各个阶段 ······ 3
　　1.1.2　开发环境 ······ 4
1.2　Python 包 ······ 5
1.3　算法设计技巧 ······ 7
　　1.3.1　数据维度 ······ 7
　　1.3.2　计算维度 ······ 9
1.4　性能分析 ······ 9
　　1.4.1　空间复杂度分析 ······ 9
　　1.4.2　时间复杂度分析 ······ 11
　　1.4.3　性能评估 ······ 12
　　1.4.4　大 O 记号 ······ 12
　　1.4.5　常数时间复杂度 ······ 14
　　1.4.6　线性时间复杂度 ······ 15

　　1.4.7　平方时间复杂度 ······ 15
　　1.4.8　对数时间复杂度 ······ 16
1.5　选择算法 ······ 17
1.6　验证算法 ······ 17
　　1.6.1　精确算法、近似算法和随机算法 ······ 17
　　1.6.2　可解释性 ······ 18
1.7　小结 ······ 19

第 2 章　算法中的数据结构 ······ 20
2.1　探讨 Python 中的数据结构 ······ 20
　　2.1.1　列表 ······ 21
　　2.1.2　元组 ······ 25
　　2.1.3　字典和集合 ······ 26
　　2.1.4　使用序列和数据帧 ······ 30
　　2.1.5　矩阵 ······ 33
2.2　探索抽象数据类型 ······ 34
　　2.2.1　向量 ······ 34
　　2.2.2　栈 ······ 35
　　2.2.3　队列 ······ 37
　　2.2.4　树 ······ 39
2.3　小结 ······ 42

第 3 章 排序算法和搜索算法 ········ 43
3.1 排序算法简介 ················ 43
3.1.1 在 Python 中交换变量 ······· 44
3.1.2 冒泡排序 ················ 44
3.1.3 插入排序 ················ 47
3.1.4 归并排序 ················ 49
3.1.5 希尔排序 ················ 52
3.1.6 选择排序 ················ 53
3.1.7 选择一种排序算法 ········· 54
3.2 搜索算法简介 ················ 55
3.2.1 线性搜索 ················ 56
3.2.2 二分搜索 ················ 56
3.2.3 插值搜索 ················ 57
3.3 实际应用 ···················· 58
3.4 小结 ························ 60

第 4 章 算法设计 ················ 61
4.1 算法设计基本概念简介 ········ 61
4.1.1 正确性：所设计的算法是否会产生我们期望的结果 ······· 62
4.1.2 性能：所设计算法是获取结果的最佳方法吗 ············ 63
4.1.3 可扩展性：所设计计算法在更大的数据集上表现得怎么样 ······· 67
4.2 理解算法策略 ················ 67
4.2.1 理解分治策略 ············ 68
4.2.2 理解动态规划策略 ········ 70
4.2.3 理解贪婪算法 ············ 71
4.3 实际应用——求解 TSP ········ 72
4.3.1 使用蛮力策略 ············ 73
4.3.2 使用贪婪算法 ············ 76
4.3.3 两种策略比较 ············ 77

4.4 PageRank 算法 ················ 77
4.4.1 问题定义 ················ 77
4.4.2 实现 PageRank 算法 ······· 78
4.5 理解线性规划 ················ 80
4.5.1 线性规划问题的形式化描述 ··· 81
4.5.2 实际应用——用线性规划实现产量规划 ················ 81
4.6 小结 ························ 83

第 5 章 图算法 ···················· 84
5.1 理解图：简要介绍 ············ 85
5.1.1 图：现代数据网络的支柱 ···· 85
5.1.2 图的基础：顶点（或节点）··· 86
5.2 图论与网络分析 ·············· 87
5.3 图的表示 ···················· 87
5.4 图的机制和类型 ·············· 87
5.5 网络分析理论简介 ············ 89
5.5.1 理解最短路径 ············ 90
5.5.2 理解中心性度量 ·········· 92
5.5.3 用 Python 计算中心性指标 ··· 94
5.5.4 社交网络分析 ············ 97
5.6 理解图的遍历 ················ 97
5.6.1 广度优先搜索 ············ 97
5.6.2 深度优先搜索 ············ 101
5.7 案例研究：使用 SNA 进行欺诈检测 ························ 103
5.7.1 介绍 ···················· 103
5.7.2 在这种情况下，什么是欺诈 ··· 103
5.7.3 进行简单的欺诈分析 ······ 105
5.7.4 瞭望塔欺诈分析法 ········ 106
5.8 小结 ························ 108

第二部分　机器学习算法

第 6 章　无监督机器学习算法 …… 110

- 6.1 无监督学习简介 …… 110
  - 6.1.1 数据挖掘生命周期中的无监督学习 …… 111
  - 6.1.2 无监督学习的当前研究趋势 … 114
  - 6.1.3 实例 …… 114
- 6.2 理解聚类算法 …… 115
  - 6.2.1 量化相似性 …… 115
  - 6.2.2 k-means 聚类算法 …… 118
- 6.3 分层聚类的步骤 …… 122
- 6.4 编写分层聚类算法 …… 123
- 6.5 理解 DBSCAN …… 124
- 6.6 在 Python 中使用 DBSCAN 创建簇 …… 125
- 6.7 评估聚类效果 …… 126
- 6.8 降维 …… 127
- 6.9 关联规则挖掘 …… 133
  - 6.9.1 关联规则的类型 …… 133
  - 6.9.2 关联分析算法 …… 136
- 6.10 小结 …… 141

第 7 章　传统的监督学习算法 …… 142

- 7.1 理解监督机器学习 …… 143
- 7.2 描述监督机器学习 …… 143
  - 7.2.1 理解使能条件 …… 146
  - 7.2.2 区分分类器和回归器 …… 146
- 7.3 理解分类算法 …… 147
  - 7.3.1 分类器挑战性问题 …… 147
  - 7.3.2 混淆矩阵 …… 153
  - 7.3.3 理解召回率和精确度的权衡 … 155
- 7.4 决策树分类算法 …… 162
  - 7.4.1 理解决策树的分类算法 …… 162
  - 7.4.2 决策树分类器的优势和劣势 … 165
  - 7.4.3 用例 …… 165
- 7.5 理解集成方法 …… 166
  - 7.5.1 用 XGBoost 算法实现梯度提升算法 …… 166
  - 7.5.2 区分随机森林算法和集成提升算法 …… 169
  - 7.5.3 用随机森林算法求解分类器挑战性问题 …… 169
- 7.6 逻辑回归 …… 170
  - 7.6.1 假设 …… 171
  - 7.6.2 建立关系 …… 171
  - 7.6.3 损失函数和代价函数 …… 172
  - 7.6.4 何时使用逻辑回归 …… 172
  - 7.6.5 用逻辑回归算法求解分类器挑战性问题 …… 173
- 7.7 支持向量机算法 …… 173
  - 7.7.1 用支持向量机算法求解分类器挑战性问题 …… 175
  - 7.7.2 理解朴素贝叶斯算法 …… 175
- 7.8 贝叶斯定理 …… 176
  - 7.8.1 计算概率 …… 176
  - 7.8.2 和（AND）事件的乘法原则 … 177
  - 7.8.3 一般乘法原则 …… 177
  - 7.8.4 或（OR）事件的加法原则 … 177
  - 7.8.5 用朴素贝叶斯算法求解分类器挑战性问题 …… 178
- 7.9 各种分类算法的胜者 …… 178
  - 7.9.1 理解回归算法 …… 179
  - 7.9.2 回归器挑战性问题 …… 180
  - 7.9.3 描述回归器挑战性问题 …… 180

7.9.4	了解历史数据集	180
7.9.5	用数据管道实施特征工程	181
7.10	线性回归	182
7.10.1	简单线性回归	182
7.10.2	评价回归器	183
7.10.3	多元回归	184
7.10.4	用线性回归算法求解回归器挑战性问题	185
7.10.5	何时使用线性回归	185
7.10.6	线性回归的缺点	185
7.10.7	回归树算法	186
7.10.8	用回归树算法求解回归器挑战性问题	186
7.10.9	梯度提升回归算法	186
7.10.10	用梯度提升回归算法求解回归器挑战性问题	187
7.11	各种回归算法的胜者	188
7.12	实例——如何预测天气	188
7.13	小结	190

第 8 章 神经网络算法 191

8.1	神经网络的演变	192
8.1.1	时代背景	192
8.1.2	人工智能之冬和人工智能之春	193
8.2	理解神经网络	194
8.2.1	理解感知器	194
8.2.2	理解神经网络背后的原理	195
8.2.3	理解分层的深度学习架构	196
8.3	训练神经网络	199
8.4	解析神经网络结构	199
8.5	定义梯度下降	200
8.6	激活函数	202
8.6.1	阈值函数	202
8.6.2	Sigmoid 函数	203
8.6.3	线性整流函数	204
8.6.4	双曲正切函数	206
8.6.5	Softmax 函数	207
8.7	工具和框架	207
8.8	选择顺序性模型或功能性模型	212
8.8.1	理解 TensorFlow	213
8.8.2	TensorFlow 的基本概念	213
8.8.3	理解张量数学	214
8.9	理解神经网络的类型	215
8.9.1	卷积神经网络	215
8.9.2	生成对抗网络	216
8.10	迁移学习	217
8.11	案例研究：使用深度学习实现欺诈检测	218
8.12	小结	221

第 9 章 自然语言处理算法 222

9.1	自然语言处理简介	222
9.2	理解自然语言处理术语	223
9.3	使用 Python 清洗数据	228
9.4	理解术语文档矩阵	230
9.4.1	词频-逆文档频率	231
9.4.2	结果摘要与讨论	232
9.5	词嵌入简介	232
9.6	利用 Word2Vec 实现词嵌入	233
9.6.1	解释相似性得分	234
9.6.2	Word2Vec 的优点和缺点	235
9.7	案例研究：餐厅评论情感分析	236
9.7.1	导入所需的库并加载数据集	236
9.7.2	构建一个干净的语料库：预处理文本数据	236
9.7.3	将文本数据转换为数值特征	237

9.7.4	分析结果	237
9.8	自然语言处理的应用	238
9.9	小结	238

第10章 理解序列模型 239

10.1	理解序列数据	240
10.2	序列模型的数据表示	243
10.3	循环神经网络简介	244
10.3.1	理解循环神经网络的架构	244
10.3.2	在第一个时间步长训练RNN	246
10.3.3	时间反向传播	250
10.3.4	基础RNN的局限性	251
10.4	门控循环单元	253
10.4.1	更新门简介	254
10.4.2	实施更新门	255
10.4.3	更新隐藏单元	255
10.5	长短期记忆网络	256
10.5.1	遗忘门简介	257
10.5.2	候选细胞状态	257
10.5.3	更新门	258
10.5.4	计算记忆状态	258
10.5.5	输出门	259
10.5.6	将所有内容整合在一起	259
10.5.7	编写序列模型	260
10.6	小结	265

第11章 高级序列建模算法 266

11.1	高级序列建模技术的演变	267
11.2	探索自动编码器	267
11.2.1	编码一个自动编码器	268
11.2.2	设置环境	269
11.3	理解Seq2Seq模型	271
11.3.1	编码器	271
11.3.2	思想向量	272
11.3.3	解码器或生成器	272
11.3.4	Seq2Seq中的特殊标记	272
11.3.5	信息瓶颈困境	272
11.4	理解注意力机制	273
11.4.1	注意力在神经网络中是什么	273
11.4.2	注意力机制的三个关键方面	274
11.4.3	深入探讨注意力机制	275
11.4.4	注意力机制的挑战问题	276
11.5	深入探讨自注意力	276
11.5.1	注意力权重	277
11.5.2	编码器：双向RNN	278
11.5.3	思想向量	278
11.5.4	解码器：常规RNN	278
11.5.5	训练与推断	279
11.6	Transformer：自注意力之后的神经网络演变	279
11.6.1	为什么Transformer出类拔萃	280
11.6.2	Python代码分解	280
11.6.3	输出的理解	281
11.7	大型语言模型	282
11.7.1	理解LLM中的注意力机制	282
11.7.2	探索自然语言处理的强大工具：GPT和BERT	283
11.7.3	利用深度和广度模型创建强大的LLM	284
11.8	底部的表单	284
11.9	小结	285

第三部分 高级主题

第 12 章 推荐引擎 288

12.1 推荐引擎简介 289
12.2 推荐引擎的类型 289
    12.2.1 基于内容的推荐引擎 289
    12.2.2 协同过滤推荐引擎 291
    12.2.3 混合推荐引擎 292
12.3 理解推荐系统的局限性 294
    12.3.1 冷启动问题 294
    12.3.2 元数据需求 295
    12.3.3 数据稀疏性问题 295
    12.3.4 推荐系统中社交影响是一把双刃剑 295
12.4 实际应用领域 296
    12.4.1 Netflix 对数据驱动推荐的掌握 296
    12.4.2 亚马逊推荐系统的演变 296
12.5 实例——创建推荐引擎 297
    12.5.1 搭建框架 297
    12.5.2 数据加载：导入评论和标题 297
    12.5.3 数据合并：创建一个全面的视图 298
    12.5.4 描述性分析：从评分中获取信息 299
    12.5.5 为推荐系统构建结构：创建矩阵 299
    12.5.6 测试引擎：推荐电影 300
12.6 小结 302

第 13 章 数据处理的算法策略 303

13.1 数据算法简介 304
    13.1.1 CAP 定理在数据算法背景下的重要性 304
    13.1.2 分布式环境中的存储 304
    13.1.3 连接 CAP 定理和数据压缩 304
13.2 CAP 定理介绍 305
    13.2.1 CA 系统 306
    13.2.2 AP 系统 306
    13.2.3 CP 系统 307
13.3 解码数据压缩算法 307
13.4 实例——AWS 中的数据管理：聚焦于 CAP 定理和压缩算法 312
    13.4.1 应用 CAP 定理 312
    13.4.2 使用压缩算法 313
    13.4.3 量化收益 313
13.5 小结 314

第 14 章 密码算法 315

14.1 密码算法简介 315
    14.1.1 理解最薄弱环节的重要性 316
    14.1.2 基本术语 316
    14.1.3 理解安全性需求 317
    14.1.4 理解密码的基本设计 319
14.2 理解加密技术的类型 322
    14.2.1 使用加密散列函数 322
    14.2.2 使用对称加密 326
    14.2.3 使用非对称加密 327
14.3 实例——部署机器学习模型时的安全问题 331
    14.3.1 MITM 攻击 332
    14.3.2 避免伪装 333
    14.3.3 数据加密和模型加密 333
14.4 小结 335

第 15 章　大规模算法 ... 336

15.1　大规模算法简介 ... 336
15.2　描述大规模算法的高性能基础设施 ... 337
　　15.2.1　弹性 ... 337
　　15.2.2　对设计良好的大规模算法进行特征描述 ... 338
15.3　多资源处理的策略制定 ... 340
15.4　理解并行计算的理论限制 ... 341
　　15.4.1　阿姆达尔定律 ... 341
　　15.4.2　推导阿姆达尔定律 ... 341
　　15.4.3　CUDA：释放 GPU 架构在并行计算中的潜力 ... 344
　　15.4.4　利用 Apache Spark 实现集群计算的优势 ... 347
15.5　Apache Spark 如何实现大规模的算法处理 ... 349
　　15.5.1　分布式计算 ... 349
　　15.5.2　内存处理 ... 349
15.6　在云计算中使用大规模算法 ... 349
15.7　小结 ... 350

第 16 章　实际问题 ... 351

16.1　算法解决方案面临的挑战 ... 352
16.2　Twitter AI 机器人 Tay 的失败 ... 353
16.3　算法的可解释性 ... 353
16.4　理解伦理与算法 ... 359
　　16.4.1　使用学习算法易出现的问题 ... 359
　　16.4.2　理解伦理考量 ... 360
　　16.4.3　影响算法解决方案的因素 ... 361
16.5　减少模型中的偏差 ... 362
16.6　何时使用算法 ... 362
16.7　小结 ... 364

第一部分 *Part 1*

基础算法和核心算法

本部分介绍算法的核心内容，探讨什么是算法、如何设计算法，同时学习算法中使用的数据结构。此外，本部分还将深入讲解排序算法、搜索算法和图算法。

第 1 章

算法概述

一个算法必须被看到才能被相信。

——Donald Knuth

本书涵盖了对各种重要算法进行理解、分类、选择和实现所需的信息。除了阐述这些算法的逻辑，本书还讲解适用于各种算法的数据结构、开发环境和生产环境。本书着重讲述现代机器学习算法，因为它们的重要性与日俱增。在讲解算法逻辑的同时，本书还提供例子来展示如何使用算法来求解日常生活中的实际问题。

本章概述算法基础知识。首先介绍理解不同算法如何工作所需的基本概念，以历史视角总述了人们最初如何用算法以数学的形式表达特定类型的问题，还提到了不同算法的局限性。接着讲述描述算法逻辑的各种方法。由于本书用 python 编写算法，因此接下来说明如何设置 Python 环境以运行书中给出的例子。然后讨论如何用不同方法量化算法性能并与其他算法进行比较。最后讨论了验证算法的特定实现的各种方法。

本章涵盖以下主题：

- ❑ 什么是算法。
- ❑ 算法的各个阶段。
- ❑ 开发环境。
- ❑ 算法设计技巧。
- ❑ 性能分析。
- ❑ 验证算法。

1.1 什么是算法

简而言之，算法是求解问题的计算规则集，每条规则都执行某种计算。它旨在根据精确定义的指令，为任何有效的输入产生对应的输出结果。在英语传统词典中，"算法"这一概念的定义如下：

算法是由无歧义指令构成的有限集合，它在给定的一组初始条件下按预定顺序执行，直到满足给定的、可识别的结束条件以实现某种目的。

算法设计致力于设计一种最高效的数学步骤来有效地求解实际问题。以所得的数学步骤为基础，可以开发一个可复用且通用性更强的数学方案来求解更广泛的类似问题。

1.1.1 算法的各个阶段

图 1.1 展示了开发、部署和使用算法的不同阶段。

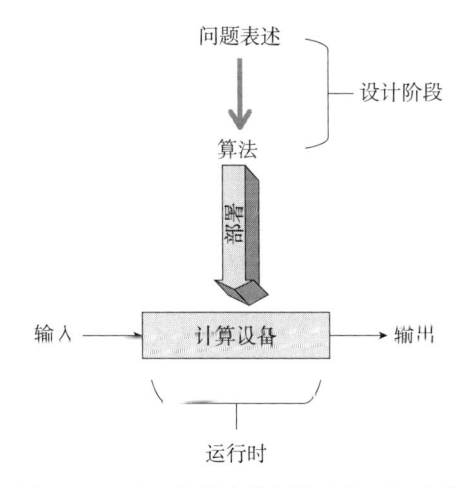

图 1.1 开发、部署和使用算法的不同阶段

可以看到，整个过程始于从问题表述中了解算法的设计需求，明确需要完成的事项细节。一旦问题被明确表述，就可以进入开发阶段。

开发阶段由两个阶段构成：

❑ **设计阶段**：设计阶段要构思算法的架构、逻辑和实现细节并形成文档。设计算法时，我们既要考虑算法的准确性，又要考虑算法的性能。为给定问题设计算法时，很多时候，我们最终会得到多个候选算法。算法设计阶段是一个迭代的过程，需要对各种候选算法进行比较。有些算法简单而快速，但可能会牺牲一些准确性。其他算法可能非常准确，但由于复杂性高，可能需要大量的运行时间。在这些复杂的算法中，也有一些算法比其他算法更高效。在做出选择之前，应该仔细研究候选算法的所有内在平衡因素。特别地，为复杂问题设计高效算法非常重要。恰当设计的算法是一个有效的解决方案，它不仅具有令人满意的性能，还具有令人信服的准确性。

- **编码阶段**：编码阶段将设计好的算法转化为计算机程序。重要的是，实际计算机程序必须实现设计阶段提出的所有逻辑和结构。

业务问题的需求分为功能性需求和非功能性需求。直接指定解决方案的预期特性的需求被称为功能性需求。功能性需求详细说明了解决方案的预期行为。另外，非功能性需求是关于算法的性能、可伸缩性、可用性和准确性的需求。非功能性需求还建立了对数据安全性的期望。例如，让我们为一个信用卡公司设计一个用来识别和标记欺诈交易的算法。本例中的功能性需求将通过提供特定输入数据集的预期输出细节，来指定有效解决方案的预期行为。在这种情况下，输入数据可能是事务的详细信息，并且输出可能是一个二进制标记，它将事务标记为欺诈或非欺诈。在本例中，非功能性需求可以指定每个预测的响应时间。非功能性需求还将设置精度的允许阈值。当我们在本例中处理财务数据时，与用户身份验证、授权和数据保密性相关的安全性需求也将成为非功能性需求的一部分。

请注意，功能性需求和非功能性需求的目的在于精确界定需要完成的任务。设计解决方案涉及弄清楚如何执行这些任务。而实施设计则是利用选择的编程语言开发实际的解决方案。提出一个完全满足功能性需求和非功能性需求的设计可能需要大量的时间和精力。选择合适的编程语言和开发/生产环境可能取决于问题的需求。例如，由于C/C++是比Python更低级的语言，因此对于需要编译和底层优化的算法，它可能是更好的选择。

一旦设计阶段完成并编码完成，就可以部署算法了。部署算法涉及设计实际的生产环境，代码将在其中运行。生产环境需要根据算法的数据和处理需求进行设计。例如，对于可并行化的算法，为了有效执行算法，将需要具有适当数量计算节点的集群。对于数据密集型算法，可能需要设计数据输入管道以及数据缓存和数据存储策略。有关设计生产环境的详细讨论详见第15章和第16章。

一旦生产环境设计和实施完成，算法就会被部署，它接收输入数据，处理数据，并按照要求生成输出。

1.1.2 开发环境

一旦设计完成，算法需要根据设计在编程语言中实现。本书选择了Python作为编程语言。我们选择 Python 是因为它灵活且是一种开源编程语言。Python 也可以在各种云计算基础设施中使用，比如 AWS、微软 Azure 和 GCP。

Python 官方主页是 `https://www.python.org/`，其中包含安装说明和对你可能有所帮助的初学者指南。

为了更好地理解本书介绍的概念，你需要对 Python 有基本的了解。

我们希望你使用 Python 3，因为在编写本书时，最新版本是 3.10，我们将用它运行书中的练习。

在本书中，我们将始终使用 Python。我们还将使用 Jupyter Notebook 来运行代码。其余章节假定 Python 已安装，并且 Jupyter Notebook 已经正确配置并正在运行。

1.2　Python 包

Python 是一种通用语言。它遵循"一切尽在其中"的理念，这意味着有一个标准库可供使用，而不需要用户下载单独的包。然而，标准库模块只提供最基本的功能。根据你正在处理的特定用例，可能需要安装额外的包。Python 第三方包的官方存储库称为 PyPI，即 **Python Package Index**。它既托管 Python 包的源代码分发版，也托管预编译代码。目前，PyPI 上托管了超过 113000 个 Python 包。安装额外的包，最简单的方法是通过 `pip` 包管理系统。`pip` 是一个典型的递归缩写，这在 Python 文化中很常见。`pip` 代表 **Pip Installs Python**。好消息是，从 Python 的 3.4 版本开始，`pip` 将默认安装。要检查 `pip` 的版本，可以在命令行中输入：

```
pip --version
```

以下 `pip` 命令可以用来安装额外的包：

```
pip install PackageName
```

已安装的软件包需要定期更新以获得最新功能。这可以通过使用 `upgrade` 参数来实现：

```
pip install PackageName --upgrade
```

以下命令可以安装特定版本的 Python 包：

```
pip install PackageName==2.1
```

> 添加正确的库和版本已成为设置 Python 编程环境的一部分。有助于维护这些库的一个功能是能够创建一个需求文件，列出所有需要的包。需求文件是一个简单的文本文件，包含库的名称及其相关版本。需求文件的示例如下所示：
>
> ```
> scikit-learn==0.24.1
> tensorflow==2.5.0
> ```

```
tensorboard==2.5.0
```
按照惯例，requirements.txt 文件放置在项目的顶级目录中。

创建后，可以使用以下命令通过需求文件设置开发环境，安装所有 Python 库及其相关版本：

```
pip install -r requirements.txt
```

接下来将介绍一些与算法相关的比较重要的包。

SciPy 生态系统

Scientific Python (SciPy) 是一组专为科学界创建的 Python 包。它包含许多函数，包括各种随机数生成器、线性代数例程和优化器。

SciPy 是一个综合性的软件包，随着时间的推移，人们开发了许多扩展程序来根据自身需求定制和扩展该软件包。SciPy 的性能很高，因为它就像是围绕用 C/C++ 或 Fortran 编写的优化代码的瘦包装器。

以下是属于这个生态系统的主要的包：

- **NumPy**：对于算法来说，创建多维数据结构（如数组和矩阵）的能力非常重要。NumPy 提供了一组数组和矩阵数据类型，这些数据类型对于统计学和数据分析非常重要。关于 NumPy 的细节可以在 http://www.numpy.org/ 上找到。
- **scikit-learn**：这个机器学习扩展包是 SciPy 最受欢迎的扩展包之一。scikit-learn 提供了一系列重要的机器学习算法，包括分类、回归、聚类和模型验证。你可以在 http://scikit-learn.org/ 上找到更多关于 scikit-learn 的细节以供学习。
- **pandas**：pandas 是一个开源软件库。它包含表格型的复杂数据结构，该数据结构在各种算法中被广泛用于输入、输出和处理表格数据。pandas 库包含许多有用的函数，还提供了高度优化的性能。关于 pandas 的更多细节可以在 http://pandas.pydata.org/ 上找到。
- **Matplotlib**：Matplotlib 提供了强大的可视化工具。数据可以通过折线图、散点图、柱状图、直方图、饼图等形式呈现。要获得更多信息请访问 https://matplotlib.org/。

使用 Jupyter Notebook

我们将使用 Jupyter Notebook 和 Google 的 Colaboratory 作为集成开发环境（IDE）。

1.3 算法设计技巧

算法是求解实际问题的数学方案。我们在设计和微调算法时，需要牢记以下三个设计的关注点：

- **第一点**：算法能否产生预期的结果？
- **第二点**：这是不是获得预期结果的最佳方法？
- **第三点**：算法将如何在更大的数据集上执行？

在设计解决方案之前，了解问题自身的复杂性非常重要。例如，如果我们能够根据问题的需求和复杂性进行描述，就能够更好地设计出合适的解决方案。

一般来说，根据问题的特征，算法可以分为以下几种类型：

- **数据密集型算法**：数据密集型算法旨在处理大量数据。它们通常具有相对简单的处理要求。压缩大型文件的算法就是数据密集型算法的典型例子。对于这类算法，待处理数据的规模远大于处理引擎（单节点或集群）的内存规模，因此可能需要开发一个迭代处理设计程序来根据要求高效地处理数据。
- **计算密集型算法**：计算密集型算法具有大量计算需求而不涉及大量数据。一个简单的例子是查找一个非常大的质数的算法。找到一种将算法划分为不同阶段的策略，使至少其中一些阶段可以并行化，这对于最大化算法性能至关重要。
- **既是数据密集型又是计算密集型的算法**：有些算法需要处理大量数据，同时也具有相当大的计算需求。实时视频信号上的情感分析算法就是这种算法的一个很好的例子，其中数据和计算需求都很大。这类算法是最耗费资源的算法，需要对算法进行精心设计，并对可用资源进行智能分配。

为了更好地描述问题的复杂性和需求，如果我们对其数据和计算维度进行更深入的研究，将会很有帮助。我们接下来将对此进行详细探讨。

1.3.1 数据维度

将算法从问题的数据维度上归类，我们需要查看数据的**体积**（**Volume**）、**速度**（**Velocity**）和**多样性**（**Variety**），这三个方面被称为数据的 3V，其定义如下：

- **体积**：体积是指算法将要处理的数据的预期规模。

- **速度**：速度是指使用该算法时新数据生成的预期速度，它可以为零。
- **多样性**：多样性量化了所设计的算法预计要处理多少种不同类型的数据。

图1.2更加详细地展示了数据的3V，其中心是最简单的数据，体积小、速度慢、多样性低；逐渐远离中心时，数据复杂性逐渐增加，这可以从三个维度中的一个或多个维度上增加。例如，在速度维度上，最简单的是**批处理**过程，其次是**周期性处理**过程，然后是**近实时处理**过程，最后是**实时处理**过程。**实时处理**从数据速度维度上看是最复杂的情况。例如，由一组监控摄像头收集的实时视频信号的集合，具有体积大、速度快和多样性高的特点，因此可能需要恰当的设计才能有效地存储和处理数据。

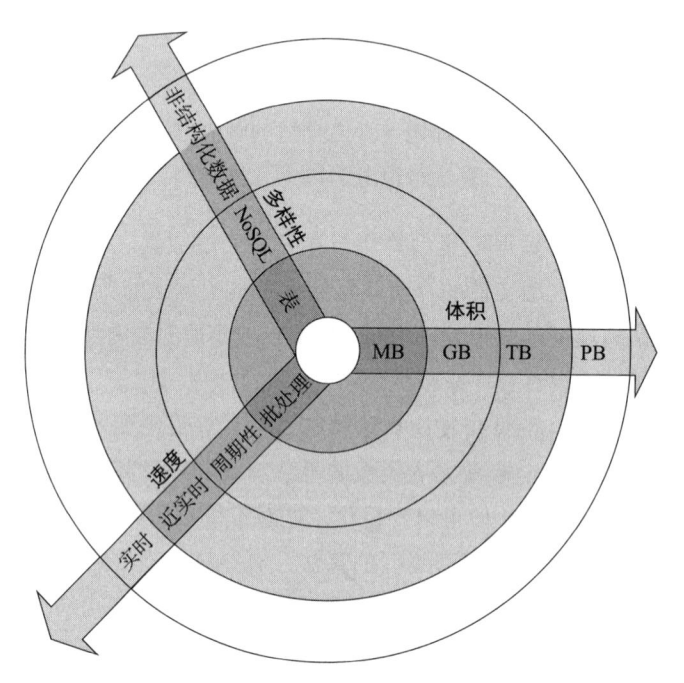

图 1.2 数据的3V：体积、速度和多样性

让我们考虑三个使用案例，它们分别涉及三种不同类型的数据：

- 第一，考虑一个简单的数据处理使用案例，其中输入数据是一个 .csv 文件。在这种情况下，数据的体积、速度和多样性将会很低。
- 第二，考虑一个使用案例，其中输入数据是安全视频摄像头的实时流。现在数据的体积、速度和多样性将会非常高，在设计算法时应该牢记这一点。
- 第三，考虑一个典型的传感器网络使用案例。假设传感器网络的数据源是安装在大型建筑物中的温度传感器网格。尽管数据生成的速度通常非常高（因为新数据会非常快地生成），但体积预计会很低（因为每个数据元素通常只有16位长，包括8位测量值和8位元数据，如时间戳和地理坐标）。

针对以上三个例子，处理需求、存储需求和适当的软件栈（指的是一组相互关联的软件组件，它们一起工作以实现特定的功能或服务）选择都会有所不同，总体上取决于数据源的体积、速度和多样性。对数据进行表征是设计算法的第一步，这一点非常重要。

1.3.2 计算维度

对于计算维度的表征，我们需要分析问题的处理需求。算法的处理需求决定了最适合它的设计方式。例如，一般来说，复杂的算法需要大量的处理能力。对于这类算法，拥有多节点并行架构可能非常重要。正如第16章所讨论的，现代深度学习算法通常涉及大量的数值处理，可能需要GPU或TUP等处理器的算力支持。

1.4 性能分析

分析算法的性能是设计过程中的重要部分。评估算法性能的一种方法是分析其复杂性。复杂性理论是研究算法复杂程度的学科。任何有用的算法应具备以下三个关键特征：

- 正确的。一个好的算法应该能够产生正确的结果。为了确认算法正常工作，需要进行广泛的测试，特别是测试边缘情况。
- 可理解的。一个好的算法应该是可以理解的。如果世界上最好的算法过于复杂，导致你无法在计算机上实现它，则它毫无用处。
- 高效的。一个好的算法应该是高效的。即使算法能产生正确的结果，但是如果它需要花费一千年或者10亿TB的内存，那它也用处不大。

有两种方法用于量化分析算法的复杂度：

- 空间复杂度分析：估计执行该算法所需的运行时内存需求。
- 时间复杂度分析：估计算法的运行时间。

1.4.1 空间复杂度分析

空间复杂度分析就是估计算法在处理输入数据时所需的内存量。在处理输入数据的同时，算法需要在内存中存储一些临时的数据结构。算法的设计方式将会影响这些数据结构的数量、类型和规模。在分布式计算时代，需要处理的数据量越来越大，空间复杂度分析变得日益重要。这些数据结构的规模、类型和数量将决定对底层硬件的内存需求。在分布式计算中使用的现代内存数据结构需要具有高效的资源分配机制，能够在算法的不同执行阶段考虑内存需求。复杂的算法往往是迭代的。这类算法不会一次性将所有信息加载到内存中，而是通过迭代的方式逐步填充数据结构。为了计算空间复杂度，首先需要对我们计划使用的迭代算法进行分类。迭代算法可以采用以下三种迭代类型之一：

- **收敛迭代**：随着算法在迭代中进行，它在每个单独迭代中处理的数据量会减少。换句话说，随着算法进行迭代，空间复杂度会减小。主要挑战是解决初始迭代的空间复杂度问题。现代可扩展的云基础设施（如 AWS 和 Google Cloud）最适合运行这类算法。
- **发散迭代**：随着算法在迭代中进行，它在每个单独迭代中处理的数据量会增加。随着算法进行迭代，空间复杂度会增加，因此设置约束条件以防止系统变得不稳定非常重要。这些约束条件可以通过限制迭代次数或限制初始数据的大小来实现。
- **平稳迭代**：随着算法在迭代中进行，它在每个单独迭代中处理的数据量保持不变。由于空间复杂度不会改变，因此不需要基础设施的弹性。

为了计算算法的空间复杂度，我们需要专注于最复杂的迭代之一。在许多算法中，随着我们接近解决方案，资源需求逐渐减少。在这种情况下，初始迭代通常是最复杂的，能够更好地估计算法的整体内存使用情况。一旦选择了特定的迭代进行分析，就需要估计算法使用的总内存量，包括临时数据结构、执行过程和输入值所使用的内存。通过考虑这些内存分配，我们可以得出对算法空间复杂度的全面评估。这种评估有助于确定算法在执行过程中如何高效地利用内存资源。

以下是最小化空间复杂度的指导原则：

- 尽可能地将算法设计为迭代的形式。
- 在设计迭代算法时，每当有选择的余地时，更倾向于选择多次迭代而不是少次迭代。较细粒度的多次迭代通常具有更低的空间复杂度。
- 算法应该只将当前处理所需的信息加载到内存中，不需要的信息应该及时从内存中清除。

空间复杂度分析对于高效设计算法至关重要。如果在设计特定算法时没有进行适当的空间复杂度分析，临时数据结构所需的内存可能会不足，易导致不必要的磁盘溢出，这可能会极大地影响算法的性能和效率。

在本章中，我们将更深入地研究时间复杂度。空间复杂度将在第 15 章详细讨论，届时将对运行时内存需求比较复杂的大规模分布式算法进行处理。

1.4.2 时间复杂度分析

时间复杂度分析是根据算法的结构来估计算法完成指定任务所需的时间。与空间复杂度相比，时间复杂度不依赖于算法运行所需的任何硬件。时间复杂度分析仅取决于算法本身的结构。时间复杂度分析的总体目标是尝试回答以下两个重要问题：

- 算法是否具有良好的可扩展性？一个设计良好的算法应该能够充分利用云计算环境中现代的弹性基础架构。算法应该被设计成可以利用更多的 CPU、处理核心、GPU 和内存资源。例如，用于在机器学习问题中训练模型的算法应该能够随着更多 CPU 的可用而采用分布式训练。

  如果在算法执行过程中可以利用 GPU 和额外的内存，这样的算法也应该加以利用。

- 算法处理更大规模数据集时性能如何变化？

为了回答这些问题，我们需要确定数据规模的增加对算法性能的影响，并确保算法不仅精确无误，而且具有良好的可扩展性。在当今的"大数据"时代，算法的性能对于处理更大的数据集变得愈发重要。

在许多情况下，我们可能有多种方法来设计算法。在这种情况下进行时间复杂度分析的目的如下：

"在给定特定问题的情况下，如果有多种算法可供选择，那么哪种算法在时间效率方面是最高效的？"

计算算法的时间复杂度有以下两种基本方法：

- **实现算法后的分析方法**：这种方法先分别实现各种候选算法，再对其性能进行比较。
- **实现算法前的理论方法**：这种方法是在运行算法前用数学方法近似计算每个算法的性能。

理论方法的优点是它仅依赖于算法本身的结构，而不依赖于将用于运行该算法的实际硬件、运行算法时所选择的相关软件以及用于实现该算法的编程语言。

1.4.3 性能评估

典型算法的性能都取决于作为输入提供给它的数据的类型。例如，如果在待求解问题中的数据已经排序，则该算法的性能可能会高得惊人。如果用排序后的输入作为基准来对特定算法进行测试，则将得到不真实的、过好的性能测试结果，而这个结果在大多数情况下并不能够反映算法的实际性能。为了处理算法对输入数据的这种依赖性，我们在进行性能分析时需要考虑各种不同情况。

最好复杂度

在最好复杂度中，输入数据经组织之后能够得到算法的最佳性能。最好复杂度分析得出算法性能的上界。

最坏复杂度

评估算法性能的第二种方法是尝试找到算法在给定条件下完成工作所需的最大可能时间。最坏复杂度分析非常有用，因为我们可以保证无论在何种条件下，算法的性能总是优于所得出的分析结果。评估算法在处理更大规模数据集的复杂问题时，最坏复杂度分析特别有用。最坏复杂度给出了算法性能的下界。

平均复杂度

平均复杂度分析先将各种可能的输入划分为不同的组，然后从每组中选择一个具有代表性的输入来分析算法性能，最后计算出算法在各组输入上的平均性能。

平均复杂度分析并不总是能得到准确的结果，因为它需要考虑算法输入的所有不同组合和可能性，但这并不容易做到。

1.4.4 大 O 记号

大 O 记号（Big O notation）最早是由巴赫曼（Bachmann）在 1894 年的一篇研究论文中引入的，用于近似算法的增长。他写道：

"我们用符号 $O(n)$ 表示与 n 相关的数量级，其阶数不超过 n 的阶数。"

大 O 记号提供了一种描述算法性能长期增长率的方法。简单来说，它告诉我们，随着输入规模的增长，算法的运行时间会如何增加。让我们借助两个函数来分解这个概念，$f(n)$ 和 $g(n)$。如果 $f=O(g)$，这意味着当 n 趋近于无穷大时，$\frac{f(n)}{g(n)}$ 的比值保持有限或有界。换句话说，无论我们的输入有多大，$f(n)$ 的增长速度不会远远快于 $g(n)$。

让我们来看一些具体的函数：

$$f(n)=1000n^2+100n+10$$
$$g(n)=n^2$$

请注意，当 n 趋近于无穷大时，这两个函数都会趋近于无穷大。让我们根据定义来判断是否 $f=O(g)$。

首先，计算 $\dfrac{f(n)}{g(n)}$，即：

$$\frac{f(n)}{g(n)} = \frac{1000n^2+100n+10}{n^2} = \left(1000 + \frac{100}{n} + \frac{10}{n^2}\right)$$

显然，$\dfrac{f(n)}{g(n)}$ 是有界的，在 n 趋近于无穷大时，$\dfrac{f(n)}{g(n)}$ 不会趋近于无穷大。

因此 $f(n) = O(n) = O(n^2)$。

$O(n^2)$ 表示该函数的复杂度随着输入 n 的平方而增加。如果我们将输入元素的数量加倍，那么预期复杂度将增加 4 倍。

在处理大 O 记号时，请注意以下五条规则。

规则 1：

关于算法中循环的复杂度。如果一个算法执行一系列步骤 n 次，那么它的性能是 $O(n)$。

规则 2：

对于算法中的嵌套循环。如果一个算法执行一个包含 n^1 步循环的函数，并且对于该循环的每一次迭代，它都会再执行 n^2 步，那么该算法的总性能是 $O(n^1 \times n^2)$。

例如，如果一个算法同时拥有外部循环和内部循环，且两个循环都有 n 步，则该算法的复杂度将表示为 $O(n \times n) = O(n^2)$。

规则 3：

如果一个算法执行一个需要 n^1 步的函数 $f(n)$，然后执行另一个需要 n^2 步的函数 $g(n)$，那么该算法的总性能是 $O(f(n) + g(n))$。

规则 4：

如果一个算法的复杂度是 $O(g(n)+h(n))$，并且对于较大的 n，函数 $g(n)$ 的复杂度高于 $h(n)$，那么该算法的性能可以简化为 $O(g(n))$。

这意味着 $O(1+n) = O(n)$。

而 $O(n^2 + n^3) = O(n^2)$。

规则 5：

在计算算法的复杂度时，忽略常数倍数。如果 k 是一个常数，则 $O(kf(n))$ 与 $O(f(n))$ 是相同的。

同样，$O(f(k \times n))$ 与 $O(f(n))$ 是相同的。

因此，$O(5n^2)=O(n^2)$。

而 $O((3n^2))=O(n^2)$。

注意：

- 用大 O 记号量化的复杂度仅仅是一个估计。
- 对于较小规模的数据，我们并不关心时间复杂度。n^0 定义了一个阈值，数据规模大于这个阈值时，我们才有兴趣寻找时间复杂度。
- $T(n)$ 的时间复杂度高于原始函数。正确的 $T(n)$ 将尝试为 $F(n)$ 创建一个紧密的上界。

表1.1 总结了本小节中讨论的不同类型的大 O 记号类型。

表 1.1 不同类型的大 O 记号类型

复杂度类型	名称	示例操作
$O(1)$	常数时间复杂度	追加、获取元素、设置元素操作
$O(\log n)$	对数时间复杂度	在排序数组中查找元素
$O(n)$	线性时间复杂度	复制、插入、删除、迭代
$O(n^2)$	平方时间复杂度	嵌套循环

1.4.5 常数时间复杂度

如果一个算法的运行时间不受输入数据大小的影响，即独立于输入数据大小，那么它被称为具有常数时间复杂度，用 $O(1)$ 表示。让我们以访问数组的第 n 个元素为例。无论数组的大小如何，获取结果所需的时间都是恒定的。例如，以下函数将返回数组的第一个元素，并且具有 $O(1)$ 的复杂度：

```
def get_first(my_list):
    return my_list[0]

get_first([1, 2, 3])
1
get_first([1, 2, 3, 4, 5, 6, 7, 8, 9, 10])
1
```

注意：

- 将新元素添加到栈中是通过 push 操作完成的，从栈中移除元素是通过 pop 操作完成的。无论栈的大小如何，添加或移除一个元素都需要相同的时间。这表明栈操作具有常数时间复杂度（$O(1)$）。
- 当访问散列表（它是一种数据结构）的元素时，通常以键-值对的形式将数据存储在关联格式中。

1.4.6 线性时间复杂度

如果算法的执行时间与输入规模成正比，则称该算法具有线性时间复杂度，表示为 $O(n)$。例如，考虑对一维数据结构中所有元素求和的算法：

```
def get_sum(my_list):
    sum = 0
    for item in my_list:
        sum = sum + item
    return sum
```

请注意算法的主循环。主循环中的迭代次数随着 n 的增加而线性增加，产生了如下的 $O(n)$ 复杂度：

```
get_sum([1, 2, 3])
6
get_sum([1, 2, 3, 4])
10
```

其他一些数组操作的例子如下：

- 查找元素。
- 找出数组所有元素的最小值。

1.4.7 平方时间复杂度

如果算法的执行时间与输入规模的平方成正比，则称该算法的运行时间为平方时间。例如，考虑下面对二维数组求和的简单函数：

```
def get_sum(my_list):
    sum = 0
    for row in my_list:
        for item in row:
            sum += item
    return sum
```

请注意主循环内部的嵌套内部循环。这个嵌套循环使上述代码具有 $O(n^2)$ 的复杂度：

```
get_sum([[1, 2], [3, 4]])
10
get_sum([[1, 2, 3], [4, 5, 6]])
21
```

另一个例子是**冒泡排序算法**（参见第 2 章）。

1.4.8 对数时间复杂度

如果算法的执行时间与输入规模的对数成正比，则称该算法的运行时间为对数时间。在时间复杂度为 $O(\log n)$ 的算法中，随着算法的每一轮迭代，输入规模都会以常数倍数递减。例如，二分查找是对数时间复杂度，该算法用于从一维数据结构（如，Python 列表）中查找特定元素，它要求数据结构内的元素按降序进行排序。下面的代码将二分查找算法实现为一个名为 search_binary 的函数：

```
def search_binary(my_list, item):
    first = 0
    last = len(my_list)-1
    found_flag = False
    while(first <= last and not found_flag):
        mid = (first + last)//2
        if my_list[mid] == item:
            found_flag = True
        else:
            if item < my_list[mid]:
                last = mid - 1
            else:
                first = mid + 1
    return found_flag
searchBinary([8,9,10,100,1000,2000,3000], 10)
True
searchBinary([8,9,10,100,1000,2000,3000], 5)
False
```

主循环利用了列表已排序的特性。它在每次迭代中将列表分成两半，直至找到结果为止。

定义完函数后，代码的第 11 行和第 12 行通过查找特定元素对其进行了测试。二分搜索算法将在第 3 章中进一步讨论。

注意，在所介绍的 4 种类型的大 O 记号中，$O(n^2)$ 性能最差，$O(\log n)$ 性能最佳。另外，$O(n^2)$ 并不像 $O(n^3)$ 那样糟糕，但由于时间复杂度限制了它们实际可以处理的数据规模，因此属于这类时间复杂度的算法仍然不能用于大数据。4 种类型的大 O 复杂度如图 1.3 所示。

降低算法复杂度的一种方法是在算法的准确度上进行折中，从而得到一种称为**近似算法**的算法。

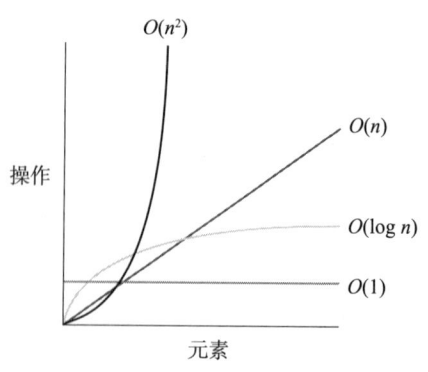

图 1.3 大 O 复杂度图

1.5 选择算法

你怎么知道哪个是更好的解决方案？你怎么知道哪个算法运行得更快？分析一个算法的时间复杂度可以回答这些问题。

为了理解它的作用，我们举一个简单的例子：对一个数字列表进行排序。有几种可用的算法可以完成这项工作，问题是如何选择合适的算法。

首先，易于观察的事实是，如果列表中的数字不是很多，那么选择哪种算法对数字进行排序并不重要。因此，如果列表中只有 10 个数字（$n=10$），那么选择哪种算法并不重要，即使是非常简单的算法，可能也不会花费超过几微秒的时间。但随着 n 的增加，选择正确的算法开始变得重要起来。一个设计不良的算法可能需要几个小时才能运行完，而一个设计良好的算法可能在几秒内就能完成对列表的排序。因此，在大规模输入数据集上，投入时间和精力、展开性能分析并选择设计合理的算法来高效地完成所需任务是非常有意义的。

1.6 验证算法

验证算法指的是确保它确实是为待求解问题找到了一个数学求解方案。验证过程应该在尽可能多的输入值和输入类型上检验求解结果。

1.6.1 精确算法、近似算法和随机算法

验证算法要依据算法的类型展开，因为不同类型的算法其验证技术也不同。我们先区分确定性算法和随机算法（见图 1.4）。

图 1.4 确定性算法和随机算法

确定性算法在特定输入上始终产生完全相同的输出结果。但是，在某些类型的算法中，随机数序列也被当作输入，这些随机数使得算法每次运行时产生的输出都不同。第 6 章将要详细介绍的 k-means 聚类算法就是这类算法的一个例子。

算法也可以分为如下两种类型，分类的依据是简化算法逻辑使其运行速度更快时所采用的假设或近似：

- **精确算法**：精确算法预计在不引入任何假设或近似的情况下产生精确解。
- **近似算法**：当问题的复杂度在给定的资源下难以处理时，我们会通过一些假设来简化问题。基于这些简化或假设的算法被称为近似算法，它并不能给我们提供完全精确的解。

让我们通过一个例子来理解精确算法和近似算法之间的区别。1930 年，人们提出了著名的旅行商问题。一名旅行商向你提出如下难题：要求你为特定的旅行商找出最短路线，让他能够沿该路线访问城市列表中的每个城市，之后返回出发点（这就是问题被命名为旅行商问题的原因）。寻找解决方案时，第一个想法就是生成所有城市的排列组合，然后选择路线最短的排列组合。这种解决方案的复杂度是 $O(n!)$，其中 n 是城市的数量。显然，城市数量超过 30 之后，时间复杂度就变得无法处理了。

如果城市数量超过 30，降低复杂度的方法之一就是引入一些近似和假设。

对于近似算法来说，在需求分析时设置好期望的准确度很重要。验证近似算法就是要验证结果的误差是否在可接受的范围内。

1.6.2 可解释性

算法在临界条件下使用时，能够在需要时解释每一个结果背后的原因变得很重要。这是很有必要的，因为这能够确保基于算法结果得出的决策不会带来偏差。

有些特征会直接或间接用于得到某种特定决策，能够准确地识别出这些特征的能力，称为算法的**可解释性**。算法在临界条件下使用时，需要评估算法是否存在偏差和偏见。如果算法可能影响人们生活相关的决策，则算法的伦理分析将成为验证过程中的标准环节。

对于处理深度学习的算法，很难实现算法的可解释性。例如，如果某个算法用于拒绝某些人的抵押贷款申请，则透明度和解释原因的能力都很重要。

算法可解释性是一个活跃的研究领域。最近发展起来的有效技术之一是**局部可理解的模型无关解释（Local Interpretable Model-Agnostic Explanations，LIME）**，它是在 2016 年由**美国计算机协会（ACM）的知识发现和数据挖掘特别兴趣小组（SIGKDD）**主办的第 22 届国际知识发现与数据挖掘会议中提出的。LIME 基于如下概念：对每个实例的输入引入微小变化，然后尽力映射出该实例的局部决策边界，它可以量化每种微小变化对该实例的影响。

1.7 小结

本章学习算法基础。首先，我们了解了开发算法的不同阶段，讨论了算法设计过程中用于描述算法逻辑的不同方法。然后，学习了如何设计算法和两种不同的算法性能分析方法。最后，我们学习了验证算法涉及的各个不同方面。

通过本章的学习，我们应该能够理解算法的伪代码，理解开发和部署算法的不同阶段。此外，我们还学会了如何使用大 O 记号来估计算法的性能。

下一章讨论算法中用到的数据结构。我们先讨论 Python 中可用的数据结构，然后再考虑如何用这些数据结构来创建栈、队列和树等更复杂的数据结构，它们将用于复杂算法的开发。

第 2 章

算法中的数据结构

算法需要必要的内存数据结构用于执行时保存临时数据。选择恰当的数据结构对算法高效执行至关重要。某些类别的算法在逻辑上是递归的或迭代的，需要使用专门为这种算法设计的数据结构。例如，如果使用嵌套的数据结构，递归算法可能更容易实现，并且表现出更好的性能。本章在算法背景下讨论数据结构。本书用 Python 来描述算法，所以本章重点讨论 Python 中的数据结构，但所介绍的概念也适用于 Java 和 C++ 等其他编程语言。

通过本章学习，你应该能够理解 Python 如何处理复杂的数据结构，并能够为特定种类的数据选用合适的数据结构。

本章涵盖以下主题：

- 探讨 Python 中的数据结构。
- 使用序列和数据帧。
- 探索矩阵和矩阵运算。
- 理解抽象的数据类型。

2.1 探讨 Python 中的数据结构

任何编程语言中，数据结构都用于存储和操作复杂的数据。在 Python 中，数据结构是用于以高效方式管理、组织和搜索数据的存储容器。它们用于存储成组出现的数据元素，这些数据元素需要一起被存储和处理，每一组这样的数据称为一个**集合**。在 Python 中，可以用于存储集合的重要数据结构总结如表 2.1 所示。

表 2.1 Python 数据结构

数据结构	简要说明	例子
列表	有序的、可能是嵌套的、可变的元素序列	["John", 33,"Toronto", True]
元组	有序的不可变的元素序列	('Red','Green','Blue','Yellow')
字典	无序的键值对序列	{'brand': 'Apple', 'color': 'black'}
集合	无序的元素序列（其中元素不重复）	{'a','b','c'}

我们将在后续部分更详细地了解它们。

2.1.1 列表

在 Python 中，列表（List）是用来存储可变元素序列的主要数据结构。列表中存储的数据元素序列不必是同一数据类型。

要创建一个列表，数据元素需要用 [ ] 括起来，并且需要用逗号隔开。例如，下面的代码创建了一个含有四个数据元素的列表，其数据类型不完全相同：

```
list_a = ["John", 33,"Toronto", True]
print(list_a)
['John', 33, 'Toronto', True]
```

在 Python 中，列表是一种创建　维可写数据结构的便捷方法，在算法的不同内部阶段都特别有用。

使用列表

数据结构关联的实用功能都非常有用，因为这些功能可以用来管理列表中的数据。

我们看看如何使用列表：

❑ **列表索引**：由于元素在列表中的位置是确定的，因此可以使用索引来获取某个特定位置的元素。下面的代码演示了这个概念：

```
bin_colors=['Red','Green','Blue','Yellow']
```

该代码创建的四元素列表如图 2.1 所示。

现在，我们将运行以下代码：

```
bin_colors[1]
'Green'
```

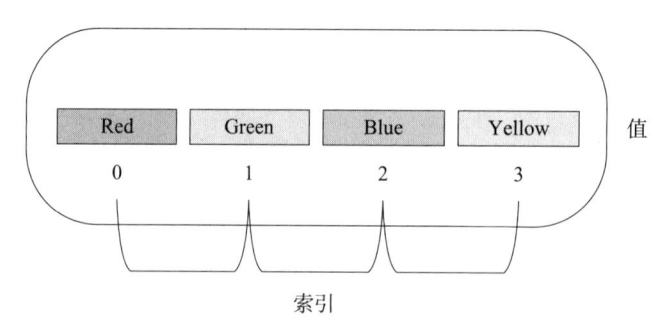

图 2.1 Python 中的四元素列表

注意，Python 是一种零索引语言。这意味着任何数据结构的初始索引都将为 0，包括列表。Green 是第二个元素，通过索引 1 检索，即 `bin_color[1]`。

❑ **列表切片**：通过指定索引范围可以检索列表中的元素子集，这个过程叫做**切片**。下面的代码可以用来创建列表的一个切片：

```
bin_colors[0:2]
['Red', 'Green']
```

注意，list 是 Python 中最普遍的一维数据结构之一。

> 在对列表进行切片时，其切片范围如下所示：包含第一个数字而不包含第二个数字。例如：`bin_colors[0:2]` 将包括 `bin_color[0]` 和 `bin_color[1]`，而不包括 `bin_color[2]`。在使用列表时应注意这一点，因为 Python 语言的一些用户抱怨这不是很直观。

我们看看下面的代码片段：

```
bin_colors=['Red','Green','Blue','Yellow']
bin_colors[2:]
['Blue', 'Yellow']
bin_colors[:2]
['Red', 'Green']
```

如果未指定起始索引，则表示起始索引为列表的开始，如果未指定终止索引，则表示终止索引为列表的末尾，前面的代码实际上已经演示了这个概念。

❑ **负索引**：在 Python 中，我们也有负索引，负索引从列表的末尾开始计数。下面的代码对此进行了演示：

```
bin_colors=['Red','Green','Blue','Yellow']
bin_colors[:-1]
['Red', 'Green', 'Blue']
```

```
bin_colors[:-2]
['Red', 'Green']
bin_colors[-2:-1]
['Blue']
```

注意,如果我们想将参考点设置为最后一个元素而不是第一个元素,负索引特别有用。

- **嵌套**:列表的每个元素可以是简单数据类型,也可以是复杂数据类型,这就允许了在列表中进行嵌套。对于迭代和递归算法,这提供了非常重要的功能。

让我们来看看下面的代码,这是在一个列表中嵌套列表的例子:

```
a = [1,2,[100,200,300],6]
max(a[2])
300
a[2][1]
200
```

- **迭代**:Python 允许通过使用 for 循环对列表中的每个元素进行迭代,这在下面的例子中进行了演示:

```
for color_a in bin_colors:
    print(color_a + " Square")
Red Square
Green Square
Blue Square
Yellow Square
```

注意,前面的代码会遍历该列表并打印每个元素。现在让我们使用 pop() 函数从栈中删除最后一个元素。

修改列表:追加和弹出操作

让我们来看看如何修改一些列表,包括追加和弹出操作。

使用 append() 方法添加元素

当你想要在列表的末尾插入一个新元素时,可以使用 append() 方法。它通过将新元素添加到最近可用的内存位置来实现。如果列表已经达到了最大容量,Python 会扩展内存分配,复制先前的元素到这个新开辟的空间,然后插入新的添加项:

```
bin_colors = ['Red', 'Green', 'Blue', 'Yellow']
bin_colors.append('Purple')
print(bin_colors)
['Red', 'Green', 'Blue', 'Yellow', 'Purple']
```

使用 pop() 方法移除元素

要从列表中提取一个元素,特别是最后一个元素,pop() 方法是一个方便的工具。当调用时,该方法会提取指定的项(如果没有给出索引,则提取最后一项)。被弹出的元素之后的元素将重新定位以保持内存的连续性：

```
bin_colors.pop()
print(bin_colors)
['Red', 'Green', 'Blue', 'Yellow']
```

Range() 函数

Range() 函数可以用来轻松地生成一个大的数字列表，它用作自动填充列表的数字序列。

Range() 函数使用起来很简单，我们在使用时只需指定列表中想要的元素个数。默认情况下，列表中的元素从 0 开始并逐渐递增 1：

```
x = range(4)
for n in x:
  print(n)
0 1 2 3
```

我们还可以指定结束的数字（不包含）和步长（两个相邻元素之间的差值）：

```
odd_num = range(3,30,2)
for n in odd_num:
  print(n)
3 5 7 9 11 13 15 17 19 21 23 25 27 29
```

上面的 range 函数给出从 3 到 29 的奇数。

要遍历一个列表，我们可以使用 for 函数：

```
for i in odd_num:
    print(i*100)
300 500 700 900 1100 1300 1500 1700 1900 2100 2300 2500 2700 2900
```

我们可以使用 range() 函数来生成一个随机数列表。例如，为了模拟一个骰子的十次试验，我们可以使用以下代码：

```
import random
dice_output = [random.randint(1, 6) for x in range(10)]
print(dice_output)
[6, 6, 6, 6, 2, 4, 6, 5, 1, 4]
```

列表的时间复杂度

列表各种函数的时间复杂度可以使用大 O 记号来表示，整理如下：

❑ 插入一个元素：在列表的末尾插入一个元素通常具有恒定的时间复杂度，记为 $O(1)$。这意味着，无论列表的大小如何，此操作所需的时间都保持相当一致。

❑ 删除元素：在最坏的情况下，从列表中删除元素的时间复杂度可能为 $O(n)$。这是因为，在最不利的情况下，程序可能需要在删除所需的元素之前遍历整个列表。

❑ 切片：当我们对列表进行切片或提取列表的一部分时，操作需要的时间与切片的大小成比例。因此，它的时间复杂度是 $O(n)$。

- 元素检索：在没有任何索引的情况下，在列表中查找一个元素，在最坏的情况下，可能需要扫描其所有元素。因此，它的时间复杂度也是 $O(n)$。
- 复制：创建列表的副本需要访问每个元素一次，从而使得时间复杂度为 $O(n)$。

2.1.2 元组

第二个可以用于存储集合的数据结构是元组（Tuple）。与列表相反，元组是不可变的（只读）数据结构。元组由一些被 () 包围的元素组成。

同列表一样，元组中的元素可以是不同的类型，元组也允许其元素使用复杂数据类型。因此，元组中也可以包含其他元组，这就提供了一种创建嵌套数据结构的方法。创建嵌套数据结构的能力在迭代和递归算法中特别有用。

下面的代码演示了如何创建元组：

```
bin_colors=('Red','Green','Blue','Yellow')
print(f"The second element of the tuple is {bin_colors[1]}")
The second element of the tuple is Green
print(f"The elements after third element onwards are {bin_colors[2:]}")
The elements after third element onwards are ('Blue', 'Yellow')
# Nested Tuple Data structure
nested_tuple = (1,2,(100,200,300),6)
print(f"The maximum value of the inner tuple {max(nested_tuple[2])}")
The maximum value of the inner tuple 300
```

> 在可能的情况下，由于性能的原因，应该优先使用不可变的数据结构（例如元组）而不是可变的数据结构（例如列表）。特别是在处理大数据时，不可变的数据结构比可变的数据结构快得多。当一个数据结构作为不可变对象传递给函数时，由于函数无法改变它，因此不需要创建其副本。所以，函数的输出可以直接引用输入的数据结构。这被称为引用透明性，它能提高性能。我们需要为列表具备改变数据元素的能力而付出代价。因此，我们应该仔细分析，是否真的需要这种能力。如果我们将代码实现为只读的元组，则其速度会快很多。

注意，在前面的代码中，a[2] 指的是第三个元素，即一个元组 (100,200,300)。a[2][1] 指的是这个元组中的第二个元素，也就是 200。

元组的时间复杂度

元组各项函数的时间复杂度总结如下（使用大 O 记号）：

- 访问元素：元组允许通过索引直接访问它们的元素。这个操作是常数时间，$O(1)$，这意味着无论元组的大小如何，所花费的时间都保持一致。
- ❑ 切片：当一个元组的一部分被提取或切片时，操作的效率与切片的大小成正比，使得时间复杂度为 $O(n)$。
- ❑ 元素检索：在没有任何索引辅助程序的情况下，搜索元组中的元素，在最坏的情况下，可能需要遍历其所有元素。因此，它的时间复杂度为 $O(n)$。
- ❑ 复制：复制一个元组或创建其副本，需要遍历每个元素一次，从而使其时间复杂度为 $O(n)$。

2.1.3 字典和集合

在本小节中，我们将讨论集合和字典，它们用于存储没有明确或隐含顺序的数据。字典和集合都非常相似。区别在于字典有键值对，而集合可以被看作唯一键的集合。

让我们逐个来看一下它们。

字典

以键值对的形式保存数据是非常重要的，尤其是在分布式算法中。在 Python 中，这些键值对的集合被存储为一个称为字典（Dictionary）的数据结构。要创建一个字典，应该选择一个在整个数据处理过程中最适合识别数据的属性作为键。对键的值有一个限制，即它们必须是可散列的类型。可散列是指那种可以对其运行散列函数，且在其生命周期内生成的散列码永远不会改变的对象类型。这确保了键的唯一性，并且查找键的速度很快。数值类型和扁平不可变类型都是可散列的，是字典键的良好选择。值可以是任何类型的元素，例如，数字或字符串，Python 还总是使用复杂的数据类型（如列表）作为值。如果用字典作为值的数据类型，则可以创建嵌套字典。

为了创建一个为各种变量分配颜色的简单字典，需要将键值对用 { } 括起来。例如，下面的代码创建了一个由三个键值对组成的简单字典：

```
bin_colors ={
  "manual_color": "Yellow",
  "approved_color": "Green",
  "refused_color": "Red"
}

print(bin_colors)
{'manual_color': 'Yellow', 'approved_color': 'Green', 'refused_color': 'Red'}
```

前面一段代码所创建的三个键值对也在图 2.2 中进行了说明。

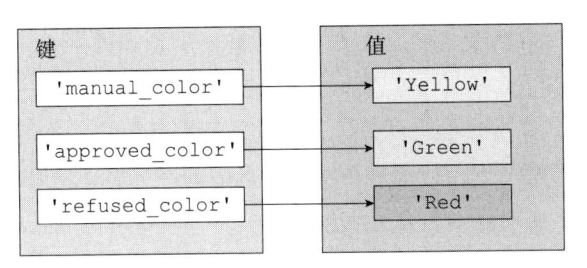

```
        键                    值
    ┌─────────────────┐  ┌─────────────┐
    │ 'manual_color'  │──│  'Yellow'   │
    │                 │  │             │
    │ 'approved_color'│──│  'Green'    │
    │                 │  │             │
    │ 'refused_color' │──│  'Red'      │
    └─────────────────┘  └─────────────┘
              bin_colors
```

图 2.2 在一个简单的字典中的键值对

现在，我们看看如何检索和更新与键相关联的值：

1）要检索一个与键相关联的值，可以使用 get 函数，也可以使用键作为索引：

```
bin_colors.get('approved_color')
'Green'
bin_colors['approved_color']
'Green'
```

2）要更新与键相关联的值，可以使用以下代码：

```
bin_colors['approved_color']="Purple"
print(bin_colors)
{'manual_color': 'Yellow', 'approved_color': 'Purple', 'refused_color': 'Red'}
```

请注意，前面的代码给我们演示了如何更新一个与字典中的某个特定键相关的值。

在遍历字典时，通常我们需要同时获取键和值。在 Python 中，我们可以使用 .items() 来遍历字典：

```
for k,v in bin_colors.items():
    print(k,'->',v+' color')
manual_color -> Yellow color

approved_color -> Purple color
refused_color -> Red color
```

要从字典中删除一个元素，我们可以使用 del 函数：

```
del bin_colors['approved_color']
print(bin_colors)
{'manual_color': 'Yellow', 'refused_color': 'Red'}
```

字典的时间复杂度

下表给出了使用大 O 记号表示的字典的时间复杂度：

- ❑ 通过键访问值：字典被设计用于快速查找。当你有了键之后，访问相应的值通常是一个常数时间操作，即 $O(1)$。除非发生散列冲突，但这种情况很少发生。
- ❑ 插入键值对：添加一个新的键值对通常是一个快速的操作，时间复杂度为 $O(1)$。

- 删除键值对：当键已知时，从字典中删除一个条目通常也是一个平均时间复杂度为 $O(1)$ 的操作。
- 搜索键：由于散列机制的存在，验证键的存在通常是一个常数时间 $O(1)$ 的操作。然而，在最坏情况下，特别是在发生许多散列冲突时，这可能会升级到 $O(n)$。
- 复制：创建字典的副本需要遍历每个键值对，使得时间复杂度为线性的 $O(n)$。

集合

与字典密切相关的是集合，它被定义为一个无序的、不同元素的集合，这些元素可以是不同类型的。定义集合的一种方式是将值放在 {} 中。例如，看一下以下代码块：

```
green = {'grass', 'leaves'}
print(green)
{'leaves', 'grass'}
```

集合的定义特征是它只存储每个元素的唯一值。如果我们尝试添加另一个冗余的元素，它会忽略那个，如下所示：

```
green = {'grass', 'leaves','leaves'}
print(green)
{'leaves', 'grass'}
```

为了演示我们在集合上可以进行什么样的操作，我们来定义两个集合：

- 一个集合名为 yellow，里面包含了黄色的东西。
- 另一个集合名为 red，里面包含了红色的东西。

请注意，这两组之间有些公共部分。这两组及其关系可以借助如图 2.3 所示的维恩图来进行展示。

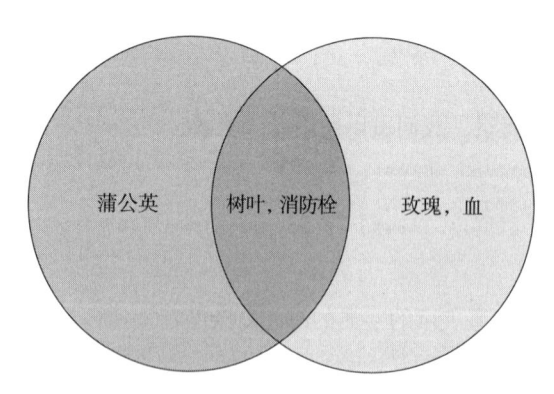

图 2.3 展示集合中元素存储方式的维恩图

如果我们想在 Python 中实现这两个集合，代码将是这样的：

```
yellow = {'dandelions', 'fire hydrant', 'leaves'}
```

```
red = {'fire hydrant', 'blood', 'rose', 'leaves'}
```

现在，让我们考虑以下代码，它演示了如何使用 Python 进行集合操作：

```
print(f"The union of yellow and red sets is {yellow|red}")
The union of yellow and red sets is {leaves, blood, dandelions, fire hydrant, rose}
print(f"The intersection of yellow and red is {yellow&red}")
The intersection of yellow and red is {'fire hydrant', 'leaves'}
```

如前面的代码片段所示，Python 中的集合可以有并和交等运算。我们知道，并运算将两个集合的所有元素合并到一起，而交运算则给出两个集合之间的公共元素集合。需要注意以下两点：

- `yellow|red` 用于获得前面定义的两个集合（yellow 和 red）的并。
- `yellow&red` 用于获得前面定义的两个集合（yellow 和 red）的交。

由于集合是无序的，集合中的项没有索引。这意味着我们不能通过引用索引来访问集合中的项。

我们可以使用 for 循环遍历集合中的项：

```
for x in yellow:
    print(x)
fire hydrant
leaves
dandelions
```

我们还可以使用关键字 in 来检查集合中是否存在指定的值。

```
print("leaves" in yellow)
True
```

集合的时间复杂度分析

表 2.2 是集合的时间复杂度分析。

表 2.2　集合的时间复杂度分析

操作	复杂度
增加一个元素	$O(1)$
删除一个元素	$O(1)$
复制	$O(n)$

何时使用字典，何时使用集合

假设我们正在寻找一个数据结构来存储我们的电话簿信息。我们想要存储一家公司员工的电话号码。对于这个目的，字典是合适的数据结构。每个员工的姓名将作为键，电话号码将作为值：

```
employees_dict = {
    "Ikrema Hamza": "555-555-5555",
```

```
    "Joyce Doston" : "212-555-5555",
}
```

但是如果我们只想存储员工的唯一值，那么应该使用集合来实现：

```
employees_set = {
    "Ikrema Hamza",
    "Joyce Doston"
}
```

2.1.4 使用序列和数据帧

数据处理是实现大多数算法时需要完成的核心任务之一。在 Python 中，通常使用 pandas 库的各种函数和数据结构来进行数据处理。

在本小节中，我们将介绍 pandas 库的以下两个重要数据结构，这些数据结构将在本书的后续部分用于实现各种算法：

- **序列**：一个包含数值的一维数组
- **数据帧**：用于存储表格数据的二维数据结构

让我们首先来看一下序列数据结构。

序列

在 pandas 库中，序列是用于存储同质数据的一维数组。我们可以将序列视为电子表格中的单个列，也可以将其视为存储特定变量的各种值。

一个序列可以这样定义：

```
import pandas as pd
person_1 = pd.Series(['John',"Male",33,True])
print(person_1)
0      John
1      Male
2        33
3      True
dtype:    object
```

请注意，在 pandas 的基于序列的数据结构中，有一个名为"axis"的术语，用于表示特定维度中的一系列值。序列只有"axis 0"，因为它只有一个维度。接下来我们将看到这个轴概念如何应用在数据帧上。

数据帧

数据帧（DataFrame）是建立在序列数据结构之上的。它以二维表格数据的形式存储，用于处理传统结构化数据。让我们考虑以下表格。

编号（id）	姓名（name）	年龄（age）	决策（decision）
1	Fares	32	True
2	Elena	23	False
3	Doug	40	True

现在，我们使用一个数据帧来表示它。

可以使用以下代码创建一个简单的数据帧：

```
employees_df = pd.DataFrame([
    ['1', 'Fares', 32, True],
    ['2', 'Elena', 23, False],
    ['3', 'Doug', 40, True]])
employees_df.columns = ['id', 'name', 'age', 'decision']
print(employees_df)
   id   name  age  decision
0   1  Fares   32      True
1   2  Elena   23     False
2   3   Doug   40      True
```

请注意，在上面的代码中，`df.column`是一个列名列表。在数据帧中，单独的一列或一行被称为一个轴。

> 数据帧也被应用于其他流行的语言和框架中，用于实现表格数据结构。例如，R语言和Apache Spark框架都使用了数据帧。

创建数据帧的子集

基本上，创建数据帧的子集的主要方法有两种：

❑ 列选择
❑ 行选择

让我们逐一看一下。

列选择

在机器学习算法中，选择合适的特征集是一项重要任务。在我们可能拥有的所有特征中，算法在特定阶段时可能不需要全部特征。在Python中，特征选择是通过选择列来实现的，下面对选择列进行说明。

可以按列的名称来检索各列，如下所示：

```
df[['name','age']]
    name  age
0  Fares   32
1  Elena   23
2   Doug   40
```

在数据帧中，列的位置是确定性的。可以通过其位置检索列，如下所示：

```
df.iloc[:,3]
0    True
1    False
2    True
Name: decision, dtype: bool
```

请注意，在这段代码中，我们正在检索数据帧的第四列（一共有三行数据）。

行选择

数据帧中的每一行都对应着我们问题空间中的一个数据点。如果我们想要创建问题空间中数据元素的子集，则需要执行选择行操作。这个子集可以通过使用以下两种方法之一来创建：

- 指定它们各行的位置
- 指定一个过滤器

通过其位置来取出各行的子集，具体操作如下：

```
df.iloc[1:3,:]
   id  name  age  decision
1  2   Elena  23   False
```

请注意，上述代码将返回第二行和第三行以及所有列。它使用了 iloc 方法，该方法允许我们通过其数值索引访问元素。

通过指定过滤器来创建子集，我们需要使用一个或多个列来定义选择标准。例如，可以通过以下方法选择数据元素的子集：

```
df[df.age>30]
   id  name   age  decision
0  1   Fares  32   True
2  3   Doug   40   True
df[(df.age<35)&(df.decision==True)]
   id  name   age  decision
0  1   Fares  32   True
```

请注意，此代码创建了一个满足筛选条件的行子集。

数据帧的时间复杂度分析

让我们揭示一些基本数据帧操作的时间复杂度。

- 选择操作

  - **列选择**：访问数据帧的列，通常使用方括号表示法或点符号表示法（对于没有空格的列名），是一个 $O(1)$ 操作。它提供了快速引用数据而不进行复制。
  - **行选择**：使用像 .loc[] 或 .iloc[] 这样的方法来选择行，尤其是使用切片，其时间复杂度为 $O(n)$，其中 "n" 表示要访问的行数。

- 插入操作
  - **列插入**：向数据帧添加新列通常是一个 $O(1)$ 的操作。然而，实际的时间可能会根据要添加的数据类型和数据大小而变化。
  - **行插入**：使用 .append() 或 .concat() 等方法添加行通常会导致 $O(n)$ 的时间复杂度，因为它通常需要重新排列和重新分配空间。

- 删除操作
  - **列删除**：从数据帧中删除列，通过 .drop() 方法实现，是一个 $O(1)$ 的操作。它标记列以便进行垃圾回收，而不是立即删除。
  - **行删除**：与行插入类似，行删除可能导致 $O(n)$ 的时间复杂度，因为数据帧需要重新调整其结构。

2.1.5 矩阵

矩阵（Matrix）是一个二维数据结构，具有固定数量的列和行。矩阵中的每个元素可以通过其列和行来引用。

在 Python 中，可以使用 numpy 数组或列表来创建矩阵。但是，由于 numpy 数组是由位于连续内存位置上的同类数据元素组成的，所以它们比列表要快得多。在 Python 中，可以通过使用 numpy 数组中的 array 函数来创建矩阵，如下面的代码所示：

```
import numpy as np
matrix_1 = np.array([[11, 12, 13], [21, 22, 23], [31, 32, 33]])
print(matrix_1)
[[11 12 13]
 [21 22 23]
 [31 32 33]]
print(type(matrix_1))
<class 'numpy.ndarray'>
```

请注意，上面的代码创建了一个三行三列的矩阵。

矩阵运算

有很多运算可以用于矩阵数据操作。例如，我们尝试对前面创建的矩阵进行转置，我们使用 transpose() 函数，将列转换成行，行转换成列：

```
print(matrix_1.transpose())
array([[11, 21, 31],
       [12, 22, 32],
       [13, 23, 33]])
```

需要注意的是，在多媒体数据处理中经常使用矩阵运算。

大 O 记号和矩阵

在讨论操作的效率时，大 O 记号提供了一个高层次的理解，说明随着数据规模增长，操作的影响如何。

- **访问**：访问一个元素，无论是在 Python 列表还是 numpy 数组中，都是一个常数时间操作，$O(1)$。这是因为通过元素的索引，你可以直接访问它。
- **追加**：在 Python 列表的末尾添加一个元素是平均情况下的 $O(1)$ 操作。然而，对于 numpy 数组，在最坏情况下，这个操作可能是 $O(n)$，因为如果没有连续可用的空间，整个数组可能需要被复制到一个新的内存位置。
- **矩阵乘法**：这是 numpy 的优势所在。矩阵乘法可能具有较高的计算复杂度。传统方法对于 $n \times n$ 矩阵的时间复杂度可能为 $O(n^3)$。然而，numpy 使用了优化算法，比如 Strassen 算法，显著降低了这个复杂度。

现在我们已经学习了 Python 中的数据结构，让我们在下一节继续学习抽象数据类型。

2.2 探索抽象数据类型

抽象数据类型（ADT）是高级抽象，其行为由一组变量和一组相关操作定义。ADT 定义了"预期发生什么"，但在"如何"实际实现方面给予程序员自由。示例包括向量、队列和栈。这意味着两个不同的程序员可以采用两种不同的方法来实现 ADT，比如栈。通过隐藏实现级别的细节，并为用户提供通用的、与实现无关的数据结构，ADT 的使用可以创建简单、清晰的代码。ADT 可以在任何编程语言中实现，比如 C++、Java 和 Scala。在本节中，我们将使用 Python 实现 ADT。让我们先从向量（Vector）开始。

2.2.1 向量

向量（Vector）是用于存储数据的单维结构。它们是 Python 中最流行的数据结构之一。在 Python 中有两种创建向量的方式，如下所示：

- **使用 Python 列表**：创建向量的最简单方式是使用 Python 列表（List），如下所示：

```
vector_1 = [22,33,44,55]
print(vector_1)
[22, 33, 44, 55]
```

```
print(type(vector_1))
<class 'list'>
```
请注意，这段代码将创建一个包含四个元素的列表。

- 使用 numpy 的 array：创建向量的另一个流行方式是使用 numpy 的 array。numpy 的 array 通常比 Python 列表更快、更节省内存，特别是对涉及大量数据的操作而言。这是因为 numpy 设计用于处理同质数据，并且可以利用底层优化。可以按以下方式实现 numpy 的 array：

```
vector_2 = np.array([22,33,44,55])
print(vector_2)
[22 33 44 55]
print(type(vector_2))
<class 'numpy.ndarray'>
```

请注意在这段代码中我们使用 np.array 创建了名为 Vector_2 的向量。

> 在 Python 中，我们可以使用下划线来分隔整数的部分。这样做可以使它们更易读，减少出错的可能性。在处理大数字时，这一点尤其有用。因此，十亿可以表示为 1000_000_000。

```
large_number=1000_000_000
print(large_number)
1000000000
```

向量的时间复杂度

在讨论向量操作的效率时，了解时间复杂度是至关重要的：

- **访问**：在 Python 列表和 numpy 数组（向量）中访问一个元素都需要常数时间 $O(1)$，这确保了快速的数据检索。
- **追加**：向 Python 列表追加一个元素的平均时间复杂度为 $O(1)$。然而，对于 numpy 数组，由于 numpy 数组需要连续的内存位置，追加操作在最坏情况下可能需要高达 $O(n)$ 的时间复杂度。
- **搜索**：在向量中查找一个元素的时间复杂度为 $O(n)$，因为在最坏情况下，你可能需要扫描所有元素。

2.2.2 栈

栈（Stack）是一种线性数据结构，用于存储一维列表。它可以以**后进先出（LIFO）**或**先进后出（FILO）**的方式存储项目。栈的定义特征在于元素添加到其中和从中移除的方式。新元素被添加到一端，而元素只能从该端移除。

以下是与栈有关的操作：

- **isEmpty**：如果栈为空则返回 true
- **push**：添加一个新的元素
- **pop**：返回最近添加的元素并将其从栈中删除

图 2.4 显示了如何使用推送（push）和弹出（pop）操作从栈中添加和删除数据。

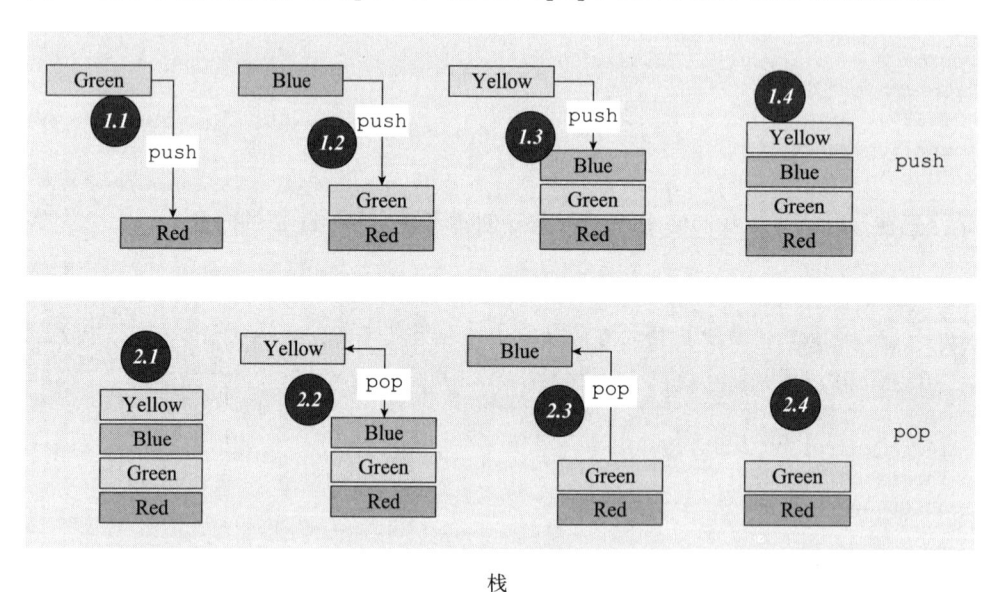

栈

图 2.4　推送和弹出操作

图 2.4 的顶部显示了使用 push 操作向栈添加元素项的情况。在步骤 1.1、1.2 和 1.3 中，push 操作被使用三次向栈添加三个元素。图 2.4 的下半部分用于从栈中取出所存储的值，在步骤 2.2 和 2.3 中，pop 操作以后进先出 LIFO 方式从栈中取出了两个元素。

下面，我们在 Python 中创建一个名为 Stack 的类，并在这里定义所有与栈（stack）相关的操作。这个类的代码如下：

```python
class Stack:
    def __init__(self):
        self.items = []
    def isEmpty(self):
        return self.items == []
    def push(self, item):
        self.items.append(item)
    def pop(self):
        return self.items.pop()
```

```
def peek(self):
    return self.items[len(self.items)-1]
def size(self):
    return len(self.items)
```

要将四个元素推送到栈中，可以使用以下代码：

```
Populate the stack
stack=Stack()
stack.push('Red')
stack.push('Green')
stack.push("Blue")
stack.push("Yellow")
```

注意，上图的代码创建了一个有四个数据元素的栈。

```
Pop
stack.pop()

stack.isEmpty()
```

栈的时间复杂度

我们看看栈的时间复杂度（使用大 O 记号）：

- 推送：这个操作将一个元素添加到栈的顶部。由于它不涉及任何迭代或检查，推入操作的时间复杂度为 $O(1)$，即常数时间。无论栈的大小如何，元素都会被放置在顶部。
- 弹出：弹出是指从栈中移除顶部元素。由于不需要与栈的其余部分进行交互，因此弹出操作的时间复杂度也为 $O(1)$。这是对顶部元素的直接操作。

实例

栈在许多用例中被用作数据结构。例如，当用户想要浏览网络浏览器中的历史记录时，这是一种后进先出的数据访问模式，可以使用栈来存储历史记录。另一个例子是当用户想要在文字处理软件中执行撤销操作时。

2.2.3 队列

与栈类似，队列（Queue）将 n 个元素存储在单维结构中。这些元素按照先进先出的格式进行添加和移除。队列的一端称为后端（Rear），另一端称为前端（Front）。当从前端移除元素时，该操作称为出队（dequeue）。当在后端添加元素时，该操作称为入队（enqueue）。

图 2.5 的顶部部分展示了入队操作。步骤 1.1、1.2 和 1.3 向队列中添加了三个元素，结果队列显示在 1.4 中。请注意，此时，**Yellow** 为队尾（Rear），**Red** 为队首（Front）。

图 2.5 的下半部分展示了出队（dequeue）操作。步骤 2.2、2.3 和 2.4 从队列的队首逐一移出队列中的元素。

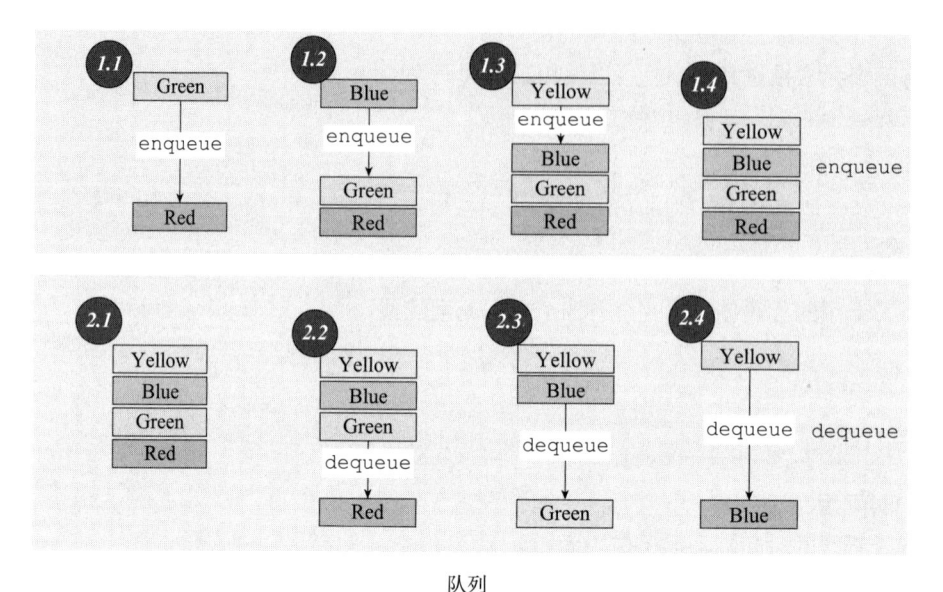

图 2.5　入队和出队操作

图 2.5 所展示的队列可以使用如下代码来实现：

```
class Queue(object):
    def __init__(self):
        self.items = []
    def isEmpty(self):
        return self.items == []
    def enqueue(self, item):
        self.items.insert(0,item)
    def dequeue(self):
        return self.items.pop()
    def size(self):
        return len(self.items)
```

让我们使用以下代码来执行图 2.5 中展示的入队和出队操作：

```
# Using Queue
queue = Queue()
queue.enqueue("Red")

queue.enqueue('Green')
queue.enqueue('Blue')
queue.enqueue('Yellow')
print(f"Size of queue is {queue.size()}")
Size of queue is 4
```

```
print(queue.dequeue())
Red
```

请注意，上述代码首先创建了一个队列，然后将四个项入队到队列中。

队列的时间复杂度分析

让我们来研究一下队列的时间复杂性：

- 入队：这个操作将一个元素插入到队列的末尾。由于它的直接性质，无须进行迭代或遍历，因此入队操作的时间复杂度为 $O(1)$ —— 常数时间。
- 出队：出队意味着从队列中移除前端元素。由于该操作仅涉及第一个元素，而无须进行任何检查或迭代遍历整个队列，因此其时间复杂度保持在 $O(1)$ 的常数级别。

使用栈和队列背后的基本思想

让我们通过一个类比来探讨使用栈和队列的基本概念。假设我们有一张桌子，我们把从邮局（比如加拿大邮政）寄来的信件放在上面，我们将这些信件堆叠起来，直到有时间逐封地打开查看。有两种可能的方式来处理这些信件：

- 我们把信件放在一个栈中，每当收到一封新信件，我们将其放在栈的顶部。当我们想要阅读一封信时，我们从顶部开始。这就是我们所说的**栈**。请注意，最新到达的信件将位于顶部，并且将首先被处理。从信件列表顶部取出一封信称为弹出（pop）操作。每当新信件到达时，将其放在顶部称为推送（push）操作。如果我们最终拥有一个庞大的栈，并且不断有大量信件到达，则我们可能永远没有机会处理在信件堆的底端等待我们的非常重要的信件。
- 我们把信件放在一堆中，但我们希望先处理最旧的信件；每当我们想查看一封或多封信时，我们都要确保先处理最旧的那一封。这就是我们所说的**队列**。向堆中添加一封信称为入队（enqueue）操作。从堆中移除一封信称为出队（dequeue）操作。

2.2.4 树

在算法的背景下，树（Tree）是一种非常有用的数据结构，因为它具有分层数据存储能力。在设计算法时，我们会在需要表示数据元素之间的分层关系的地方使用树来存储或处理数据。

我们深入了解一下这个有趣且相当重要的数据结构。

每棵树都有有限个节点，起始数据元素对应的节点被称为根节点，所有节点通过连接关系组织在一起，连接也被称为分支。

术语

我们来看看与树这种数据结构相关的一些术语。

根节点	没有父节点的节点被称为根节点，例如，图 2.6 中的根节点为 A。通常情况下，在算法中，根节点在树结构中拥有最重要的价值
节点的层数	到根节点的距离被称为节点的层数。例如，在图 2.6 中，D,E,F 这三个节点的层数为 2
兄弟节点	在一棵树上层数相同且具有同一个父节点的两个节点被称为兄弟节点。例如，在图 2.6 中节点 B 和 C 是兄弟节点
子节点和父节点	如果两个节点直接相连且节点 C 的层数小于节点 F 的层数，则节点 F 是节点 C 的子节点。反过来，节点 C 是节点 F 的父节点。图 2.6 展示了节点 F 和节点 C 的父子关系
节点的度	一个节点的度是指它拥有的子节点的数目。例如，在图 2.6 中，节点 B 的度为 2
树的度	一棵树的度等于这棵树的组成节点中所能找到的最大度。例如，图 2.6 所示的树的度数为 2
子树	一棵树的子树是这颗树的一部分，它以被选中的节点作为子树的根节点，并以该节点在树中的所有子节点作为子树的节点。例如：图 2.6 所展示的节点 E 上的子树由作为根节点的节点 E 以及它的两个子节点 G 和 H 组成
叶节点	一棵树中没有子节点的节点被称为叶节点。例如，在图 2.6 中，D、G、H、F 是四个叶节点
内部节点	任何既不是根节点也不是叶节点的节点是内部节点。内部节点同时具有一个父节点和至少一个子节点

请注意，树是一种网络或图的一种，在第 6 章"无监督机器学习算法"中我们会对此进行详细讨论。对于图和网络分析，我们使用术语**链接**或**边**来代替分支。大多数其他术语保持不变。

树的种类

树有不同的种类，下面将分别进行解释：

- ❏ **二叉树**：如果一棵树的度数是 2，那么这棵树被称为二叉树（二元树）。例如，图 2.6 所展示的树就是一棵二叉树，因为它的度数是 2。

图 2.6 二叉树

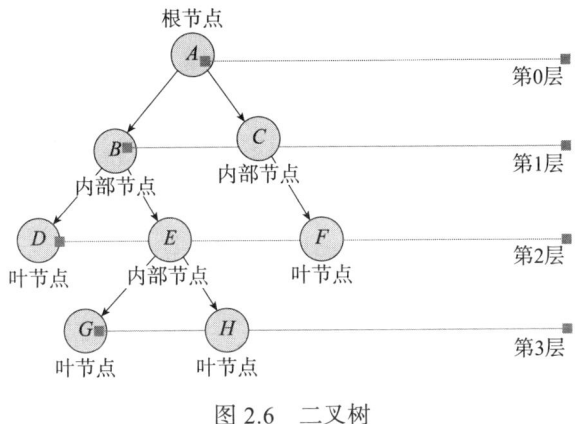

上图所展示的是一棵有四层和八个节点的树。

- **满树**：满树是指所有非叶节点度都等于相同值的树，这个值就是树的度。图 2.7 展示了前面讨论的树的种类。

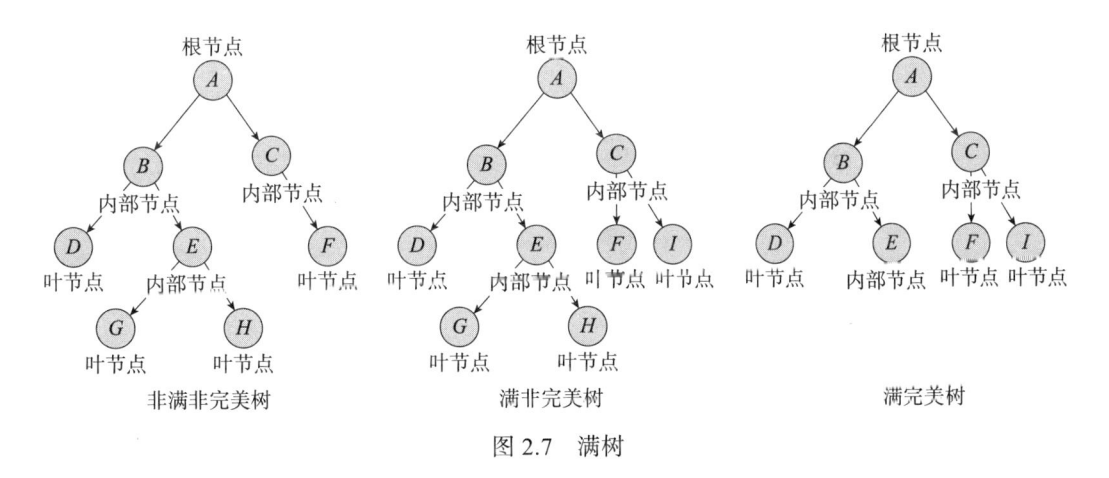

图 2.7 满树

请注意，最左边的二叉树不是满树，因为节点 C 的度数是 1，其他节点的度数都是 2。中间的树和右边的树都是满树。

- **完美树**：完美树是一种特殊类型的满树，其中所有的叶节点都位于同一层。例如，上图中最右侧图所展示的二叉树就是一棵完美的满树，因为所有的叶子结点都在同一层，即**第 2 层**。
- **有序树**：如果一个节点的子节点按照特定的标准以某种顺序排列，则称为**有序树**。例如，一棵树可以从左到右按升序排列，其中同一层的节点在从左到右遍历时，其值会递增。

实例

树这种抽象数据类型是开发决策树的主要数据结构之一，这一点将在第 7 章 "传统的监督学习算法" 中讨论。由于它的层次结构，它在网络分析的相关算法中也很受欢迎，这一点将在第 6 章 "无监督机器学习算法" 中详细讨论。树也被用于各种需要实现分治策略的搜索和排序算法中。

2.3 小结

在本章中，我们讨论了可以用来实现各种类型算法的数据结构。通过学习本章内容，你现在应该能够选择正确的数据结构来存储和处理算法中的数据。你还应该能够理解我们选择对算法性能的影响。

第 3 章将介绍排序和搜索算法，在这些算法的实现中，我们将使用本章介绍的一些数据结构。

第 3 章 *Chapter 3*

排序算法和搜索算法

在这一章中，我们将学习用于排序和搜索的算法。这是一类重要的算法，可以单独使用，也可以成为更复杂算法的基础。这些算法包括自然语言处理和模式提取算法。本章首先介绍不同类型的排序算法，在此比较了设计排序算法的各种方法的性能。然后，详细介绍一些搜索算法。最后，将研究本章中介绍的排序和搜索算法的一个实际示例。

通过本章学习，你将能够了解用于排序和搜索的各种算法，并且可以了解它们各自的优势和劣势。由丁搜索和排序算法是人多数更复杂算法的基础，囚此详细了解它们也有助于你理解后面章节所述的现代复杂算法。

本章涵盖以下主题：

- ❑ 排序算法简介。
- ❑ 搜索算法简介。
- ❑ 排序和搜索算法的性能分析。
- ❑ 实际应用。

我们先来看一些排序算法。

3.1 排序算法简介

有效地对复杂数据结构中的各数据项进行排序和搜索的能力非常重要，因为许多现代算法都需要这样的操作。如本章所述，在为数据恰当选择排序和搜索策略时，需要根据数据的规模和类型进行判断。虽然最终结果是相同的，但为了有效解决现实世界的问题，需要选择正确的排序和搜索算法。因此，仔细分析这些算法的性能是很重要的。

排序算法在分布式数据存储系统中被广泛应用，比如现代的 NoSQL 数据库，它们支持集群和云计算架构。在这种数据存储系统中，数据元素需要定期进行排序和存储，以便能够高效地检索数据。

本章中介绍了以下排序算法：

- 冒泡排序（Bubble Sort）
- 插入排序（Insertion Sort）
- 归并排序（Merge Sort）
- 希尔排序（Shell Sort）
- 选择排序（Selection Sort）

在研究这些算法之前我们首先需要讨论一下将要在本章代码中使用的 Python 中的变量交换技术。

3.1.1 在 Python 中交换变量

在实现排序和搜索算法时，需要交换两个变量的值。在 Python 中，有一种标准的方法来交换两个变量的值，示例如下：

```
var_1 = 1
var_2 = 2
var_1, var_2 = var_2, var_1
print(var_1,var_2)
2, 1
```

本章的所有排序和搜索算法中都使用了这种简单的方法来交换变量值。

下面，我们从冒泡排序开始学习。

3.1.2 冒泡排序

冒泡排序是一种最简单但速度较慢的排序算法之一。它的设计思想是通过迭代循环，使数据列表中的最大值逐渐"冒泡"到列表的顶部。冒泡排序需要较少的运行时内存，因为所有排序操作都在原始数据结构内部进行，不需要额外的临时缓冲区。但是，它在最坏情况下的性能是 $O(N^2)$，即二次时间复杂度（其中 N 是待排序元素的数量）。正如下文所述，建议仅在较小的数据集上使用冒泡排序。对于使用冒泡排序进行排序的数据规模的实际推荐限制将取决于可用的内存和处理资源，但通常推荐保持元素数量（N）在 1000 以下。

理解冒泡排序背后的逻辑

冒泡排序基于各种迭代（称为遍历）。对于大小为 N 的列表，冒泡排序将会进行 $N-1$ 轮遍历。为了理解其工作原理，我们着重讨论第一次迭代，也就是第一次遍历。

第一次遍历的目标是将最大值推到最高索引（列表顶部）。换句话说，随着第一次遍历的进行，我们会看到列表中最大的值逐渐"冒泡"到顶部。

冒泡排序的逻辑是基于比较相邻的元素值。如果较高索引处的值大于较低索引处的值，则交换这两个值。这种迭代会持续直到达到列表末尾。这在图 3.1 中有所展示。

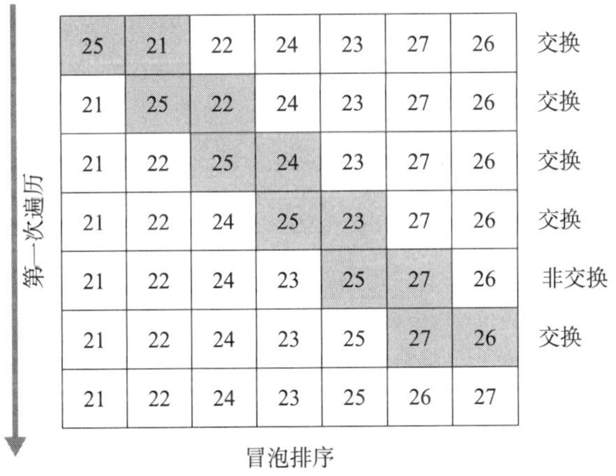

图 3.1　冒泡排序算法

现在让我们看一下如何使用 Python 实现冒泡排序。如果我们在 Python 中实现冒泡排序的第一次遍历，代码如下所示：

```
list = [25,21,22,24,23,27,26]
last_element_index = len(list)-1
print(0,list)
for idx in range(last_element_index):
            if list[idx]>list[idx+1]:
                list[idx],list[idx+1]=list[idx+1],list[idx]
            print(idx+1,list)
0 [25, 21, 22, 24, 23, 27, 26]
1 [21, 25, 22, 24, 23, 27, 26]
2 [21, 22, 25, 24, 23, 27, 26]
3 [21, 22, 24, 25, 23, 27, 26]
4 [21, 22, 24, 23, 25, 27, 26]
5 [21, 22, 24, 23, 25, 27, 26]
6 [21, 22, 24, 23, 25, 26, 27]
```

请注意，在第一次遍历之后：

- 最大值位于列表顶部，存储在索引 idx+1 处。
- 在执行第一次遍历时，算法必须逐个比较列表的每个元素，以将最大值"冒泡"到顶部。

在完成第一次遍历后，算法将继续进行第二次遍历。第二次遍历的目标是将第二大的值移动到列表的第二大索引处。为了实现这一点，算法将再次比较相邻的元素值，如果它们的顺序不对则交换它们。第二次遍历将排除顶部索引处的值，该值已经由第一次遍历放置在正确的位置上。因此，它处理的数据元素将少一个。

在完成第二次遍历后，算法将继续执行第三次遍历以及后续的遍历，直到列表中的所有数据点按升序排列。对于大小为 N 的列表，算法将需要 $N-1$ 次遍历才能完全对其进行排序。

[21, 22, 24, 23, 25, 26, 27]

我们提到的性能是冒泡排序算法的一个限制因素。让我们通过冒泡排序算法的性能分析来量化冒泡排序的性能：

```python
def bubble_sort(list):
# Exchange the elements to arrange in order
    last_element_index = len(list)-1
    for pass_no in range(last_element_index,0,-1):
        for idx in range(pass_no):
            if list[idx]>list[idx+1]:
                list[idx],list[idx+1]=list[idx+1],list[idx]
    return list

list = [25,21,22,24,23,27,26]
bubble_sort(list)
[21, 22, 23, 24, 25, 26, 27]
```

优化冒泡排序

上面使用 bubble_sort 函数实现的冒泡排序是一种直接的排序方法，其中不断比较相邻元素并在它们的顺序不正确时进行交换。在最坏情况下，该算法始终需要 $O(N^2)$ 次比较和交换，其中 N 是列表中的元素数量。这是因为对于一个包含 N 个元素的列表，该算法无论列表的初始顺序如何都会经过 $N-1$ 次遍历。

下面是优化后的冒泡排序版本：

```python
def optimized_bubble_sort(list):
    last_element_index = len(list)-1
    for pass_no in range(last_element_index, 0, -1):
        swapped = False
        for idx in range(pass_no):
            if list[idx] > list[idx+1]:
                list[idx], list[idx+1] = list[idx+1], list[idx]
```

```
            swapped = True
    if not swapped:
        break
return list
list = [25,21,22,24,23,27,26]
optimized_bubble_sort(list)
[21, 22, 23, 24, 25, 26, 27]
```

优化后的 optimized_bubble_sort 函数显著提升了冒泡排序算法的性能。通过引入一个名为 swapped 的标志位，这种优化允许算法在完成所有 N-1 次遍历之前提前检测列表是否已经排序。当　次遍历完成且没有任何交换发生时，这清楚地表明列表已经排序完毕，算法可以提前退出。因此，尽管对于完全未排序或逆序列表，最坏情况下的时间复杂度仍然为 $O(N^2)$，但由于这种优化，对于已排序列表，最佳情况下的时间复杂度则提高到 $O(N)$。

实质上，尽管这两个函数在最坏情况下的时间复杂度都是 $O(N^2)$，但优化后的 optimized_bubble_sort 在现实场景中有可能表现得更快，特别是在数据部分排序的情况下，使其成为传统冒泡排序算法的更高效版本。

冒泡排序算法的性能分析

很容易看出，冒泡排序涉及两层循环：

- **外部循环**：也称为**遍历**。例如，第一次遍历就是外部循环的第一次迭代。
- **内部循环**：当列表中剩余的未排序元素被排序直到最大值被移到右侧时进行。第一次遍历会进行 N-1 次比较，第二次遍历会进行 N-2 次比较，每次遍历都会减少一次比较次数。

冒泡排序算法的时间复杂度如下：

- **最佳情况**：如果列表已经排序（或几乎所有元素都已排序），则运行时间复杂度为 $O(1)$。
- **最坏情况**：如果没有或很少元素已排序，则最坏情况的运行时间复杂度为 $O(n^2)$，因为算法必须完全运行内部和外部循环。

现在让我们来看一下插入排序算法。

3.1.3 插入排序

插入排序的基本思想是，在每次迭代中，我们都会从拥有的数据结构中取出一个数据点，然后将其插入到正确的位置，这就是为什么将其称为插入排序算法。

在第一次迭代中，我们选择两个数据点，并对它们进行排序，然后扩大选择范围，选择第三个数据点，并根据其值找到其正确的位置。该算法一直进行到所有的数据点都被移动到正确的位置。

这个过程如图 3.2 所示。

25	26	22	24	27	23	21	插入25
25	26	22	24	27	23	21	插入26
22	25	26	24	27	23	21	插入22
22	24	25	26	27	23	21	插入24
22	24	25	26	27	23	21	插入27
22	23	24	25	26	27	21	插入23
21	22	23	24	25	26	27	插入21

插入排序

图 3.2　插入排序算法

插入排序的 Python 代码如下所示：

```
def insertion_sort(elements):
    for i in range(1, len(elements)):
        j = i - 1
        next_element = elements[i]

        # Iterate backward through the sorted portion,
        # looking for the appropriate position for 'next_element'
        while j >= 0 and elements[j] > next_element:
            elements[j + 1] = elements[j]
            j -= 1

        elements[j + 1] = next_element
    return elements

list = [25,21,22,24,23,27,26]
insertion_sort(list)
[21, 22, 23, 24, 25, 26, 27]
```

在插入排序算法的核心循环中，我们从第二个元素（索引为 1）开始遍历列表中的每个元素。对于每个元素，算法会检查前面的元素，以找到它在已排序子列表中的正确位置。这个检查是在条件 elements[j] > next_element 中进行的，确保我们将当前的 'next_element' 放在列表已排序部分的适当位置上。

让我们来看一下插入排序算法的性能。

插入排序算法的性能分析

理解算法的效率对于确定其在不同应用中的适用性至关重要。让我们深入探讨插入排序的性能特征。

最佳情况

当输入数据已经排序时，插入排序展现出最佳的性能。在这种情况下，该算法能够高效地在线性时间内运行，表示为 $O(n)$，其中 n 代表数据结构中的元素数量。

最坏情况

当输入数据按照相反顺序排列时，即最大的元素在最前面时，插入排序的效率会受到影响。在这种情况下，对于每个元素 i（其中 i 代表循环中当前元素的索引），内部循环可能需要移动几乎所有之前的元素。在这种情况下，插入排序的性能可以用一个二次函数来表示：

$$(w \times i^2)+(N \times i)+ \epsilon$$

式中，w 是权重因子，调整 i^2 的影响；N 代表随着输入规模的增大而扩展的系数；ϵ 通常代表其他项未涵盖的小的开销常数。

一般情况

一般来说，插入排序的平均性能往往是二次的，这对于较大的数据集可能会存在问题。

用例和建议

插入排序在以下情况下表现非常高效：

- 小型数据集。
- 几乎排序好的数据集，其中只有少量元素的顺序不正确。

然而，对于较大且更随机的数据集，推荐选择具有更好平均和最坏情况性能的排序算法，比如归并排序或快速排序。插入排序的二次时间复杂度使其在处理大规模数据时可扩展性较差。

3.1.4　归并排序

归并排序在排序算法中独具特色，与冒泡排序和插入排序不同，它采用独特的方法。从历史上看，值得注意的是，John von Neumann 在 1940 年引入了这种技术。虽然许多排序算法在部分排序的数据上表现得更好，但归并排序仍然不受影响；无论数据最初的排列方式如何，其性能始终保持一致。这种稳健性使得它成为处理大型数据集时的首选算法。

分治：归并排序的核心

归并排序采用分治策略，包括两个关键阶段——分割和合并：

1）**分割阶段**：与直接迭代列表不同，这个阶段通过递归将数据集分成两半。这种分割持续进行，直到每个部分达到最小尺寸（举例而言，可以是单个元素）。虽然将数据分割到如此细致的级别可能看起来有些反直觉，但这种粒度有助于在下一阶段进行有序合并。

2）**合并阶段**：在这里，先前分割的部分被系统地合并。算法不断处理和组合这些部分，直到整个列表排序完成。

对于归并排序算法的可视化表示，请参考图3.3。

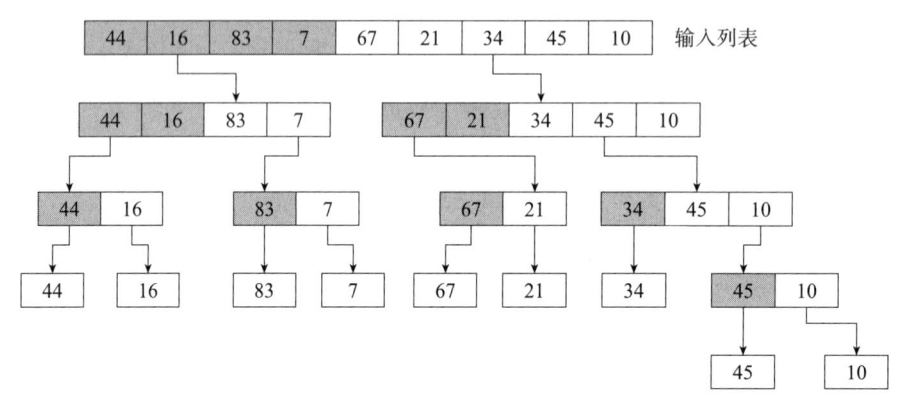

第一阶段：分割列表

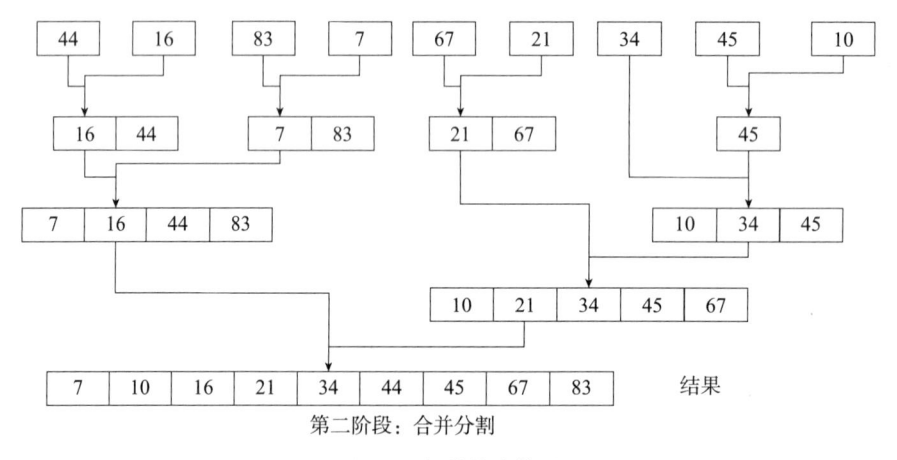

第二阶段：合并分割

图 3.3　归并排序算法

伪代码概述

在深入研究实际代码之前，让我们通过一些伪代码来理解它的逻辑：

```
merge_sort (elements, start, end)
    if(start < end)
        midPoint = (end - start) / 2 + start
        merge_sort (elements, start, midPoint)
```

```
        merge_sort (elements, midPoint + 1, end)
        merge(elements, start, midPoint, end)
```

该伪代码提供了算法步骤的概述：

1）围绕中心 midPoint 将列表划分。

2）递归地划分，直到每个部分只有一个元素。

3）将排序好的部分系统地合并成一个完整的排序列表。

Python 实现

这是归并排序算法的 Python 实现：

```
def merge_sort(elements):
# Base condition to break the recursion
if len(elements) <= 1:
    return elements

mid = len(elements) // 2    # Split the list in half
left = elements[:mid]
right = elements[mid:]

merge_sort(left)     # Sort the left half
merge_sort(right)    # Sort the right half

a, b, c = 0, 0, 0
# Merge the two halves
while a < len(left) and b < len(right):
    if left[a] < right[b]:
        elements[c] = left[a]
        a += 1
    else:
        elements[c] = right[b]
        b += 1
    c += 1

# If there are remaining elements in the left half
while a < len(left):
    elements[c] = left[a]
    a += 1
    c += 1
# If there are remaining elements in the right half
while b < len(right):
    elements[c] = right[b]
    b += 1
    c += 1
return elements

list = [21, 22, 23, 24, 25, 26, 27]
merge_sort(list)
[21, 22, 23, 24, 25, 26, 27]
```

3.1.5 希尔排序

冒泡排序算法比较相邻元素，如果它们的顺序不正确，则交换它们的位置。另外，插入排序算法通过逐个转移元素来创建有序列表。如果我们有一个部分有序的列表，插入排序应该会表现得比较好。

但对于一个完全未排序的、大小为 N 的列表，冒泡排序需要完全遍历 $N-1$ 次才能将其完全排序。

丹诺德·希尔（Donald Shell）提出了希尔排序（以他的名字命名），该算法质疑了选择直接相邻的元素进行比较和交换的必要性。

现在，我们来理解这个概念。

在第一次遍历中，我们不是选择相邻的元素，而是使用固定间隔的元素，最终对由一对数据点组成的子列表进行排序。这在图 3.4 中有所展示。在第二次遍历中，它对包含四个数据点的子列表进行排序（见图 3.4）。在随后的轮次中，每个子列表中的数据点数目不断增加，子列表的数量不断减少，直到最终只剩下一个包含所有数据点的子列表。此时，我们可以认为列表已经被排好序了。

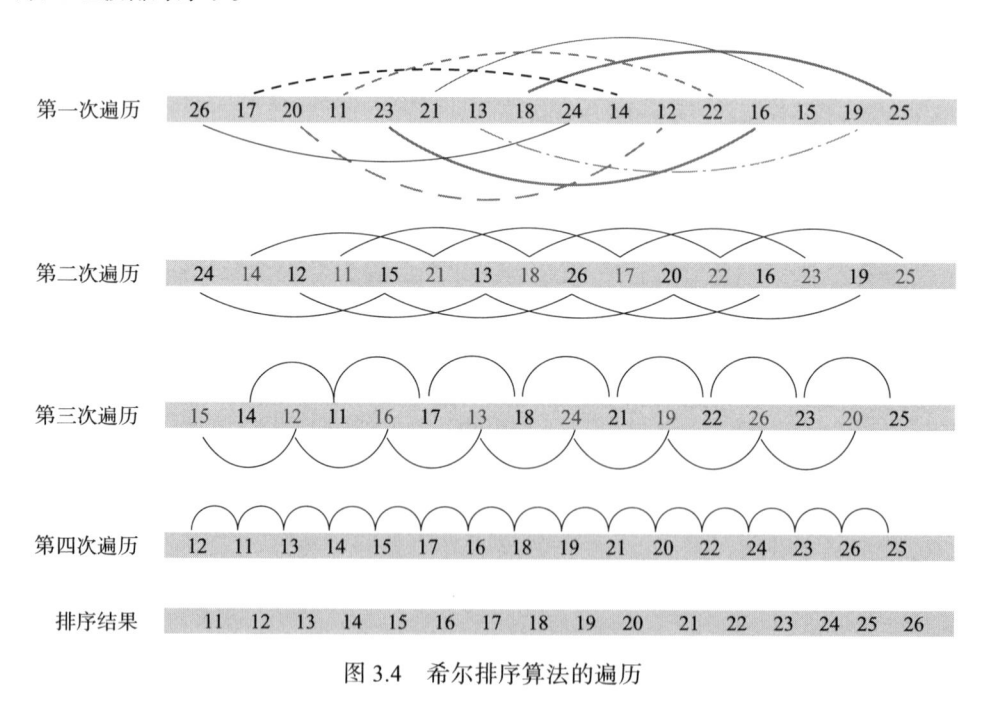

图 3.4 希尔排序算法的遍历

在 Python 中，用于实现希尔排序算法的代码如下：

```
def shell_sort(elements):
    distance = len(elements) // 2
    while distance > 0:
        for i in range(distance, len(elements)):
            temp = elements[i]
            j = i
# Sort the sub list for this distance
            while j >= distance and elements[j - distance] > temp:
                list[j] = elements[j - distance]
                j = j-distance
            list[j] = temp
# Reduce the distance for the next element
        distance = distance//2
    return elements
list = [21, 22, 23, 24, 25, 26, 27]
shell_sort(list)
[21, 22, 23, 24, 25, 26, 27]
```

我们可以看到，调用 shell_sort 函数成功地对输入数组进行了排序。

希尔排序算法的性能分析

可以观察到，在最坏情况下，希尔排序算法需要通过两个循环，使其具有 $O(n^2)$ 的时间复杂度。希尔排序不适用于大数据集，而是用于中等大小的数据集。粗略地说，在包含多达 6000 个元素的列表上，它的性能相当不错。如果数据部分正确排序，性能会更好。在最佳情况下，如果一个列表已经排序好了，它只需要一次遍历 N 个元素来验证顺序，从而实现 $O(N)$ 的最佳性能。

3.1.6 选择排序

正如我们在本章前面看到的那样，冒泡排序是最简单的排序算法之一。选择排序是对冒泡排序的改进，其目标是尽量减少算法所需的总交换次数。与冒泡排序算法的 N−1 轮遍历过程相比，选择排序在每轮遍历中仅产生一次交换。与冒泡排序中将最大值逐步向顶部移动（得到 N−1 次交换）不同，我们在选择排序中每次遍历时寻找最大值并将其向顶部移动。因此，在第一次遍历后，最大值将位于顶部。第二次遍历后，第二大的值将位于顶部值旁边。随着算法的进行，后续值将根据其值移动到其正确位置。最后一个值将在第 (N−1) 次遍历后移动。因此，选择排序同样需要 N−1 次遍历才能对 N 个数据项进行排序，如图 3.5 所示。

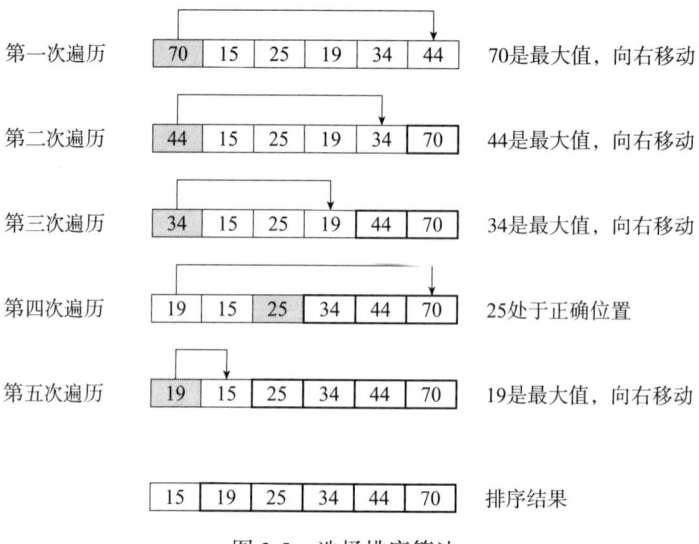

图 3.5 选择排序算法

第一次遍历	70	15	25	19	34	44	70是最大值，向右移动
第二次遍历	44	15	25	19	34	70	44是最大值，向右移动
第三次遍历	34	15	25	19	44	70	34是最大值，向右移动
第四次遍历	19	15	25	34	44	70	25处于正确位置
第五次遍历	19	15	25	34	44	70	19是最大值，向右移动
排序结果	15	19	25	34	44	70	

这里展示了选择排序在 Python 中的实现：

```python
def selection_sort(list):
    for fill_slot in range(len(list) - 1, 0, -1):
        max_index = 0
        for location in range(1, fill_slot + 1):
            if list[location] > list[max_index]:
                max_index = location
        list[fill_slot],list[max_index] = list[max_index],list[fill_slot]
    return list

list = [21, 22, 23, 24, 25, 26, 27]
selection_sort(list)
[21, 22, 23, 24, 25, 26, 27]
```

选择排序算法的性能分析

选择排序的最坏时间复杂度是 $O(N^2)$。请注意，其最坏性能近似于冒泡排序，因此不应该用于对较大的数据集进行排序。不过，选择排序仍是比冒泡排序设计得更好的算法，由于交换次数减少，其平均复杂度比冒泡排序好。

3.1.7 选择一种排序算法

在排序算法中，并没有一种适合所有情况的解决方案。最佳选择通常取决于围绕你的数据的特定情况，比如数据的规模和当前状态。在这里，我们将深入探讨如何做出明智的决定，并举一些现实世界的例子。

规模小且已排序列表

对于规模小的数据集，特别是已经有序的数据，部署复杂的算法通常是不划算的。虽然像归并排序这样的算法无疑是强大的，但对于小数据量，其复杂性可能会掩盖其好处。

现实生活中的例子：想象一下按照作者姓氏对书架上的几本书进行排序。仅仅通过扫描并手动重新排列它们（类似于冒泡排序）比使用详细的排序方法更简单更快。

部分排序的数据

处理已经有些组织的数据时，像插入排序这样的算法会表现出色。它们利用现有的顺序，提高了效率。

现实生活中的例子：考虑一种课堂情景。如果学生按身高排队，但有几个略微错位，老师可以轻松发现并调整这些小的差异（类似于插入排序），而不必重新整理整个队伍。

大规模数据集

对于庞大的数据，其中数据量巨大可能会让人望而却步，归并排序被证明是一个可靠的选择。它的分治策略能够高效地处理大型列表，因此备受行业青睐。

现实生活中的例子：想象一下一个庞大的图书馆，每天都收到成千上万本书。按出版日期或作者对它们进行排序需要系统化的方法。在这种情况下，像归并排序这样将任务分解为可管理的块的方法是非常宝贵的。

3.2　搜索算法简介

许多计算任务的核心需求是：在复杂的数据结构中定位特定的数据。表面上，最简单的方法可能是扫描每个数据点，直到找到目标。但是，随着数据量的增加，我们可以想象到，这种方法会逐渐失去效率。

搜索为何如此关键呢？无论是用户查询数据库、系统访问文件，还是应用程序获取特定数据，高效的搜索决定了这些操作的速度和响应能力。如果没有熟练的搜索技术，系统可能会变得迟缓，特别是在数据量不断增加的情况下。

随着对数据快速检索的需求增加，复杂搜索算法的作用变得不可忽视。它们提供了浏览大量数据所需的灵活性和效率，确保系统保持灵活，并且用户得到满足。因此，搜索算法就像是数字领域的导航员，引导我们在信息海洋中找到我们寻找的精确数据。

本节介绍了以下搜索算法：

- 线性搜索
- 二分搜索
- 插值搜索

让我们更详细地看看它们各自的情况。

3.2.1 线性搜索

线性搜索是一种简单的搜索数据的策略，其方法是简单地循环遍历每个元素，查找目标。每个数据点都被搜索以寻找匹配项，当找到匹配项时，结果被返回，算法退出循环。否则，算法会继续搜索直到达到数据的末尾。线性搜索的明显缺点是由于固有的穷举搜索，速度非常慢。其优点是数据不需要像本章介绍的其他算法那样需要排序。

让我们来看看线性搜索的代码：

```
def linear_search(elements, item):
    index = 0
    found = False

# Match the value with each data element
    while index < len(elements) and found is False:
        if elements[index] == item:
            found = True
        else:
            index = index + 1
    return found
```

现在，查看一下前面代码的输出：

```
list = [12, 33, 11, 99, 22, 55, 90]
print(linear_search(list, 12))
print(linear_search(list, 91))
True
False
```

请注意，运行 `linear_search` 函数将在成功找到数据时返回 `True` 值。

线性搜索的性能分析

如上所述，线性搜索是一种执行穷举搜索的简单算法，其最坏时间复杂度是 $O(N)$。更多信息请在 https://wiki.python.org/moin/TimeComplexity 上获得。

3.2.2 二分搜索

二分搜索算法的前提条件是数据必须是有序的。该算法反复将一个列表分成两部分，并跟踪最低和最高的索引，直到找到它要找的值为止。

```
def binary_search(elements, item):
    first = 0
    last = len(elements) - 1

    while first<=last:
```

```
            midpoint = (first + last) // 2
            if elements[midpoint] == item:
                return True
            else:
                if item < elements[midpoint]:
                    last = midpoint - 1
                else:
                    first = midpoint + 1
    return False
```

输出结果如下:

```
list = [12, 33, 11, 99, 22, 55, 90]
sorted_list = bubble_sort(list)

print(binary_search(list, 12))
print(binary_search(list, 91))
True
False
```

请注意,调用 binary_search 函数将在输入列表中找到值时返回 True 值。

二分搜索算法的性能分析

二分搜索之所以如此命名,是因为在每次迭代中,算法都会将数据分成两部分。如果数据有 N 项,它最多需要 $O(\log N)$ 步来完成迭代,这意味着算法的运行时间为 $O(\log N)$。

3.2.3 插值搜索

二分搜索基于将数据集中心作为关键点进行搜索。而插值搜索更为复杂。它利用目标值来估计已排序数组中元素的位置。让我们通过一个示例来理解它。假设我们想在英文字典中搜索一个单词,比如 "river"。我们将利用这个信息进行插值,并从以字母 "r" 开头的单词开始搜索。一个更加通用的插值搜索可以按照以下方式编程:

```
def int_polsearch(list,x ):
    idx0 = 0
    idxn = (len(list) - 1)
    while idx0 <= idxn and x >= list[idx0] and x <= list[idxn]:
# Find the mid point
        mid = idx0 +int((((float(idxn - idx0)/(list[idxn] - list[idx0])) * (x - list[idx0])))

# Compare the value at mid point with search value
        if list[mid] == x:
            return True
        if list[mid] < x:
            idx0 = mid + 1
    return False
```

输出结果如下：

```
list = [12, 33, 11, 99, 22, 55, 90]
sorted_list = bubble_sort(list)
print(int_polsearch(list, 12))
print(int_polsearch(list, 91))
True
False
```

请注意，在使用 int_polsearch 函数之前，首先需要使用排序算法对数组进行排序。

插值搜索算法的性能

如果数据分布不均匀，则插值搜索算法的性能会很差，该算法最坏时间复杂度是 $O(N)$。如果数据分布得相当均匀，则最好时间复杂度是 $O(\log(\log N))$。

3.3 实际应用

在给定的数据存储库中高效、准确地搜索数据的能力对许多现实生活中的应用至关重要。根据你所选择的搜索算法，你可能还需要先对数据进行排序。选择恰当的排序和搜索算法将取决于数据的类型和规模以及你要求解的问题的性质。

让我们尝试使用本章介绍的算法来解决某国移民部门将一个新的申请人与历史记录进行匹配的问题。当有人申请签证进入该国时，系统会尝试将申请人与现有的历史记录进行匹配。如果找到至少一个匹配项，则系统会进一步计算此人过去被批准或被拒绝的次数。另外，如果没有找到匹配的记录，系统会将申请人归类为新的申请人，并向他们发出一个新的识别码。

在历史数据中搜索、定位和识别一个人的能力对系统至关重要。这一信息很重要，因为如果某人在过去申请过，并且知道申请被拒绝了，那么这可能会对此人当前的申请产生负面影响。同样，如果某人的申请在过去被批准过，则该项批准可能会增加此人当前申请获得批准的机会。通常情况下，历史数据库将有数百万行，因此我们需要一个精心设计的解决方案来匹配历史数据库中的新申请人。

让我们假设数据库中的历史表如下所示。

个人编号 (Personal ID)	申请编号 (Application ID)	名字 (First name)	姓氏 (Surname)	出生日期 (DOB)	决策 (Decision)	决策日期 (Decision date)
45583	677862	John	Doe	2000-09-19	Approved	2018-08-07
54543	877653	Xman	Xsir	1970-03-10	Rejected	2018-06-07
34332	344565	Agro	Waka	1973-02-15	Rejected	2018-05-05
45583	677864	John	Doe	2000-09-19	Approved	2018-03-02
22331	344553	Kal	Sorts	1975-01-02	Approved	2018-04-15

在此表中，第一列 Personal ID 与历史数据库中每个唯一的申请人相关联。如果历史数据库中有 3000 万个唯一的申请人，那么将有 3000 万个唯一的 Personal ID。每个 Personal ID 都在历史数据库系统中标识一个申请人。

第二列是 Application ID，每个 Application ID 都标识了系统中唯一的申请。一个人可能在过去申请过不止一次，因此，这意味着在历史数据库中，我们所拥有的不同的 Application ID 会比 Personal ID 多。如上表所示，John Doe 只有一个 Personal ID，却有两个 Application ID。

上表只显示了历史数据集的一个样本。假设我们的历史数据集有近 100 万行，其中包含了过去 10 年的申请人记录。新的申请人以平均每分钟约 2 个申请人的速度不断到来。对于每个申请人，我们需要完成以下工作：

- 为申请人发放新的 Application ID。
- 查看历史数据库中是否有匹配的申请人。
- 如果找到了匹配的申请人，则使用历史数据库中找到的该申请人的 Personal ID。我们还需要确定历史数据库中已批准或拒绝该申请人的次数。
- 如果没有找到匹配的申请人，那么我们则需要为这个人发放新的 Personal ID。

假设一个申请人带着以下凭证来到这里：

- First Name: John
- Surname: Doe
- DOB: 2000-09-19

现在，我们如何设计一个能够进行高效而低成本搜索的应用呢？

在数据库中搜索新的申请人的一种策略可以设计如下：

- 按照 DOB（出生日期）对历史数据库进行排序。
- 每次有申请人到达时，向申请人发放新的申请 ID。
- 取出所有符合该出生日期的记录，这将是主要的查找过程。
- 在匹配的记录中，使用名字（First Name）和姓氏（Last Name）进行二次查找。
- 如果找到匹配的申请人，用 Personal ID 来指代该申请人，计算该申请人被批准和拒绝的次数。
- 如果没有找到匹配项，则向该申请人发放新的 Personal ID。

我们尝试选择合适的算法对历史数据库进行排序。我们可以放心地排除冒泡排序，因为数据量很大。希尔排序有更好的表现，但前提是列表已经被部分排好序。因此，归并排序可能是对历史数据库进行排序的最佳选择。

当一个申请人到来时，我们需要在历史数据库中搜索并定位这个人。由于数据已经进行了排序，因此可以使用插值搜索或二分搜索。由于是按照 DOB（出生日期）进行排序的，申请人很可能会均匀分布，所以我们可以放心地使用插值搜索。

我们先基于 DOB（出生日期）进行搜索，返回一组具有相同出生日期的申请人。现在，我们需要在具有相同出生日期的一小部分人中找到所需的人。由于我们已经成功地将数据缩小为一个小的子集，因此可以使用任何搜索算法（包括线性搜索）来搜索申请人。请注意，我们在这里稍微简化了二次搜索问题。如果找到多个匹配项，我们还需要通过汇总搜索结果来计算被批准和拒绝的总数。

在现实世界中，由于名字和姓氏的拼写可能略有不同，因此在二次搜索中需要使用某种模糊搜索算法来识别每个人。搜索中可能需要使用某种距离算法来实现模糊搜索，比如相似度超过规定阈值的数据点将被认为是同一个人。

3.4 小结

本章介绍了一组排序和搜索算法，还讨论了不同排序和搜索算法的优缺点。我们对这些算法的性能进行了量化，并了解了每种算法应该在什么时候使用。

在接下来的章节中，我们将学习动态算法。我们还将看一个实际设计算法的例子以及页面排序算法的详细内容。最后，我们将研究线性规划算法。

第 4 章 *Chapter 4*

算法设计

本章介绍各种算法的核心设计概念，讨论了各种算法设计技术的优缺点。通过理解这些概念，你将学会如何设计高效的算法。

本章首先讨论了在设计算法时你可以做出的不同选择。然后，讨论了描述待求解问题的重要性。接下来，以著名的**旅行商问题**（**TSP**）作为示例，应用本章介绍的不同设计技术。然后，介绍了线性规划及其应用。最后，介绍了如何使用线性规划来解决实际问题。

通过本章学习，你应该能够理解设计高效算法的基本概念。

本章涵盖以下主题：

- ❑ 设计算法的各种方法。
- ❑ 理解为算法选择正确的设计思路时所涉及的权衡。
- ❑ 解决实际问题的最佳做法。
- ❑ 解决现实世界中的优化问题。

我们先介绍算法设计的基本概念。

4.1 算法设计基本概念简介

根据美国传统词典（American Heritage Dictionary），算法的定义如下：

"算法是由无歧义指令构成的有限集合，它在给定的一组初始条件下按预定顺序执行，直到满足给定的可识别的结束条件以实现某种目的。"

设计算法就是要给出这个"由无歧义指令构成的有限集合",以最有效的方式"实现某种目标"。为复杂的实际问题设计算法是一项烦琐的任务。要构想得到一个好的设计,需要先充分了解待求解问题。我们首先要弄清楚需要做什么(即了解需求),然后再研究如何做(即设计算法)。理解问题包括找出待求解问题的功能性需求和非功能性需求,让我们看看这些需求分别是什么:

- ❑ 功能性需求正式规定了待求解问题的输入和输出接口,以及与之相关的功能。功能性需求帮助我们理解数据处理,数据操作,以及生成结果所需要执行的计算。
- ❑ 非功能性需求设定了对算法的性能和安全性方面的预期。

需要注意的是,设计算法就是要在给定的环境下以最佳方式同时满足功能性需求和非功能性需求,并且还要考虑到用于运行所设计算法的资源集。

为了得到一个能够满足功能性需求和非功能性需求的算法,我们的设计应该考虑以下三个关注点,正如第 1 章中所讲:

- ❑ 正确性:所设计的算法是否会产生我们期望的结果
- ❑ 性能:所设计算法是获取结果的最佳方法吗
- ❑ 可扩展性:所设计算法在更大的数据集上表现得怎么样

在本节中,我们逐一讨论这些问题。

4.1.1 正确性:所设计的算法是否会产生我们期望的结果

算法是实际问题的数学求解方案,一个有效的算法应该能够产生准确的结果。如何验证算法的正确性,这不应该是事后才需要的想法,而应该是在算法的设计中就已经考虑到了。在制定如何验证算法的策略之前,我们需要考虑以下三个方面:

- ❑ **定义真实值**:为了验证算法,对于给定的一组输入,我们需要已知的正确结果。这些已知的正确结果在待求解问题中被称为**真实值**。**真实值**是很重要的,因为当我们不断地改进我们的算法以获得更好的求解方案时,它可以作为参考。
- ❑ **选择指标**:我们还需要考虑如何量化运行结果与真实值之间的差距。选择合适的度量标准将有助于我们准确地量化算法的质量。

例如,对于有监督的机器学习算法,我们可以将现有的被标记了的数据用作真实值,可以选择一个或多个度量标准(例如准确率,召回率或精度)来量化运行结果与真实值的差距。需要注意的是，在某些用例中，正确的输出不是一个单一的值，相反，对于给定的一组输入，正确的输出被定义为一个范围。在我们设计和开发算法的过程中，我们的目标是反复改进算法，直到其运行结果位于需求所明确的范围之内。

- **边缘情况考虑**：当我们设计的算法在操作参数的极限情况下运行时，就会出现边缘情况。边缘情况通常是一种罕见但需要进行充分测试的情景，因为它可能导致我们的算法失败。非边缘情况称为"正常路径"，涵盖了通常在操作参数处于正常范围内时发生的所有情况。大多数情况下，算法会保持在"正常路径"上。不幸的是，对于给定的算法，没有办法列出所有可能的边缘情况，但我们应考虑尽可能多的边缘情况。如果不考虑和思考边缘情况，可能会出现问题。

4.1.2 性能：所设计算法是获取结果的最佳方法吗

第二个关注点是找到以下问题的答案：

所设计算法是最佳求解方案吗？我们是否能够证明该问题不存在比我们的求解方案更好的求解方案？

乍一看，这个问题似乎很简单就能回答。然而，对于某些类别的算法而言，研究者们花费了数十年的时间，仍然未能成功验证某个特定解是不是最优解，以及是否存在其他可以提供更好性能的解。所以，我们首先要了解问题、问题的需求以及运行算法的资源，这一点非常重要。

为了为某个复杂问题提供最佳解决方案，我们需要回答一个基本问题，那就是我们是否应该努力寻找这个问题的最优解。如果找到并验证最优解是一项耗时巨大且复杂的任务，那么一个可行的解决方案可能是最佳选择。这些近似可行的解决方案被称为启发式方法。

因此，理解问题及其复杂性非常重要，这有助于我们估计所需的资源。

在开始深入讨论之前，我们先在这里定义几个术语：

- **多项式算法**（**Polynomial Algorithm**）：如果算法的时间复杂度为 $O(n^k)$，我们将其称为多项式算法，其中 k 为常数。
- **可行解**（**Certificate**）：迭代结束时产生的一个候选解称为**可行解**。随着我们在解决特定问题上的不断迭代，我们通常会产生一系列的可行解。如果解正朝着收敛的方向发展，则生成的每一个可行解都会比前一个更好。在某些时候，当我们的可行解满足要求时，我们会选择该可行解作为最终的解。

第 1 章 "算法概述"介绍了大 O 记号用以分析算法的时间复杂度。在分析时间复杂度的背景下，我们考虑以下不同的时间区间：

- 候选解的生成时间：一个算法产生一个解（即可行解）所需要的时间 t_r。
- 候选解的验证时间：验证给出的解（可行解）所需的时间 t_s。

刻画问题复杂度

多年来，学术界根据问题的复杂度将问题分为不同的类。在我们尝试设计问题的求解方案之前，先尝试确定它属于哪一类问题是有意义的。一般来说，存在三种类型的问题：

- 类型 1：这类问题肯定存在求解该问题的多项式算法。
- 类型 2：这类问题可以证明无法用多项式算法来求解。
- 类型 3：这类问题无法找到求解该问题的多项式算法，但也无法证明不可能找到该问题的多项式时间求解方案。

让我们根据复杂度来看待问题的各种类别。

- **非确定性多项式（NP）问题**：由非确定性计算机在多项式时间内可以解决的问题。广义上，这意味着通过在每一步都进行合理猜测而不努力寻找最优解，可以在多项式时间内找到并验证问题的一个合理解决方案。形式上，对于一个问题被认为是一个 NP 问题，它必须满足以下条件，称为条件 A：

  > **条件 A**：保证存在一个多项式时间的算法，可以用来验证候选解（可行解）是不是最优解。

- **多项式 (P) 问题**：由确定性计算机在多项式时间内可以解决的问题。这些问题可以通过某些算法以 $O(N^k)$ 的运行时间解决，其中 k 是某个幂，无论 N 有多大。这些问题可以被认为是 **NP** 的一个子集。除了满足 NP 问题的条件 A 外，P 问题需要满足另一个条件，称为条件 B：

  > **条件 A**：保证存在一个多项式时间的算法，可以用来验证候选解（可行解）是不是最优解。

  > **条件 B**：保证至少存在一个多项式时间的算法可以用来解决它们。

探讨 P 与 NP 之间的关系

理解 P 和 NP 之间的关系仍然是一个正在进行的工作。我们可以确定的是 P 是 NP 的一个子集，即 P⊆NP。这一点显而易见，因为在上面的讨论中，NP 只需要满足 P 需要满足的两个条件中的第一个条件。

P 问题与 NP 问题之间的关系如图 4.1 所示。

我们目前无法确定的是，一个问题如果属于 NP，是否也属于 P？这是计算机科学中仍然未解决的最重要的问题之一。由克莱数学研究所（Clay Mathematics Institute）选定的千禧年大奖难题（Millennium Prize Problem），就包括了 P 与 NP 问题。该机构为解决这个问题提供了 100 万美元的奖金，因为它对人工智能、密码学和理论计算机科学等领域将产生重大影响。有一些问题，比如排序问题，已知属于 P。而另一些问题，比如背包问题和旅行商问题（TSP），已知属于 NP。

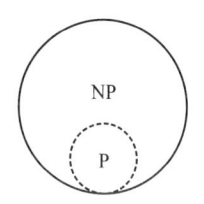

图 4.1　P 问题与 NP 问题之间的关系

目前，有大量的研究工作致力于回答这个问题。到目前为止，没有任何研究人员发现了解决背包问题或旅行商问题的多项式时间确定性算法。这仍然是一个正在进行中的工作，并且没有人能够证明不存在这样的算法。注意，如图 4.2 所示，P=NP 吗？目前我们还不知道。

图 4.2　P = NP 吗？目前我们还不知道

介绍 NP 完全问题和 NP 难问题

让我们继续列出各种类型的问题：

- **NP 完全（NP-complete）问题**：NP 完全类包含了所有 NP 问题中最难的问题。一个 NP 完全问题需要满足以下两个条件：
  - 没有已知的多项式时间算法来生成可行解。
  - 有已知的多项式时间算法来验证提出的可行解是否最优。

- **NP 难（NP-hard）问题**：NP 难类包含的问题至少与 NP 类中的任何问题一样难，但是这些问题本身并不需要属于 NP 类。

现在，让我们尝试画一个图来说明这些不同类别的问题，如图 4.3 所示。

注意，P=NP 的正确性仍有待学术界证明。尽管这尚未得到证实，但很有可能 P≠NP。在此种情况下，不存在求解 NP 完全问题的多项式时间方案。请注意，图 4.3 是基于这个假设所画的。

P、NP、NP 完全问题和 NP 难问题之间的区别

很遗憾，P、NP、NP 完全问题和 NP 难问题之间的区别并不是那么清晰。让我们总结并研究一些例子，以更好地理解本部分讨论的概念。

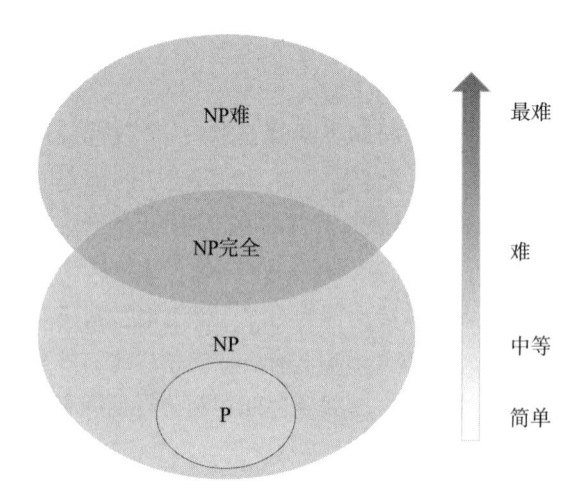

图 4.3　P、NP、NP 完全问题和 NP 难问题之间的关系

- P：可在多项式时间内解决的问题类别。例如：
  - 散列表查找
  - 最短路径算法，如 Djikstra 算法
  - 线性搜索算法和二分搜索算法

- NP：问题不能在多项式时间内解决，但其解决方案可以在多项式时间内验证。例如：
  - RSA 加密算法

- NP 难：目前还没有人提出解决方案的复杂的问题，但如果解决了，将会有一个多项式时间的解决方案。例如：
  - 使用 k-means 算法进行最优聚类

- NP 完全：NP 完全问题在 NP 中是"最难"的。它们既是 NP 难又是 NP。例如：
  - 计算旅行商问题的最优解

> 寻找 NP 难或 NP 完全类中的一个问题的解，就意味着所有 NP 难/NP 完全问题都有解。

4.1.3 可扩展性：所设计算法在更大的数据集上表现得怎么样

算法以规定的方式处理数据以产生结果。一般来说，随着数据规模的增加，处理数据和计算所需结果的时间就越来越长。术语"**大数据**"有时被用来粗略地标识那些由于数据的体积、多样性和速度太大而预计对所使用的基础结构和算法构成挑战的数据集。一个设计良好的算法应该具有可扩展性，这意味着它应该被设计成在可能的情况下能够高效运行，利用现有资源，在合理的时间范围内生成正确的结果。当处理大数据时，算法的设计变得更加重要。为了量化算法的可扩展性，我们需要记住以下两个方面：

- **随着输入数据的增加，资源需求的增加**：对此需求进行估计被称为空间复杂度分析。
- **随着输入数据的增加，运行时间的增加**：对此进行估计被称为时间复杂度分析。

请注意，我们正生活在一个被定义为数据爆炸的时代。"人数据"一词已经成为主流，因为它捕捉到了现代算法通常需要处理的数据的规模和复杂性。

在开发和测试阶段，许多算法只使用少量的数据样本。在设计算法时，重要的是要考虑算法的可扩展性方面。特别地，重要的是要仔细分析（即测试或预测）数据集规模的增加对算法性能的影响。

云计算的弹性和算法的可扩展性

云计算为处理算法的资源需求提供了新的选择。云计算基础设施能够根据处理需求增加而提供更多资源。云计算的能力被称为基础设施的弹性，现在为我们设计算法提供了更多选择。当算法部署在云上时，根据要处理的数据量，可能需要额外的 CPU 或虚拟机。

典型的深度学习算法是一个很好的例子。要训练一个好的深度学习模型，需要大量的标记数据。对于设计良好的深度学习算法，训练深度学习模型所需的处理量与示例数量成正比或接近成正比。在云中训练深度学习模型时，随着数据量的增加，我们会尝试提供更多资源，以保持训练时间在可管理的范围内。

4.2 理解算法策略

一个设计良好的算法尽可能地通过将问题分解为更小的子问题来最有效地优化可用资源的使用。设计算法时有不同的算法策略。算法策略处理包含缺失算法各方面的算法列表以下三个方面。

我们将在本节中介绍以下三种策略：

- 分治策略
- 动态规划策略
- 贪婪算法策略

4.2.1 理解分治策略

其中一种策略是找到一种方法将一个较大的问题分解为可以独立解决的较小问题。由这些子问题产生的子解决方案然后被组合起来生成整体的问题解决方案。这被称为分治策略。

从数学上讲，如果问题 (P) 有 n 个输入且需要对数据集 d 进行处理，则用分治策略为问题设计求解方案会将问题分解成 k 个子问题，记为 P_1 至 P_k，每个子问题将处理数据集 d 的一个分区。通常，假设 P_1 至 P_k 依次处理数据分区 d_1 至 d_k。

让我们来看看一个实际的例子。

实例——适用于 Apache Spark 的分治策略

Apache Spark(https://spark.apache.org/) 是一个开源框架，用于解决复杂的分布式问题。它实现了分治策略来解决问题。为了处理一个问题，它将问题分解为多个子问题，并独立地处理它们。这些子问题可以在不同的机器上运行，实现了横向扩展。我们将通过一个简单的例子来演示这一点，即从一个列表中计算单词的数量。

假设我们有下面几个单词：

wordsList = ["python","java","ottawa","news","java","ottawa"]

我们想要计算列表中每个单词的频率。为此，我们将应用分治策略以高效地解决这个问题。
图 4.4 展示了分治策略的实现流程。

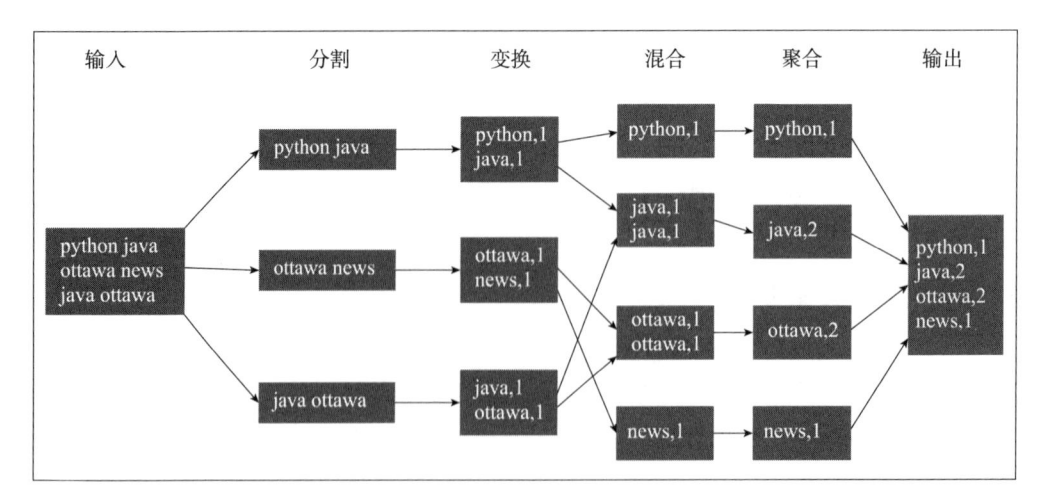

图 4.4 分治策略

在图 4.4 中，我们将一个问题划分为以下几个阶段：

1）分割（Splitting）：在这个阶段中，输入数据被分为可以相互独立处理的分区，这被称为分割。图 4.4 中有三个分区。

2）变换（Mapping）：可以在分区上独立运行的任何操作都称为变换。在图 4.4 中，变换操作将分区中的每个单词转换为键值对。对应于三个分区，有三个并行运行的变换器。

3）混合（Shuffling）：混合是将相似的键组合在一起的过程。一旦相似的键被聚集在一起，聚合函数就可以在它们的值上运行。请注意，混合是性能密集型的操作，因为需要将原本分布在网络各处的相似键聚集在一起。

4）聚合（Reducing）：在相似键的值上运行一个聚合函数的操作叫作聚合。在图 4.4 中，我们要计算每个单词的个数。

我们看看如何编写代码来实现此目的。为了演示分治策略，我们需要使用一个分布式的计算框架。为此，我们将在 Apache Spark 上运行 Python：

1）首先，为了使用 Apache Spark，我们创建一个 Apache Spark 的运行环境：

```
import findspark
findspark.init()
from pyspark.sql import SparkSession
spark = SparkSession.builder.master("local[*]").getOrCreate()
sc = spark.sparkContext
```

2）现在，我们创建一个包含一些单词的示例列表。我们将把这个列表转换成 Spark 的本地分布式数据结构，称为**弹性分布式数据集 RDD**（**Resilient Distributed Dataset**）：

```
wordsList = ['python', 'java', 'ottawa', 'ottawa', 'java','news']
wordsRDD = sc.parallelize(wordsList, 4)
# Print out the type of wordsRDD
print (wordsRDD.collect())
```

3）输出：

```
['python', 'java', 'ottawa', 'ottawa', 'java', 'news']
```

4）现在，我们使用 map 函数将单词转换为键值对：

```
wordPairs = wordsRDD.map(lambda w: (w, 1))
print (wordPairs.collect())
```

5）输出：

```
[('python', 1), ('java', 1), ('ottawa', 1), ('ottawa', 1), ('java', 1), ('news', 1)]
```

6）我们使用 reduce 函数进行聚合并获得最终结果：

```
wordCountsCollected = wordPairs.reduceByKey(lambda x,y: x+y)
print(wordCountsCollected.collect())
```

7）输出：

```
[('python', 1), ('java', 2), ('ottawa', 2), ('news', 1)]
```

这展示了我们如何使用分治策略来计算单词的数量。请注意，分治在问题可以分为子问题，并且每个子问题至少可以部分独立地解决时非常有用。但对于需要进行密集迭代处理的算法，如优化算法，并非最佳选择。对于这类算法，适合使用动态规划，这将在下一部分介绍。

> 现代云计算基础设施，如 Microsoft Azure、Amazon Web Services 和 Google Cloud，通过在分布式基础设施中直接或间接地实现分治策略，利用多个 CPU/GPU 并行处理，实现了可扩展性。

4.2.2 理解动态规划策略

在前面的部分中，我们学习了分治法，这是一种自顶向下的方法。相比之下，动态规划是一种自底向上的策略。我们从最小的子问题开始，并不断地组合解决方案，一直组合到达到最终解决方案为止。动态规划和分治法一样，通过将子问题的解决方案组合来解决问题。

动态规划是由理查德·贝尔曼（Richard Bellman）在 20 世纪 50 年代提出的一种优化某些类别算法的策略。需要注意的是，在动态规划中，"规划"一词指的是使用表格方法，与编写代码无关。与分治策略相反，动态规划适用于子问题不独立的情况。它通常应用于优化问题，其中每个子问题的解决方案都具有一个值。

我们的目标是找到一个具有最优解的解决方案。动态规划算法只解决每个子问题一次，然后将其答案保存在表中，从而避免在每次遇到子问题时重新计算答案的工作。

动态规划的组成
动态规划基于两个主要组成部分：

- 递归：它通过递归地解决子问题。
- 记忆化：记忆化或缓存。它基于智能缓存机制，试图重复使用大量计算的结果。这种智能缓存机制称为记忆化。子问题部分涉及重复计算的情况。其思想是只执行一次计算（这是耗时的步骤），然后在其他子问题中重复使用它。这是通过使用记忆化实现的，这在解决递归问题时尤其有用，因为这些问题可能会多次计算相同的输入。

使用动态规划的条件
我们尝试使用动态规划解决的问题应具有两个特点：

- 最优结构：当我们尝试解决的问题可以分解为子问题时，动态规划会带来良好的性能优势。

❑ 重叠子问题：动态规划使用一个递归函数来解决特定问题，通过调用自身的副本并解决原问题的较小子问题。子问题的计算解决方案被存储在一个表中，这样就不必重新计算这些子问题。因此，这种技术在存在重叠子问题的情况下是必要的。

动态规划非常适用于组合优化问题，这些问题需要以最优的组合形式提供输入元素的解决方案。例如：

❑ 找到像联邦快递（FedEx）或 UPS 这样的公司最佳的包裹送货方式
❑ 找到最佳的航线和机场
❑ 决定如何为像 Uber Eats 这样的在线食品送货系统分配司机

4.2.3 理解贪婪算法

正如名称所示，贪婪算法相对快速地产生一个好的解决方案，但它可能不是最优解。与动态规划类似，贪婪算法主要用于解决无法使用分治策略的优化问题。在贪婪算法中，解决方案是按照一系列步骤计算的。在每一步，都会做出一个局部最优的选择。

使用贪婪算法的条件

贪婪算法是一种策略，适用于具有以下两个特征的问题：

❑ **局部到全局**：通过选择局部最优解可以达到全局最优解。
❑ **最优子结构**：问题的最优解可以由子问题的最优解构成。

在深入展开讨论之前，我们先定义两个术语：

❑ **算法开销**：当我们尝试找出确定型问题的最优解时，都要花费一些时间。随着我们试图优化的优化问题变得越来越复杂，找出最优解所花费的时间也会增加。我们用 Ω_i 表示算法开销。
❑ **最优解增量**：给定的优化问题都存在一个最优解。通常情况下，我们用自己选择的算法迭代地对解进行优化。对于给定的问题，总是存在当前问题的一个完美解，称为**最优解**。如前所述，根据待求解问题的类型，最优解有可能是未知的，或者说计算和验证最优解需要花费的时间长到人们无法接受。假设最优解是已知的，那么在第 i 轮迭代中，当前解与最优解的差值被称为**最优解增量**，用 Δ_i 表示。

对于复杂问题，我们有两种可行的策略：

❑ **策略 1**：花更多时间寻找最接近最优解的解，以而使得 Δ_i 尽可能小。

❑ **策略 2**：最小化算法开销 Ω_i，采用快刀斩乱麻的方法，只需使用可行解即可。

贪婪算法基于策略 2，它并不致力于找出全局最优解，而是选择最小化算法开销。

采用贪婪算法是为多阶段问题找出全局最优解的一种快速简单的策略。它基于选择局部最优解而无须费力去验证局部最优解是否也是全局最优的。一般来说，除非我们很幸运，否则贪婪算法找到的解不会被当做全局最优解。因为寻找全局最优解通常是一项非常耗时的任务。因此，与分治算法和动态规划算法相比，贪心算法的速度很快。

通常，贪婪算法定义如下：

1）假设我们有一个数据集 D。在这个数据集中，选择一个元素 k。

2）假设当前的候选解或可行解为 S。考虑在 S 中包含 k，如果可以将它包括进来，则将当前解更新为 Union(S, k)。

3）重复上述过程，直到 S 被填满或 D 被用完为止。

举例来说，**分类与回归树（CART）**算法是一种贪婪算法，它在顶层搜索最优切分，然后在每个后续层级上重复这个过程。需要注意的是，CART 算法并不会计算和检查某个分割在多层之后是否会导致最低的不纯度。CART 使用贪婪算法是因为寻找最优树被认为是一个 NP 完全问题。它的算法复杂度为 $O(\exp(m))$。

4.3 实际应用——求解 TSP

我们先看一下 TSP 问题的定义。TSP 是一个著名问题，在 20 世纪 30 年代作为一个挑战被提出来。TSP 是一个 NP 难问题。首先，我们可以在不关心最优解的情况下，随机生成一个旅行路线来满足访问所有城市这一条件。然后，我们可以在每一轮迭代中对解进行改进。在迭代过程中生成的每条旅行路线被称为候选解（也可以称为可行解）。证明一个可行解是最优解需要成倍增加的时间，取而代之的是使用各种基于启发式规则的解，这些解生成的旅行路线接近最佳路线，但并非最佳路线。

旅行商需要访问所有给定城市构成的列表才能完成工作。

输入	n 个城市的列表（用 V 表示）以及每对城市之间的距离 $d_{ij}(1 \leq i, j \leq n)$
输出	最短的旅行路线，每个城市恰好仅被访问一次，最后返回出发的城市

请注意以下两点：

❑ 列表上各城市之间的距离是已知的。
❑ 在给定的列表中，每个城市都需要访问一次。

我们可以为旅行商生成旅行计划吗？什么样的旅行计划才是使旅行商所走总路程被最小化的最优解呢？

以下是我们用于演示 TSP 的五个加拿大城市之间的距离。

	Ottawa	Montreal	Kingston	Toronto	Sudbury
Ottawa	—	199	196	450	484
Montreal	199	—	287	542	680
Kingston	196	287	—	263	634
Toronto	450	542	263	—	400
Sudbury	484	680	634	400	—

请注意，我们的目标是得到一条在出发城市开始和结束的旅行路线。例如，一条典型的旅行路线可以是 Ottawa-Sudbury-Montreal-Kingston-Toronto-Ottawa，这条路线总的代价是 484+680+287+263+450=2164。这是不是旅行商要走的路程最少的旅行路线？能使旅行商所走总路程最小的最优解是什么？我们将把这些问题留给你们自己去思考和计算。

4.3.1 使用蛮力策略

要求解 TSP，我们首先想到的求解方案是使用蛮力策略来找出最短路线（任何路线都必须使得旅行商恰好访问每个城市一次且最后返回出发城市）。蛮力策略的工作原理如下：

- 评估所有可能的旅行路线。
- 选择距离最短的那一条。

问题是，对于 n 个城市，存在 $(n-1)!$ 条可能的旅行路线。这意味着 5 个城市将产生 4! = 24 条可能的旅行路线，我们选择距离最短的那条路线。显然，只有在城市不太多的情况下，该方法才有效。随着城市数量的增加，由于这种方法需要产生大量的排列组合，所以蛮力策略变得不稳定。

我们看一下如何在 Python 中实现蛮力策略。

首先注意，旅行路线 {1,2,3} 表示从城市 1 到城市 2 再到城市 3。旅行的总距离是旅行中行驶的总距离。我们假设城市之间的距离是它们之间的最短距离（即欧几里得距离）。

我们先定义三个实用函数：

- `distance_points`：计算两点之间的绝对距离。
- `distance_tour`：计算旅行商在给定的旅行路线中需要行驶的总距离。
- `generate_cities`：随机生成位于长 500、宽 300 的矩形中的 n 个城市。

这些函数的代码如下:

```
import random
from itertools import permutations

def distance_tour(aTour):
    return sum(distance_points(aTour[i - 1], aTour[i])
            for i in range(len(aTour))
        )
aCity = complex

def distance_points(first, second):
    return abs(first - second)

def generate_cities (number_of_cities):
    seed=111
    width=500
    height=300
    random.seed((number_of_cities, seed))
    return frozenset(aCity(random.randint(1, width),
                        random.randint(1, height))
                    for c in range(number_of_cities))
```

在上述代码中,我们利用了 `itertools` 包中 `permutations` 函数的 `alltours` 方法(用来生成所有城市的排列组合)。我们还使用复数来表示城市之间的距离。这意味着以下内容:

计算两个城市 a 和 b 之间的距离就像是计算 `distance(a, b)` 一样简单。

我们只需调用 `generate_cities(n)` 函数就可以创建 n 个城市。

现在,我们定义一个函数 `brute_force`,该函数会生成所有可能的城市旅行路线。一旦生成了所有可能的旅行路线,它将选择距离最短的路线:

```
def brute_force(cities):
    return shortest_tour(alltours(cities))

def shortest_tour(tours):
    return min(tours, key=distance_tour)
```

下面,我们定义实用函数来帮助我们绘制城市和路线,这些函数包括:

❑ `visualize_tour`:绘制特定旅行路线中的所有城市和路线。它还会突出显示旅行开始的城市。

❑ `visualize_segment`:在 visualize_tour 中使用,用于绘制一段路线中的城市和路线。

请看下面的代码:

```
import matplotlib.pyplot as plt
def visualize_tour(tour, style='bo-'):
if len(tour) > 1000:
        plt.figure(figsize=(15, 10))
    start = tour[0:1]
    visualize_segment(tour + start, style)
    visualize_segment(start, 'rD')

def visualize_segment (segment, style='bo-'):
    plt.plot([X(c) for c in segment], [Y(c) for c in segment], style, clip_on=False)
    plt.axis('scaled')
    plt.axis('off')

def X(city):
    "X axis";
    return city.real
def Y(city):
    "Y axis";
    return city.imag
```

最后,我们实现函数 tsp(),它可以完成以下工作:

1. 根据算法和请求的城市数量生成旅行路线。

2. 计算算法运行所需的时间。

3. 生成一个图展示运行结果。

一旦定义了 tsp(),我们就可以用它来创建一条旅行路线:

```
from time import time
from collections import Counter
def tsp(algorithm, cities):
    t0 = time()
    tour = algorithm(cities)
    t1 = time()
    # Every city appears exactly once in tour
    assert Counter(tour) == Counter(cities)
    visalize_tour(tour)
    print("{}:{} cities => tour length {;.0f} (in {:.3f} sec".format(
        name(algorithm), len(tour), distance_tour(tour), t1-t0))
def name(algorithm):
    return algorithm.__name__.replace('_tsp','')

tps(brute_force, generate_cities(10))
```

请注意,在图 4.5 中我们使用 tsp 函数生成了 10 个城市的旅行路线。当 $n=10$ 时,它将生成 (10−1)!=362880 种可能的排列组合。如果 n 增加,排列组合的数量就会急剧增加,那就不能使用蛮力法了。

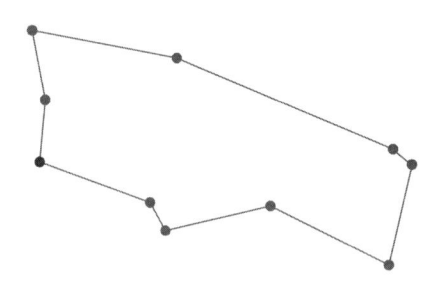

图 4.5　TSP 的解决方案

4.3.2　使用贪婪算法

如果用贪婪算法来求解 TSP，则在每一步中我们都可以选择一个看起来比较合理的城市，而不是寻找一个可以得到最佳总体路径的城市。因此，每当我们需要选择一个城市时，我们只需要选择离当前位置最近的城市，而不需要去验证这个选择是否会带来全局最优的路径。

贪婪算法的方法很简单：

1. 从任何一个城市出发。
2. 在每一步中，继续访问以前未访问过的下一个最近的相邻城市，以继续旅行。
3. 重复第二步。

我们定义一个名为 greedy_algorithm 的函数来实现上述逻辑：

```
def greedy_algorithm(cities, start=None):
    city_ = start or first(cities)
    tour = [city_]
    unvisited = set(cities - {city_})
    while unvisited:
        city_ = nearest_neighbor(city_, unvisited)
        tour.append(city_)
        unvisited.remove(city_)
    return tour

def first(collection): return next(iter(collection))

def nearest_neighbor(city_a, cities):
    return min(cities, key=lambda city_: distance_points(city_, city_a))
```

现在，我们用 greedy_algorithm 来为 2000 个城市创建一条旅行路线：

```
tsp(greedy_algorithm, generate_cities(2000))
```

请注意，贪婪算法仅花费 0.514s 即可为 2000 个城市生成旅行路线（见图 4.6）。如果我们使用蛮力法，它将会生成 (2000-1)!=1.65e^{573} 种排列组合，这几乎是无穷大。

需要注意的是，贪婪算法是基于启发式规则的，并不能证明所得到的解就一定是最优的。

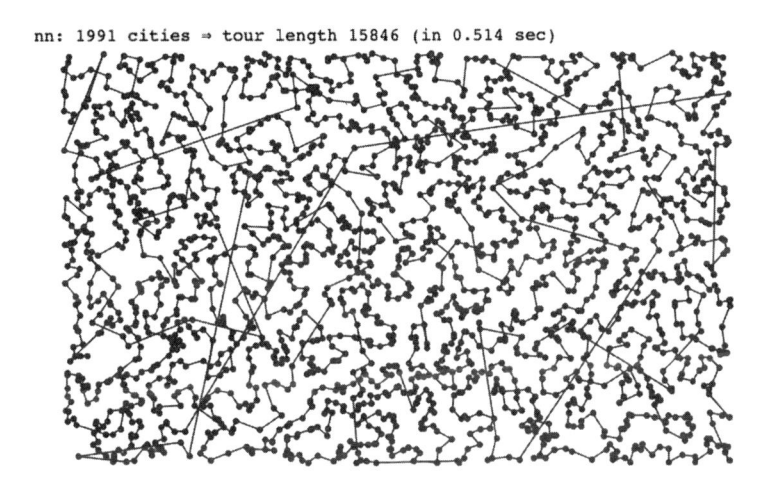

图 4.6　在 Jupyter Notebook 中显示的城市

4.3.3　两种策略比较

总结一下，贪婪算法的结果在计算时间上更加高效，而暴力法提供了全局最优组合。这意味着计算时间以及结果的质量会有所不同。提出的贪婪算法可能会达到几乎与暴力法相当的结果，但计算时间显著减少，但由于它不会寻找最优解，因此它是基于一种基于努力的策略，没有任何保证。

下面，我们讨论页面排序（PageRank）算法的设计。

4.4　PageRank 算法

我们看一个实际的例子，也就是网页排序算法。它最初被谷歌用来对用户查询的搜索结果进行排名。它产生数字来量化搜索结果在用户所执行的查询中的重要程度。该算法诞生于 20 世纪 90 年代末，其设计者是斯坦福大学的两位博士拉里·佩吉（Larry Page）和思尔格·布里恩（Sergey Brin），正是这二人创立了谷歌公司。PageRank 算法是以 Larry Page 的名字命名的。

我们先正式地定义最初设计页面排名算法时要求解的问题。

4.4.1　问题定义

每当用户在网络搜索引擎中输入查询时，通常会得到大量的搜索结果。为了使搜索结果最终对用户有用，使用一些标准对网页进行排序是很重要的，排序的方式取决于正在使用的底层算法所定义的标准。用这种排序将所有搜索结果进行汇总，最后将汇总的搜索结果呈现给用户。

4.4.2 实现 PageRank 算法

首先，在使用 PageRank 算法时，采用以下表示方法：

- 网页用有向图中的节点表示。
- 图的边对应于超链接。

PageRank 算法最重要的部分是找到计算每个页面重要性的最佳方法。网络中特定网页的排名被计算为一个人随机遍历边缘（即单击链接）到达该页面的概率。此外，该算法由阻尼因子 alpha 参数化，其默认值为 0.85。这个阻尼因子是用户继续单击的概率。需要注意的是，具有最高 PageRank 值的页面是最具吸引力的：无论人们从何处开始，该页面具有最高的成为最终目的地的概率。

这个算法需要对网页集合进行多次迭代或遍历，以确定每个网页的正确重要性（或 PageRank 值）。

为了计算一个从 0 到 1 的数字，可以量化特定页面的重要性，该算法结合了以下两个组成部分的信息：

- **与用户输入的查询相关的信息**：该部分根据用户输入的查询，来估计网页内容的相关程度。网页的内容直接取决于网页的作者。
- **与用户输入的查询无关的信息**：该部分试图量化每个网页在其链接、浏览量和邻域的重要性。网页的邻域是直接连接到某个页面的网页组。这个部分很难计算，因为网页是异构的，很难提出可以适用于整个网络的标准。

为了在 Python 中实现 PageRank 算法，首先，我们导入必要的包：

```
import numpy as np
import networkx as nx
import matplotlib.pyplot as plt
```

请注意，有一个网络来自 https://networkx.org/。为了进行演示，假设我们只分析网络中的五个网页。让我们将这组页面称为 my_pages，并且它们一起构成了一个名为 my_web 的网络。

```
my_web = nx.DiGraph()
my_pages = range(1,6)
```

现在，我们把这些网页随机链接起来，从而模拟一个实际的网络：

```
connections = [(1,3),(2,1),(2,3),(3,1),(3,2),(3,4),(4,5),(5,1),(5,4)]
my_web.add_nodes_from(my_pages)
my_web.add_edges_from(connections)
```

现在，我们绘制一幅图来表示这些链接关系：

```
pos = nx.shell_layout(my_web)
nx.draw(my_web, pos, arrows=True, with_labels=True)
plt.show()
```

它创建了网络的可视化表示，如图 4.7 所示。

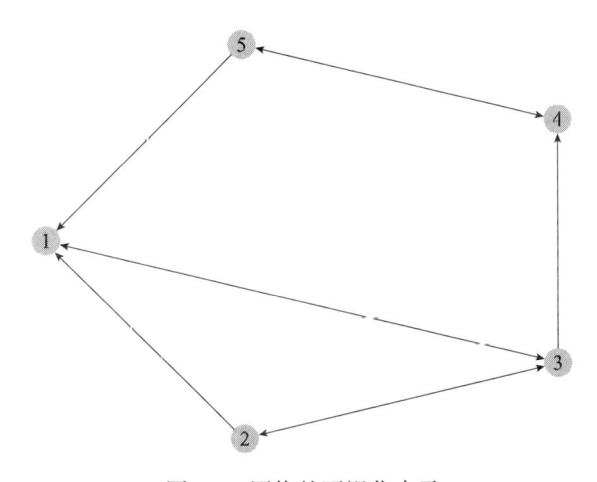

图 4.7　网络的可视化表示

在 PageRank 算法中，网页间的链接关系表示为一个矩阵，该矩阵被称为转移矩阵。转移矩阵用一些算法来不断更新，以捕获网络不断变化的链接状态。转移矩阵的大小为 $n \times n$，其中 n 是节点数。矩阵中的数字是概率值，用来表示访问者由于出站链接而在接下来的过程中访问该链接的可能性。

在我们的示例中，图 4.7 展示了我们拥有的静态网络。我们定义一个可用于创建转移矩阵的函数：

```
def create_page_rank(a_graph):
    nodes_set = len(a_graph)
    M = nx.to_numpy_matrix(a_graph)
    outwards = np.squeeze(np.asarray (np. sum (M, axis=1)))
    prob_outwards = np.array([
        1.0 / count if count>0
        else 0.0
        for count in outwards
    ])
    G = np.asarray(np.multiply (M.T, prob_outwards))
    p = np.ones(nodes_set) / float (nodes_set)
    return G, p
```

请注意，此函数将返回网络图的转移矩阵 **G**。

我们为建立的静态网络图生成转移矩阵，如图 4.8 所示。

```
G,p = create_page_rank(my_web)
print (G)
```

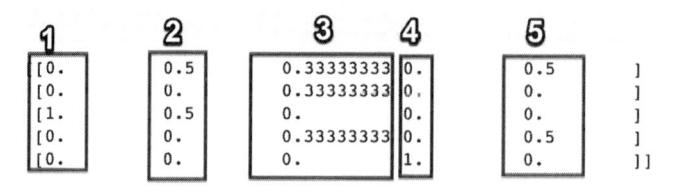

```
     1          2          3           4          5
    [0.        0.5       0.33333333  0.         0.5       ]
    [0.        0.        0.33333333  0.         0.        ]
    [1.        0.5       0.          0.         0.        ]
    [0.        0.        0.33333333  0.         0.5       ]
    [0.        0.        0.          1.         0.        ]]
```

图 4.8 转移矩阵

对于我们所创建的图，转移矩阵是 5×5 的矩阵。矩阵中的每一列对应于图中的一个节点。例如，第 2 列与第 2 个节点有关。访问者从节点 2 导航到节点 1 或节点 3 的概率为 0.5。请注意，转移矩阵的对角线全是 0，因为在我们的网络图中，没有从节点到其自身的出站链接。在实际网络中，却可能会出现这种出站链接。

注意，转移矩阵是一个稀疏矩阵。随着节点数量的增加，大多数值将为 0。因此，图的结构被提取为一个转移矩阵。在转移矩阵中，节点表示为列和行：

- ❑ 列：表示一个网页浏览者在线上的节点
- ❑ 行：表示由于出站链接而导致浏览者访问其他节点的概率

在真实的网络中，用于 PageRank 算法的转移矩阵是由网络爬虫持续探索链接而构建的。

4.5 理解线性规划

许多现实世界的问题涉及最大化或最小化一个目标，同时受到一些给定约束的限制。一种方法是将目标规定为一些变量的线性函数。我们还将资源约束形式化为涉及这些变量的等式或不等式。这种方法被称为线性规划问题。线性规划背后的基本算法是由乔治·丹齐格（George Dantzig）在 20 世纪 40 年代初在加州大学伯克利分校开发的。丹齐格在为美国空军工作时，利用这一概念进行了部队的后勤供给和容量规划实验。

在第二次世界大战结束后，丹齐格开始为五角大楼工作，并将他的算法发展成一种他称之为线性规划的技术。它被用于军事作战规划。

如今，线性规划被用于求解一些重要的实际问题，这些问题与基于某些约束的变量最小化或最大化有关。这些问题领域的一些示例如下：

- 根据资源情况，尽量缩短在汽修厂修车的时间
- 在分布式计算环境中分配可用的分布式资源，以尽量减少响应时间
- 在公司内部资源优化配置的基础上，实现公司利润的最大化

4.5.1 线性规划问题的形式化描述

使用线性规划的条件如下：

- 能够用一组方程来表述问题。
- 方程中使用的变量必须是线性的。

定义目标函数

请注意，前面给出的三个例子，其目标都将某个变量最小化或最大化。该目标在数学上表示为其他变量的线性函数，称为目标函数。线性规划问题的目的就是在给定的约束条件下最小化或最大化目标函数。

给定约束条件

当试图最小化或最大化某些事物时，在现实世界中存在某些约束条件需要加以考虑。例如，当试图最小化修理一辆汽车所需的时间时，我们还需要考虑可用的机械修理工数量有限。通过线性方程来给定每个约束条件是制定线性规划问题的重要部分。

4.5.2 实际应用——用线性规划实现产量规划

让我们看一个实际的用例，线性规划可以用来解决一个现实世界的问题。
假设有一家先进工厂生产两类不同的机器人，我们希望工厂的利润最大化：

- **高级型号 (*A*)**：该款型提供了完整的功能，制造每台高级型号的产品可获利 4200 美元。
- **基本型号 (*B*)**：该款型只提供基本功能，制造每台基本型号的产品可获利 2800 美元。

制造机器人需要三种不同类型的工人，制造每种类型的机器人的各类工人所需的确切天数如下。

机器人类型	技术员	AI 专家	工程师
机器人 *A*：高级型号	3 天	4 天	4 天
机器人 *B*：基本型号	2 天	3 天	3 天

工厂以 30 天为生产周期。1 名 AI（人工智能）专家在 1 个周期内可以工作 30 天，2 名工程师在 30 天内各休息 8 天。因此，每名工程师在每个周期内只能工作 22 天。在每 30 天的一个周期中，1 名技术员可以工作 20 天。

下表给出了工厂的员工人数。

	技术员	AI 专家	工程师
人数	1	1	2
一个周期中可工作的总天数 / 天	$1 \times 20 = 20$	$1 \times 30 = 30$	$2 \times 22 = 44$

在给定的条件下，可以建立如下模型：

- ❏ 最大利润 = $4200A + 2800B$
- ❏ 还受以下条件的约束：

  - ➤ $A \geq 0$：高级型号机器人的数量可以为 0 或更多。
  - ➤ $B \geq 0$：基本型号机器人的数量可以为 0 或更多。
  - ➤ $3A + 2B \leq 20$：这是由技术员可用时间给定的限制。
  - ➤ $4A + 3B \leq 30$：这是由 AI 专家可用时间给定的限制。
  - ➤ $4A + 3B \leq 44$：这是由工程师可用时间给定的限制。

首先，我们导入名为 pulp 的 Python 包，它是用来实现线性规划的：

```
import pulp
```

然后，我们调用这个包中的 LpProblem 函数来实例化问题类。我们将这个实例命名为 "Profit maximising problem"：

```
# Instantiate our problem class
model = pulp.LpProblem("Profit_maximising_problem", pulp.LpMaximize)
```

接着，我们定义两个线性变量 A 和 B。变量 A 代表生产的高级型号机器人的数量，变量 B 代表生产的基本型号机器人的数量：

```
A = pulp.LpVariable('A', lowBound=0, cat='Integer')
B = pulp.LpVariable('B', lowBound=0, cat='Integer')
```

我们定义目标函数和约束如下：

```
# Objective function
model += 5000 * A + 2500 * B, "Profit"

# Constraints
model += 3 * A + 2 * B <= 20
model += 4 * A + 3 * B <= 30
model += 4 * A + 3 * B <= 44
```

我们使用 solve 函数来生成解：

```
# Solve our problem
model.solve()
pulp.LpStatus[model.status]
```

然后，我们打印 *A* 和 *B* 的值以及目标函数的值：

```
# Print our decision variable values
print (A.varValue)
print (B.varValue)
```

输出为：

```
6.0
1.0
# Print our objective function value
print (pulp.value(model.objective))
```

结果为：

```
32500.0
```

> 线性规划在制造业中被广泛应用于寻找最佳的产品数量，以优化现有资源的利用。

至此，本章结束！我们小结一下所学内容。

4.6　小结

本章讨论了算法设计的各种方法和选择恰当算法设计方法所涉及的权衡。接着，讨论了求解实际问题的最佳做法。最后，还讨论了如何求解现实世界中的优化问题。本章学到的经验可以用来实现精心设计的算法。

下一章，我们重点讨论基于图的算法。我们先讨论图的不同表示方式。然后，学习在各种数据点周围建立邻域的技术，以进行特定的研究。最后，研究从图中搜索信息的最优方法。

第 5 章

图算法

与结构化或表格化数据相比，图提供了一种独特的方式来表示数据结构。虽然结构化数据，比如数据库，在存储和查询静态、统一信息方面表现出色，但图在捕捉实体之间复杂关系和模式方面表现突出。想象一下 Facebook，每个用户都是一个节点，每个友谊或互动都成为连接的边缘；这种连接网络可以通过图结构最好地表示和分析。

在计算领域，某些问题，尤其是涉及关系和连接的问题，使用图算法可以更自然地解决。这些算法的核心是理解图的结构。这种理解涉及弄清楚数据点（或节点）如何通过链接（或边缘）连接，以及如何有效地遍历这些连接已得到检索或分析所需的数据。

本章涵盖以下主题：

- **图表示**：捕捉图形的各种方法。
- **网络理论分析**：网络结构背后的基础理论。
- **图的遍历**：有效浏览图形的技术。
- **案例研究**：利用图算法深入研究欺诈分析。
- **邻域技术**：确定和分析大型图形中的局部区域的方法。

通过本章的学习，我们将对图作为数据结构有深入的理解。我们应该能够表达复杂的关系（无论是直接的还是间接的），并且将具备使用图算法解决复杂实际问题的能力。

5.1 理解图：简要介绍

在现代数据的广阔相互连接的情况中，图结构超越表格模型的限制，呈现出作为封装复杂关系的强大工具的面貌。它的崛起不仅仅是一种趋势，而是对数字世界中错综复杂的挑战的回应。图论的历史进展，比如莱昂哈德·欧拉（Leonhard Euler）对哥尼斯堡的七座桥问题的开创性解决方案，奠定了对复杂关系的理解基础。欧拉将现实世界问题转化为图表示的方法彻底改变了我们理解和遍历图的方式。

5.1.1 图：现代数据网络的支柱

图不仅为社交媒体网络和推荐引擎等平台提供了支柱，而且还是解锁看似不相关领域中模式的关键，如道路网络、电路、有机分子、生态系统，甚至是计算机程序中的逻辑流动。图的关键在于它们固有的能力，能够表达有形和无形的交互。

但是，为什么在现代计算中这种具有节点和边的结构如此关键？答案在于图算法。专为理解和解释关系而量身定制的这些数学算法，精确设计用于处理连接。它们建立了清晰的步骤来解码一个图，揭示其整体特征和复杂细节。

在深入研究图的表示之前，建立对它们背后机制的基础理解至关重要。图，扎根于数学和计算机科学的肥沃土壤中，提供了一种描述实体之间关系的生动方法。

现实世界应用

现代数据中越来越复杂的模式和连接在图论中找到了清晰的解释。超越简单的节点和边，隐藏着一些世界上最复杂问题的解决方案。当图算法的数学精确度遇到现实世界的挑战时，结果可能会产生令人惊讶的变革性变化：

- **欺诈检测**：在数字金融领域，欺诈交易可能深度相互关联，通常编织出一个微妙的网络，旨在欺骗传统的检测系统。图论被用于发现这些模式。例如，从单一来源到多个账户的相互关联的小额交易突然激增，可能是洗钱的迹象。

  通过将这些交易绘制成图表，分析人员可以识别出异常模式，孤立可疑节点，并追踪潜在欺诈的来源，确保数字经济保持安全。

- **空中交通管制**：天空中繁忙的航班活动。每架飞机都必须穿越一片航线迷宫，同时确保与其他飞行器保持安全距离。图算法将天空映射为图，将每架飞机视为一个节点，将它们的飞行路径视为边。2010年美国空中旅行拥堵事件证明了图分析的威力。科学家们使用图论来解读系统性的连锁延误，提供了优化航班计划的见解，并减少未来发生此类事件的可能性。

- **疾病传播建模**：疾病的传播，特别是传染性疾病，并非随机发生；它们遵循人类互动和移动的隐形线路。图论创建了复杂的模型，模拟这些模式。通过将个体视为节点，将它们的互动视为边，流行病学家成功地预测了疾病的传播，确定了潜在的疫情热点，并实现了及时的干预。例如，在 COVID-19 大流行的早期阶段，图算法在预测潜在的疫情爆发集群方面发挥了关键作用，帮助指导封锁措施和其他预防措施。

- **社交媒体推荐**：曾经想过像 Facebook 或 Twitter 这样的平台是如何建议朋友或内容的吗？这些建议的背后是庞大的图，代表用户的互动、兴趣和行为。例如，如果两个用户有多个共同的好友或类似的互动模式，他们很可能彼此认识或有相同的兴趣。图算法有助于解读这些连接，使平台通过相关的推荐来增强用户体验。

5.1.2 图的基础：顶点（或节点）

是图中的个体实体或数据点。想象一下，你 Facebook 好友列表中的每个朋友都是一个独立的顶点：

- **边（或链接）**：顶点之间的连接或关系。当你在 Facebook 上与某人成为朋友时，你的顶点和他们的顶点之间就形成了一条边。
- **网络**：由顶点和边相互连接形成的更大结构。例如，整个 Facebook，包括所有用户及其之间的友谊，可以被视为一个庞大的网络。

在图 5.1 中，A、B 和 C 代表顶点，而连接它们的线条代表边。这是对图的简单表示，为我们将要探索的更复杂的结构和操作奠定了基础。

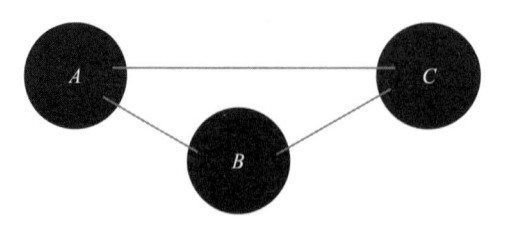

图 5.1　简单图的图形表示

5.2 图论与网络分析

图论和网络分析虽然交织在一起，但在理解复杂系统方面发挥着不同的功能。图论是离散数学的一个分支，提供了节点（实体）和边（关系）的基本概念，而网络分析则是将这些原理应用于研究和解释真实世界网络的过程。例如，图论可能会定义社交媒体平台的结构，其中个体是节点，而他们之间的友谊则是边；相反，网络分析将深入研究这种结构，以发现模式，如影响力中心或孤立社区，从而为用户行为和平台动态提供可操作的见解。

首先，我们将研究如何从数学和视觉上表示图。然后，我们将利用一组关键工具，即"图算法"，在这些表示上运用网络分析的力量。

5.3 图的表示

图是一种以顶点和边来表示数据的结构。一个图可以表示为 $a_{\text{Graph}} = (\mathcal{V}, \mathcal{E})$，其中 $\mathcal{V}$ 表示顶点集合，$\mathcal{E}$ 表示边集合。请注意，图 a_{Graph} 有 $|\mathcal{V}|$ 个顶点，$|\mathcal{E}|$ 条边。需要注意的是，除非特别说明，否则边默认是双向的，意味着连接的顶点之间存在双向关系。

一个顶点 $v \in \mathcal{V}$ 代表现实世界的一个对象，如一个人、一台计算机或一个活动。一条边 $e \in \mathcal{E}$ 连接网络中的两个顶点：

$$e(v_1, v_2) | e \in \mathcal{E}\ \&\ v_i \in \mathcal{V}$$

前面的方程表明，在图中，所有的边属于一个集合 $\mathcal{E}$，所有的顶点属于一个集合 $\mathcal{V}$。这里使用的符号"|"是一个符号表示，表示一个元素属于特定的集合，确保了边、顶点及它们各自集合之间关系的清晰性。

一个顶点象征着有形实体，比如个体或计算机，而连接两个顶点的边表示一种关系。这种关系可以是个体之间的友谊、在线连接、设备之间的物理连接，或者是参与性连接，比如参加会议。

5.4 图的机制和类型

有多种类型的图，每种都具有独特的特点：

- ❑ **简单图（Simple Graph）**：没有平行边或环的图。
- ❑ **有向图（DiGraph）**：每条边都有一个方向，表示一种单向关系。

- **无向图（Undirected Graph）**：边没有特定方向，暗示着一种相互关系。
- **加权图（Weighted Graph）**：每条边都带有权重，通常代表距离、成本等。

在本章中，我们将使用 Python 的 networkx 包来表示图。你可以从 https://networkx.org/ 下载这个包。让我们尝试使用 Python 中的 networkx 包创建一个简单图。在图论中，所谓的"简单图"指的是没有平行边或环的图。首先，让我们尝试创建一个没有顶点或节点的空图：

```
import networkx as nx
graph = nx.Graph()
```

让我们添加一个单个顶点：

```
graph.add_node("mike")
```

我们也可以使用一个列表添加一系列顶点：

```
graph.add_nodes_from(["Amine", "Wassim", "Nick"])
```

我们还可以在现有顶点之间添加一条边，如下所示：

```
graph.add_edge("Mike", "Amine")
```

现在让我们打印边和顶点：

```
print(graph.nodes())
print(graph.edges())
['Mike', 'Amine', 'Wassim', 'Nick']
[('Mike', 'Amine')]
```

请注意，如果要添加一条边，则会导致添加相关的顶点（如果对应的顶点不存在），如下所示：

```
G.add_edge("Amine", "Imran")
```

如果我们打印节点列表，我们会观察到以下输出：

```
print(graph.edges())
[('Mike', 'Amine'), ('Amine', 'Imran')]
```

请注意，对于上面创建的图，如果添加一个已经存在的顶点，则该请求会被忽略。一般情况下，根据所创建的图的不同类型，这种请求既可能会被忽略，也可能被接受。

以自我为中心的网络

在许多网络分析中，一个重要概念被称为以自我为中心的网络，或简称为自我中心网络。如果不仅想研究单个节点，还要了解其周围的直接关系。这就是自我网络发挥作用的地方。

自我中心网络的基础

一个特定顶点 m 的自我中心网络由所有与 m 直接相连的顶点加上顶点 m 本身组成。在这种情况下：

- m 被称为**中心**。
- 它所连接的相距一跳（也就是由一条边直接相连）的相邻节点被称为**邻居**。

一跳、两跳，以及更远

当我们说"一跳邻居"时，我们指的是直接连接到我们感兴趣的节点的节点。可以将其想象为从一个节点到下一个节点的单步或"跳跃"。如果我们考虑到两步之外的节点，它们将被称为"两跳邻居"，以此类推。这种命名法可以扩展到任意数量的跳数，为理解 n 跳邻域铺平道路。

特定节点 3 的自我中心网络如图 5.2 所示。

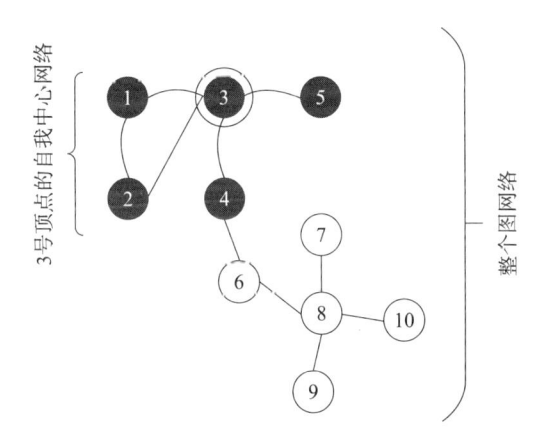

图 5.2　节点 3 的自我中心网络，展示了中心和其一跳邻居

自我中心网络的应用

自我中心网络在社交网络分析中被广泛利用。它们对于理解大型网络中的局部结构至关重要，并可以根据其直接网络环境提供对个体行为的洞察。

例如，在在线社交平台上，自我中心网络可以帮助检测具有影响力的节点或理解局部网络区域内的信息传播模式。

5.5　网络分析理论简介

网络分析允许我们深入研究相互连接的数据，并将其呈现为网络形式。它涉及研究和应用方法来检查以网络格式排列的数据。在这里，我们将分解与网络分析相关的核心元素和概念。

网络的核心是"顶点"，它是网络的基本单位。将网络想象成一张网，顶点是这个网的节点，而连接它们的链接代表着研究对象之间的关系。值得注意的是，两个顶点之间可能存在不同的关系，这意味着边可以被标记以表示各种不同的关系。想象一下两个人之间有"朋友"和"同事"两种关系，尽管关系不同，但链接的是同样的个体。

为了充分发挥网络分析的潜力，评估网络中顶点的重要性尤为重要，特别是与手头的问题相关。存在多种技术可帮助我们确定这种重要性。

现在，让我们来看一些网络分析理论中使用的重要概念。

5.5.1 理解最短路径

在图论中，"路径"被定义为一系列节点，连接起始节点和结束节点，中间不重复访问任何节点。基本上，路径勾勒出了两个选择的顶点之间的路线。这条路径的"长度"由其中包含的边的数量决定。在两个节点之间可能存在的各种路径中，具有最少边数的路径被称为"最短路径"。

在许多图算法中，确定最短路径是一项基本任务。然而，其确定并不总是直接的。多年来，已经开发了多种算法来解决这个问题，Dijkstra 算法是其中一种最著名的算法，它于 20 世纪 50 年代末提出。该算法旨在找出图中的最短距离，并已应用于诸如全球定位系统（GPS）设备等应用中，这些设备依赖它来推断两点之间的最小距离。Dijkstra 算法也被用于网络路由算法中。

大型科技公司如谷歌和苹果在不断竞争，特别是在增强其地图服务方面。目标不仅是识别最短路径，而且要在几秒钟内迅速完成。

本章后面将讨论**广度优先搜索（Breadth-First Search，BFS）**算法，改造这个算法即可得到 Dijkstra 算法。BFS 假设在给定图中遍历每条边的代价相同，而在 Dijkstra 算法中，遍历图中各条边的代价则可以是不同的，这就需要将代价纳入算法设计中，进而将 BFS 修改为 Dijkstra 算法。

正如前面所讲，Dijkstra 算法是一种计算单源最短路径的算法。如果我们想计算图中所有顶点对之间的最短路径，则可以使用 **Floyd-Warshall 算法**。

创建邻域

在图算法中，"neighborhood"（邻域）这个术语经常出现。在这个背景下，邻域指的是围绕特定节点形成的一个紧密联系的群体。这个"群体"包括直接连接或与焦点节点密切相关的节点。

作为类比，想象一张城市地图，其中地标代表节点。在一个著名地点的周围，其附近的地标形成了其"邻域"。

划定这些邻域的一个广泛采用的方法是通过 k 阶策略。在这里，我们通过确定距离 k 跳的顶点来确定节点的邻域。为了更好地理解，当 $k=1$ 时，邻域包含与焦点节点直接相连的所有节点。当 k=2 时，邻域扩展到包括与这些直接邻居相连的节点，模式以此类推。

想象一个圆内的中心点作为我们的目标顶点。当 k=1 时，任何直接连接到这个中心图形的点都是它的邻居。随着 k 的增加，圆的半径增大，包围着距离更远的点。

利用和解释邻域对于图算法至关重要，因为它确定了关键的分析区域。

在图算法中，经常需要在感兴趣的节点周围创建邻域，且创建邻域的方法至关重要。这些方法基于选择与感兴趣的顶点直接相关的对象，其中一种方法是使用 k- 阶策略，亦即选择距离目标顶点 k 跳的顶点。

我们看一下创建邻域的各种标准。

1. 三角子图

2. 密度

让我们更详细地探讨它们。

三角子图

在图的理论分析中，寻找相互联系比较紧密的顶点是非常重要的。一种技术是尝试识别网络中的三角子图，也就是由网络中三个相互之间直接连接的节点组成的子图。

让我们通过一个具体的应用案例——欺诈检测来探讨这个问题，本章末尾还要将它用作案例进行详细的讨论。想象一种情景，那就是一个相互连接的网络——一个围绕着中心人物的"自我中心网络"，我们称之为 Max。在这个自我中心网络中，除了 Max 之外，还有两个人，Alice 和 Bob。现在，这三个人形成了一个"三角形"——Max 是我们的主要人物（中心），而 Alice 和 Bob 则是次要人物（邻居）。

有趣的地方在于：如果 Alice 和 Bob 有过欺诈活动的记录，这就引发了对 Max 的可信度的质疑。就像发现你的两个密友曾参与可疑行为一样——这自然会使你受到审查。然而，如果其中只有一个人有可疑的过去，那么 Max 的情况就变得模糊了。我们不能直接给他贴上可疑标签，但需要进行更深入的调查。

为了形象化，想象一下 Max 位于三角形的中心，而 Alice 和 Bob 位于其他顶点。他们之间的相互关系，特别是如果它们带有负面含义，可能会影响对 Max 诚信度的看法。

密度

在图论领域，密度（Density）是衡量网络紧密程度的一个指标。具体来说，它是图中存在的边数与可能的最大边数之比。在数学上，对于一个简单无向图，密度的定义如下：

$$密度 = \frac{2 \times 边的数量}{节点 x 的数量(节点的数量-1)}$$

为了形象化，让我们考虑一个例子：假设我们是一个有五个成员的读书俱乐部，其中包括 Alice、Bob、Charlie、Dave 和 Eve。如果每个成员都认识并与其他每个成员有过互动，那么它们之间将总共有 10 个连接（或边）（例如 Alice-Bob、Alice-Charlie、Alice-Dave、Alice-Eve、Bob-Charlie 等）。在这种情况下，可能的最大连接或边的数量是 10。如果所有这些连接都存在，那么密度为

$$密度 = \frac{2 \times 10}{5 \times 4} = 1$$

这表明这是一个完全密集或完全连接网络。

然而，假设 Alice 只认识 Bob 和 Charlie，Bob 只认识 Alice 和 Dave，Charlie 只认识 Alice。Dave 和 Eve 虽然是成员，但尚未与任何人互动。在这种情况下，只有三个实际的连接：Alice-Bob、Alice-Charlie 和 Bob-Dave。让我们计算密度：

$$密度 = \frac{2 \times 3}{5 \times 4} = 0.3$$

该值小于 1，说明读书俱乐部的互动网络没有完全连接，许多潜在的互动（边）尚不存在。

本质上，密度接近 1 表示紧密连接的网络，而密度值接近 0 表示互动稀疏。理解密度可以在各种场景中发挥作用，从分析社交网络到优化基础设施规划，通过衡量系统元素的相互连接程度来了解相关信息。

5.5.2 理解中心性度量

中心性度量提供了一种了解图中个别节点重要性的窗口。将中心性视为识别网络中关键参与者或中心枢纽的工具。例如，在社交环境中，它可以帮助确定具有影响力或主导地位的人物。在城市规划中，中心性可能指示了在交通流或可达性中发挥关键作用的关键建筑物或交叉点。理解中心性至关重要，因为它揭示了网络内对功能、凝聚力或影响力至关重要的节点。

以下几种中心性指标在图的分析中被广泛使用：

- ❑ 度中心性：反映了一个节点的直接连接数量。
- ❑ 介数中心性：表示一个节点在其他两个节点之间的最短路径上充当桥梁的频率。
- ❑ 接近中心性：代表一个节点与网络中所有其他节点的接近程度。
- ❑ 特征向量中心性：根据其连接的质量而不仅仅是数量，衡量节点的影响力。

注意，中心性度量适用于所有图。正如我们所知，图是对象（顶点或节点）及其关系（边）的一般表示，而中心性度量则有助于识别图中这些节点的重要性或影响力。请记住，网络是图的特定实现或应用，通常代表着社交网络、交通系统或通信网络等现实世界系统。因此，虽然所讨论的中心性度量可以在所有类型的图中通用，但由于它们在理解和优化现实世

界系统方面的实际意义，它们通常在网络的背景下被强调。

让我们更深入地研究这些指标，以更好地理解它们的效用和细微差别。

度中心性

连接到特定顶点的边的数量称为这个顶点的**度**（Degree）。它可以揭示一个特定顶点的连接程度，以及该顶点在网络中快速传播信息的能力。

考虑图 $a_{Graph} = (\mathcal{V}, \mathcal{E})$，其中 $\mathcal{V}$ 代表顶点集，$\mathcal{E}$ 代表边集。回想一下，a_{Graph} 有 $|\mathcal{V}|$ 个顶点和 $|\mathcal{E}|$ 条边。如果将一个节点的度数除以 $(|\mathcal{V}|-1)$，所得的值被称为该节点的**度中心性**（Degree Centrality，DC）：

$$C_{DC_a} = \frac{顶点a的度}{|\mathcal{V}|-1}$$

现在，看一个具体的例子。思考下面的图 5.3。

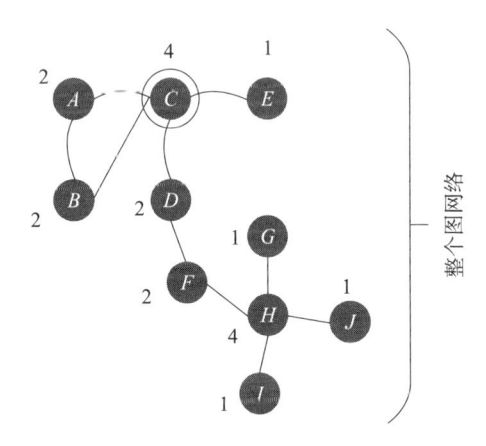

图 5.3 说明度和度中心性概念的示例图

在图 5.3 中，顶点 C 的度为 4，其度中心性计算如下：

$$C_{DC_C} = \frac{顶点C的度}{|\mathcal{V}|-1} = \frac{4}{10-1} \approx 0.44$$

介数中心性

介数（Betweenness）是用来度量图的中心性的标准。在社交媒体的背景下，它将量化一个人在子群中参与交流的概率。对于计算机网络，介数将会量化该顶点失效后对图中节点通信的负面影响。

要计算图 $a_{Graph} = (\mathcal{V}, \mathcal{E})$ 中顶点 a 的介数，需要按照以下步骤进行：

1. 计算 a_{Graph} 中所有顶点对之间的最短路径，让我们用 $n_{Shortest_{Total}}$ 来表示。

2. 根据 $n_{Shortest_{Total}}$ 计算通过顶点 a 的最短路径的数量，我们用 $n_{Shortest_a}$ 来表示

3. 使用如下公式计算介数：

$$C_{\text{Betweenness}_a} = \frac{n_{\text{Shortest}_a}}{n_{\text{Shortest}_{\text{Total}}}}$$

接近中心性

在图论中，我们经常希望确定特定顶点相对于其他顶点的中心性或距离。衡量这一点的一种方法是通过计算称为"公平度"的度量标准。对于图"g"中的给定顶点，比如"a"，公平度是通过将顶点"a"到图中每个其他顶点的距离相加来确定的。基本上，这让我们了解一个顶点与其邻居有多么"分散"或"远"。这个概念与中心性的想法密切相关，其中顶点的中心性衡量了它与所有其他顶点的整体距离。

相反，"接近度"可以被认为是公平度的反义词。虽然直观地将接近度视为顶点与其他顶点距离的负和可能是合理的，但从技术上讲，这并不准确。相反，接近度衡量了顶点与图中所有其他顶点的接近程度，通常通过取其与其他顶点的距离之和的倒数来计算。

公平度和接近度在网络分析中都是至关重要的度量标准。它们提供了对信息在网络中如何流动或特定节点可能有多大影响力的洞察。通过理解这些度量标准，人们可以更深入地理解网络结构及其潜在动态。

特征向量中心性

特征向量中心性是一种评估图中节点重要性的度量标准。与仅考虑节点直接连接数量不同，它考虑了这些连接的质量。简单来说，如果一个节点连接到的其他节点在网络中也很重要，那么这个节点本身就被认为是重要的。

从数学上讲，可以将每个节点 v 的中心性得分表示为 $x(v)$。对于每个节点 v，其特征向量中心性是基于其邻居节点的中心性得分之和，按特征值 λ（特征向量的相关特征值）进行缩放计算的。

$$x(v) = \frac{1}{\lambda} \sum_{u \in M(v)} x(u)$$

其中，$M(v)$ 表示节点 v 的邻居。

这种根据节点邻居的重要性来衡量节点重要性的想法对于谷歌开发 PageRank 算法时是至关重要的。该算法为互联网上的每个网页分配一个排序，表示其重要性，并且受到特征向量中心性概念的重大影响。

对于对我们即将介绍的"瞭望塔"示例感兴趣的读者来说，理解特征向量中心性的本质将为深入了解复杂网络分析技术的运作方式提供更深层次的洞察。

5.5.3 用 Python 计算中心性指标

我们创建一个网络，然后尝试计算其中心性指标。

设置基础：库和数据

这包括导入必要的库和定义我们的数据：

```
import networkx as nx
import matplotlib.pyplot as plt
```

对于我们的示例，我们考虑了一组顶点和边：

```
vertices = range(1, 10)
edges = [(7, 2), (2, 3), (7, 4), (4, 5), (7, 3), (7, 5), (1, 6), (1, 7),
(2, 8), (2, 9)]
```

在这个设置中，顶点表示网络中的个别点或节点。边表示这些节点之间的关系或链接。

绘制图形

有了基础集，我们就继续绘制我们的图形。这涉及将我们的数据（顶点和边）输入到图形结构中：

```
graph = nx.Graph()
graph.add_nodes_from(vertices)
graph.add_edges_from(edges)
```

在这里，`Graph()` 函数启动了一个空图。随后的方法 `add_nodes_from` 和 `add_edges_from`，用我们定义的节点和边填充这个图。

绘制一个图片：可视化图形

图形化表示通常比原始数据更直观。可视化不仅有助于理解，而且还提供了图形整体结构的快照。

```
nx.draw(graph, with_labels=True, node_color='y', node_size=800)
plt.show()
```

这段代码为我们绘制了图形（见图 5.4）。`with_labels=True` 方法确保每个节点都有标签，`node_color` 提供了不同的颜色，而 `node_size` 调整了节点的大小以提高清晰度。

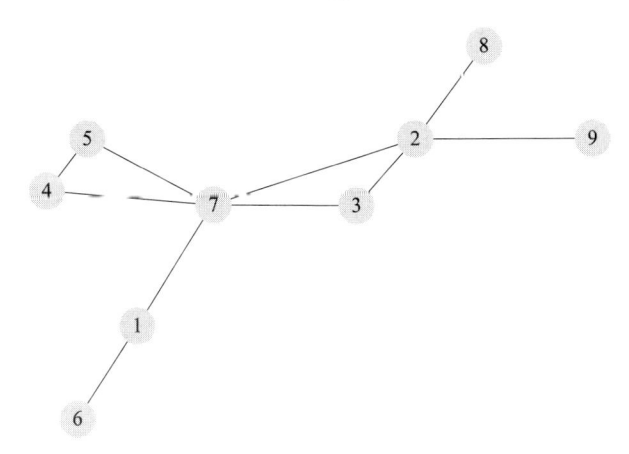

图 5.4 可视化图形，展示了节点及其相互关系

一旦我们的图形建立好了，下一个关键步骤是计算并理解每个节点的中心性度量。中心性度量，如前所述，衡量了网络中节点的重要性。

度中心性：这个度量给出了一个特定节点连接到的节点的比例。简单来说，如果一个节点具有较高的度中心性，它在图中连接到许多其他节点。函数 nx.degree_centrality(graph) 返回一个字典，其中节点是键，它们各自的度中心性是值：

```
print("Degree Centrality:", nx.degree_centrality(graph))
Degree Centrality: {1: 0.25, 2: 0.5, 3: 0.25, 4: 0.25, 5: 0.25, 6: 0.125, 7: 0.625, 8: 0.125, 9: 0.125}
```

介数中心性：这个度量表示通过特定节点的最短路径的数量。具有高介数中心性的节点可以被视为图中不同部分之间的"桥梁"或"瓶颈"。函数 nx.betweenness_centrality(graph) 为每个节点计算这一度量：

```
print("Betweenness Centrality:", nx.betweenness_centrality(graph))
Betweenness Centrality: {1: 0.25, 2: 0.464285714285714125, 3: 0.0, 4: 0.0, 5: 0.0, 6: 0.0, 7: 0.7142857142857142, 8: 0.0, 9: 0.0}
```

接近中心性：表示节点与图中所有其他节点的接近程度。具有高紧密中心性的节点可以快速与所有其他节点进行交互，使其位于中心位置。此度量通过 nx.closeness_centrality(graph) 计算：

```
print("Closeness Centrality:", nx.closeness_centrality(graph))
Closeness Centrality: {1: 0.5, 2: 0.6153846153846154, 3: 0.5333333333333333, 4: 0.47058823529411764, 5: 0.47058823529411764, 6: 0.34782608695652173, 7: 0.7272727272727273, 8: 0.4, 9: 0.4}
```

特征向量中心性：与度中心性不同，度中心性计算直接连接的数量，而特征向量中心性考虑这些连接的质量或强度。连接到其他得分较高的节点的节点会得到提升，使其成为影响力节点的度量。在这里，我们可以使用 nx.eigenvector_centrality(graph) 函数来计算特征向量中心性。然后，你可以对这些值进行排序以便更好地理解节点的重要性。

```
eigenvector_centrality = nx.eigenvector_centrality(graph)
sorted_centrality = sorted((vertex, '{:0.2f}'.format(centrality_val))
                           for vertex, centrality_val in eigenvector_centrality.items())
print("Eigenvector Centrality:", sorted_centrality)
Eigenvector Centrality: [(1, '0.24'), (2, '0.45'), (3, '0.36'), (4, '0.32'), (5, '0.32'), (6, '0.08'), (7, '0.59'), (8, '0.16'), (9, '0.16')]
```

请注意，中心性度量指的是图或子图中特定顶点的中心性度量。观察图 5.4，标记为 7 的顶点似乎处于最中心的位置。顶点 7 在所有四个中心性度量中都具有最高的值，因此反映了它在这种情境下的重要性。

现在，我们讨论如何从图中检索信息。图是一种复杂的数据结构，其顶点和边都存储了大量信息。我们讨论一些可用于高效遍历图的策略，以便从图中收集信息来响应对图的查询。

5.5.4　社交网络分析

社交网络分析（SNA） 作为图论中的重要应用，具有显著的特点。在核心层面，分析符合以下标准时可以被归类为 SNA：

- 图中的顶点代表个体。
- 边表示这些个体之间的社交联系，包括友谊关系、共同兴趣、家族关系、意见差异等。
- 图分析的主要目标是理解明显的社会背景。

SNA 的一个引人注目的方面是其揭示与犯罪行为相关的模式的能力。通过绘制关系和互动，可以确定可能指示欺诈活动或行为的模式或异常。例如，分析连接模式可能会揭示特定地点的不寻常联系或频繁互动，暗示可能存在的犯罪热点或网络。

> 领英对与 SNA 相关的新技术的研究和开发做出了很大贡献。事实上，领英可以被视为该领域许多算法的先驱者。

因此，由于社交网络的固有分布式和互联结构，使得 SNA 成为图论中最强大的应用案例之一。另一种抽象图的方式是将其视为网络，并应用专为网络设计的算法。这整个领域被称为网络分析理论，我们将在接下来进行讨论。

5.6　理解图的遍历

为了使用图，需要从图中挖掘信息。图的遍历策略被定义为确保每个顶点和边都被有序地访问的策略，需要确保每个顶点和边都被访问一次，不能够超过一次，也不能够存在顶点或边未被访问。一般来说，可以有两种不同的方式对图进行遍历来搜索其中的数据。按照广度进行搜索的策略被称为**广度优先搜索**，按照深度进行搜索的策略被称为**深度优先搜索**（Depth-First Search，DFS）。我们将逐一对其进行了解。

5.6.1　广度优先搜索

当我们所处理的图 aGraph 存在层次的概念时，BFS 的效果最好。例如，当我们将领英

（LinkedIn）中某人与他人的联系表示为图后，有第一层联系，然后是第二层联系，这些不同层的联系可以直接转换为图的不同层次。

BFS 算法从根顶点开始，探索邻近顶点，然后移动到下一个邻域级别并重复该过程。

我们先讨论 BFS 算法。为此，我们考虑图 5.5 所示的无向图。

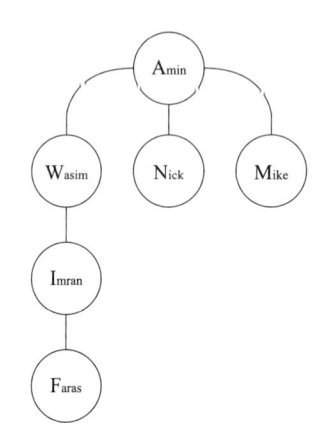

图 5.5　展示个人关系的无向图

构建邻接表

在 Python 中，字典数据结构非常方便地用于表示图的邻接表。下面定义一个无向图：

```
graph={ 'Amin'  : {'Wasim', 'Nick', 'Mike'},
        'Wasim' : {'Imran', 'Amin'},
        'Imran' : {'Wasim','Faras'},
        'Faras' : {'Imran'},
        'Mike'  : {'Amin'},
        'Nick'  : {'Amin'}}
```

要在 Python 中实现它，我们需要按以下步骤进行。

我们首先讨论初始化工作，然后再讨论主循环。

BFS 算法实现

算法的实现将涉及两个主要阶段：初始化和主循环。

初始化

我们对图的遍历依赖于两个关键的数据结构：

- ❑　`visited`：一个集合，用于保存我们已经探索过的所有顶点。它初始为空。
- ❑　`queue`：一个列表，用于保存待探索的顶点。最初，它将只包含我们的起始顶点。

主循环

BFS 的主要逻辑围绕着逐层探索节点展开:

1) 首先,我们需要从队列中弹出第一个节点,并选择该节点作为本次迭代的当前节点:

```
node = queue.pop(0)
```

2) 如果该节点尚未被访问,请将其标记为已访问的节点,并获取其邻居节点:

```
if node not in visited:
    visited.add(node)
    neighbours = graph[node]
```

3) 将未访问的邻居附加到队列中:

```
for neighbour in neighbours:
    if neighbour not in visited:
        queue.append(neighbour)
```

4) 主循环完成后,返回包含所有已遍历节点的 visited 数据结构。

完成 BFS 代码实现

包含初始化和主循环的完整代码如下所示:

```
def bfs(graph, start):
    visited = set()
    queue = [start]

    while queue:
        node = queue.pop(0)
        if node not in visited:
            visited.add(node)
            neighbours = graph[node]
            unvisited_neighbours = [neighbour for neighbour in neighbours
                                    if neighbour not in visited]
            queue.extend(unvisited_neighbours)
    return visited
```

BFS 遍历的机制如下:

1) 这个过程从第一层开始,以节点 "Amin" 表示。

2) 接着扩展到第二层,访问 "Wasim"、"Nick" 和 "Mike" 这三个节点。

3) 随后,BFS 深入到第三层和第四层,分别访问 "Imran" 和 "Faras"。

当 BFS 完成其遍历时,所有节点都已经记录在 visited 集合中,队列为空。

使用 BFS 进行特定的搜索

为了实际理解 BFS 的运作方式,使用我们实现的函数在图中找到特定人的路径,如图 5.6 所示。

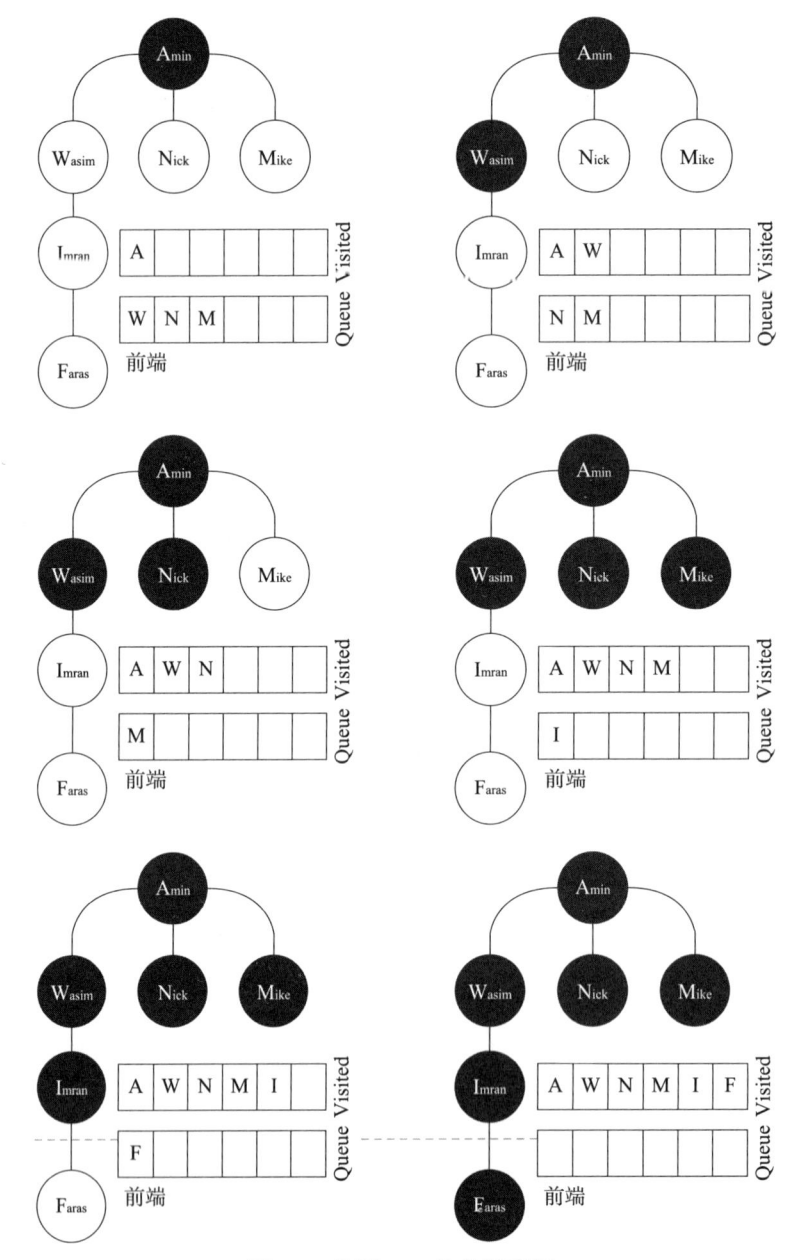

图 5.6 使用 BFS 的分层遍历

现在，我们尝试使用 BFS 从图 5.6 中找到一个特定的人。我们指定要搜索的数据并观察结果：

```
start_node = 'Amin'
print(bfs(graph, start_node))
{'Faras', 'Nick', 'Wasim', 'Imran', 'Amin', 'Mike'}
```

这意味着当 BFS 从 Amin 开始时所访问的节点序列。

接下来，我们讨论深度优先搜索算法。

5.6.2 深度优先搜索

DFS 提供了一种与 BFS 不同的图的遍历方法。BFS 试图逐层探索图，首先关注最近的邻居，DFS 则尽可能深入一条路径，然后回溯。

想象一棵树。从根开始，DFS 沿着一条分支向下探索到最远的叶节点，标记沿该分支的所有节点为已访问，然后以类似的方式回溯以探索其他分支。其思想是在考虑其他分支之前先到达给定分支上的最远叶节点。"叶子"是指树中没有任何子节点的节点，或者在图的上下文中，指的是没有未访问相邻节点的节点。

为了确保遍历不会陷入循环，尤其是在循环图中，DFS 使用一个布尔标志。该标志指示节点是否已被访问，防止算法重新访问节点并陷入无限循环中。

在实现 DFS 时，我们将使用栈数据结构，这在第 2 章"算法中的数据结构"中进行了详细讨论。请记住，栈基于"后进先出（LIFO）"的原则。这与 BFS 使用的队列相反，队列基于"先进先出（FIFO）"的原则。

以下是用于 DFS 的代码：

```
def dfs(graph, start, visited=None):
    if visited is None:
        visited = set()
    visited.add(start)
    print(start)
    for next in graph[start] - visited:
        dfs(graph, next, visited)
    return visited
```

我们再次使用以下代码测试前面所定义的 `dfs` 函数：

```
graph={ 'Amin' : {'Wasim', 'Nick', 'Mike'},
        'Wasim' : {'Imran', 'Amin'},
        'Imran' : {'Wasim','Faras'},
        'Faras' : {'Imran'},
        'Mike'  :{'Amin'},
        'Nick'  :{'Amin'}}
```

如果运行此算法，将输出如下结果：

```
Amin
Wasim
Imran
Faras
Nick
Mike
```

我们看一下该图被 DFS 方法遍历的过程：

1. 迭代从顶层节点 **Amin** 开始。

2. 然后，移动到第二层的节点 **Wasim**。从此处开始，继续向更低层移动，直到到达最底层的节点，在该路径上还会访问节点 **Imran** 和节点 **Faras**。

3. 在完成第 1 个完整分支后，回溯到第二层依次访问第 2 个分支和第 3 个分支，亦即先后访问 **Nick** 和 **MIke**。

遍历模式如图 5.7 所示。

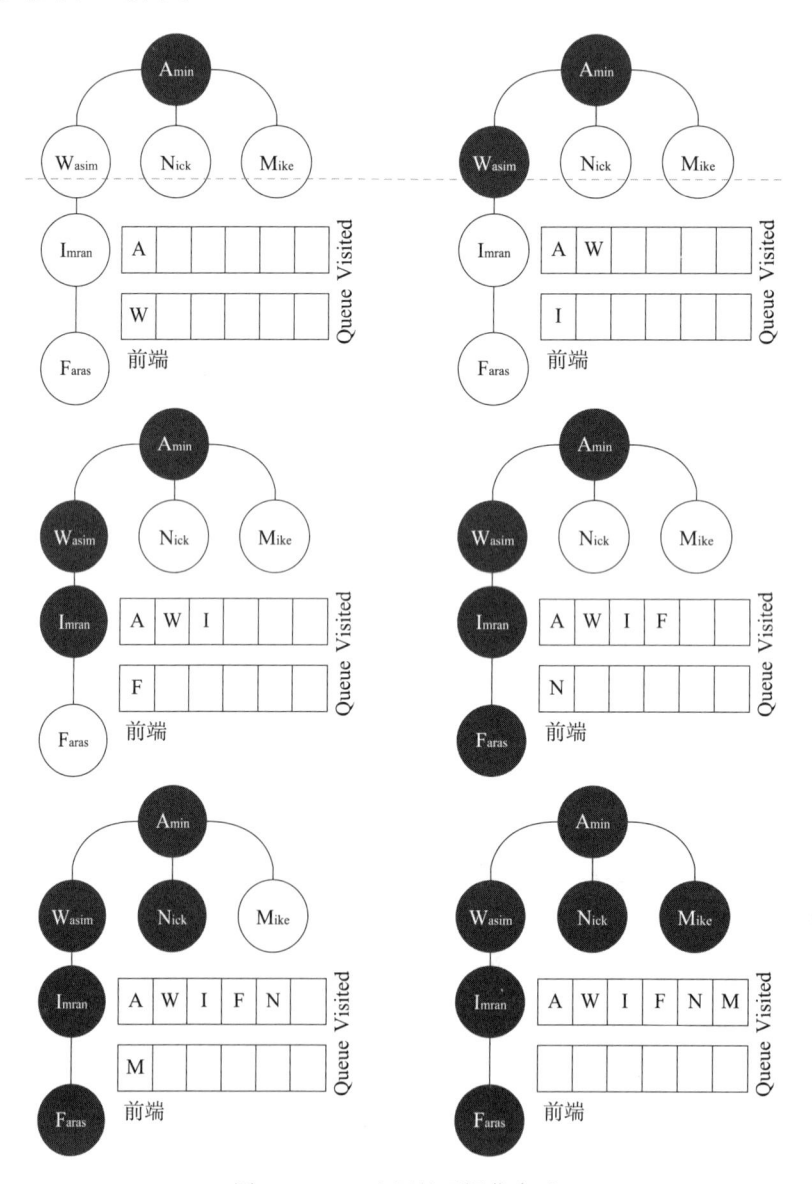

图 5.7　DFS 遍历的可视化表示

注意，DFS 也可以用于树的遍历。

现在，我们讨论一个案例研究，它解释了本章前面给出的概念是如何用于求解实际问题的。

5.7 案例研究：使用 SNA 进行欺诈检测

5.7.1 介绍

人类天生具有社交性，他们的行为常常反映了他们所交往的人。在欺诈分析领域，一种称为**同质性**（**Homophily**）的原则表明，个体可能会根据共享的属性或行为与他人建立关联。例如，一个**同质网络**可能包括来自同一故乡、大学或拥有共同爱好的人。其基本原则是，个体的行为，包括欺诈活动，可能受到他们直接联系的影响。这有时也被称为"**关联有罪**"。

5.7.2 在这种情况下，什么是欺诈

在这个案例研究的背景下，欺诈指的是欺骗性的活动，可能包括冒充、信用卡盗窃、虚假支票提交，或者其他可以在关系网络中表示和分析的非法活动。为了了解这一过程，让我们先看一个简单的案例。为此，让我们使用一个包含九个顶点和八条边的网络。在这个网络中，有四个顶点是已知的欺诈案例，被分类为**欺诈**（**F**）。剩下的五个人中，没有欺诈相关历史，被归类为**非欺诈**（**NF**）。

我们通过下列步骤来编写代码以生成此图：

1. 我们导入需要的包：

```
import networkx as nx
import matplotlib.pyplot as plt
```

2. 定义存储顶点的数据结构 vertices 和存储边的数据结构 edges：

```
vertices = range(1, 10)
edges = [(7, 2), (2, 3), (7, 4), (4, 5), (7, 3), (7, 5),
(1, 6), (1, 7), (2, 8), (2, 9)]
```

3. 接下来，将此图实例化：

```
graph = nx.Graph()
```

4. 现在，我们画出这个图：

```
graph.add_nodes_from(vertices)
graph.add_edges_from(edges)
positions = nx.spring_layout(graph)
```

5. 我们定义 NF 节点列表：

```
nx.draw_networkx_nodes(graph, positions,
                    nodelist=[1, 4, 3, 8, 9],
                    with_labels=True,
                    node_color='g',
                    node_size=1300)
```

6. 现在，让我们创建已知与欺诈有关的节点：

```
nx.draw_networkx_nodes(graph, positions,
                    nodelist=[1, 4, 3, 8, 9],
                    with_labels=True,
                    node_color='g',
                    node_size=1300)
```

7. 最后，为这些节点创建标签：

```
labels = {1: '1 NF', 2: '2 F', 3: '3 NF', 4: '4 NF', 5: '5 F', 6: '6 F', 7: '7 F', 8: '8 NF', 9: '9 NF'}

nx.draw_networkx_labels(graph, positions, labels, font_size=16)

nx.draw_networkx_edges(graph, positions, edges, width=3, alpha=0.5, edge_color='b')
plt.show()
```

一旦前面的代码成功运行，它将向我们展示这样一个图（见图5.8）：

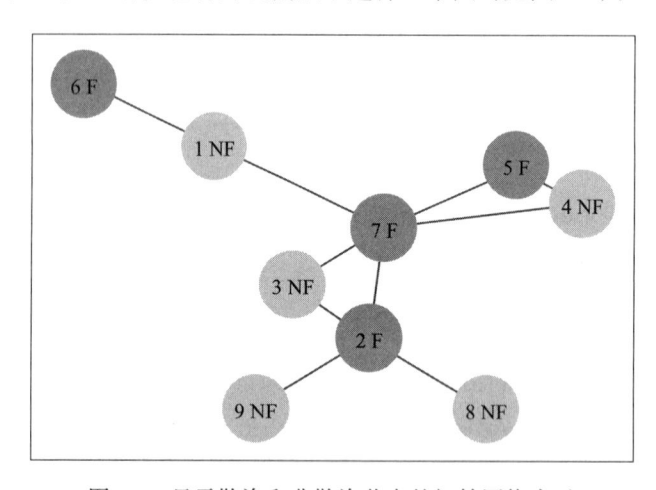

图 5.8 显示欺诈和非欺诈节点的初始网络表示

请注意，我们已经进行了详细的分析，将每个节点划分为属于图结构或不属于图结构。假设我们在网络中又增加了一个节点，名为 q，如图 5.9 所示。我们事先没有这个人的信息，也不知道这个人是否参与欺诈。我们想根据这个人与社交网络现有成员的联系，将其划分为 **NF** 或 **F**。

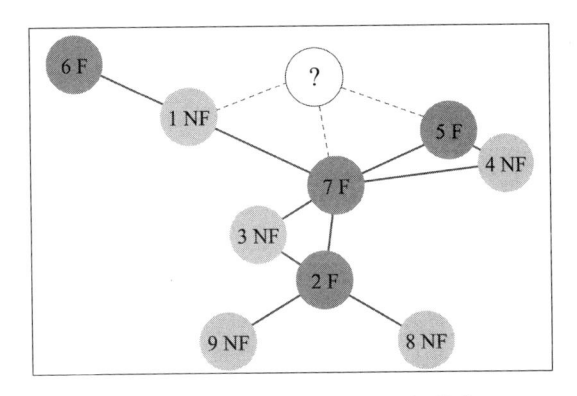

图 5.9　向现有网络引入一个新节点

我们设计了两种方法来将这个由节点 q 表示的新人分类为 **F** 或 **NF**：

- 使用一种简单的方法，不使用中心性指标和有关欺诈类型的额外信息。
- 使用瞭望塔方法，这是一种先进的技术，需要使用现有节点的中心性指标以及关于欺诈类型的额外信息。

我们详细讨论每一种方法。

5.7.3　进行简单的欺诈分析

欺诈分析的简单技术是基于如下假设：在一个网络中，一个人的行为会受到与其相关的人的影响。在网络中，如果两个顶点相互关联，则它们更有可能具有相似的行为。

基于该假设，我们设计了一个简单的技术。我们希望得到某个节点 a 属于 F 的概率，将这个概率记为 $P(F|q)$，其计算方法如下：

$$P(F|q) = \frac{1}{\text{degree}_q} \sum_{n_j \in \text{Neighborhood}_n | \text{class}(n_j)=F} w(n,n_j) \text{DOS}_{\text{normalized}_j}$$

我们将其应用到上图中，其中，Neighborhood_n 代表顶点 n 的邻域，$w(n,n_j)$ 代表顶点 n 与 n_j 之间边的权重。另外，$\text{DOS}_{\text{normalized}_j}$ 表示归一化的 degree_q 表示节点 q 的度。

于是，此概率的计算过程如下：

$$P(F|q) = \frac{1+1}{3} = \frac{2}{3} \approx 0.67$$

根据这一分析，此人参与欺诈的可能性为 67%。我们需要设定一个阈值。如果阈值为 30%，则此人的概率高于阈值，因此可以放心地将其标记为 F。

请注意，需要对网络中的每个新节点重复此过程。

下面讨论欺诈分析的高级方法。

5.7.4 瞭望塔欺诈分析法

前面讨论的简单欺诈分析技术存在以下两种局限性：

- ❑ 它没有评估社交网络中每个顶点的重要性。事实上，与参与欺诈的中心人物有联系所造成的影响可能和与一个边缘、孤立的人有联系所造成的影响不同。
- ❑ 将某人标记为现有网络中已知的欺诈案例时，我们没有考虑罪行的严重性。

瞭望塔欺诈分析方法解决了这两种局限性。首先，我们来看几个概念。

对负面结果评分

如果一个人已知参与了欺诈，我们就说有一个负面结果与这个人有关。并非每一个负面结果都具有同样的严重性。一个冒充他人的人与一个把过期的 20 美元礼品卡当作有效的礼品卡来使用的人相比，会造成更严重的负面结果。

从 1 分到 10 分，我们对各种负面结果的评分如下。

负面结果	负面结果评分
冒名顶替	10
涉及信用卡盗窃	8
提交伪造支票	7
犯罪记录	6
没有记录	0

请注意，这些分数将基于我们从历史数据中对欺诈案件及其影响的分析得出。

疑是度

疑是度 **DOS**（Degree of Suspicion）量化了某人可能参与欺诈行为的怀疑程度。DOS 值为 0 表示这是一个低风险人士，而 DOS 值为 9 表示这是一个高风险人士。

对历史数据的分析表明，职业诈骗者在他们的社交网络中有着比较重要的地位。为了结合这一点，我们先计算网络中每个顶点的所有四种中心性指标，然后取每个顶点上这四种指标的平均值，这就转化为该顶点所对应的人在网络中的重要性。

如果与某个顶点关联的人参与了欺诈，我们就用上面表格中的预定值对此人进行评分，以说明这种负面结果。这样做是为了使罪行的严重程度反映到每一个单独的 DOS 值中。

最后，将中心性指标的平均值与负面结果得分相乘，得出 DOS 值。将得到的 DOS 值除以网络中 DOS 最大值即可完成归一化。

我们为 5.7.2 节给出的网络中的 9 个节点分别计算 DOS 值。

	节点 1	节点 2	节点 3	节点 4	节点 5	节点 6	节点 7	节点 8	节点 9
度中心性	0.25	0.5	0.25	0.25	0.25	0.13	0.63	0.13	0.13
介数中心性	0.25	0.47	0	0	0	0	0.71	0	0
接近中心性	0.5	0.61	0.53	0.47	0.47	0.34	0.72	0.4	0.4
特征向量中心性	0.24	0.45	0.36	0.32	0.32	0.08	0.59	0.16	0.16
中心性指标平均值	0.31	0.51	0.29	0.26	0.26	0.14	0.66	0.17	0.17
负面结果得分	0	6	0	0	7	8	10	0	0
DOS	0	3	0	0	1.82	1.1	6.625	0	0
归一化后的 DOS	0	0.47	0	0	0.27	0.17	1	0	0

每个节点及其归一化 DOS 值如图 5.10 所示。

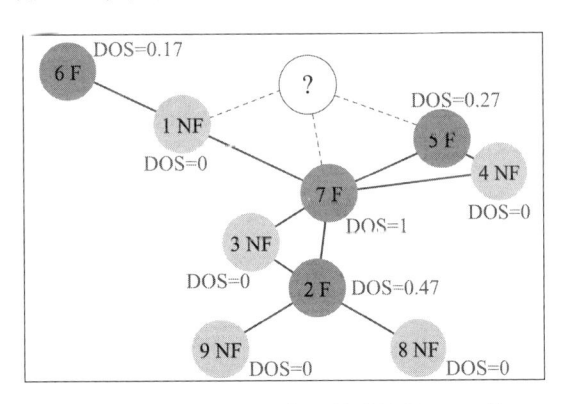

图 5.10 节点的可视化及其计算的 DOS 值

为了计算新增节点的 DOS，我们使用如下公式：

$$\text{DOS}_k = \frac{1}{\text{degree}_k} \sum_{n_j \in \text{Neighborhood}_n} w(n, n_j) \text{DOS}_{\text{normalized}_j}$$

利用相关数值，我们计算新增节点的 DOS 值结果如下：

$$\text{DOS}_k = \frac{(0+1+0.27)}{3} \approx 0.42$$

该计算结果表示新加入网络的节点相关的欺诈风险，它介于 0 和 1 之间，此人的 DOS 值为 0.42。我们可以为 DOS 值建立不同的风险等级，如下所示。

DOS 值	风险分类
DOS=0	无风险
0<DOS≤0.10	低风险
0.10<DOS≤0.3	中风险
DOS>0.3	高风险

根据这些标准，可以看出新加入的这个人是高风险人士，应该被标记。

通常，在进行这种分析时，不涉及时间维度。但现有的一些先进技术，可以随着时间的推移来观察图的增长，这使得研究人员可以观察网络发展过程中顶点之间的关系。虽然图上的这种时间序列分析使得问题的复杂性增加许多倍，但它可能更有助于为欺诈行为提供证明，而这在其他方法下是不可能的。

5.8 小结

在本章中，我们学习了基于图的算法。本章使用了不同的技术来表示、搜索和处理以图形形式表示的数据。我们还培养了计算两个顶点之间最短距离的技能，并在问题空间中构建了邻域。这些知识应该帮助我们使用图论来解决诸如欺诈检测等问题。

在下一章中，我们将专注于不同的无监督机器学习算法。本章讨论的许多用例技术与无监督学习算法相辅相成，下一章将对此进行详细讨论。在数据集中找到欺诈证据就是这种用例的一个例子。

第二部分 *Part 2*

机器学习算法

本部分将讨论各种机器学习算法，包括无监督机器学习算法和传统的监督机器学习算法。本部分还会详细讨论一些自然语言处理算法。

第 6 章

无监督机器学习算法

本章讨论无监督机器学习算法。我们的目标是在本章结束时，能够理解无监督学习及其基本算法和方法如何有效地应用于解决现实世界的问题。

本章涵盖以下主题：

- 介绍无监督学习。
- 理解聚类算法。
- 降维。
- 关联规则挖掘。

6.1 无监督学习简介

如果数据不是随机生成的，它往往在多维空间内展现出某种模式或元素之间的关系。无监督学习涉及在数据集中检测和利用这些模式的过程，以更有效地组织和理解数据。无监督学习算法揭示这些模式，并将它们作为对数据集赋予某种结构的基础。识别这些模式有助于更深入地理解和表示数据。从原始数据中提取模式有助于更好地理解原始数据。

这个概念如图 6.1 所示。

图 6.1　使用无监督学习从未标记的原始数据中提取模式

在接下来的讨论中，我们将遍历 CRISP-DM 生命周期，这是一个流行的机器学习过程模型。在这个背景下，我们将明确无监督学习的位置。举例来说，把无监督学习想象成一名侦探，拼凑线索形成模式或群组，而不需要预先定义的知识来确定最终结果可能是什么。就像侦探的洞察力在解决案件中至关重要一样，无监督学习在机器学习生命周期中扮演着关键角色。

6.1.1　数据挖掘生命周期中的无监督学习

首先，让我们看一下典型机器学习过程的不同阶段。为了理解机器学习生命周期的不同阶段，我们将研究使用机器学习进行数据挖掘过程的示例。数据挖掘是在给定数据集中发现有意义的相关性、模式和趋势的过程。为了讨论使用机器学习进行数据挖掘的不同阶段，本书采用了跨行业数据挖掘标准流程（CRISP-DM）。CRISP-DM 是由来自不同组织的一群数据挖掘者构思和实现的，其中包括 Chrysler 和 IBM 等知名公司。更多详情请参阅 https://www.ibm.com/docs/en/spss-modeler/saas?topic=dm-crisp-help-overview。

CRISP-DM 生命周期包括 6 个不同的阶段，如图 6.2 所示。

我们逐一理解每一个阶段。

阶段 1：业务理解

这个阶段涉及收集需求，试图从业务角度深入全面地理解问题。根据机器学习重新界定问题的范围并妥善表述它是这个阶段的重要部分。这个阶段包括确定目标、定义项目范围和理解利益相关者的需求。

> 需要注意的是，CRISP-DM 生命周期的第 1 阶段是关于业务理解的。它关注的是需要做什么，而不是如何做。

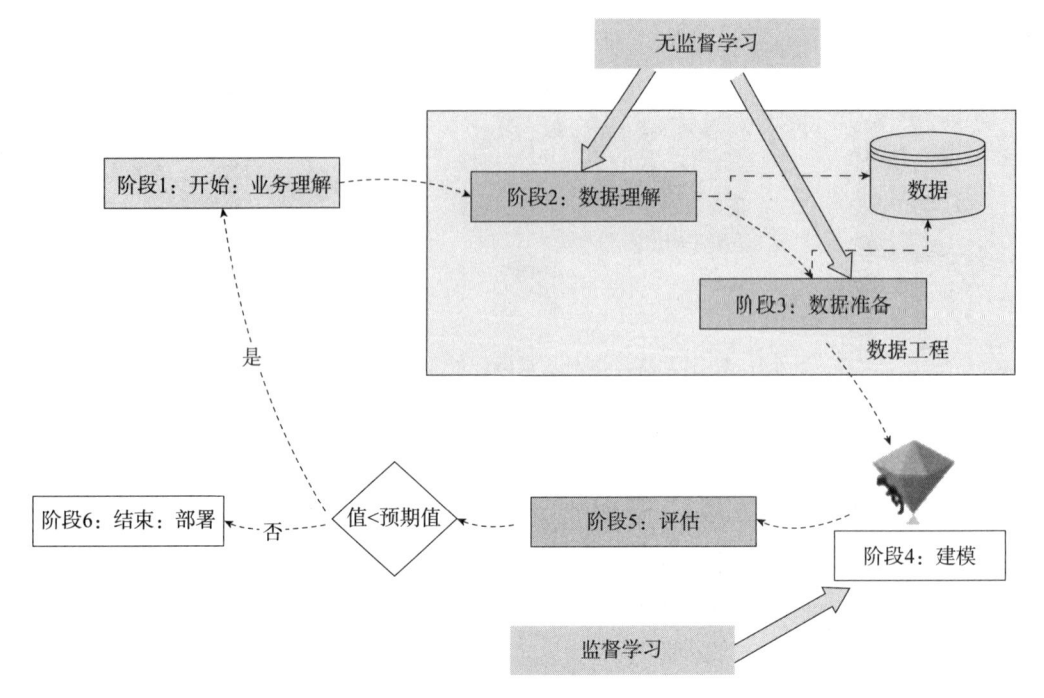

图 6.2　CRISP-DM 生命周期的不同阶段

阶段 2：数据理解

这个阶段是关于理解可用于数据挖掘的数据。在这个阶段，我们将了解是否在给定的数据集中拥有解决阶段 1 中定义的问题所需的所有信息。我们可以使用数据可视化、仪表盘和摘要报告等工具来理解数据中的模式。正如本章后面所解释的，无监督机器学习算法也可以用来发现数据中的模式，并通过详细分析其结构来理解它们。

阶段 3：数据准备

这个阶段涉及为后续在第 4 阶段中训练的机器学习模型准备数据。根据用例和需求，数据准备可能包括去除异常值、归一化、去除空值和降低数据的维度。这在后续章节中会有更详细的讨论。在处理和准备数据之后，通常会按照 7 : 3 的比例进行拆分。较大的部分被称为训练数据，用于训练模型识别各种模式；较小的部分被称为测试数据，用于在第 5 阶段评估模型在未见数据上的性能。还可以选择保留一组数据用于验证和微调模型，以防止过拟合。

阶段 4：建模

这是我们通过训练模型来确定数据中的模式的阶段。我们将使用第 3 阶段准备的训练数据分区进行模型训练。模型训练涉及将准备好的数据输入机器学习算法。通过迭代学习，算法识别并学习数据中固有的模式，目标是形成代表数据集中不同变量之间关系和依赖性的模式。我们将在后续章节中讨论，这些数学形式的复杂性和性质在很大程度上取决于选择的算法——例如，线性回归模型将生成一个线性方程，而决策树模型将构建一个类似树状的决策模型。

除了模型训练外，模型调优是 CRISP-DM 生命周期的另一个组成部分。这个过程包括优化学习算法的参数以增强其性能，从而使预测更加准确。它涉及使用可选的验证集对模型进行微调，这有助于调整模型的复杂性，找到从数据中学习和泛化到未见数据之间的恰当平衡。在机器学习术语中，验证集是数据集的子集，用于对预测模型进行微调。它有助于调节模型的复杂性，旨在找到从已知数据中学习和泛化到未知数据之间的最佳平衡。这种平衡对于防止过拟合非常重要，过拟合是指模型对训练数据学习得太好，但在新的、未见数据上表现不佳的情况。因此，模型调优不仅可以提升模型的预测能力，还可以确保其健壮性和可靠性。

阶段 5：评估

这个阶段涉及使用从第 3 阶段得出的测试数据来评估最近训练的模型。我们将模型的性能与在第 1 阶段设定的基线进行比较。在机器学习中设置基线作为一个参考点，可以通过各种方法确定。它可以通过基本的基于规则的系统、简单的统计模型、随机机会，甚至基于人类专家的表现来建立。这个基线的目的是提供一个最低性能阈值，我们的机器学习模型应该超过这个阈值。基线充当了一个比较的基准，为我们的期望提供了一个参考点。如果模型的评估与第 1 阶段最初定义的期望一致，我们就会进一步进行。如果不符合期望，我们必须重新审视并迭代所有先前的阶段，从第 1 阶段重新开始。

阶段 6：部署

一旦第 5 阶段评估结束，我们就会检查训练好的模型的性能是否符合或超过了既定的期望。需要记住的是，成功的评估并不自动意味着准备好部署。模型在我们的测试数据上表现良好，但这并不是确定模型是否准备好解决第 1 阶段定义的实际问题的唯一标准。我们必须考虑一些因素，例如，模型如何应对它从未见过的新数据、如何与现有系统集成，以及如何处理不可预见的边缘情况。因此，只有在这些广泛的评估都令人满意时，我们才能自信地将模型部署到生产环境中，在那里它开始为我们预定义的问题提供可用的解决方案。

> CRISP-DM 生命周期的第 2 阶段（数据理解）和第 3 阶段（数据准备）都是关于理解数据并为训练模型做准备的。这些阶段涉及数据处理。一些组织会聘请专门负责数据工程的专家来执行这些任务。

显然，提出解决问题的过程完全是基于数据驱动的，结合了监督机器学习技术和无监督机器学习技术来制定可行的解决方案。本章重点关注解决方案中的无监督学习部分。

> 数据工程包括第 2 阶段和第 3 阶段，是机器学习中最耗时的部分。它可能占据典型机器学习项目高达 70% 的时间和资源。无监督学习算法在数据工程中扮演着重要的角色。

以下部分提供了有关无监督算法的更多细节。

6.1.2 无监督学习的当前研究趋势

机器学习领域经历了显著的变革。在早期，研究主要集中在监督学习技术上。这些方法对于推断任务非常有用，提供了明显的优势，如节省时间、降低成本以及在预测准确性上的可辨识改进。

相反，无监督机器学习算法的内在能力直到最近才开始受到关注。与监督学习不同，无监督学习不依赖于直接指令或预先设定的假设。它们擅长探索数据中更广泛的"维度"或方面，从而使对数据集的检查更为全面。

要澄清一下，在机器学习术语中，"特征"是被观察现象的个别可测量属性或特征。例如，在一个涉及客户信息的数据集中，特征可以是客户的年龄、购买历史或浏览行为等方面。另外，"标签"代表我们希望模型基于这些特征预测的结果。

虽然监督学习主要集中在建立这些特征与特定标签之间的关系，但无监督学习不局限于预定的标签。相反，它可以更深入地挖掘各种特征之间可能被监督方法忽略的复杂模式。这使得无监督学习在其应用上可能更为广泛和多样化。

无监督学习的这种固有灵活性也带来了挑战。由于探索空间更大，因此通常会导致计算需求增加，从而增加成本和处理时间。此外，由于其探索性质，管理无监督学习任务的规模或"范围"可能更加复杂。然而，发掘数据中隐藏的模式或相关性的能力使无监督学习成为数据驱动洞察力的强大工具。

如今，研究趋势正朝着集成监督学习和无监督学习方法的方向发展。这种综合策略旨在充分利用两种方法的优势。

现在让我们来看一些实例。

6.1.3 实例

目前，无监督学习被用于更好地理解数据并为其提供更多结构。例如，它被用于市场细分、数据分类、欺诈检测和市场购物篮分析（稍后在本章中讨论）。让我们看看将无监督学习用于市场细分的例子。

利用无监督学习进行市场细分

无监督学习是市场细分的有力工具。市场细分是指根据共享特征将目标市场分成不同群体的过程，使公司能够量身定制营销策略和信息，以有效地吸引和参与特定的客户细分。用于分组目标市场的特征包括人口统计学、行为或地理相似性。通过利用算法和统计技术，使企业能够从客户数据中提取有意义的见解，识别隐藏的模式，并根据客户行为、偏好或特征的相似性将客户细分成不同的群体。这种数据驱动的方法使营销人员能够量身定制策略，改善客户定位，并提高整体营销效果。

6.2 理解聚类算法

在无监督学习中，最简单、最强大的技术之一是通过聚类算法将相似模式分组在一起。聚类算法常用于理解待求解问题的数据的某些特定方面，它在数据项中寻找自然分组。由于聚类群体不基于任何目标或者假设，因而聚类算法被归类为无监督学习技术。

举个例子，可以想象一个庞大的图书馆，其中充满了各种各样的书籍。每一本书都代表着一个数据点，具有诸如流派、作者、出版年份等多种属性。现在，假设有一位图书管理员（即聚类算法），他的任务是对这些书籍进行组织。在没有任何预先存在的类别或指令的情况下，图书管理员开始根据这些书籍的属性进行分类——将所有的悬疑小说放在一起，所有的经典作品放在一起，同一作者的书籍放在一起，以此类推。这样的分类过程就是所谓的"自然组"，其中具有相似特征的项被归为同一组。

聚类算法通过寻找问题空间中各种数据点之间的相似性来创建各种分组。需要注意的是，在机器学习的背景下，数据点是存在于多维空间中的一组测量或观察。简单来说，它是帮助机器学习完成任务的单个信息片段。确定数据点之间相似性的最佳方法会因问题不同而不同，并取决于我们正在处理的问题的性质。下面讨论用于计算不同数据点之间相似性的各种方法。

6.2.1 量化相似性

聚类算法的本质是一种无监督学习技术，它通过确定给定问题空间内各种数据点之间的相似性来有效地工作。这些算法的有效性很大程度上取决于我们正确量化这些相似性的能力，在机器学习术语中，这些通常被称为"距离度量"。但是，究竟什么是距离度量呢？

距离度量实质上是一种数学公式或方法，用于计算两个数据点之间的"距离"或相似性。需要明确的是，在这个上下文中，术语"距离"并不是指物理距离，而是指基于数据点的特征或特性而得出的相似性或不相似性。

在聚类中，我们可以谈论两种主要类型的距离：簇间距离和簇内距离。簇间距离指的是不同簇或数据点组之间的距离。相比之下，簇内距离指的是同一簇内的距离，即数据点在同一组内的距离。一个良好的聚类算法的目标是最大化簇间距离（确保每个簇与其他簇不同），同时最小化簇内距离（确保同一簇内的数据点尽可能相似）。以下是用于量化相似性的三种最流行的方法：

- 欧氏距离度量
- 曼哈顿距离度量
- 余弦距离度量

接下来，我们将进一步了解这三种距离度量方法。

欧氏距离

距离度量是一种数学公式或方法，用于计算两个数据点之间的"距离"或相似性。在无监督学习技术中，这种度量被广泛使用。欧式距离是最常见和最简单的距离度量。在这个上下文中，"距离"一词用来量化多维空间中两个数据点的相似性或差异，这对于理解数据点的分组至关重要。

欧式距离可以看作三维空间中两点之间的直线距离，类似于我们在现实世界中测量距离的方式。例如，在地图上考虑两个城市。欧式距离将是这两个城市之间的"直线"距离，即从城市 A 到城市 B 的直线距离，忽略任何潜在的障碍物，如山脉或河流。

类似地，在数据的多维空间中，欧式距离计算了两个数据点之间可能的最短"直线"距离。通过这样做，它提供了一个定量的度量，用于基于数据点的特征或属性来度量数据点的接近程度或远离程度。例如，让我们考虑一个二维空间中的两个点 $A(1,1)$ 和 $B(4,4)$，如图 6.3 所示。

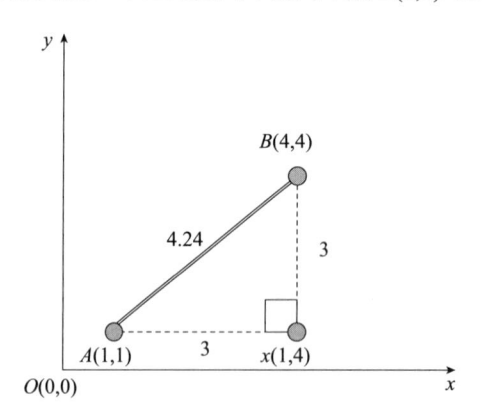

图 6.3　计算两个给定点之间的欧氏距离

A 和 B 两点之间的距离记作 $d(A,B)$，可以利用如下的勾股公式来计算：

$$d(A,B) = \sqrt{(a_2-b_2)^2 + (a_1-b_1)^2} = \sqrt{(4-1)^2 + (4-1)^2} = \sqrt{9+9} \approx 4.24$$

注意，该计算表达式针对的是二维空间问题。对于 n 维空间问题，我们计算两个点 A 和 B 之间的距离的公式为：

$$d(A,B) = \sqrt{\sum_{i=1}^{n}(a_i - b_i)^2}$$

曼哈顿距离

在许多情况下，使用欧式距离度量两点之间的最短距离并不能真正表示两点之间的相似性或接近程度——例如，如果两个数据点代表地图上的位置，那么，使用汽车或出租车等陆地交通工具从点 A 到点 B 的实际距离，将会超过欧式距离。让我们想象一个繁华的城市网格，你不能直接穿过建筑物从一个点到另一个点，而是必须在网格街道上导航。曼哈顿距离反映了这种现实世界的导航方式——它计算了沿着这些网格线从点 A 到点 B 行进的总距离。

对于这种情况，我们使用曼哈顿距离，它估计了从起点到目的地沿着类似网格的城市街道移动时两点之间的距离。与欧式距离等直线距离度量相比，曼哈顿距离在这种情境下提供了对两个位置之间实际距离更准确的反映。曼哈顿距离和欧式距离度量的比较如图 6.4 所示。

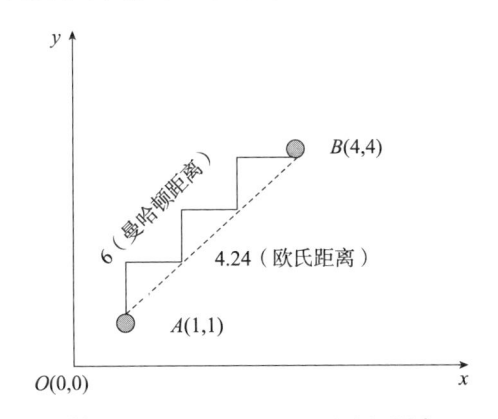

图 6.4　计算两点之间的曼哈顿距离

请注意，在图 6.4 中，两点之间的曼哈顿距离被表示为一条严格沿着该图的网格线移动的锯齿状路径。相比之下，欧氏距离显示为从 A 点到 B 点的一条直线。很明显，曼哈顿距离总是等于或大于相应的欧氏距离。

余弦距离

欧氏距离和曼哈顿距离在简单、低维空间中效果良好，但随着我们进入更复杂的"高维"设置，它们的有效性会下降。"高维"空间指的是包含大量特征或变量的数据集。随着维度（特征数量）的增加，使用欧氏距离和曼哈顿距离进行距离计算变得意义不大，而且计算复杂度也会增加。

为了解决这个问题，在高维环境中，我们使用"余弦距离"来度量。这个度量方法是通过评估两个连接到一个原点的数据点所形成的角的余弦来进行的。这里重要的不是数据点之间的物理距离,而是它们所形成的角度。

如果数据点在多维空间中靠近,无论涉及多少维度,它们都将形成一个较小的角度。相反,如果数据点相距较远,则产生的角度将较大。因此,在高维数据中,余弦距离提供了更细致的相似度度量,帮助我们更好地理解复杂的数据模式。A、B 两点之间的余弦距离的计算如图 6.5 所示。

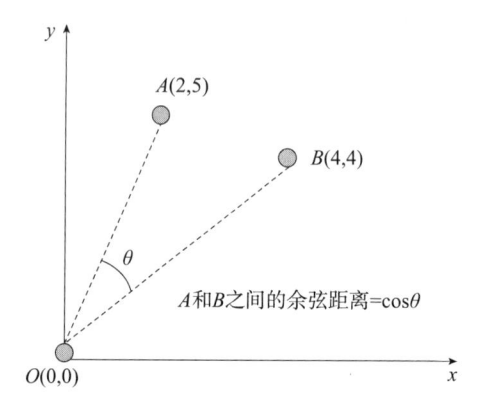

图 6.5　计算两点之间的余弦距离

> 文本数据大多数情况下被认为是高维空间的一种。它源于文本数据的独特性质,其中每个独特的单词都可以被认为是一个不同的维度或特征。由于余弦距离度量在 h 维空间中非常有效,因此它是处理文本数据时的一个良好选择。

请注意,点 $A(2,5)$ 和点 $B(4,4)$ 之间的角度余弦被图 6.5 中的 θ 表示。这些点之间的参考是原点,即 $O(0,0)$。但实际上,在问题空间中,任何点都可以作为参考数据点,并且它不必是原点。

现在让我们来看一下最流行的无监督机器学习技术之一——k-means 聚类算法。

6.2.2　k-means 聚类算法

k-means 聚类算法的名称来源于创建 k 个簇并使用均值来确定数据点之间的"接近程度"的过程。术语"均值"指的是计算每个簇的质心或"中心点"的方法,它实际上是簇内所有数据点的平均值。换句话说,该算法计算簇内每个特征的均值,得到一个新的数据点——质心。然后,这个质心作为参考点来度量其他数据点的"接近程度"。

k-means 算法之所以受欢迎,是因为它具有可扩展性和速度快的特点。该算法在计算上非常高效,因为它使用一个简单的迭代过程,不断调整簇的质心,直到它们成为簇成员的代表。

这种简单性使得该算法在处理大型数据集时特别快速和可扩展。

然而，k-means 算法的一个显著局限性是它无法独立确定最佳的簇数 k。理想的 k 取决于给定数据集中的自然分组。这个约束背后的设计理念是保持算法简单和快速，因此假设存在外部机制来计算 k。根据问题的背景，可以直接确定 k。例如，如果我们想把数据科学专业一个班级的学生分成两个簇，一簇学生具备数据科学技能，而另一簇学生具备编程技能，则此时 k 等于 2。然而，对于 k 的值不容易确定的问题，可能需要进行试错的迭代过程，或基于启发式方法来估计数据集最合适的簇数。

k-means 聚类算法的逻辑

本小节，我们将深入了解 k-means 聚类算法的工作原理。我们将逐步分解其操作，以让你清楚地了解它的机制和用途。本节描述了 k-means 聚类算法的逻辑。

初始化

为了对它们进行分组，k-means 算法使用距离度量来找到数据点之间的相似性或接近程度。在使用 k-means 算法之前，需要选择最合适的距离度量。默认情况下，将使用欧氏距离度量。然而，根据数据的性质和要求，你可能会发现另一种距离度量（如曼哈顿距离或余弦距离）更合适。此外，如果数据集中存在异常值，则需要设计一种机制来确定识别标准并删除数据集中的异常值。

有许多统计方法可用于检测异常值，例如，Z 分数方法或四分位距（IQR）方法。现在让我们看看 k-means 算法涉及的不同步骤。

k-means 算法的步骤

k-means 算法的具体操作步骤如下：

步骤 1：选择簇的数量 k；

步骤 2：在数据中随机选取 k 个数据点作为聚类中心；

步骤 3：依据所选的距离度量，循环地计算问题空间中每个点到 k 个聚类中心的距离。数据集规模较大时，该步骤可能比较耗时。比如，如果数据集包含 10000 个点且 $k=3$，则需要计算 30000 次距离；

步骤 4：将问题空间中每个数据点分配到距离它最近的聚类中心；

步骤 5：此时，问题空间中每个数据点都有一个指定的聚类中心。但聚类工作仍未结束，因为初始聚类中心是随机选择的。我们还需要验证当前随机选择的聚类中心确实是每个聚类的质心。为此，对 k 个簇中的每个簇，计算组成该簇的所有数据点的均值作为新的簇中心。该步骤解释了为什么将这个算法称为 k-means；

步骤 6：如果簇中心在步骤 5 发生改变，则意味着需要为每个数据点重新分配其所属的簇。为此，我们回到步骤 3 重复计算。如果簇中心未发生改变或者达到了预先确定的停止条件（如最大迭代次数），则算法结束。

图 6.6 展示了 k-means 算法在二维空间上的运行结果。

a）聚类之前的数据点　　　　b）运行 k-means 聚类算法得出的聚类结果

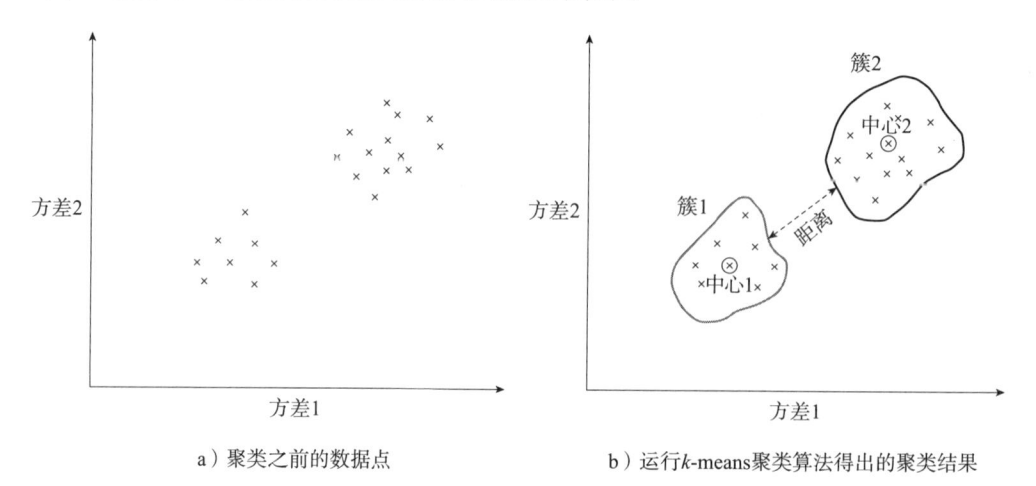

图 6.6　k-means 聚类结果

请注意，在这种情况下，在运行 k-means 聚类算法后创建的两个结果簇差别很大。现在让我们来研究一下 k-means 算法的停止条件。

停止条件

在像 k-means 这样的无监督学习算法中，停止条件在决定算法何时停止其迭代过程方面起着至关重要的作用。k-means 算法的默认停止条件是簇中心在步骤 5 中不再发生移动。然而，与许多其他算法一样，k-means 算法可能需要花费大量时间才能收敛，在处理高维问题空间的大规模数据集时尤其如此。

除了等待算法收敛之外，我们还可以明确地定义如下停止条件：

❑ **通过指定最大运行时间**　停止条件：$t > t_{max}$，其中，t 是当前执行时间，t_{max} 是为算法设定的最大运行时间。

❑ **通过指定最大迭代次数**　停止条件：$m > m_{max}$，其中，m 是当前迭代次数，m_{max} 是为算法设置的最大迭代次数。

编写 k-means 聚类算法

我们将在你提供的简单二维数据集上执行 k-means 聚类，其中具有两个特征，x 和 y。想象一下，一群萤火虫在夜晚散落在一个花园里。你的任务是根据这些萤火虫彼此之间的接近程度来将它们分组。这是 k-means 聚类的本质，一种流行的无监督学习算法。

我们得到了一个数据集，很像我们的花园，数据点绘制在一个二维空间中。我们的数据点用 x 和 y 坐标表示：

```python
import pandas as pd
dataset = pd.DataFrame({
    'x': [11, 21, 28, 17, 29, 33, 24, 45, 45, 52, 51, 52, 55, 53, 55, 61, 62, 70, 72, 10],
    'y': [39, 36, 30, 52, 53, 46, 55, 59, 63, 70, 66, 63, 58, 23, 14, 8, 18, 7, 24, 10]
})
```

我们的任务是使用 k-means 算法对这些数据点进行聚类。

首先，我们导入所需的库：

```python
from sklearn import cluster
import matplotlib.pyplot as plt
```

接下来，我们将通过指定簇的数量 (k) 来启动 KMeans 类。对于这个例子，假设我们想将数据分成 3 个簇：

```python
kmeans = cluster.KMeans(n_clusters=2)
```

现在，我们用数据集来训练 KMeans 模型。值得一提的是，这个模型只需要特征矩阵 (**X**)，而不需要目标向量 (*y*)，因为它是一个无监督学习算法：

```python
kmeans.fit(dataset)
```

现在让我们来看看标签和簇中心：

```python
labels = labels = kmeans.labels_
centers = kmeans.cluster_centers_
print(labels)
[0 0 0 0 0 0 0 1 1 1 1 1 1 1 1 1 1 1 1 0]
print(centers)
[[16.77777778 48.80008889]
 [57.09090909 15.09090909]]
```

最后，为了可视化簇，我们绘制了数据点，并根据它们分配的簇对其进行着色。簇的中心也被称为质心，也被绘制出来：

```python
plt.scatter(dataset['x'], dataset['y'], c=labels)
plt.scatter(kmeans.cluster_centers_[:, 0], kmeans.cluster_centers_[:, 1], s=300, c='red')
plt.show()
```

在图 6.7 中，较小的点表示数据点及其各自的簇，而两个较大的点表示每个簇的中心。

请注意，图中较大的点是由 k-means 算法确定的质心。

k-means 算法的局限性

k-means 算法，简单快速，但存在以下局限性：

❑ k-means 聚类最大的局限性在于，必须预先确定簇的初始数量。

❑ 簇中心在初始时是随机分配的，这意味着每次运行算法时，可能给出稍微不同的簇。

- 每个数据点只分配给一个簇。
- k-means 算法对异常值敏感。

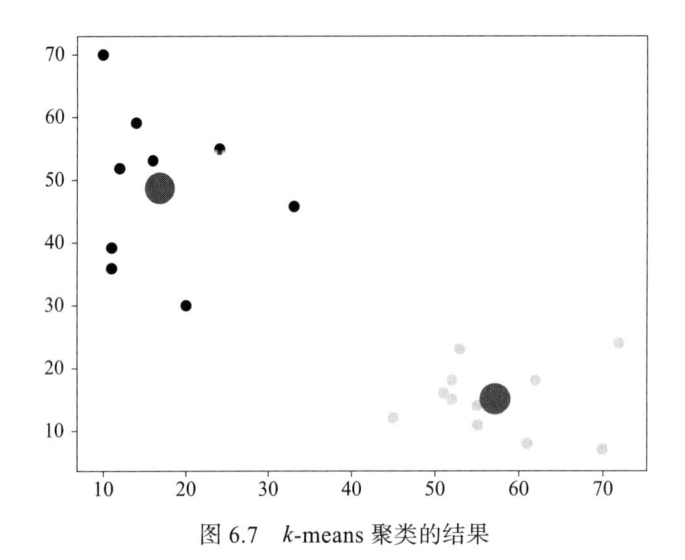

图 6.7 k-means 聚类的结果

现在让我们来看看另一种无监督机器学习技术：分层聚类。

分层聚类

k-means 聚类采用了自顶而下的方法，因为该算法的运行开始于处理最重要的数据点，也就是聚类中心。聚类算法还有另一种思路：自底向上。这里，底端指的是问题空间中所有的独立数据点。这种算法从底端开始，在向上处理过程中不断将相似数据点归入同一分组，直到得到簇中心。分层聚类算法就是采用这种自底向上的方法，下面对此进行讨论。

6.3 分层聚类的步骤

分层聚类包含以下步骤：

1）为问题空间中每个数据点创建一个单独的簇。例如，如果问题空间中有 100 个数据点，则分层聚类就从第 100 个簇开始。

2）将距离最接近的点归入同一分组。

3）检查停止条件。如果停止条件尚未满足，则重复步骤 2。

分层聚类算法产生的聚类结构被称为**树状图**（**Dendrogram**）。

在树状图中，垂直线的高度取决于数据项之间的距离，如图 6.8 所示。

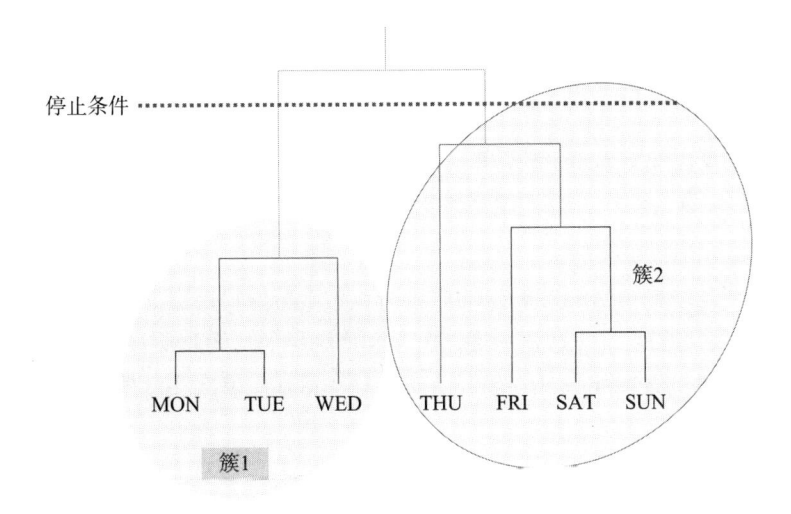

图 6.8　分层聚类

请注意，停止条件在图 6.8 中以虚线表示。

6.4　编写分层聚类算法

让我们来学习如何在 Python 中编写一个分层算法：

1）从 `sklearn.cluster` 库中导入 AgglomerativeClustering，以及 pandas 包和 numpy 包：

```
from sklearn.cluster import AgglomerativeClustering
import pandas as pd
import numpy as np
```

2）在二维空间中创建 20 个数据点：

```
dataset = pd.DataFrame({
    'x': [11, 11, 20, 12, 16, 33, 24, 14, 45, 52, 51, 52, 55, 53, 55, 61, 62, 70, 72, 10],
    'y': [39, 36, 30, 52, 53, 46, 55, 59, 12, 15, 16, 18, 11, 23, 14, 8, 18, 7, 24, 70]
})
```

3）通过指定超参数来创建分层聚类。请注意，超参数是机器学习模型的配置参数，在训练过程之前设置并影响模型的行为和性能。我们使用 `fit_predict` 函数来实际处理算法：

```
cluster = AgglomerativeClustering(n_clusters=2, affinity='euclidean', linkage='ward')
cluster.fit_predict(dataset)
```

4）查看每个数据点与已创建的两个簇之间的关联：

```
print(cluster.labels_)
[0 0 0 0 0 0 0 0 1 1 1 1 1 1 1 1 1 1 1 0]
```

可以看到分层聚类和 k-means 聚类算法的簇分配非常相似。

与 k-means 聚类算法相比，分层聚类算法具有其独特的优点和缺点。一个主要的优点是，分层聚类不需要事先指定簇的数量。

当数据不能清楚地显示出最佳的簇的数量时，这个特性可能会非常有用。分层聚类还提供了一个树状图，这对于可视化数据的嵌套分组和理解层次结构非常有帮助。

然而，分层聚类也有其缺点。它的计算强度比 k-means 更高，这使得它不太适合大型数据集。

6.5 理解 DBSCAN

DBSCAN（Density-Based Spatial Clustering of Applications with Noise）是一种无监督学习技术，它基于点密度进行聚类，其基本思想是基于这样的假设：如果我们将拥挤或高密度空间中的数据点聚在一起，就可以实现有意义的聚类。

这种聚类方法有两个重要的含义：

- 基于这一思想，该算法可能会将聚集在一起的点归为一类，而不考虑它们的形状或模式。这种方法有助于创建任意形状的簇。所谓"形状"，指的是多维空间中数据点的模式或分布。这种能力很有优势，因为现实世界的数据通常是复杂的、非线性的，能够创建任意形状的簇使得对这些数据的更准确表示和理解成为可能。
- 与 k-means 算法不同，我们无须指定簇的数量，该算法可以检测数据中适当的分组数量。

以下是 DBSCAN 算法的步骤：

1）该算法在每个数据点周围建立一个邻域。在这个背景下，"邻域"指的是一个区域，在该区域内将检查其他数据点与感兴趣点的接近程度。这通过计算在通常由变量 eps 表示的距离内的数据点的数量来实现。在这种设置下，eps 变量指定了两个数据点被视为在同一邻域内的最大距离。距离通常由欧氏距离度量确定。

2）接下来，算法量化每个数据点的密度。它使用一个名为 min_samples 的变量，表示在 eps 距离内应该有的其他数据点的最小数量，以便将一个数据点视为"核心实例"。简单来说，核心实例是被其他数据点密集包围的数据点。逻辑上，数据点密度高的区域将具有更多这样的核心实例。

3）每个确定的邻域都确定了一个簇。需要注意的是，围绕一个核心实例（即在其"eps"距离内具有最小数量的其他数据点的数据点）的邻域可能包含额外的核心实例。这意味着核心实例不仅局限于单个簇，而且由于它们接近多个数据点，可以形成多个簇。因此，这些簇的边界可能会重叠，导致复杂、相互连接的簇结构。

4）任何不是核心实例或不位于核心实例的邻域内的数据点都被视为异常值。

让我们看看如何在 Python 中使用 DBSCAN 创建簇。

6.6 在 Python 中使用 DBSCAN 创建簇

首先，我们将从 sklearn 库中导入必要的函数：

```
from sklearn.cluster import DBSCAN
from sklearn.datasets import make_moons
```

让我们使用 DBSCAN 来解决一个稍微复杂的聚类问题，这个问题涉及一种称为"半月形"的结构。"半月形"指的是两组数据点的形状像新月一样，每个新月代表一个独特的簇。这样的数据集具有挑战性，因为这些簇没有线性可分性，也就是说，直线不能轻易地将不同的群组分开。

这时候就需要考虑"非线性类边界"的概念。与线性类边界（线性类边界可以用一条直线表示）不同，非线性类边界更加复杂，通常需要曲线或多维表面来准确地区分不同的类别或簇。

为了生成这个半月形数据集，我们可以利用 make_moons() 函数。这个函数会创建一个类似于两个新月的漩涡图案。可以根据我们的需求调整新月形状的"噪声程度"和要生成的样本数量。

图 6.9 展示了生成的数据集的样子。

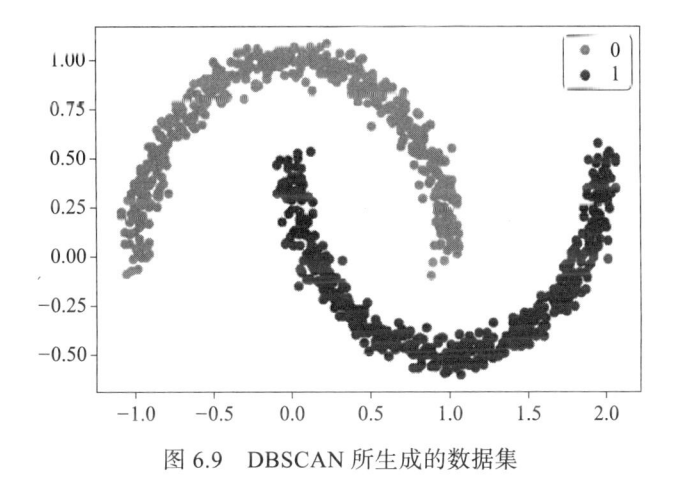

图 6.9 DBSCAN 所生成的数据集

为了使用 DBSCAN，我们需要提供如前所述的 `eps` 和 `min_samples` 参数：

```
from matplotlib import pyplot
from pandas import DataFrame
# generate 2d classification dataset
X, y = make_moons (n_samples=1000, noise=0.05)
# scatter plot, dots colored by class value
df = DataFrame (dict (x=X[,0], y=X[,1], label=y))
colors = {0: 'red', 1:'blue'}
fig, ax = pyplot.subplots()
grouped = df.groupby('label')
for key, group in grouped:
    group.plot(ax=ax, kind='scatter', x='x', y='y', label=key, color-colors[key])
pyplot.show()
```

6.7 评估聚类效果

高质量聚类的目标是：属于单独聚类的数据点应该是可区分的。这意味着：

- 属于同一个簇的数据点应尽可能相似。
- 属于不同簇的数据点应尽可能不同。

人类直觉可以通过可视化聚类结果来评估，但也有数学方法可以量化聚类质量。这些方法不仅度量了每个簇的紧密度（内聚性）和不同簇之间的分离度，还提供了一种数值化、客观的方式来评估聚类质量。轮廓分析就是其中一种技术，它比较了 k-means 算法创建的簇中的紧密度和分离度。这是一种度量簇中内聚性和分离度的指标。虽然这种技术在 k-means 算法的背景下被提及，但实际上是可推广的，可以用来评估任何聚类算法的结果，而不仅限于 k-means。

轮廓分析为每个数据点分配一个分数，称为轮廓系数，在 0 到 1 的范围内。它基本上度量了一个簇中的每个数据点与相邻簇中的数据点的接近程度。

聚类算法的应用

聚类被用于需要发现数据集中潜在模式的各种场景。
在政府使用案例中，聚类可用于以下方面：

- **犯罪热点分析**：聚类被应用于地理位置数据、事件报告和其他相关特征。它有助于识别犯罪高发区域，使执法机构能够优化巡逻路线并更有效地部署资源。
- **人口社会分析**：聚类可以分析年龄、收入、教育和职业等人口数据。这有助于了解不同地区的社会经济组成，为公共政策和社会服务提供信息。

在市场研究中，聚类可用于以下方面：

- **市场细分**：通过对消费者数据进行聚类，包括消费习惯、产品偏好和生活方式指标，企业可以识别出不同的市场细分。这使得产品开发和营销策略可以更具针对性。
- **定向广告**：聚类有助于分析客户的在线行为，包括浏览模式、点击率和购买历史。这使得企业可以为每个客户群体创建个性化的广告，提高参与度和转化率。
- **客户分类**：通过聚类，企业可以根据客户与产品或服务的互动、反馈和忠诚度对客户进行分类。这有助于了解客户行为、预测趋势并制定保留策略。

主成分分析（Principal Component Analysis，PCA）也通常用于探索数据并从实时数据中去除噪声，例如股票市场交易。在这种情况下，"噪声"指的是可能掩盖数据中潜在模式或趋势的随机或不规则波动。PCA 有助于过滤这些不稳定的波动，实现更清晰的数据分析和解释。

6.8 降维

每个数据特征都对应于问题空间的一个维度。通过最小化特征的数量来简化问题空间的方法称为**降维**。降维可以通过下面两种方法之一来实现：

- **特征选择**：为待求解问题选择一组重要特征。
- **特征聚合**：选用下列算法之一来组合两个或多个特征，以实现降维。
    - **PCA**：一种线性无监督机器学习算法。
    - **线性判别分析**（Linear Discriminant Analysis，LDA）：线性监督机器学习算法。
    - **核主成分分析**（Kernel Principal Component Analysis，KPCA）：一类非线性算法。

下面讨论主成分分析。

主成分分析

PCA 是一种无监督机器学习方法，通常通过一种称为线性变换的过程来降低数据集的维度。简单来说，它是一种通过关注数据中最重要的部分来简化数据的方法，这些部分是根据它们的方差来确定的。

考虑一个数据集的图形表示，其中每个数据点都在多维空间中绘制。PCA 有助于确定主成分，这些主成分是数据变化最明显的方向。在图 6.10 中，我们可以看到其中的两个主成分 PC1 和 PC2。这些主成分展示了数据点分布的整体"形状"。

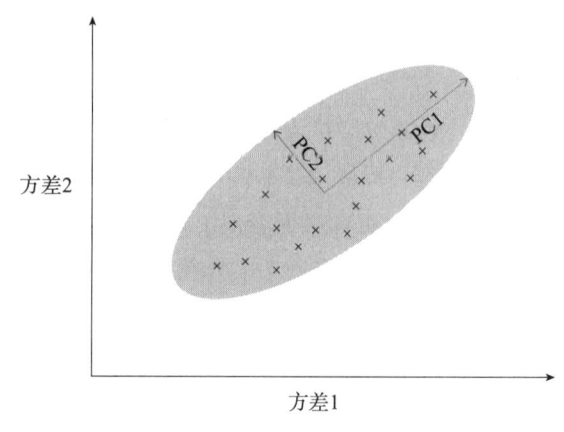

图 6.10 主成分分析

每个主成分对应于一个新的、较低的维度，尽可能多地捕获信息。在实际情况下，这些主成分可以被视为原始数据的摘要指标，使数据更易于管理和更容易分析。例如，在涉及客户行为的大型数据集中，PCA 可以帮助我们确定定义大多数客户行为的关键驱动因素（主成分）。

确定这些主成分的系数涉及计算数据协方差矩阵的特征向量和特征值，这是我们将在后面的部分深入探讨的内容。这些系数作为每个原始特征在新的主成分空间中的权重，定义了每个特征对主成分的贡献方式。

进一步阐述，想象一下你有一个包含某个国家经济各个方面的数据集，比如 GDP、就业率、通胀等。这个数据庞大且具有多维度。在这种情况下，PCA 可以让你将这些多个维度缩减为两个主成分，即 PC1 和 PC2。这些主成分将包含最关键的信息，同时去除噪声或不太重要的细节。

以 PC1 和 PC2 为坐标轴的结果图将为你提供一个更易于解释的经济数据的可视化表示，其中每个点代表一个经济体根据其 GDP、就业率和其他因素的组合而呈现的状态。

这使得 PCA 成为简化和解释高维数据的宝贵工具。

让我们考虑以下代码：

```
from sklearn.decomposition import PCA
import pandas as pd
url = "https://storage.googleapis.com/neurals/data/iris.csv"
iris = pd.read_csv(url)

iris
X = iris.drop('Species', axis=1)
```

```
pca = PCA(n_components=4)
pca.fit(X)
     Sepal.Length   Sepal.Width   Petal.Length   Petal.Width   Species
0        5.1           3.5           1.4           0.2         setosa
1        4.9           3.0           1.4           0.2         setosa
2        4.7           3.2           1.3           0.2         setosa
3        4.6           3.1           1.5           0.2         setosa
4        5.0           3.6           1.4           0.2         setosa
...      ...           ...           ...           ...         ...
145      6.7           3.0           5.2           2.3         virginica
146      6.3           2.5           5.0           1.9         virginica
147      6.5           3.0           5.2           2.0         virginica
148      6.2           3.4           5.4           2.3         virginica
149      5.9           3.0           5.1           1.8         virginica
X = iris.drop('Species', axis=1)
pca = PCA(n_components=4)
pca.fit(X)
PCA(n_components=4)
```

现在，我们输出 PCA 模型的系数：

```
pca_df=(pd.DataFrame(pca.components_,columns=X.columns))
pca_df
```

结果如图 6.11 所示。

	Sepal.Length	Sepal.Width	Petal.Length	Petal.Width	
0	0.361387	-0.084523	0.856671	0.358289	← PC1的系数
1	0.656589	0.730161	-0.173373	-0.075481	← PC2的系数
2	-0.582030	0.597911	0.076236	0.545831	← PC3的系数
3	-0.315487	0.319723	0.479839	-0.753657	← PC4的系数

图 6.11 PCA 模型的高亮系数图

请注意，原始的 `DataFrame`（数据帧）包含 4 个特征：`Sepal.Length`、`Sepal.Width`、`Petal.Length` 和 `Petal.Width`。前面的 `DataFrame` 指定了 4 个主成分 PC1、PC2、PC3 和 PC4 的系数，例如，第一行指定了可用于替换原始 4 个变量的 PC1 的系数。

这里需要强调的是，主成分的数量（在本例中为 4 个：PC1、PC2、PC3 和 PC4）不一定需要像前面的经济示例中那样是 2 个。主成分的数量是我们根据愿意处理的数据复杂度水平而做出的选择。我们选择的主成分数量越多，就能保留更多原始数据的方差，但同时会增加复杂度。

基于这些系数，我们可以计算输入数据帧 X 的 PCA 成分：

```
X['PC1'] = X['Sepal.Length']* pca_df['Sepal.Length'][0] + X['Sepal.
Width']* pca_df['Sepal.Width'][0]+ X['Petal.Length']* pca_df['Petal.
Length'][0]+X['Petal.Width']* pca_df['Petal.Width'][0]

X['PC2'] = X['Sepal.Length']* pca_df['Sepal.Length'][1] + X['Sepal.
Width']* pca_df['Sepal.Width'][1]+ X['Petal.Length']* pca_df['Petal.
```

Length'][1]+X['Petal.Width']* pca_df['Petal.Width'][1]

X['PC3'] = X['Sepal.Length']* pca_df['Sepal.Length'][2] + X['Sepal.Width']* pca_df['Sepal.Width'][2]+ X['Petal.Length']* pca_df['Petal.Length'][2]+X['Petal.Width']* pca_df['Petal.Width'][2]

X['PC4'] = X['Sepal.Length']* pca_df['Sepal.Length'][3] + X['Sepal.Width']* pca_df['Sepal.Width'][3]+ X['Petal.Length']* pca_df['Petal.Length'][3]+X['Petal.Width']* pca_df['Petal.Width'][3]

X

现在，输出在计算完 PCA 成分后的 X。结果如图 6-12 所示。

	Sepal.Length	Sepal.Width	Petal.Length	Petal.Width	PC1	PC2	PC3	PC4
0	5.1	3.5	1.4	0.2	2.818240	5.646350	-0.659768	0.031089
1	4.9	3.0	1.4	0.2	2.788223	5.149951	-0.842317	-0.065675
2	4.7	3.2	1.3	0.2	2.613375	5.182003	-0.613952	0.013383
3	4.6	3.1	1.5	0.2	2.757022	5.008654	-0.600293	0.108928
4	5.0	3.6	1.4	0.2	2.773649	5.653707	-0.541773	0.094610
...	...	...	...	...	...	...	...	...
145	6.7	3.0	5.2	2.3	7.446475	5.514485	-0.454028	-0.392844
146	6.3	2.5	5.0	1.9	7.029532	4.951636	-0.753751	-0.221016
147	6.5	3.0	5.2	2.0	7.266711	5.405811	-0.501371	-0.103650
148	6.2	3.4	5.4	2.3	7.403307	5.443581	0.091399	-0.011244
149	5.9	3.0	5.1	1.8	6.892554	5.044292	-0.268943	0.188390

图 6.12　PCA 成分的打印计算

接下来，输出方差比，并尝试理解 PCA 的含义：

```
print(pca.explained_variance_ratio_)
[0.92461872 0.05306648 0.01710261 0.00521218]
```

方差比表示如下：

❑ 如果选择用 PC1 来代替原来的 4 个特征，则可以获得原始变量大约 92.3% 的方差。由于我们未获取原始 4 个特征 100% 的方差，因此用 PC1 代替原来的 4 个特征时会引入某种近似误差。

❑ 如果选择用 PC1 和 PC2 来代替原来的 4 个特征，则将会额外再获得原始变量 5.3% 的方差。

❑ 如果选择用 PC1、PC2 和 PC3 来代替原来的 4 个特征，则将再获得原始变量 0.017% 的方差。

❑ 如果用 4 个主成分来代替原来的 4 个特征，则将得到原始变量 100% 的方差 (92.4%+ 0.053%+0.017%+0.005%)。但是，用 4 个主成分来代替原来的 4 个特征是没有意义的，因为我们根本没有减少维度，继而没有任何降维效果。

主成分分析的局限性

尽管 PCA 有许多优点，但也存在以下局限性：

❑ 首先，PCA 在处理连续变量时效果最好，因为其基本数学原理是设计用于处理数值数据。它在处理分类变量方面表现不佳，而在包含性别、国籍或产品类型等属性的数据集中，分类变量是很常见的。例如，如果你要分析一个包含数值回答（如年龄或收入）和分类回答（如偏好或选择的选项）的混合调查数据集，PCA 就不适用于分类数据。
❑ 此外，PCA 通过在较低维度空间中创建原始高维数据的近似来运作。虽然这种降维简化了数据处理和处理过程，但也需要付出代价，即丢失了一些信息。这是一个需要在每个使用案例中仔细评估的权衡考量。例如，如果你在处理生物医学数据集，其中每个特征代表特定的基因标记，则使用 PCA 可能会有丢失与特定疾病诊断或治疗相关的重要信息的风险。

因此，虽然 PCA 是降维的强大工具，特别是在处理具有许多相互关联的数值变量的大型数据集时，但需要仔细考虑其局限性，以确保它是适合特定应用的正确选择。

关联规则挖掘

特定数据集中的模式是需要被发现、理解并挖掘其所包含信息的宝藏。有一组重要的算法致力于对给定数据集中的模式进行分析。在这类算法中，其中一种比较流行的算法称为**关联规则挖掘**算法，它为我们提供了以下能力：

❑ 测量模式的频率的能力。
❑ 建立模式之间的因果关系的能力。
❑ 通过将它们的准确性与随机猜测进行比较来量化模式的有用性的能力。

现在让我们看一些关联规则挖掘的例子。

实例

关联规则挖掘用于研究数据集中不同变量之间的因果关系。以下是它有助于回答的示例问题：

❑ 湿度、云层覆盖和温度的哪些数值可能导致明天下雨？

- 什么类型的保险索赔表明存在欺诈行为？
- 哪些药物组合可能导致患者出现并发症？

正如这些例子所说明的，关联规则挖掘在商业智能、医疗保健和环境研究等领域具有广泛的应用。这种算法是数据科学家工具包中的一种强大工具，能够将复杂模式转化为跨越不同领域的可操作见解。

市场购物篮分析

推荐引擎是本书广泛讨论的重要主题，它是个性化用户体验的强大工具。然而，还有一种更简单但同样有效的生成推荐的方法，称为市场购物篮分析。市场购物篮分析基于哪些物品经常一起购买的信息进行操作。与更复杂的推荐引擎不同，这种方法不考虑额外的用户特定数据或用户的个体偏好。这里需要进行区分。推荐引擎通常根据用户的过去行为、偏好以及丰富的用户特定信息创建个性化建议。相比之下，市场购物篮分析仅关注购买物品的组合，而不考虑购买者或他们的个体偏好。

市场购物篮分析的一个关键优势是数据收集相对容易。收集全面的用户偏好数据可能复杂且耗时。然而，关于一起购买物品的数据通常可以从交易记录中简单提取，这使得市场购物篮分析成为企业进入推荐领域的便捷起点。例如，当我们在沃尔玛购物时就会生成这种数据，并且不需要特殊技术来获取这些数据。

所谓"特殊技术"，指的是额外的步骤，如进行用户调查、使用跟踪cookie，或者构建复杂的数据管道。相反，这些数据可以作为销售过程的副产品方便地获取。这种随时间收集的数据称为**交易数据**。

当关联规则分析应用于便利店、超市和快餐连锁店的购物篮交易数据集时，就被称为**市场购物篮分析**。它衡量了一组物品一起购买的条件概率，有助于回答以下问题：

- 货架上物品的最佳摆放位置是什么？
- 商品应该如何呈现于销售目录中？
- 如何根据用户的购买模式来决定向其推荐何种商品？

由于市场购物篮分析可以估计物品之间的关联程度，因此通常用于大众市场零售，如超市、便利店、药店和快餐连锁店。市场购物篮分析的优势在于其结果几乎是不言自明的，这意味着它们易于被商业用户理解。

让我们来看一个典型的超市例子。商店中所有唯一的商品可以用一个集合 $\pi = \{item_1, item_2, \cdots, item_m\}$ 来表示。因此，如果该超市销售 500 种不同的商品，则集合 π 的大小就为 500。

人们会从这家商店购买商品。每当有人购买商品并在柜台付款时，它就会被添加到一组特定交易中的商品集合中，称为一个项集。在一段时间内，交易被整合在一个集合 Δ 中，其中 $\Delta = \{t_1, t_2, \cdots, t_n\}$。

让我们来看下面这个简单的交易数据，其中只包括四个交易。这些交易总结在下表中。

t_1	三柱门、球垫
t_2	球棒、三柱门、球垫、头盔
t_3	头盔、球
t_4	球棒、球垫、头盔

让我们更详细地看看这个例子：

$\pi = \{$球棒，三柱门，球垫，头盔，球$\}$，这个集合给出了超市售卖的所有商品。

让我们考虑来自 Δ 的一笔交易，即 t_3。请注意，t_3 中购买的物品可以用项集 $t_3 = \{$头盔，球$\}$ 来表示，表示顾客购买了 2 件物品。这个集合被称为项集，因为它包含了单个交易中购买的所有物品。考虑到这个项集中有 2 个物品，所以称项集 t_3 的大小为 2。这种术语使我们能够更有效地分类和分析购买模式。

6.9 关联规则挖掘

关联规则以数学形式描述交易中各个项之间的关系。具体地讲，就是将两个项集之间的关系描述为 $X \Rightarrow Y$ 的形式，其中，$X \subset \pi$，$Y \subset \pi$，X 和 Y 是不相交的项集，也就是说 $X \cap Y = \varnothing$。

关联规则可以描述为如下形式：

$\{$头盔，球$\} \Rightarrow \{$自行车$\}$

这里，$\{$头盔，球$\}$ 是 X 而 $\{$自行车$\}$ 是 Y。

让我们来看看不同类型的关联规则。

6.9.1 关联规则的类型

运行关联分析算法通常会从交易数据集中生成大量规则，其中大部分都没有用。为了选出能够产生有用信息的规则，我们将规则分为以下三种类型：

- 平凡规则
- 难释义规则
- 可操作规则

接下来详细描述每种类型的规划。

平凡规则

生成规则时许多派生的规则都是无用的，因为它们仅总结了相关事务的常识。我们将这些规则划分为平凡规则。平凡规则尽管置信度很高，但仍然没有什么用处，并且不能用于基于数据驱动的决策。这些规则可以直接忽略。需要注意的是，这里的"置信度"是指关联分析中使用的一种度量，用来量化在另一个事件（假设为 A）已经发生的情况下特定事件（比如 B）发生的概率。我们可以安全地忽略所有的平凡规则。

下面展示了平凡规则的一些示例：

- ❑ 任何人从高层建筑上跳下时都很可能死亡。
- ❑ 努力学习才能在考试中取得好成绩。
- ❑ 随着气温下降，热水器销量上升了。
- ❑ 在高速公路上开车时超速会增加事故发生概率。

难释义规则

关联规则算法运行后产生的规则中，难以解释的规则很难应用。规则应该有助于发现和解释新模式并且这种模式应该是某种行动的动因，这样的规则才是有用的。否则，如果我们无法解释为什么事件 X 导致事件 Y，那么这个规则就是莫名奇妙的。这种规则仅仅是一个数学公式，它刻画了两个无关而独立的事件之间毫无意义的关系。

下面给出了难释义规则的几个示例：

- ❑ 穿红衣服的人往往考试能得高分。
- ❑ 绿色自行车更容易被盗窃。
- ❑ 买腌菜的人也会买尿布。

可操作规则

可操作规则正是我们要寻找的黄金规则。这些规则容易被人理解且能够深刻地解释业务。熟悉业务领域的人遇事时能够借助这种规则给出事件发生的可能原因。例如，可操作规则可以依据当前的购买模式建议商家在商店的特定位置摆放特定的商品。它还能依据哪些物品倾向于被一起购买来建议把相应物品摆放到一起，以此来最大限度地增加这些物品的销量。

下面的例子给出了两个可操作规则和与之对应的行动：

规则1：向用户的社交媒体账户展示广告会提高销售额。

可采取的行动：采用广告的方式推广产品。

规则2：创造更多的价格点可以增加销售。

可采取的行动：通过广告对一件商品降价促销，同时提高另一件物品的价格。

现在让我们来看一下如何对规则进行排序。

排序规则

关联规则有三种度量方式：

- ❑ 支持度（Support）
- ❑ 置信度（Confidence）
- ❑ 提升度（Lift）

接下来，我们更详细地讨论它们。

支持度

支持度用一个数值来量化所寻找的模式在数据集中出现的频率。计算支持度，要先统计感兴趣的模式出现的总次数，再除以所有交易的总数。

下面的公式给出了为特定项集 itemset$_a$ 计算支持度的过程：

$$\text{numItemset}_a = \text{含有 itemset}_a \text{的交易数量}$$

$$\text{num}_{\text{total}} = \text{交易总数}$$

$$\text{支持度}(\text{itemset}_a) = \frac{\text{numItemset}_a}{\text{num}_{\text{total}}}$$

单纯查看支持度的大小，就可以了解模式在数据中的罕见程度。支持度较低就意味着我们正在关注一件较为罕见的事件。在商业环境中，这些罕见事件可能是特殊情况或异常值，它们或许会产生重大影响。例如，这些罕见事件可能表示不寻常的客户行为或独特的销售趋势，有可能标志着需要从战略层面加以关注的机遇或威胁。

例如，如果itemset$_a$ = {头盔，球}且该项集在 6 个交易中出现了 2 次，则该项集的支持度 =2/6≈0.33。

置信度

置信度用数值来量化规则左部 (X) 和规则右部 (Y) 关联到一起的强度，它是如下条件概率的计算结果：在事件 X 已经发生的条件下，事件 X 导致事件 Y 发生的概率。

规则的数学形式：$X \rightarrow Y$。

这个规则的置信度表示为置信度 $(X \Rightarrow Y)$，计算方法如下：

$$\text{置信度}(X \Rightarrow Y) = \frac{\text{支持度}(X \cup Y)}{\text{支持度}(X)}$$

下面用示例来说明。给定如下规则：

$$\{\text{头盔，球}\} \Rightarrow \{\text{三柱门}\}$$

这个规则的置信度通过如下公式计算：

$$置信度（头盔,球 \Rightarrow 三柱门） = \frac{支持度(头盔,球 \cup 三柱门)}{支持度(头盔,球)} = \frac{\frac{1}{6}}{\frac{2}{6}} = 0.5$$

这个结果说明，如果某人购买了（头盔，球），则他有 50% 的概率会同时购买三柱门。

提升度

另一种评估规则质量的方法是计算提升度。提升度返回一个数值，该数值量化了一条规则在预测结果方面相比仅假设方程右侧结果所取得的改进程度。"改进"指的是规则在预测结果的能力上相较于基线或默认方法所实现的增强或改善程度。它表示与仅仅基于方程右侧进行假设所获得的预测结果相比，该规则在提供更准确或更具洞察力的预测方面所达到的程度。如果 X 和 Y 项集是独立的，那么提升度的计算方法如下：

$$提升度(X \Rightarrow Y) = \frac{支持度(X \cup Y)}{支持度(X) \times 支持度(Y)}$$

6.9.2 关联分析算法

我们这里讨论两个用于关联分析的算法：

- **Apriori 算法**：由 R. Agrawal 和 R. Srikant 于 1994 年提出。
- **频繁模式增长（Frequent Pattern growth，FP-growth）算法**：由韩家炜等人于 2001 年提出。

下面详细讨论这两种算法：

Apriori 算法

Apriori 算法是一种用于生成关联规则的迭代式多阶段算法，它是一种生成-测试法。Apriori 算法运行前，需要定义两个变量，support threshold 和 confidence threshold。

算法由如下两个阶段构成：

- **候选项集生成阶段**：生成候选项集，计算结果包含支持度超过 support threshold 的所有项集。
- **过滤阶段**：过滤删除置信度低于 confidence threshold 的所有规则。

过滤后，得到的规则就是结果。

Apriori 算法的局限性

Apriori 算法的主要瓶颈是生成候选规则的阶段 1。例如，$\pi = \{item_1, item_2, \cdots, item_m\}$ 可以产生 2^m 个项集。由于算法的多阶段设计，该算法首先要先生成这些项集，然后再找出频繁项集。这个步骤是严重的性能瓶颈，使得 Apriori 算法不适合处理特征较多的数据集合。因为它在找到频繁项之前会生成太多的项集，这将影响所需的时间。

现在让我们来看看频繁模式增长算法。

频繁模式增长算法

频繁模式增长算法是对 Apriori 算法的改进。算法始于从频繁交易构造频繁模式树 (FP-Tree)，这是一种有序树。算法由如下两步构成：

- 填充频繁模式树。
- 挖掘频繁模式。

我们依次讨论这些步骤。

填充频繁模式树

考虑下表中给出的交易数据。我们先将其表示为一个稀疏矩阵。

编号	球棒	三柱门	球垫	头盔	球
1	0	1	1	0	0
2	1	1	1	1	0
3	0	0	0	1	1
4	1	0	1	1	0

接下来，计算每个项的频率，然后按照频率递减排序。

项	频率
球垫	3
头盔	3
球棒	2
三柱门	2
球	1

现在，我们依据频率重新排列每个交易中的数据项。

编号	原始项	重新排列的项
t_1	三柱门、球垫	球垫、三柱门
t_2	球棒、三柱门、球垫、头盔	头盔、球垫、三柱门、球棒
t_3	头盔、球	头盔、球
t_4	球棒、球垫、头盔	头盔、球垫、球棒

构建频繁模式树的第一步是为其构造第一个分支。频繁模式树始于空（Null）树根。树中的每个节点表示一个数据项，如图 6.13 所示（给出了 t_1 的树形表示）。注意，每个节点的标签是数据项的名称，其频率附加在冒号之后。比如，球垫的频率是 1。

t_1：{球垫，三柱门}

编号	球棒	三柱门	球垫	头盔	球
1	0	1	1	0	0
2	1	1	1	1	0
3	0	0	0	1	1
4	1	0	1	1	0

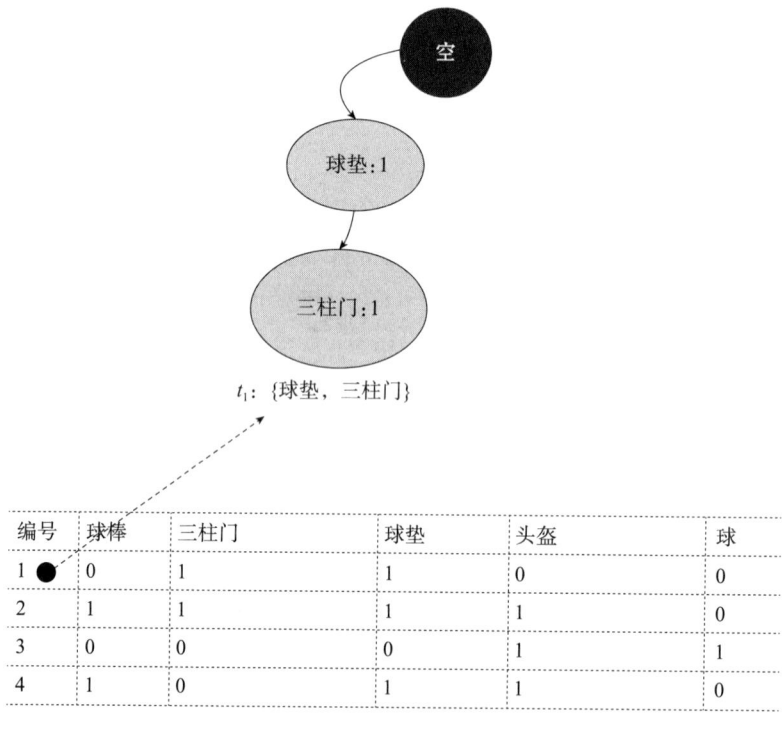

图 6.13 频繁模式树表示的第一个交易

按照同样的方法，画出其他四个交易在频繁模式树中对应的分支，就得到了完整的频繁模式树。它有四个叶节点，每个叶节点表示一个交易相关的项集。注意，我们需要计算每个项的频率，并且在多次使用时需要增加频率。例如，在频繁模式树中添加交易 t_2 时，头盔的频率增大为 2。类似地，当加入交易 t_4 时，头盔的对应频率增大到 3。

最终的频繁模式树如图 6.14 所示。

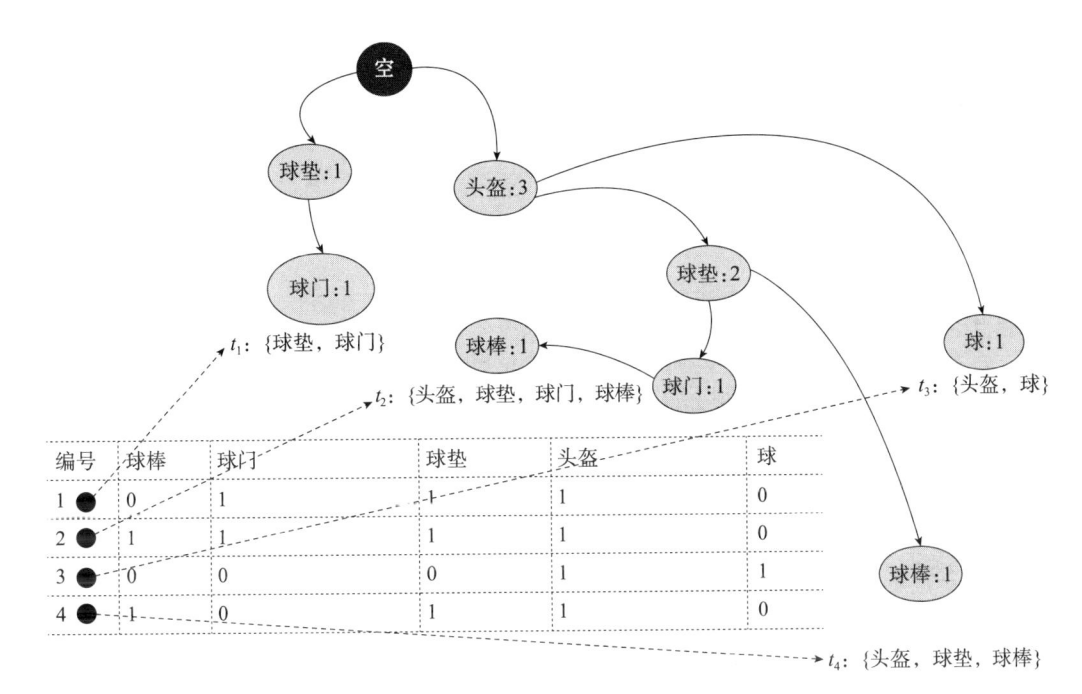

图 6.14　表示所有交易的频繁模式树

注意，生成的频繁模式树是一棵有序树。这将引导我们进入 FP-growth 树的第二阶段：挖掘频繁模式。

频繁模式增长算法

频繁模式增长算法的第二个阶段是从频繁模式树中挖掘频繁模式。创建有序树旨在创建一个高效的数据结构以便轻松搜索出频繁出现的模式。

我们从一个作为结束节点的叶节点开始这段旅程，然后向上遍历。比如，我们从叶节点"球棒"开始。我们的下一个任务是找出"球棒"的条件模式基。术语"条件模式基"听起来可能很复杂，但它只是指从特定叶节点项到树根的所有路径的集合。对于我们的项"球棒"，条件模式基将包括从"球棒"节点到树顶的所有路径。此时理解有序树和无序树之间的差异变得至关重要。在像频繁模式树这样的有序树中，项遵循固定的顺序，简化了模式挖掘过程。无序树没有提供这种结构化的设置，这可能会使发现频繁模式更具挑战性。

在计算"球棒"的条件模式基时，我们实际上是绘制从"球棒"节点到根节点的所有路径。这些路径揭示了在交易中经常与"球棒"一起出现的项。本质上，我们正在跟随与"球棒"相关的树的"分支"，以了解它与其他项的关系。这个视觉上的说明使我们清楚了从哪里获取这些信息，以及频繁模式树如何帮助我们揭示交易数据中的频繁模式。对于"球棒"，条件模式基如下所示。

球门：1	球垫：1	头盔：1
球垫：1	头盔：1	

"球棒"的频繁模式如下所示：

{球门，球垫，头盔}：球棒

{球垫，头盔}：球棒

编写代码来运用频繁模式增长算法

下面用 Python 编写代码，运用频繁模式增长算法来生成关联规则。为此，我们使用 `pyfpgrowth` 包。如果你之前没有使用过 `pyfpgrowth` 包，则需要先安装它：

```
!pip install pyfpgrowth
```

导入实现该算法所需要的包：

```
import pandas as pd
import numpy as np
import pyfpgrowth as fp
```

用 `transactionSet` 格式创建输入数据：

```
dict1 = {
    'id':[0,1,2,3],
    'items':[["wickets","pads"],
    ["bat","wickets","pads","helmet"],
    ["helmet","pad"],
    ["bat","pads","helmet"]]
}
transactionSet = pd.DataFrame(dict1)
   id    items
0  0     [wickets, pads]
1  1     [bat, wickets, pads, helmet]
2  2     [helmet, pad]
3  3     [bat, pads, helmet]
```

生成输入数据之后，我们要根据传入 `find_frequent_patterns()` 的参数来生成模式。注意，这里传入该函数的第二个参数是最低支持度，此处是 1：

```
patterns = fp.find_frequent_patterns(transactionSet['items'],1)
```

模式已经生成。接下来，输出得到的模式。模式列表给出了数据项组合及其这些组合的支持度：

```
patterns
{('pad',): 1,
 ('helmet', 'pad'): 1,
 ('wickets',): 2,
 ('pads', 'wickets'): 2,
 ('bat', 'wickets'): 1,
 ('helmet', 'wickets'): 1,
```

```
('bat', 'pads', 'wickets'): 1,
('helmet', 'pads', 'wickets'): 1,
('bat', 'helmet', 'wickets'): 1,
('bat', 'helmet', 'pads', 'wickets'): 1,
('bat',): 2,
('bat', 'helmet'): 2,
('bat', 'pads'): 2,
('bat', 'helmet', 'pads'): 2,
('pads',): 3,
('helmet',): 3,
('helmet', 'pads'): 2}
```

接下来，生成规则：

```
rules = fp.generate_association_rules(patterns,0.3)
rules
{('helmet',): (('pads',), 0.6666666666666666),
 ('pad',): (('helmet',), 1.0),
 ('pads',): (('helmet',), 0.6666666666666666),
 ('wickets',): (('bat', 'helmet', 'pads'), 0.5),
 ('bat',): (('helmet', 'pads'), 1.0),
 ('bat', 'pads'): (('helmet',), 1.0),
 ('bat', 'wickets'): (('helmet', 'pads'), 1.0),
 ('pads', 'wickets'): (('bat', 'helmet'), 0.5),
 ('helmet', 'pads'): (('bat',), 1.0),
 ('helmet', 'wickets'): (('bat', 'pads'), 1.0),
 ('bat', 'helmet'): (('pads',), 1.0),
 ('bat', 'helmet', 'pads'): (('wickets',), 0.5),
 ('bat', 'helmet', 'wickets'): (('pads',), 1.0),
 ('bat', 'pads', 'wickets'): (('helmet',), 1.0),
 ('helmet', 'pads', 'wickets'): (('bat',), 1.0)}
```

每个规则都由左部和右部组成，中间用冒号隔开。这里，我们同样给出了规则在输入数据集上的支持度。

6.10 小结

本章讨论了很多种无监督机器学习技术；探讨了在哪些情况下降维有助于问题求解，并给出了各种降维方法；还讨论了无监督机器学习技术的非常有用的实例，包括购物篮分析。

下一章学习多种监督学习技术。我们从线性回归开始，然后讨论更多复杂的监督机器学习技术，例如，决策树算法、支持向量机（SVM）和极端梯度提升（eXtreme Gradient Boosting, XGBoost）算法等。我们还会讨论最适合非结构文本数据的朴素贝叶斯算法。

第 7 章

传统的监督学习算法

人工智能犹如新型电力。

——吴恩达

在第 7 章，我们将转向监督机器学习算法。这些算法以它们对有标签数据的依赖来进行模型训练，并具有多方面和多功能的特点。让我们考虑一些实例，如决策树、支持向量机（SVM）和线性回归等，它们都属于监督学习的范畴。

随着我们深入研究这个领域，重要的是要注意，本章不涵盖神经网络，这是监督机器学习中一个重要的类别。鉴于神经网络的复杂性和该领域的快速发展，对神经网络进行深入探索是必要的，这将在接下来的三章中进行讨论。神经网络的广泛应用需要超过一个章节的篇幅来全面讨论其复杂性和潜力。

在本章中，我们将深入探讨监督机器学习的基础知识，包括分类器和回归器。我们将使用现实世界的问题作为案例研究来探索它们的能力。首先介绍六种不同的分类算法，然后介绍三种回归技术。最后，我们将比较它们的结果，以帮助我们总结本章讨论的要点。

本章的总体目标就是让你了解不同类型的监督机器学习技术，并理解对某种类型的问题而言什么才是最好的监督机器学习技术。

本章涵盖以下主题：

❑ 理解监督机器学习。
❑ 理解分类算法。

- 评价分类器性能的方法。
- 理解回归算法。
- 评价回归算法性能的方法。

我们首先讨论监督机器学习背后的基本概念。

7.1 理解监督机器学习

机器学习致力于使用数据驱动的方法来创建能够帮助我们在有人或无人监督的情况下做出决定的自主系统。为了创建这些自主系统，机器学习使用一组算法和方法来发现和制定数据中可复用的模式。在机器学习中最流行和强大的方法之一是监督机器学习方法。在监督机器学习中，算法给出一组输入，称为**特征**，和它们对应的输出，称为**标签**。这些特征通常包括结构化数据，如用户配置文件、历史销售数据或传感器测量数据，而标签通常代表我们想要预测的特定结果，例如客户购买习惯或产品质量评级。使用给定的数据集，使用监督机器学习算法来训练一个能够捕捉由数学公式表示的特征和标签之间复杂关系的模型。这个训练过的模型是用于预测的基本工具。

> 在监督学习中，从现有数据中学习的能力类似于人脑从经验中学习的能力。这种学习能力利用了人脑的一种属性，是将决策能力和智能带给机器的基本途径。

让我们考虑一个例子，我们想使用监督机器学习技术训练一个模型，将一组电子邮件分类为合法邮件（称为"legit"）和垃圾邮件（称为"spam"）。为了开始，我们需要来自过去的示例，以便机器可以学习哪种类型的邮件内容应该被归类为垃圾邮件。

这种使用文本数据的基于内容的学习任务是一个复杂的过程，它可以用一种监督机器学习算法来实现。适于为这个例子训练模型的监督机器学习算法包括决策树和朴素贝叶斯分类器，后面会就此进行讨论。

现在，我们将重点关注如何制定监督机器学习问题。

7.2 描述监督机器学习

在深入了解监督机器学习算法的细节之前，我们先定义监督机器学习中的一些基本术语。

术语	解释
标签	标签是模型需要预测的变量。监督机器学习模型只能有一个标签
特征	用于标签预测的输入变量集统称为特征
特征工程	为选定的监督机器学习算法整理特征并将它们转化为模型的输入格式,这一过程被称作特征工程
特征向量	向监督机器学习算法提供输入之前,所有的特征都被组合在一个数据结构中,这个数据结构被称为特征向量
历史数据	用来建立标签和特征之间关系的过去数据称为历史数据。历史数据提供了示例
训练数据/测试数据	带有示例的历史数据被分为两部分:一部分是较大的数据集,称为训练数据;另一部分是较小的数据集,称为测试数据
模型	捕捉标签和特征之间关系模式的数学公式就是对应的模型
训练	用训练数据集构建模型
测试	用测试数据集评估训练后的模型的质量
预测	利用我们训练好的模型来估计标签的行为,在这个上下文中,"预测"是模型的最终输出,指明了一个确切的结果。区分这一点与"预测概率"至关重要,因为预测概率并不是给出一个具体的结果,而是给出每个可能结果的统计概率

训练后的监督机器学习模型能够依据特征来预测标签。

下面给出本章讨论机器学习技术时用到记号。

变量	含义
y	实际的标签
ý	预测的标签
d	示例的总数
b	训练示例的数量
c	测试示例的数量
X_train	训练特征向量

请注意,在这个上下文中,"示例"指的是数据集中的单个实例。每个示例包括一组特征(输入数据)和相应的标签(我们要预测的结果)。

现在,我们看看这些术语如何用于实践表述中。前面已经指出,特征向量是存储了所有特征的数据结构。

例如,如果特征数量为 n,训练示例个数为 b,我们将这个训练特征向量表示为 X_train。因此,如果我们的训练数据集包括 5 个示例和 5 个变量或特征,X_train 将有 5 行——每个示例 1 行,总共 25 个元素(5 个示例 ×5 个特征)。

在这个上下文中,X_train 是一个特定的术语,代表我们的训练数据集。这个数据集中的每个示例都是一组特征及其相关的标签的组合。我们使用上标来表示特定示例的行号。因此，我们数据集中的单个示例表示为 ($\boldsymbol{X}^{(1)}, y^{(1)}$)，其中，$\boldsymbol{X}^{(1)}$ 指示第一个示例的特征，$y^{(1)}$ 是其对应的标签。

因此，我们完整的标记数据集 D 可以表示为 $D=\{(\boldsymbol{X}^{(1)}, y^{(1)}),(\boldsymbol{X}^{(2)}, y^{(2)}),\cdots,(\boldsymbol{X}^{(d)}, y^{(d)})\}$，其中，$D$ 表示示例的总数。

我们将 D 分为两个子集——训练集 D_{train} 和测试集 D_{test}。训练集 D_{train} 可以表示为 $D_{\text{train}}=\{(\boldsymbol{X}^{(1)}, y^{(1)}),(\boldsymbol{X}^{(2)}, y^{(2)}),\cdots,(\boldsymbol{X}^{(b)}, y^{(b)})\}$，其中，'$b$' 是训练示例的数量。

训练模型的主要目标是确保对训练集中任何第 i 个示例的预测目标值（'$\acute{y}$'）尽可能与实际标签（'y'）相符合。这样可以确保模型的预测反映了示例中呈现的真实结果。

现在，让我们看看如何将这些术语在实践中具体化。

正如我们讨论过的，特征向量被定义为一个包含所有特征的数据结构。

如果特征数量为 n，训练示例数量为 b，那么 X_train 代表训练特征向量。

对于训练数据集，特征向量由 X_train 表示。如果训练数据集中有 b 个示例，那么 X_train 将有 b 行。如果有 n 个变量，那么训练数据集的维度将是 $n \times b$。

我们将使用上标来表示训练示例的行号。

我们标记数据集中的特定示例由 (Features$^{(1)}$, label$^{(1)}$)=($\boldsymbol{X}^{(1)}, y^{(1)}$) 表示。

因此，我们的标记数据集由 $D=\{(\boldsymbol{X}^{(1)}, y^{(1)}),(\boldsymbol{X}^{(2)}, y^{(2)}),\cdots,(\boldsymbol{X}^{(d)}, y^{(d)})\}$ 表示。

我们将其分为两部分——D_{train} 和 D_{test}。

因此，我们的训练集可以表示为 $D_{\text{train}}=\{(\boldsymbol{X}^{(1)}, y^{(1)}),(\boldsymbol{X}^{(2)}, y^{(2)}),\cdots,(\boldsymbol{X}^{(b)}, y^{(b)})\}$。

训练模型的目标是对于训练集中的任何第 i 个示例，目标值的预测值应尽可能接近示例中的实际值。换句话说：

$$\acute{y}(i) \approx y(i), 1 \leqslant i \leqslant b$$

继而，测试集表示为：$D_{\text{test}}=\{\boldsymbol{X}^{(1)}, y^{(1)}),(\boldsymbol{X}^{(2)}, y^{(2)}),\cdots,(\boldsymbol{X}^{(c)}, y^{(c)})\}$

标签的值用向量表示：$\boldsymbol{Y}=\{y^{(1)}, y^{(2)}, \cdots, y^{(m)}\}$

让我们用一个例子来说明这些概念。

假设我们正在开展一个项目，根据各种特征来预测房价，比如卧室数量、房屋面积（以平方英尺[一]为单位）和房龄。以下介绍如何将机器学习术语应用于这个现实场景。

在这个背景下，我们的"特征"是卧室数量、房屋面积和房龄。假设我们有 50 个示例（即有 50 所不同的房屋的详细信息以及相应的价格）。我们可以将这些表示为名为 X_train 的训练特征向量。

X_train 成为一个表格，有 50 行（每行代表一所房屋）和 3 列（每列对应一个特征：卧室数量、房屋面积和房龄）。它是一个 50×3 的矩阵，保存了我们所有的特征数据。

[一] 1 平方英尺 ≈ 0.0929 平方米。——编辑注

一个单独房屋的特征集和价格可以表示为 $(X^{(i)}, y^{(i)})$，其中，$X^{(i)}$ 包含第 i 所房屋的特征，$y^{(i)}$ 是它的实际价格。

整个数据集 D 可以表示为 $D=\{(X^{(1)}, y^{(1)}),(X^{(2)}, y^{(2)}),\cdots,(X^{(50)}, y^{(50)})\}$。

假设我们用 40 所房屋进行训练，剩下的 10 所用于测试。我们的训练集 D_{train} 将是前 40 个示例：$\{(X^{(1)}, y^{(1)}), (X^{(2)}, y^{(2)}),\cdots,(X^{(40)}, y^{(40)})\}$。

训练模型后，我们的目标是预测房屋价格 $\acute{y}(i)$，使其与训练集中所有房屋的实际价格 $y(i)$ 尽可能接近。

我们的测试集 D_{test} 由剩余的 10 个示例组成：$\{(X^{(41)}, y^{(41)}),(X^{(42)}, y^{(42)}),\cdots,(X^{(50)}, y^{(50)})\}$。

最后，我们有向量 Y，包含了所有实际的房屋价格：$Y=\{y^{(1)}, y^{(2)},\cdots, y^{(50)}\}$。

通过这个具体的例子，我们可以看到在用监督机器学习预测房价时，这些概念和方程式是如何实际应用的。

7.2.1 理解使能条件

为了进行操作，监督机器学习算法需要满足一定的使能条件。使能条件是确保监督机器学习算法有效性的一些先决条件。这些使能条件如下：

- **充足的示例**：监督机器学习算法需要足够的示例来训练模型。当我们有确凿的证据表明我们感兴趣的模式在数据集中得到了充分的表示时，我们说我们有足够的示例。
- **历史数据中的模式**：用于训练模型的示例需要具有模式。我们感兴趣事件的发生可能取决于一系列模式、趋势和事件。标签在数学上代表了我们模型中感兴趣的事件。如果没有这些，我们处理的是随机数据，无法用于训练模型。
- **有效的假设**：当我们使用示例来训练监督机器学习模型时，我们期望适用于示例的假设在未来也是有效的。让我们看一个实际的例子。如果我们想为政府训练一个机器学习模型，可以用来预测是否会给予学生签证，那么我们理解为在使用模型进行预测时，法律和政策不会改变。如果在训练模型后实施新的政策或法律，可能需要在纳入这些新信息后重新训练模型。

下面将介绍如何区分分类器和回归器。

7.2.2 区分分类器和回归器

在机器学习模型中，标签可以是分类变量或连续变量。连续变量是可以在两个值之间具有无限多个值的数值变量，而分类变量是定性变量，被分类为不同的类别。标签的类型决定了我们拥有什么类型的监督机器学习模型。基本上，我们有两种类型的监督机器学习模型：

- **分类器**：如果标签是一个分类变量，那么机器学习模型被称为分类器。分类器可以用来回答以下类型的业务问题：

  - 这种异常组织生长是不是恶性肿瘤？
  - 根据当前的天气条件，明天会下雨吗？
  - 根据特定申请人的资料，是否应批准他们的抵押贷款申请？

- **回归器**：如果标签是一个连续变量，我们训练一个回归器。回归器可以用来回答以下类型的业务问题：

  - 根据当前的天气条件，明天会下多少雨？
  - 在给定特征的情况下，特定房屋的价格会是多少？

让我们更详细地看一下分类器和回归器。

7.3 理解分类算法

在监督机器学习中，如果标签是一个分类变量，那么模型被归类为分类器。回想一下，模型实质上是从训练数据中学到的数学表示：

- 历史数据被称为有标记数据。
- 需要预测标签的生产数据被称为未标记数据。

> 分类算法的真正能量在于它具备了用训练后的模型来准确地标注未标记数据的能力。特定的业务问题会采用分类器来预测未标记数据的标签。

讨论分类算法细节之前，我们先为分类算法引入一个挑战性问题，然后用六种不同的算法来求解这个问题，以便于比较各种算法的思想、方法和性能。

7.3.1 分类器挑战性问题

我们先给出一个问题，用来作为测试六种不同的分类算法的公共挑战。本章将这个公共问题称为分类器挑战性问题。用将要讨论的所有 6 个分类器来求解同一个问题，将有助于我们完成如下两件事情：

- 所有的输入变量会被预处理，并封装成一个称为特征向量的复杂数据结构。使用相同的特征向量有助于避免为所有六种算法重复准备数据。
- 使用相同的特征向量作为输入有助于准确地比较不同算法的性能。

分类器挑战性问题要预测用户购买商品的可能性。在零售业，更好地理解顾客行为有助于最大化销售量。理解顾客行为可以通过分析用户历史数据中的模式来实现。下面给出问题描述：

问题描述

给定用户购买行为的历史数据，我们能否训练一个二分类器，用于根据用户信息来预测该用户是否会购买某个产品？

首先，我们讨论用于求解该问题的可用标记数据集：

$$x \in \mathbf{R}^b, y \in \{0,1\}$$

请注意，x是实数集的一个成员，它是一个具有b个实时特征的向量。$y \in \{0,1\}$表示它是一个二进制变量，因为我们处理的是一个二元分类问题。输出可以是0或1，其中每个数字代表不同的类别。

对于这个特定的例子，当$y=1$时，我们称之为正例，当$y=0$时，我们称之为反例。为了让问题更具体化，当y等于1时，我们正在处理一个正例，意味着用户很可能购买。相反，当y等于0时，表示反例，表示用户不太可能购买任何东西。这个模型将根据用户的历史行为来预测未来的用户行为。

> 虽然正例和反例可以随意定义，但是我们通常将感兴趣的类别定义为正例。例如，如果我们要从银行的交易数据中标记诈骗交易，则欺诈实例应定义为正例($y=1$)而不是反例($y=0$)。

接下来继续：

- 实际的标签用y来表示。
- 预测的标签用$\acute{y}$来表示。

在分类器挑战性问题中，数据实例的标签用y来表示。如果有人购买了产品，则$y=1$。预测结果的标签用$\acute{y}$表示。输入特征向量x的维度等于输入变量的数量。我们需要确定在给定输入特征向量的情况下，用户购买产品的概率是多少。

因此，我们的问题是，在给定特征向量x的值时，预测$y=1$的概率。在数学上，这可以表示为

$$\hat{y} = P(y=1|\boldsymbol{x}), \boldsymbol{x} \in \mathbf{R}^{n_x}$$

请注意，表达式 $P(y=1|\boldsymbol{x})$ 表示在事件 $\boldsymbol{x}$ 发生的情况下，事件 y 等于 1 的条件概率。换句话说，它表示在已知或存在特定条件 $\boldsymbol{x}$ 的情况下，结果 y 为真或为正的概率。

现在，让我们看看如何处理和组装特征向量 $\boldsymbol{x}$ 中的不同输入变量。使用处理流程将 $\boldsymbol{x}$ 的不同部分组装起来的方法在下文中将更详细地讨论。

用数据处理管道实施特征工程

为选定的机器学习算法准备数据被称为**特征工程**，是机器学习生命周期中关键的一部分。特征工程在不同的阶段完成。用于处理数据的多阶段处理代码统称为**数据管道**。用标准处理步骤创建数据管道可以增强其可重用性，并减少训练模型所需的工作。通过使用经过测试的软件模块，代码的质量也可以有所提高。

除了特征工程，需要注意的是数据清洗也是这个过程的重要部分。这涉及解决异常值检测和缺失值处理等问题。例如，异常值检测允许识别和处理可能对模型性能产生负面影响的异常数据点。类似地，缺失值处理是一种技术，用于填补或处理数据集中的缺失数据点，确保模型能够完整地了解数据。这些是需要包含在数据管道的重要步骤，有助于提高机器学习模型的可靠性和准确性。

下面讨论如何为分类器挑战性问题设计一个可重用的处理管道。如前所述，我们将一次性准备数据，然后应用于所有的分类器。

导入库

让我们从导入必要的库开始：

```
import numpy as np
import sklearn,sklearn.tree
import matplotlib.pyplot as plt
import pandas as pd
import sklearn.metrics as metrics
from sklearn.model_selection import train_test_split
from sklearn.preprocessing import OneHotEncoder, StandardScaler
```

需要注意的是，我们将在 Python 中使用 pandas 库，这是一个强大的开源数据处理和分析工具，提供高性能的数据结构和数据分析工具。我们还将使用 sklearn，它提供了一套全面的工具和算法，用于各种机器学习任务。

导入数据

这个问题的带标签数据包含在一个名为 Social_Network_Ads.csv 的 CSV 格式文件中。让我们从读取这个文件开始。

```
# Importing the dataset
dataset = pd.read_csv('https://storage.googleapis.com/neurals/data/Social_Network_Ads.csv')
```

特征选择

选择与我们要解决的问题相关的特征的过程被称为特征选择，这是特征工程的重要组成部分。

一旦文件被导入，我们会删除用户 ID 列，该列用于识别一个人，在训练模型时应当排除。通常，用户 ID 是一个唯一代表每个人但对我们尝试建模的模式或趋势没有实质性贡献的标识字段。

因此，在训练机器学习模型之前，通常会删除这样的列：

```
dataset = dataset.drop(columns=['User ID'])
```

现在，让我们使用 `head` 命令预览数据集，它将打印该数据集的前五行：

```
dataset.head(5)
```

数据集的样式如图 7.1 所示。

	Gender	Age	EstimatedSalary	Purchased
0	Male	19	19000	0
1	Male	35	20000	0
2	Female	26	43000	0
3	Female	27	57000	0
4	Male	19	76000	0

图 7.1 示例数据集

现在，让我们来看看如何进一步处理输入数据集。

独热编码

有几种机器学习模型在所有特征表示为连续变量时表现最好。这个规定意味着我们需要一种方法来将分类特征转换为连续变量。一个常见的实现这一目标的技术是'独热编码'。

在我们的情况下，性别特征是分类的，我们的目标是使用独热编码将其转换为连续变量。但独热编码究竟是什么呢？

独热编码是一种将分类变量转换为机器学习算法更易理解的格式的过程。它通过为原始特征中的每个类别创建新的二进制特征来实现。例如，如果我们对'Gender'应用独热编码，将得到两个新特征：男性和女性。如果性别是男性，'男性'特征将为 1（表示真），而'女性'将为 0（表示假），反之亦然。

现在让我们将这种独热编码过程应用于'Gender'特征，并继续我们的模型准备过程：

```
enc = sklearn.preprocessing.OneHotEncoder()
```

`drop='first'` 参数表示应该丢弃'Gender'特征中的第一个类别。

首先，让我们对'Gender'进行独热编码处理：

```
enc.fit(dataset.iloc[:,[0]])
onehotlabels = enc.transform(dataset.iloc[:,[0]]).toarray()
```

在这里，我们使用fit_transform方法对'Gender'列应用独热编码。reshape(-1, 1)函数用于确保数据处于编码器所期望的正确的二维格式。toarray()函数用于将输出（稀疏矩阵）转换为密集的numpy数组，以便稍后更容易地进行操作。

接下来，让我们将编码后的性别添加回数据帧中：

```
genders = pd.DataFrame({'Female': onehotlabels[:, 0], 'Male': onehotlabels[:, 1]})
```

请注意，这行代码将编码后的'Gender'数据添加回数据帧中。由于我们设置了drop='first'，假设'Male'类别被认为是第一个类别，那么我们的新列'Female'将在性别为女性时取值为1，而在性别为男性时取值为0。

然后，我们从数据帧中删除原始的'Gender'列，因为它现在已被我们的新Female列所取代：

```
result = pd.concat([genders,dataset.iloc[:,1:]], axis=1, sort=False)
```

一旦它被转换，让我们再次看看数据集（见图7.2）：

```
result.head(5)
```

	Female	Male	Age	Estimated Salary	Purchased
0	0.0	1.0	19	19000	0
1	0.0	1.0	35	20000	0
2	1.0	0.0	26	43000	0
3	1.0	0.0	27	57000	0
4	0.0	1.0	19	76000	0

图 7.2 在这里添加一个标题

请注意，为了将一个变量从分类变量转换为连续变量，独热编码已经将性别转换为了两个单独的列——男性和女性。

让我们来看看如何指定这些特征和标签。

指定特征和标签

让我们指定特征和标签。在本书中，我们将使用y表示标签，X表示特征集：

```
y=result['Purchased']
X=result.drop(columns=['Purchased'])
```

X代表特征向量，包含了我们需要用来训练模型的所有输入变量。

数据集划分为测试数据集和训练数据集

接下来，我们将把数据集分成两部分：70%用于训练，30%用于测试。这种划分的理由是，在机器学习实践中，我们希望有足够大的数据用于训练模型，以便它能够有效地从各种示例中学习。这就是为什么使用较大的 70% 的原因。然而，我们还需要确保我们的模型能够很好地推广到未见过的数据上，而不仅仅是记住训练集。为了评估这一点，我们将保留 30% 的数据作为测试集。这些数据在训练过程中不被使用，而是作为衡量训练模型性能和其在新的、未见过的数据上进行预测的基准：

```
X_train, X_test, y_train, y_test = train_test_split(X, y,
test_size = 0.25, random_state = 0)
```

这样创建了以下四个数据结构：

- `X_train`：包含训练数据的特征的数据结构。
- `X_test`：包含测试数据的特征的数据结构。
- `y_train`：包含训练数据集中标签值的向量。
- `y_test`：包含测试数据集中标签值的向量。

现在，我们将对数据集应用特征归一化。

缩放特征

在准备数据集用于机器学习模型时，一个重要的步骤是**特征归一化**，也称为缩放。在许多机器学习算法中，将变量缩放到一个统一的范围，通常是从 0 到 1，可以通过确保没有任何单个特征因其规模而主导其他特征来增强模型的性能。

这个过程还可以帮助算法更快地收敛到解。现在，让我们将这个转换应用到我们的数据集中以获得最佳结果。

首先，我们初始化一个 `StandardScaler` 类的实例，它将用于进行缩放操作：

```
# Feature Scaling
sc = StandardScaler()
```

然后，我们使用 `fit_transform` 方法。这个转换将特征缩放到均值为 0，标准差为 1 的范围内，这就是标准缩放的本质。转换后的数据存储在变量 `X_train` 中：

```
X_train = sc.fit_transform(X_train)
```

接下来，我们将应用 `transform` 方法，该方法对测试数据集 `X_test` 应用相同的转换（与之前的代码相同）：

```
X_test = sc.transform(X_test)
```

在对数据进行缩放后，它已经可以作为输入用于后续章节中介绍的不同分类器了。

评估分类器

模型训练完成后，我们需要评估模型的性能。我们使用如下步骤来评估性能：

1. 标记数据集已被划分为训练数据集和测试数据集，我们使用测试数据集来评估训练过的模型。

2. 用模型为测试数据集的每行特征生成标签，得到预测标签集。

3. 比较预测标签和实际标签，评估模型。

> 除非要求解的问题是平凡的，否则，评估模型时会产生错误分类。我们如何解释这些错误分类以评价模型质量，取决于使用何种性能指标。

一旦我们有了实际标签集和预测标签集，就可以使用一系列性能指标来评估模型。

对模型进行量化的最佳指标将取决于我们想要解决的业务问题的需求，以及训练数据集的特征。

现在让我们来看看混淆矩阵。

7.3.2 混淆矩阵

混淆矩阵用于总结对分类器进行评估的结果。二分类器的混淆矩阵如图7.3所示。

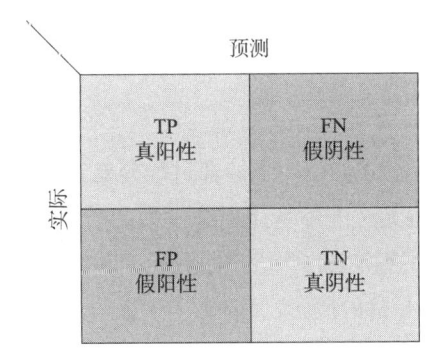

图 7.3 混淆矩阵

> 如果所训练的分类器只产生两个标签，则称之为**二分类器**。监督机器学习的首个关键性用例（一个二分类器）是第一次世界大战期间用于区分飞机和飞鸟的分类器。

分类器的预测结果可以分为如下四类：

- 真阳性 TP（True Positive）：正确分类的正例
- 真阴性 TN（True Negative）：正确分类的反例
- 假阳性 FP（False Positive）：错误分类的正例
- 假阴性 FN（False Negative）：错误分类的反例

我们讨论如何用这四类预测结果来建立各种性能指标。

混淆矩阵通过详细列出正确和错误预测的数量，提供了模型性能的全面快照。它枚举了 TP（真阳性）、TN（真阴性）、FP（假阳性）和 FN（假阴性）。在这些中，正确分类是指我们的模型正确识别类别的情况，即 TP 和 TN。模型的准确率表示这些正确分类（TP 和 TN）占所有预测的比例，可以直接从混淆矩阵中计算出来。混淆矩阵通过计算 TP、TN、FP 和 FN 的数量，给出了正确分类和错误分类的数量。模型的准确率被定义为所有预测中正确分类的比例，可以从混淆矩阵中轻松地看出。

当数据中正例和反例数量大致相等时（称为平衡类），准确率指标可以提供对模型性能的有价值的度量。换句话说，准确率是模型做出的正确预测与总预测数之间的比例。例如，如果我们的模型正确识别了 100 个测试实例中的 90 个，无论它们是正例还是反例，其准确率将为 90%。这个指标可以让我们大致了解我们的模型在两个类别上的表现如何。如果我们的数据有平衡的类别（即正例的总数大致等于反例的数量），那么准确率将给我们一个关于训练模型质量的很好的见解。准确率是所有预测中正确分类的比例。

数学上可以表示为

$$\text{准确率} = \frac{\text{正确分类}}{\text{分类总数}} = \frac{TP + FP}{TP + FP + FN + TN}$$

了解召回率和精确度

在计算准确率时，我们不区分 TP 和 TN。通过准确率评估模型是直接的，但是当数据存在不平衡的类别时，准确率将无法准确量化训练模型的质量。当数据存在不平衡的类别时，另外两个指标将更好地量化训练模型的质量，即召回率和精确度。我们将以流行的金刚石采矿过程为例来解释这两个额外指标的概念。

几个世纪以来，冲积金刚石开采一直是世界各地从河床沙中提取金刚石的最流行方式之一。众所周知，数千年的侵蚀会将金刚石从其原生矿床冲到世界各地的河床中。为了开采金刚石，人们在一个大型露天矿坑中从河岸收集沙子。经过大量的清洗后，矿坑中会留下大量的岩石。

这些经过清洗的岩石中绝大部分只是普通的石头。将其中一块岩石鉴定为金刚石是罕见但非常重要的事件。在我们的场景中，一家矿山的业主正在尝试使用计算机视觉来识别经过清洗的岩石中哪些是普通岩石，哪些是金刚石。他们正在利用形状、颜色和反射等特征，利用计算机视觉对清洗过的岩石进行分类。

在本示例的上下文中：

TP	经过清洗的岩石被正确识别为金刚石
TN	经过清洗的岩石被正确识别为石头
FP	错误地将石头识别为金刚石
FN	错误地将金刚石识别为石头

让我们通过在这个矿山中提取金刚石的过程中，解释一下召回率和精确度：

- **召回率**：即计算命中率，即在一个巨大的事件库中识别出感兴趣事件的比例。换句话说，该指标评估了我们找到或"命中"大部分感兴趣事件的能力，并尽可能少地留下未识别的事件。在识别一个填满大量经过清洗的岩石的矿坑中的金刚石的背景下，召回率用于量化寻宝的成功率。对于一个填满经过清洗的岩石的矿坑，召回率将是被识别出来的金刚石数量与矿坑中金刚石总数的比值：

$$召回率 = \frac{被正确识别出来的金刚石数量}{矿坑中金刚石总数} = \frac{TP}{TP+FN}$$

假设矿坑中有 10 颗价值为 1000 美元的金刚石。我们的机器学习算法能够识别出其中的 9 颗。所以，召回率将是 9/10=0.90。因此，我们能够找回 90% 的财富。以美元计算，我们能够从总价值为 10000 美元的财宝中找回 9000 美元的财宝。

- **精确度**：在精确度中，我们只关注由训练模型标记为正例的数据点，而丢弃其他所有数据。如果我们仅筛选由我们训练模型标记为正例（即 TP 和 FP）的事件，然后计算准确性，这被称为精确度。

现在，让我们在金刚石开采示例中探讨精确度。假设我们想要使用计算机视觉在一堆经过清洗的岩石中识别出金刚石，并将它们发送给客户。

这个过程应该是自动化的。最糟糕的情况是算法错误地将一块石头误分类为金刚石，导致最终客户收到并为其付费。因此，显而易见的是，为了使这个过程可行，精确度应该很高。

对于金刚石开采示例：

$$精确度 = \frac{被正确识别出来的金刚石数量}{将岩石误分类为金刚石的数量} = \frac{TP}{TP+FP}$$

7.3.3 理解召回率和精确度的权衡

使用分类器进行决策涉及两个步骤。首先，分类器生成一个从 0 到 1 的决策分数。然后，它应用一个决策阈值来确定每个数据点的类别。得分高于阈值的数据点被分配为正例，而得分低于阈值的数据点被分配为反例。这两个步骤可以解释如下：

1. 分类器生成一个决策分数，该分数是从 0 到 1 的数字。
2. 分类器使用一个名为决策阈值的参数值来为当前数据点分配两个类别中的一个。任何决策（得分 > 阈值）都会被预测为正例，而任何决策（得分 < 阈值）都会被预测为反例。

设想一个场景，你经营着一座金刚石矿。你的任务是在一堆普通岩石中识别出珍贵的金刚石。为了简化这个过程，你开发了一个机器学习分类器。分类器会检查每块岩石，为其分配一个从 0 到 1 的决策分数，并最终根据该分数和预定的决策阈值对岩石进行分类。

决策分数实际上代表了分类器对给定岩石确实是金刚石的置信度，得分接近 1 的岩石非常有可能是金刚石。而决策阈值则是一个预定义的截断点，用于决定岩石的最终分类。得分高于阈值的岩石被分类为金刚石（正例），而得分低于阈值的岩石被丢弃为普通岩石（反例）。

现在，想象一下所有的岩石按照它们的决策分数以升序排列，如图 7.4 所示。位于最左边的岩石具有最低的分数，最不可能是金刚石，而位于最右边的岩石具有最高的分数，最有可能是金刚石。在理想的情况下，决策阈值右侧的每块岩石都是金刚石，而左侧的每块岩石都是普通石头。

考虑一个情况，如图 7.4 所示，决策阈值位于中心。在决策边界的右侧，我们发现三颗实际的金刚石（TP）和一颗被错误标记为金刚石的普通岩石（FP）。在左侧，我们有两颗被正确识别的普通岩石（TN）和两颗被错误分类为普通岩石的金刚石（FN）。

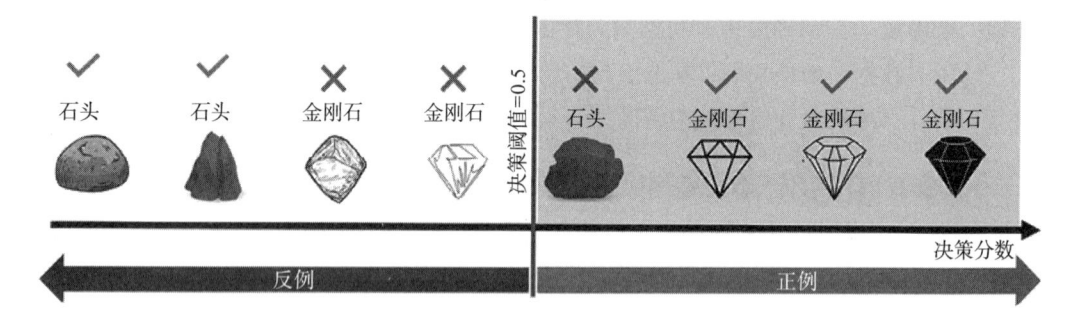

图 7.4　精确度 / 召回率权衡：岩石根据其分类器得分进行排序（决策阈值 = 0.5）

因此，在决策阈值的左侧，你会找到两个正确的分类和两个错误的分类。它们是 2TN 和 2FN。

让我们计算图 7.4 的召回率和精确度：

$$召回率 = \frac{被正确识别出来的金刚石数量}{矿坑中金刚石总数} = \frac{TP}{TP+FN} = \frac{3}{6} = 0.5$$

$$精确度 = \frac{被正确识别出来的金刚石数量}{将岩石误分类为金刚石的数量} = \frac{TP}{TP+FP} = \frac{3}{4} = 0.75$$

那些高于决策阈值的被认为是金刚石。

请注意，阈值越高，精确度就越高，而召回率就越低。

调整决策阈值会影响精确度和召回率之间的权衡。如果我们将阈值向右移动（见图 7.5），我们提高了岩石被分类为金刚石的标准，增加了精确度，但降低了召回率。

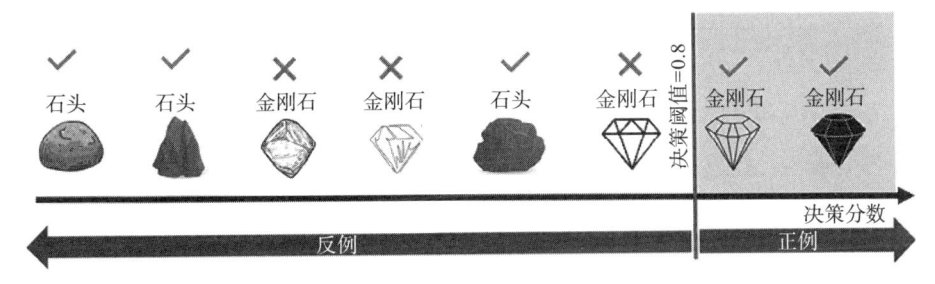

图 7.5　精确度 / 召回率权衡：岩石根据其分类器得分进行排序（决策阈值 = 0.8）

那些高于决策阈值的被认为是金刚石。请注意，阈值越高，精确度就越高，但召回率就越低。

在图 7.6 中，我们降低了决策阈值。换句话说，我们降低了将岩石分类为金刚石的标准。因此，FN（未识别的金刚石）会减少，但 FP（错误信号）会增加。因此，如果我们降低阈值，则放宽了金刚石分类的标准，增加了召回率，但降低了精确度。

图 7.6　精确度 / 召回率权衡：岩石根据其分类器得分进行排序（决策阈值 = 0.2）

那些高于决策阈值的被认为是金刚石。请注意，阈值越高，精确度就越高，但召回率就越低。

因此，调整决策边界的值是关于平衡召回率和精确度之间的权衡。我们提高决策边界以获得更高的精确度，同时可能会得到更高的召回率；而我们降低决策边界以提高召回率，但精确度可能会降低。

让我们绘制一个精确度和召回率之间的图，以更好地理解权衡，如图 7.7 所示。

什么是召回率和精确度的正确选择？

通过降低我们用来识别数据点为正的标准来增加召回率。预计精确度会降低，但如图 7.7 所示，精确度在大约 0.8 时急剧下降。这是我们可以选择正确的召回率和精确度值的点。在图 7.7 中，如果我们选择召回率为 0.8，则精确度为 0.75。我们可以解释为能够标记出所有感兴趣数据点的 80%，根据这个精确度水平，我们以 75% 的准确性标记这些数据点。如果没有特定的业务需求，而是用于通用用例，这可能是一个合理的折中选择。

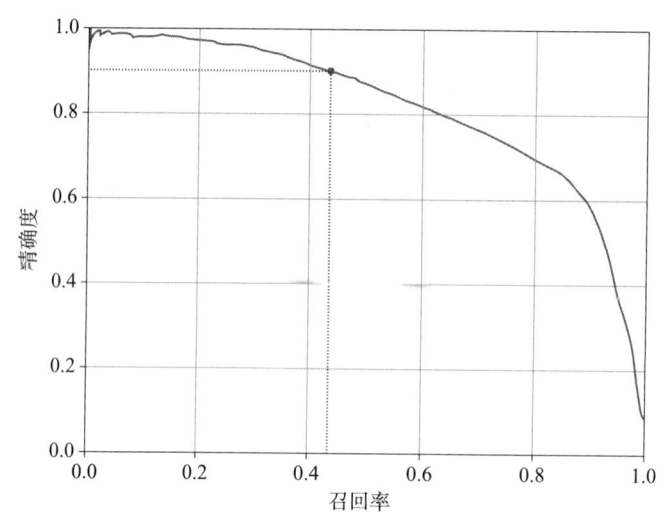

图 7.7 精确度与召回率

展示精确度和召回率之间固有权衡的另一种方法是使用**受试者操作特征（ROC）**曲线。为此，让我们定义两个术语：**真阳性率（TPR）**和**假阳性率（FPR）**。

让我们看一看 ROC 曲线。为了计算 TPR 和 FPR，我们需要查看矿坑中的金刚石：

$$TPR = \frac{被正确识别出来的金刚石数量}{矿坑中金刚石总数} = \frac{TP}{TP+FN}$$

$$TNR = \frac{被正确识别出来的石头数量}{矿坑中石头总数} = \frac{TN}{TN+FP}$$

$$FPR = \frac{被错误识别的金刚石数量}{矿坑中石头总数} = \frac{FP}{TN+FP}$$

请注意：

- TPR 等于召回率或命中率。
- TNR 可以被视为负面事件的召回率或命中率。它确定我们正确识别负面事件的成功率。它也被称为**特异度**。
- FPR=1−TNR=1− 特异度。

很明显，图 7.4～图 7.6 的 TPR 和 FPR 可以按以下方式计算。

图号	TPR	FPR
7.4	3/5=0.6	1/3≈0.33
7.5	2/5=0.4	0/3=0
7.6	5/5=1	1/3≈0.33

请注意，通过降低我们的决策阈值，TPR 或召回率将会增加。为了尽可能多地从矿井中获得金刚石，我们将降低将洗过的石头分类为金刚石的标准。结果是更多的石头会被错误分类为金刚石，增加了 FPR。

请注意，一个优质的分类算法应该能够为坑中的每块岩石提供决策分数，这个分数大致与岩石是金刚石的可能性相匹配。这样的算法的输出如图 7.8 所示。金刚石应该在右侧，石头应该在左侧。在图 7.8 中，当我们将决策阈值从 0.8 降低到 0.2 时，我们预计 TRP 会有更高的增长，然后是 FPR。事实上，TRP 的急剧增加伴随着轻微增加的 FPR，是二分类器质量的最好指标之一，因为分类算法能够生成与岩石是金刚石的可能性直接相关的决策分数。如果金刚石和石头在决策分数轴上是随机分布的，降低决策阈值可能会标记石头或金刚石，这将是最糟糕的二分类器，也称为随机函数发生器（或称随机数发生器）。

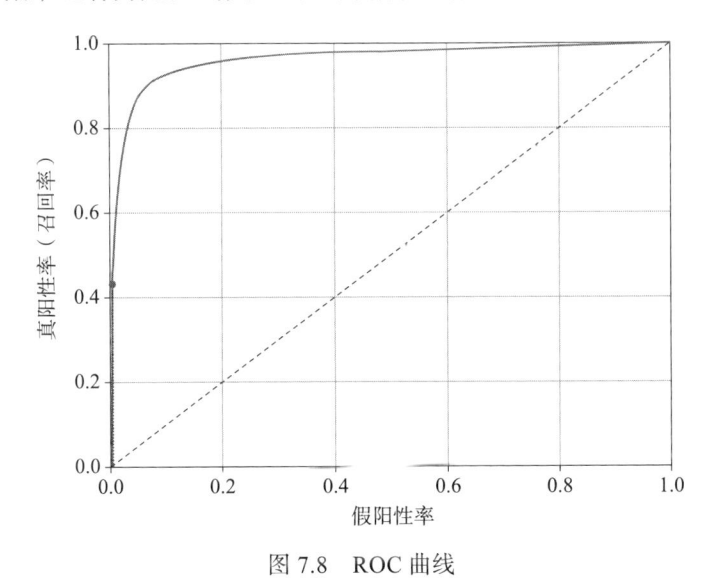

图 7.8　ROC 曲线

理解过拟合

如果一个机器学习模型在开发环境中表现出色，但在生产环境中明显退化，我们就说这个模型是过拟合的。这意味着训练模型过于贴近训练数据集。这表明模型创建的规则中有太多的细节。模型方差和模型偏差之间的权衡很好地体现了这一观点。

在开发机器学习模型时，我们经常对模型所要捕捉的现实世界现象做出一定的简化假设。这些假设是为了使建模过程可控和不那么复杂而必不可少的。然而，这些简化假设的简单性为我们的模型引入了一定水平的"偏差"。

让我们进一步解释一下。偏差是一个量化指标，用来衡量我们的预测平均偏离真实值的程度。简单来说，如果我们的偏差很高，那就意味着我们模型的预测与实际值相差甚远，这导致了在训练数据上的高误差率。

例如，考虑线性回归模型。它们假设输入特征和输出变量之间存在线性关系。然而，在真实场景中，关系可能是非线性的或更加复杂的。这种线性假设虽然简化了我们的模型，但可能会导致高偏差，因为它可能无法完全捕捉变量之间的实际关系。

现在，我们再来谈谈"方差"。在机器学习的背景下，方差指的是如果我们使用不同的训练数据集，我们的模型预测会发生多大程度的改变。一个具有高方差的模型会非常关注训练数据，并倾向于从噪声和细节中学习。因此，它在训练数据上表现得非常好，但在未见或测试数据上表现不那么好。这种性能差异通常被称为过拟合。

我们可以使用一个靶心图来可视化偏差和方差，如图 7.9 所示。请注意，靶心的中心是完美预测正确值的模型。远离靶心的射击表示高偏差，而分散广泛的射击表示高方差。在理想情况下，我们希望偏差和方差都低，所有射击都命中靶心。然而，在真实场景中存在一种权衡。降低偏差会增加方差，降低方差会增加偏差。

这被称为偏差-方差权衡，是机器学习模型设计的一个基本方面。偏差和方差的如图 7.9 所示。

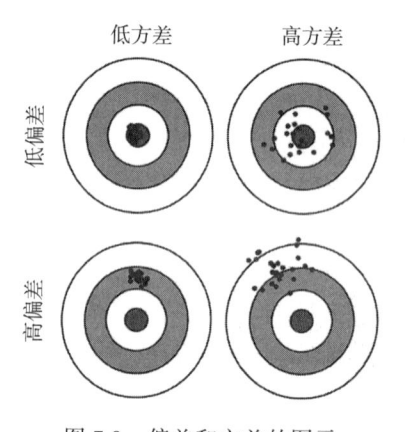

图 7.9　偏差和方差的图示

在机器学习模型中平衡合适的泛化程度是一个微妙的过程。这种平衡，有时甚至是不平衡，被描述为偏差-方差权衡。机器学习中的泛化指的是模型适当地适应新的、未见过的数据的能力，这些数据来自于与训练数据相同的分布。换句话说，一个良好泛化的模型能够有效地将从训练数据中学到的规则应用到新的未见数据上。通过使用更简单的假设可以实现更泛化的模型。这些更简单的假设产生了更广泛的规则，从而使模型对训练数据的波动不太敏感。这意味着模型的方差会很低，因为它在不同的训练集上变化不大。

然而，这也存在一个缺点。更简单的假设意味着模型可能无法完全捕捉数据中的所有复杂关系。这会导致模型的实际输出始终与真实输出存在偏差，从而增加模型的偏差。

因此，在这个意义上，更多的泛化等同于较低的方差但较高的偏差。这就是偏差－方差权衡的本质：一个具有过多泛化（高偏差）的模型可能会过于简化问题，错过重要的模式，而一个具有过少泛化（高方差）的模型可能会对训练数据过拟合，捕捉到噪声以及信号。

在机器学习中，平衡这两个极端是一个核心挑战，而有效地处理这种权衡往往能决定一个好模型和一个优秀模型之间的差距。偏差和方差之间的这种权衡取决于算法的选择、数据的特性以及各种超参数。根据你尝试解决的具体问题的要求，重要的是要在偏差和方差之间找到合适的折中。

现在让我们来看看如何指定分类器的不同阶段。

分类器的各个阶段

一旦标记好的数据准备就绪，分类器的开发包括训练、评估和部署。在图 7.10 中，展示了在跨行业数据挖掘标准流程（CRISP-DM）生命周期中实施分类器的这三个阶段（CRISP-DM 生命周期在第 5 章的图算法中有更详细的解释）。

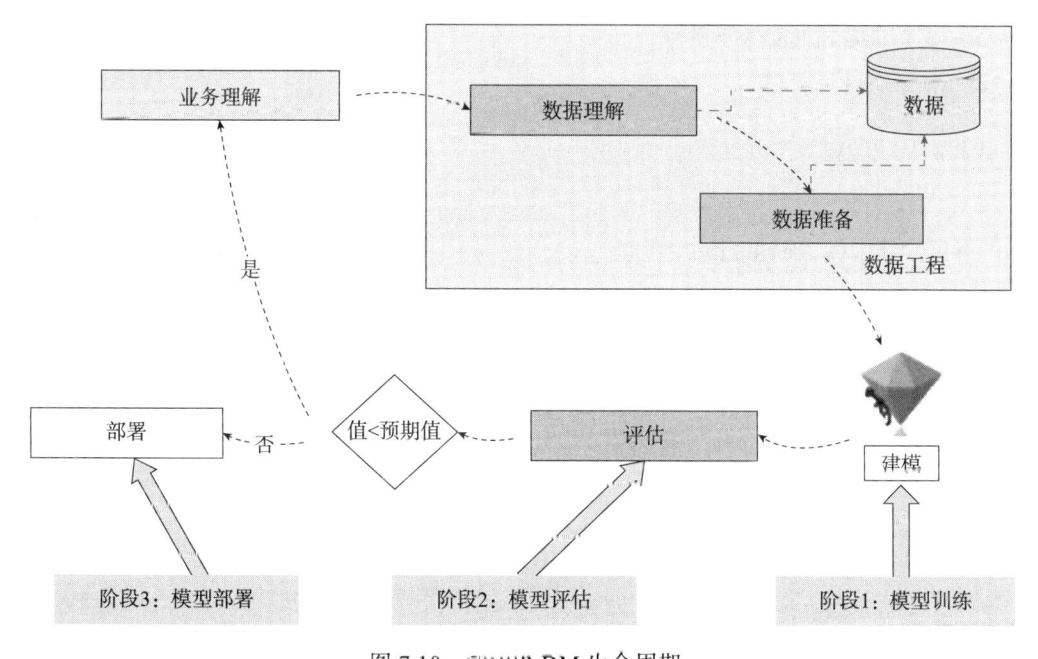

图 7.10 CRISP-DM 生命周期

在实施分类器模型时，有几个关键阶段需要考虑，首先是对手头的业务问题进行彻底的了解。包括确定解决这个问题所需的数据，以及了解数据的现实世界背景。在收集相关的标记数据之后，下一步是将这个数据集分成两部分：一个训练集和一个测试集。通常情况下，训练集较大，用于训练模型以理解数据中的模式和关系。另外，测试集用于评估模型在未见数据上的表现。

为了确保两个集合都代表整体数据分布，我们将使用随机抽样技术。通过这种方式，我们可以合理地期望整个数据集中的模式会反映在训练和测试分区中。

需要注意的是，如图 7.10 所示，首先是一个训练阶段，其中训练数据用于训练模型。训练阶段结束后，使用测试数据来评估经过训练的模型。不同的性能指标被用来量化训练模型的性能。一旦模型被评估，就进入了模型部署阶段，训练好的模型被部署并用于推断，通过预测未标记数据的标签来求解实际问题。

现在，让我们讨论一些分类算法。

接下来的部分中，我们将看到以下分类算法：

- 决策树算法
- XGBoost 算法
- 随机森林算法
- 逻辑回归算法
- 支持向量机（SVM）算法
- 朴素贝叶斯算法

让我们从决策树算法开始。

7.4 决策树分类算法

决策树基于递归分区方法（分而治之），它生成一组规则，可用于预测标签。它从一个根节点开始，并将其分割成多个分支。内部节点表示对某个属性的测试，测试的结果由指向下一级的分支表示。决策树以叶节点结束，其中包含了决策。当分区不再改善结果时，该过程停止。

现在让我们来看看决策树算法的细节。

7.4.1 理解决策树的分类算法

决策树分类的显著特征在于生成一个人类可解释的规则层次结构，用于在运行时预测标签。这种模型的透明性是一个重要优势，因为它使我们能够理解每个预测背后的推理过程。这种层次结构是通过递归算法形成的，遵循一系列步骤。

首先，让我们通过一个简化的例子来说明这一点。考虑一个决策树模型，用于预测一个人是否会喜欢特定的电影。树中最顶层的决策或"规则"可能是，"这部电影是喜剧吗？"如果答案是肯定的，树就会分支到下一个规则，比如，"这部电影是否由这个人喜欢的演员主演？"如果是否定的，它就会分支到另一个规则。每个决策点都会创建进一步的细分，形成了一种树状结构的规则，直到最终得出预测结果。

通过这个过程，决策树引导我们通过一系列可理解的、合乎逻辑的步骤来得出预测。这种清晰度是决策树分类器与其他机器学习模型不同的地方。

该算法具有递归性质。创建这种规则层次结构涉及以下步骤：

1）**找到最重要的特征**：在所有特征中，算法确定能够在训练数据集中根据标签最好区分数据点的特征。计算过程依赖于信息增益（Information Gain）或基尼系数（Gini Impurity）等测度。

2）**生产分叉**：使用已确定的最重要特征，算法创建一个标准，用于将训练数据集分成两个分支：

- 满足准则的数据
- 不满足准则的数据

3）**检查叶节点**：如果任何生成的分支大多包含一个类别的标签，则该分支被确定为最终分支，形成一个叶节点。

4）**检查停止条件并重复操作**：如果未满足提供的停止条件，则算法将返回到步骤1进行下一次迭代。否则，模型被标记为已训练完成，并且最终决策树的每个节点在最低级别被标记为叶节点。停止条件可以简单地定义为迭代次数，或者可以使用默认的停止条件，即当算法达到每个叶节点的某种同质性水平时立即停止。

决策树算法可以用图 7.11 来解释。

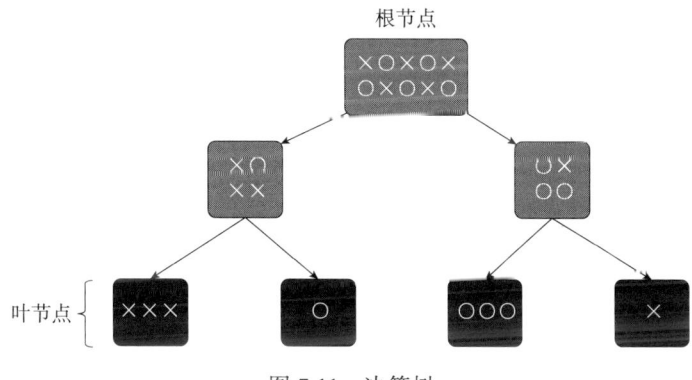

图 7.11 决策树

在图 7.11 中，根节点包含了一堆圆圈和叉号。它们代表了特定特征的两个不同类别。算法创建了一个标准，试图将圆圈与叉号分开。在每个级别，决策树都会对数据进行分区，预期从第 1 级开始，这些分区会变得越来越同质。一个完美的分类器应该具有只包含圆圈或叉号的叶节点。由于现实世界数据集中固有的不可预测性和噪声，训练完美的分类器通常是困难的。

请注意，决策树具有一些关键优势，使它们成为许多场景中首选的选择。决策树分类器的优点在于其可解释性。与许多其他模型不同，它们提供了一组清晰透明的"如果-那么"规则，这使得决策过程变得可理解和可审计。这在医疗保健或金融等领域特别有益，因为理解预测背后的逻辑与预测本身一样重要。

此外，决策树对数据的规模不太敏感，并且可以处理混合的分类和数值变量。这使得它们成为面对多样化数据类型的一种多才多艺的工具。

因此，即使训练一个"完美"的决策树分类器可能是困难的，它们所提供的优势，包括简单性、透明性和灵活性，往往超过了这一挑战。我们将使用决策树分类算法来完成分类器挑战。

现在，让我们使用决策树分类算法来解决之前定义的常见问题，即预测客户最终是否购买产品。

1）首先，让我们实例化决策树分类算法，并用准备好的训练数据集来训练一个模型：

```
classifier = sklearn.tree.DecisionTreeClassifier(criterion =
'entropy', random_state = 100, max_depth=2)
DecisionTreeClassifier(criterion = 'entropy', random_state = 100,
max_depth=2)
```

2）接下来，用训练后的模型来为测试数据集预测标签。我们用混淆矩阵来总结训练后的模型的性能：

```
y_pred = classifier.predict(X_test)
cm = metrics.confusion_matrix(y_test, y_pred)
```

3）输出如下：

```
cm
array([[64, 4],
       [2, 30]])
```

4）接下来，对我们用决策树分类算法创建的分类器，计算准度、召回率和精准率：

```
accuracy= metrics.accuracy_score(y_test,y_pred)
recall = metrics.recall_score(y_test,y_pred)
precision = metrics.precision_score(y_test,y_pred)
print(accuracy,recall,precision)
```

5）运行上述代码将产生以下输出：

```
0.94   0.9375  0.8823529411764706
```

性能指标有助于比较不同技术得到的模型。

现在让我们来看一下决策树分类器的优势和劣势。

7.4.2 决策树分类器的优势和劣势

在这一部分，让我们讨论使用决策树分类算法的优势和劣势。

决策树分类器最显著的优势之一在于其固有的透明性。它们模型形成的规则是可供人类阅读和解释的，使其成为需要清晰理解决策过程的情况下的理想选择。这种模型通常被称为白箱模型，在需要最小化偏见并最大化透明度的情景中至关重要。这在政府和保险等关键行业尤为重要，其中问责和可追溯性至关重要。

此外，决策树分类器非常适合处理分类变量。它们的设计固有地适用于从离散问题空间中提取信息，这使得它们成为数据集中大多数特征属于特定类别的情况下的绝佳选择。

但与此同时，决策树分类器也存在一定局限性。它们最大的挑战在于倾向于过拟合。当决策树分析得太深时，就会存在创造捕捉过多细节的规则的风险。这会导致模型过度泛化训练数据，并在未知数据上表现不佳。因此，在使用决策树分类器时，实施修剪等策略以防止过拟合至关重要。

决策树分类器的另一个限制是其在处理非线性关系方面的困难。它们的规则主要是线性的，因此可能无法捕捉非直线关系的微妙之处。因此，尽管决策树带来了一些令人印象深刻的优点，但在选择适合数据的模型时，需要仔细考虑它们的弱点。

7.4.3 用例

决策树分类器可以用于以下用例来对数据进行分类：

- **抵押贷款申请**：训练一个二分类器，以确定申请人是否可能违约。
- **客户细分**：将客户分类为高净值、中等净值和低净值客户，以便针对每个类别定制营销策略。
- **医学诊断**：训练一个分类器，可以对良性或恶性生长进行分类。
- **治疗效果分析**：训练一个分类器，可以标记对特定治疗产生积极反应的患者。
- **使用决策树进行特征选择**：在检验决策树分类器时，另一个值得讨论的方面是它们的特征选择能力。在规则创建过程中，决策树倾向于从数据集中选择一部分特征。决策树的这种固有特性可以是有益的，特别是当处理具有大量特征的数据集时。

你可能会问为什么特征选择如此重要？在机器学习中，处理大量特征可能是一个挑战。过多的特征会导致模型复杂化，难以解释，并且由于"维数灾难"，可能导致性能下降。通过自动选择一部分最重要的特征，决策树可以简化模型并专注于最相关的预测因子。

值得注意的是，决策树内的特征选择过程并不局限于其自身模型的发展。这个过程的结果也可以作为其他机器学习模型的初步特征选择形式。这可提供对哪些特征最重要的初步理解，并有助于简化其他机器学习模型的开发。

接下来，让我们来看看集成方法。

7.5 理解集成方法

在机器学习领域，集成是指一种技术，其中创建多个具有轻微变化的模型，并将它们组合以形成一个复合或聚合模型。这些变化可能来自于使用不同的模型参数、数据子集，甚至不同的机器学习算法。

然而，在这个背景下，"轻微不同"是什么意思呢？在这里，集成中的每个单独模型都是独特的，但并非根本上不同。可以通过调整超参数、在不同的训练数据子集上训练每个模型，或者使用不同的算法来实现这一点。其目的是使每个模型捕捉数据的不同方面或细微差别，这有助于在它们结合时增强整体预测能力。

那么，这些模型是如何结合的呢？集成技术涉及一种称为聚合的决策过程，其中来自各个模型的预测被整合。这可以是简单的平均值、多数投票，或者根据所使用的具体的集成技术采用更复杂的方法。

至于何时以及为什么需要集成方法，当单个模型无法达到高准确度水平时，集成方法尤其有用。通过结合多个模型，集成可以捕捉更多的复杂性，并通常实现更好的性能。这是因为集成可以平均偏差、减少方差，并且不太可能对训练数据过拟合。

最后，评估集成的有效性类似于评估单个模型。可以使用准确率、精确率、召回率或 F1 分数等指标，具体取决于问题的性质。关键区别在于这些指标应用于集成预测的聚合结果，而不是单个模型的预测结果。

让我们来看一些集成算法，首先从 XGBoost 开始。

7.5.1 用 XGBoost 算法实现梯度提升算法

XGBoost，于 2014 年推出，是一种集成分类算法，因其基于梯度提升原理而广受欢迎。那么梯度提升究竟是什么呢？基本上，它是一种机器学习技术，涉及按顺序构建多个模型，其中每个新模型试图纠正之前模型所产生的错误。这一进展持续进行，直到达到显著减少错误率或者添加了预定义数量的模型为止。

在 XGBoost 的背景下，它使用一组相互关联的决策树，并利用梯度下降来优化它们的预测。梯度下降是一种流行的优化算法，旨在找到函数的最小值，而在这种情况下，是残差误差。简单来说，梯度下降迭代地调整模型，以最小化其预测值与实际值之间的差异。

XGBoost 的设计使其非常适合分布式计算环境。这种兼容性延伸到 Apache Spark（一个用于大规模数据处理的平台），以及谷歌云和亚马逊网络服务（AWS）等云计算平台。这些平台提供了有效运行 XGBoost 所需的计算资源，尤其是对于较大的数据集。

现在，我们将逐步介绍使用 XGBoost 算法实现梯度提升的过程。整个过程包括数据准备、模型训练、生成预测以及评估模型性能。首先，数据准备对于正确利用 XGBoost 算法至关重要。原始数据通常包含不一致之处、缺失值或不适合算法的变量类型。因此，必须对数据进行预处理和清洗，根据需要对数值字段进行归一化，并对分类字段进行编码。一旦数据得到适当格式化，我们就可以进行模型训练。已经创建了 XGBClassifier 的一个实例，我们将使用它来拟合我们的模型。让我们看看具体步骤：

1）这个过程使用 X_train 和 y_train 数据子集进行训练，分别代表我们的特征和标签：

```
from xgboost import XGBClassifier
classifier = XGBClassifier()
classifier.fit(X_train, y_train)
XGBClassifier(base_score=None, booster=None, callbacks=None,
              colsample_bylevel=None, colsample_bynode=None,
              colsample_bytree=None, early_stopping_rounds=None,
              enable_categorical=False, eval_metric=None, feature_types=None,
              gamma=None, gpu_id=None, grow_policy=None, importance_type=None,
              interaction_constraints=None, learning_rate=None, max_bin=None,
              max_cat_threshold=None, max_cat_to_onehot=None,
              max_delta_step=None, max_depth=None, max_leaves=None,
              min_child_weight=None, missing=nan, monotone_constraints=None,
              n_estimators=100, n_jobs=None, num_parallel_tree=None,
              predictor=None, random_state=None, ...)
```

2）然后，我们将根据新训练的模型生成预测：

```
y_pred = classifier.predict(X_test)
cm = metrics.confusion_matrix(y_test, y_pred)
```

3）它将产生以下输出：

```
cm
array([[64, 4],
       [4, 28]])
```

4）最后，我们将量化该模型的性能：

```
accuracy = metrics.accuracy_score(y_test,y_pred)
recall = metrics.recall_score(y_test,y_pred)
precision = metrics.precision_score(y_test,y_pred)
print(accuracy,recall,precision)
```

5）这就提供了以下输出：

```
0.92  0.875 0.875
```

现在，让我们来看看随机森林算法。

随机森林算法是一种集成学习方法，通过结合大量决策树的输出来提高效果，从而降低偏差和方差。在这里，让我们深入了解它的训练过程以及生成预测的方式。在训练中，随机森林算法利用一种称为装袋（Bagging）或自助聚合（Bootstrap-Aggregating）的技术。它从训练数据集中生成 N 个子集，每个子集是通过从输入数据中随机选择一些行和列创建的。这种选择过程为模型引入了随机性，因此得名"随机森林"。然后，使用每个数据子集来训练独立的决策树，最终形成了一个被表示为 C_1 到 C_m 的树集合。这些树可以是任何类型，但通常是二叉树，其中每个节点基于单个特征对数据进行分割。

在预测方面，随机森林模型采用民主投票系统。当将新的数据实例输入模型进行预测时，森林中的每棵决策树都会生成自己的标签。最终的预测由多数投票决定，也就是说，从所有树中获得最多选票的标签成为最终的预测结果。

随机森林如图 7.12 所示。

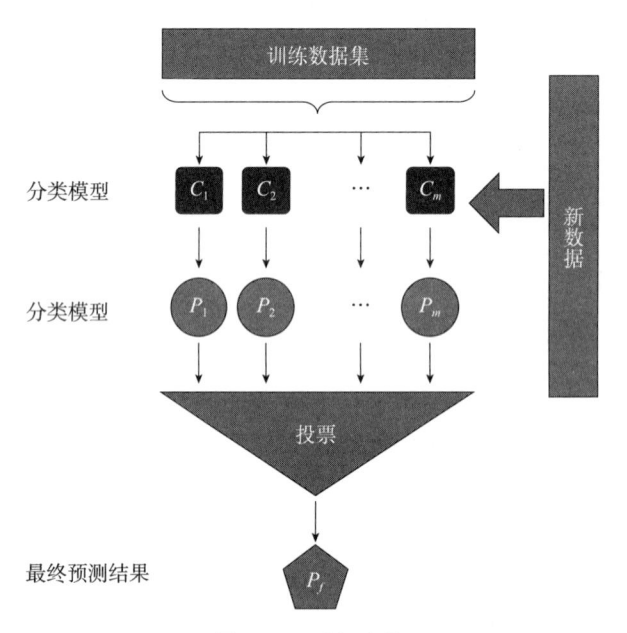

图 7.12　随机森林

请注意，在图 7.12 中，训练了 m 棵树，用 C_1 到 C_m 表示，即树集合为 $\{C_1,\cdots,C_m\}$。

每棵树生成一个预测，用一个集合表示：独立预测集 $=P=\{P_1,\cdots,P_m\}$

最终的预测结果表示为 P_f，它是独立预测集中占多数的预测结果。该结果可以用 mode 函数来找到（mode 是重复次数最多的结果，亦即占多数的结果）。将各棵树的预测结果与最终预测结果联系起来，表示如下：

$$P_f = \text{mode}(P)$$

这种集成技术带来了几个好处。首先，引入数据选择和决策树构建的随机性降低了过拟合的风险，增强了模型的稳健性。其次，森林中的每棵树都是独立运行的，使得随机森林模型高度可并行化，因此适用于大型数据集。最后，随机森林模型非常灵活，能够处理回归和分类任务，并有效处理缺失或异常数据。

然而，请记住，随机森林模型的有效性在很大程度上取决于其中包含的树的数量。树的数量太少可能会导致模型较弱，而太多可能会导致不必要的计算。根据你的应用程序的具体需求来对该参数进行精调非常重要。

7.5.2　区分随机森林算法和集成提升算法

随机森林和集成提升代表了集成学习中的两种不同方法。集成学习是机器学习中的一种强大方法，将多个模型结合起来，以做出更可靠、更准确的预测。

在随机森林算法中，每棵决策树都是独立运行的，不受森林中其他树的性能或结构影响。每棵树都是从数据的不同子集构建的，并且使用不同的特征子集进行决策，增加了整体集成的多样性。最终的输出是通过汇总所有树的预测来确定的，通常是通过多数投票的方式。

集成提升则采用了一种顺序过程，其中每个模型都意识到其前导模型的错误。提升技术生成一系列模型，其中每个后续模型旨在纠正前一个模型的错误。这是通过在训练集中为序列中的下一个模型分配更高的权重给误分类实例来实现的。最终的预测是所有模型在集成中所做预测的加权和，有效地赋予更准确的模型更大的影响力。

实质上，随机森林利用了独立性和多样性的优势，而集成提升侧重于纠正错误和改进过去的错误。每种方法都有其自身的优势，并可以根据所建模数据的性质和结构而更加有效。

7.5.3　用随机森林算法求解分类器挑战性问题

让我们实例化随机森林算法，并使用训练数据集来训练我们的模型。

在这里，有两个关键的超参数：

- `n_estimators`
- `max_depth`

`n_estimators`超参数确定了在集成中构建的个体决策树的数量。基本上，它决定了"森林"的规模。更多的树通常会导致更稳健的预测，因为它增加了决策路径的多样性和模型的泛化能力。然而，重要的是要注意，增加更多的树也会增加计算复杂性，并且超过一定点后，准确性的改善可能变得微不足道。

另外，`max_depth` 超参数指定了每个单独树可以达到的最大深度。在决策树的上下文中，"深度"指的是从根节点（树顶部的起点）到叶节点（树底部的最终决策输出）的最长路径。通过限制最大深度，我们基本上控制了学习结构的复杂性，平衡了欠拟合和过拟合之间的权衡。一个太浅的树可能会忽略重要的决策规则，而一个太深的树可能会过度拟合训练数据，捕捉到噪声和异常值。

对这两个超参数进行微调找到预测能力和计算效率之间的平衡，在优化基于决策树的模型性能中发挥着至关重要的作用。

要使用随机森林算法训练分类器，我们将执行以下步骤：

```
classifier = RandomForestClassifier(n_estimators = 10, max_depth = 4, 
criterion = 'entropy', random_state = 0)
classifier.fit(X_train, y_train)
RandomForestClassifier(n_estimators = 10, max_depth = 4,criterion = 
'entropy', random_state = 0)
```

一旦随机森林模型训练完成，让我们用它进行预测：

```
y_pred = classifier.predict(X_test)
cm = metrics.confusion_matrix(y_test, y_pred)
cm
```

其输出结果如下：

```
array ([[64, 4],
       [3, 29]])
```

现在，让我们来量化一下我们的模型有多好：

```
accuracy= metrics.accuracy_score(y_test,y_pred)
recall = metrics.recall_score(y_test,y_pred)
precision = metrics.precision_score(y_test,y_pred)
print(accuracy,recall,precision)
```

我们将观察到以下输出：

```
0.93  0.90625 0.8787878787878788
```

请注意，随机森林是一种流行的和通用的机器学习方法，可以用于分类和回归任务。它以其简单性、鲁棒性和灵活性而闻名，使其适用于广泛的上下文。

接下来，让我们深入了解逻辑回归。

7.6 逻辑回归

逻辑回归用于二分类的分类算法。该算法使用一个逻辑函数来刻画输入特征与标签之间的交互关系。逻辑回归是建模二进制因变量的最简单的分类技术。

7.6.1 假设

逻辑回归有如下假设：

- 训练数据集没有缺失值。
- 标签是二分类变量。
- 标签是有序的，也就是说标签是取有序值的类别变量。
- 所有特征或输入变量都是相互独立的。

7.6.2 建立关系

逻辑回归计算预测值的方法如下：

$$\dot{y} = \sigma(\omega X + j)$$

我们假设 $z = \omega X + j$

于是，有 $\sigma(z) = \dfrac{1}{1+e^{-z}}$

上述关系可以用图形表示，如图 7.13 所示。

图 7.13 绘制 Sigmoid 函数

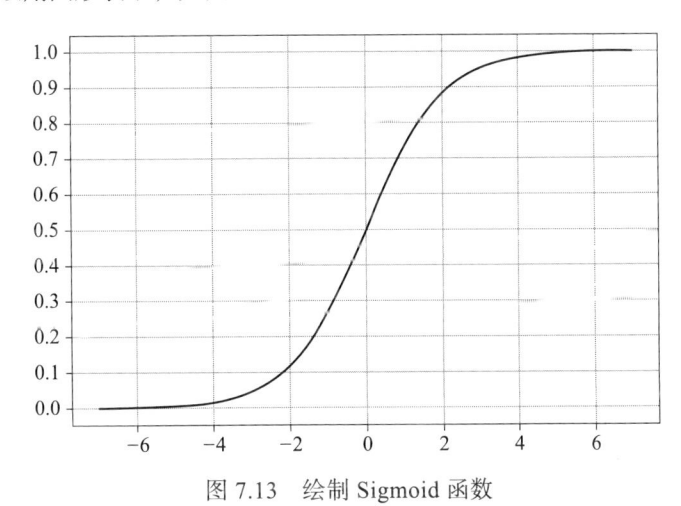

请注意，如果 z 很大，$\sigma(z)$ 将等于 1。如果 z 非常小或是一个很大的负数，$\sigma(z)$ 将等于 0。此外，当 z 为 0 时，$\sigma(z)=0.5$。Sigmoid 函数是一种自然的函数，用于表示概率，因为它严格地限定在 0 和 1 之间。所谓"自然"，指的是它由于其固有特性而非常适合或特别有效。在这种情况下，Sigmoid 函数总是输出一个介于 0 和 1 之间的值，与概率范围一致。这使它成为在逻辑回归中建模概率的强大工具。因此，训练逻辑回归模型的目标最终变成寻找参数 w 和 j 的理想取值。

> 逻辑回归的命名源自该方法形式化过程中采用的函数，亦即**逻辑函数**（**Logistic Function**）或者 **Sigmoid 函数**。

7.6.3 损失函数和代价函数

损失函数定义了如何量化训练数据集中特定示例的误差。代价函数定义了如何最小化整个训练数据集上的误差。因此，损失函数用于训练数据集中的一个示例，而代价函数则用于量化实际值和预测值的总体偏差。函数值的大小取决于 w 和 j 的选择。

逻辑回归的损失函数如下：

$$\text{Loss}(\acute{y}^{(i)}, y^{(i)}) = -(y^{(i)} \log \acute{y}^{(i)} + (1-y^{(i)}) \log (1-\acute{y}^{(i)}))$$

注意，如果 $y^{(i)}=1$，则 $\text{Loss}(\acute{y}^{(i)}, y^{(i)}) = -\log \acute{y}^{(i)}$。最小化损失函数的取值，要求 $\acute{y}^{(i)}$ 取很大值，既然它是 sigmoid 函数的函数值，其最大值至多为 1。

如果 $y^{(i)}=0$，则 $\text{Loss}(\acute{y}^{(i)}, y^{(i)}) = -\log (1-\acute{y}^{(i)})$。最小化损失函数的取值，要求 $\acute{y}^{(i)}$ 取很小的值，既然它是 sigmoid 函数的函数值，其最小值至少为 0。

逻辑回归的代价函数是

$$\text{Cost}(w,b) = \frac{1}{b} \sum \text{Loss}(\acute{y}^{(i)}, y^{(i)})$$

7.6.4 何时使用逻辑回归

逻辑回归非常适用于二分类器。简而言之，二分类指的是预测两种可能结果中的一种。例如，如果我们试图预测一封电子邮件是否为垃圾邮件，这就是一个二分类问题，因为只有两种可能的结果——"垃圾邮件"或"非垃圾邮件"。

然而，逻辑回归也存在一些局限性。特别是，在处理大规模且质量欠佳的数据集时可能会遇到困难。例如，考虑一个充满大量缺失值、异常值或无关特征的数据集。在这些情况下，逻辑回归模型可能难以产生准确的预测。

此外，虽然逻辑回归可以有效处理特征与目标变量之间的线性关系，但在处理复杂的非线性关系时可能表现不佳。想象一下一个数据集，其中预测变量与目标之间的关系不是直线而是曲线，逻辑回归模型可能在这种情况下表现不佳。

尽管存在这些局限性，但逻辑回归通常可以作为分类任务的良好起点。它提供了一个基准性能，可用于比较更复杂模型的效果。即使它不能提供最高准确性，但逻辑回归提供了可解释性和简单性，在某些情境下这是非常有价值的。

7.6.5 用逻辑回归算法求解分类器挑战性问题

下面，我们讨论如何用逻辑回归算法来求解分类器挑战性问题。

1）首先，我们实例化逻辑回归模型，并用训练数据集进行训练：

```
from sklearn.linear_model import LogisticRegression
classifier = LogisticRegression(random_state = 0)
classifier.fit(X_train, y_train)
```

2）接下来，用模型预测测试数据，并创建混淆矩阵：

```
y_pred = classifier.predict(X_test)
cm = metrics.confusion_matrix(y_test, y_pred)
cm
```

3）运行上述代码后，我们得到如下输出：

```
array ([[65, 3],
       [6, 26]])
```

4）接下来，查看各项性能指标：

```
accuracy= metrics.accuracy_score(y_test,y_pred)
recall = metrics.recall_score(y_test,y_pred)
precision = metrics.precision_score(y_test,y_pred)
print(accuracy,recall,precision)
```

5）在运行前面的代码时，我们得到以下输出：

```
0.91  0.8125 0.8996551724137931
```

下面，我们讨论支持向量机。

7.7 支持向量机算法

支持向量机（SVM）分类器是机器学习工具中的一个强大工具，其功能是通过确定一个最佳的决策边界或超平面，明显地将两个类别分开。进一步解释，可以将这个"超平面"看作在特征空间中最好地分隔不同类别的线（在二维中）、面（在三维中）或流形（在更高维度中）。

SVM 算法与众不同的关键特点是其优化目标——它旨在最大化间隔，即决策边界与最靠近它的每个类别的数据点之间的距离，这些数据点被称为"支持向量"。简单来说，SVM 算法不仅仅是找到一个分隔类别的线，它还试图找到尽可能远离每个类别最近点的线，从而最大化分隔间隔。

考虑一个基本的二维示例，我们试图将圆形与十字形分开。我们使用 SVM 的目标不仅仅是找到一个划分这两种形状的线，还要找到一个尽可能远离最接近它的圆形和十字形的线。

SVM 在处理高维数据、复杂领域或类别不容易通过简单直线分隔的情况下非常有用。它可以在逻辑回归可能出现问题的地方表现出色，例如在非线性可分数据的情况下。

间隔被定义为分隔超平面（决策边界）与距离这个超平面最近的训练样本之间的距离，这些样本被称为支持向量。因此，让我们从一个非常基本的例子开始，只有两个维 X_1 和 X_2。我们想要一条线来将圆形和十字形分开。如图 7.14 所示。

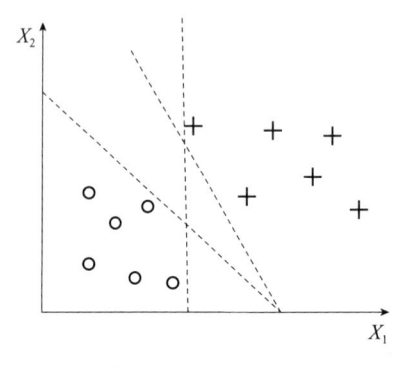

图 7.14　SVM 算法

我们画了两条线，这两条线都能完美地把圆形和十字形分开。然而，存在一条最佳的线，或者决策边界，它除了能分离已经给出的圆形和十字形之外，还能正确地分类尽可能多的额外数据示例。一个合理的选择是，在这两个类之间的间隔中央画一条线，给每个类提供一点缓冲，如图 7.15 所示。

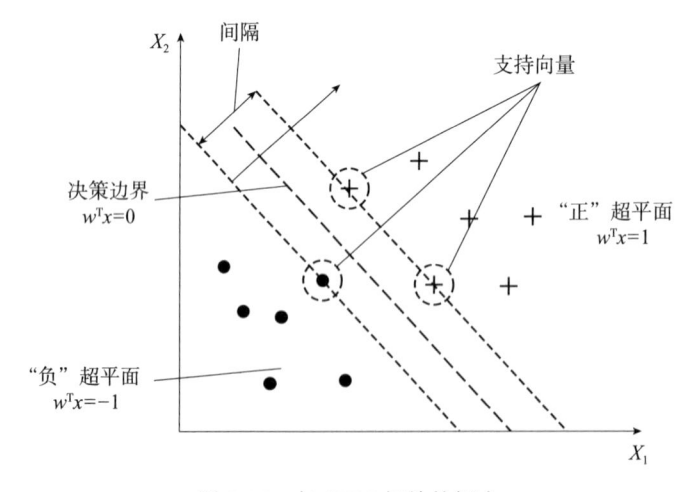

图 7.15　与 SVM 相关的概念

此外，与逻辑回归不同的是，支持向量机能够更好地处理更小、更干净的数据集，而且它们擅长在不需要大量数据的情况下捕获复杂的关系。然而，这里的权衡是可解释性——虽然逻辑回归为模型的决策过程提供了容易理解的见解，但支持向量机本质上更复杂，并不那么容易解释。

接下来，我们讨论如何用支持向量机来训练一个分类器，以求解分类器挑战性问题。

7.7.1 用支持向量机算法求解分类器挑战性问题

首先，我们实例化支持向量机分类器，然后用标记数据中训练数据集来训练它。超参数 Kennel 决定了应用于输入数据的转换方式，以使数据点线性可分。

```
from sklearn.svm import SVC
classifier = SVC(kernel = 'linear', random_state = 0)
classifier.fit(X_train, y_train)
```

1）一旦训练完成，我们用模型预测测试数据集，并计算混淆矩阵：

```
y_pred = classifier.predict(X_test)
cm = metrics.confusion_matrix(y_test, y_pred)
cm
```

2）得到如下输出：

```
array ([[66, 2],
        [9, 23]])
```

3）现在，查看各项性能指标：

```
accuracy= metrics.accuracy_score(y_test,y_pred)
recall = metrics.recall_score(y_test,y_pred)
precision = metrics.precision_score(y_test,y_pred)
print(accuracy,recall,precision)
```

运行上述代码后，我们得到如下输出：

```
0.89  0.71875 0.92
```

7.7.2 理解朴素贝叶斯算法

朴素贝叶斯算法基于概率论，它是最简单的分类算法之一。如果使用得当，朴素贝叶斯算法可以产生准确的预测。朴素贝叶斯算法的命名源自两点：

- ❑ 算法基于一个朴素的假设，即特征和输入变量之间相互独立性。
- ❑ 算法基于贝叶斯定理。给定一些观测到的特性，贝叶斯定理被用来计算一个特定的类或结果的概率。

该算法在属性间完全独立的假设条件下，基于属性或实例的概率来完成对实例的分类。有三种不同类型的事件：

- **独立事件**指的是其中一个事件不影响另一个事件的发生（比如，收到电子邮件让你免费参加某个科技展这件事和你们公司重组这件事无关）。
- **相关事件**指的是一件事影响另一件事发生，两个事件通过某种方式联系在一起（比如，你准时参加会议的可能性受到航空公司员工罢工或航班能否准时到达的影响）。
- **互斥事件**指的是不会同时发生的事件（比如，投一次骰子得到 3 和得到 6 这两个事件之间是互斥的）。

7.8 贝叶斯定理

贝叶斯定理用于计算两个独立事件 A 和 B 之间的条件概率。事件 A 和 B 发生的概率由 $P(A)$ 和 $P(B)$ 表示。条件概率由 $P(B|A)$ 表示，即在事件 A 发生的情况下，事件 B 发生的条件概率。

$$P(B|A) = \frac{P(B|A)P(A)}{P(B)}$$

在应用朴素贝叶斯算法时，该算法在输入数据的维度（特征数量）较高的情况下尤其有效。这使其非常适用于文本分类任务，比如垃圾邮件检测或情感分析。

朴素贝叶斯算法可以处理连续和离散数据，而且计算效率高，因此适用于实时预测。当你拥有有限的计算资源并需要快速简便的实现时，朴素贝叶斯也是一个不错的选择。但值得注意的是，它对特征独立性的"朴素"假设在某些情况下可能存在局限性。

7.8.1 计算概率

朴素贝叶斯算法建立在概率基础上。单个事件发生的概率（观测概率）等于，事件发生的次数除以可能诱导该事件的过程的总数。例如，呼叫中心每天会接到超过 100 个支持电话，一个月内会重复 50 次。基于电话以前在 3 分钟内得到支持响应的次数，你想知道一个呼叫在 3 分钟内得到支持响应的概率。如果呼叫中心的记录表明支持请求在 27 种情形下都能在期望事件内得到响应，则 100 个电话在 3 分钟内被响应的观测概率为

$$P=(27/50)=0.54(54\%)$$

于是，根据过去 50 次的呼叫记录，100 次呼叫中大概有一半的事件可以在 3 分钟之内得到响应。

现在，让我们来研究一下和（AND）事件的乘法原则。

7.8.2 和（AND）事件的乘法原则

要计算两个或多个事件同时发生的概率，需要考虑事件之间是独立的还是相互依赖的。如果它们是独立的，则可以使用简单乘法原则。

$$P(结果1和结果2)=P(结果1)P(结果2)$$

比如说，要计算收到电子邮件让你免费参加某个科技展的事件和公司重组事件同时发生的概率，可以使用简单乘法原则。这两个事件是独立的，因为一个事件不影响另一个事件的发生。

如果收到该电子邮件的概率为31%，公司重组的概率为82%，则二者同时发生的概率如下：

$$P(电子邮件和公司重组)=P(电子邮件)\times P(公司重组)=(0.31)\times(0.82)=0.2542(25.42\%)$$

7.8.3 一般乘法原则

如果两个或多个事件之间相互依赖，则需要使用一般乘法原则。这个公式实际上在独立事件和依赖事件之间都有效：

$$P(结果1和结果2)=P(结果1)P(结果2|结果1)$$

注意，$P(结果2|结果1)$ 是指在结果1已经发生的情况下，结果2发生的概率。这个公式包含了事件之间的依赖关系。如果事件是独立的，那么条件概率中的条件是不相关的，因为一个结果不影响另一个的发生，于是 $P(结果2|结果1)$ 就简化为 $P(结果2)$。注意，此时该公式就成了简单乘法原则。

让我们用一个简单的例子来说明这一点。假设你从一副牌中抽取两张牌，并且想知道首先抽到一张 ACE 然后是一张 KING 的概率。因为我们将 ACE 放回牌堆中，所以第一个事件（抽到一张 ACE）修改了第二个事件（抽到一张 KING）的条件。根据一般乘法原则，我们可以计算这个概率为 $P(ACE)P(KING|ACE)$，其中，$P(KING|ACE)$ 是在我们已经抽到了一张 ACE 的情况下抽到一张 KING 的概率。

7.8.4 或（OR）事件的加法原则

当计算一个事件或另一个事件发生（互斥事件）的概率时，我们使用以下简单的加法原则：

$$P(结果1或结果2)=P(结果1)+P(结果2)$$

例如，要计算骰到6或3的概率是多少？要回答这个问题，首先注意到两个结果不能同时发生。骰到 6 的概率是（1/6），骰到 3 的概率也是一样的：

$$P(6 \text{ 或 } 3)=(1/6)+(1/6)\approx 0.33(33\%)$$

如果事件不是互斥的而是同时发生，则使用下面的一般加法公式，这个公式在互斥和非互斥的情况下均有效。

$$P(\text{结果 1 或结果 2})=P(\text{结果 1})+P(\text{结果 2})P(\text{结果 1 和结果 2})$$

7.8.5　用朴素贝叶斯算法求解分类器挑战性问题

下面，我们用朴素贝叶斯算法来求解分类器挑战性问题。

1）首先，导入 GaussianNB() 函数，并用它训练模型：

```
# Fitting Decision Tree Classification to the Training set
from sklearn.naive_bayes import GaussianNB
classifier = GaussianNB()
classifier.fit(X_train, y_train)
```

2）现在，我们用训练后的模型来预测结果，亦即用模型来预测测试集 X_test 的标签：

```
# Predicting the Test set results
y_pred = classifier.predict(X_test)
cm = metrics.confusion_matrix(y_test, y_pred)
```

3）接下来，打印混淆矩阵：

```
cm
array([[66, 2],
[6, 26]])
```

4）现在，打印各种性能指标来量化训练后的模型的质量：

```
accuracy= metrics.accuracy_score(y_test,y_pred)
recall = metrics.recall_score(y_test,y_pred)
precision = metrics.precision_score(y_test,y_pred)
print(accuracy,recall,precision)
```

得到的输出如下：

```
0.92  0.8125 0.9285714285714286
```

7.9　各种分类算法的胜者

让我们花一点时间比较我们讨论过的各种算法的性能指标。但是，请记住，这些指标高度依赖于我们在这些示例中使用的数据，并且对于不同的数据集，它们可能会有很大的变化。

模型的性能可能会受到诸如数据的性质、数据的质量以及模型假设与数据的符合程度等因素的影响。

以下是我们给出的总结。

算法	准确度	召回率	精确度
决策树	0.94	0.93	0.88
极端梯度提升	0.93	0.90	0.87
随机森林	0.93	0.90	0.87
逻辑回归	0.91	0.81	0.89
支持向量机	0.89	0.71	0.92
朴素贝叶斯	0.92	0.81	0.92

根据上表，决策树分类器在这种特定情境下表现出最高的准确率和召回率。而在精确度方面，我们看到支持向量机（SVM）和朴素贝叶斯算法并列。

然而，请记住这些结果是依赖于数据的。例如，当数据是线性可分的或者可以通过核变换（Kernel Transformation）实现线性可分时，支持向量机可能表现出色。另外，当特征独立时，朴素贝叶斯表现良好。当存在复杂的非线性关系时，决策树和随机森林可能更受青睐。逻辑回归是二分类任务的可靠选择，并可以作为一个很好的基准模型。最后，XGBoost 作为一种集成技术，在处理多种数据类型时非常强大，并且通常在各种任务的模型性能方面处于领先地位。

因此，在选择模型之前，了解数据和任务要求至关重要。这些结果仅仅是一个起点，对每个具体的使用情况应进行更深入的探索和验证。

7.9.1 理解回归算法

如果标签是连续变量，则监督机器学习模型会使用回归算法。此时，机器学习模型被称为回归模型。

为了更具体地理解，让我们举几个例子。假设我们想根据历史数据预测下周的温度，或者我们希望预测未来几个月零售店的销售额。

温度和销售额都属于连续变量，这意味着它们可以在指定范围内取任何值，而不同于分类变量，分类变量具有固定数量的不同类别。在这种情况下，我们将使用回归器而不是分类器。

我们将在下文中介绍可以用来训练监督式机器学习回归模型（或者简单地说，回归器）的各种算法。我们在深入讨论这些算法之前，先引入一个挑战性问题，以便测试这些种算法的性能、能力和有效性等。

7.9.2 回归器挑战性问题

我们采用分类算法中类似的方法，先提出一个待解决的问题来作为所有回归算法需要解决的挑战性问题。我们将这个共同的问题称为回归器挑战性问题。然后，我们使用三种不同的回归算法来求解该问题。对不同回归算法采用同一个挑战性问题，这种做法有两个好处：

- 可以一次性准备数据，并将准备好的数据用于三种不同的回归算法。
- 可以用一种有意义的方式来比较三种回归算法的性能，因为这些算法求解了同一个问题。

下面，我们给出该挑战性问题的描述。

7.9.3 描述回归器挑战性问题

预测车辆的油耗量目前已变得非常重要。高效的交通工具不仅环保，而且经济实惠。车辆的油耗量可以通过发动机的功率和车辆的特性来估计。我们给分类器创建的挑战性问题是训练一个模型使其能够依据车辆特性来预测每加仑燃料所行英里数 MPG（Miles per Gallon）。

下面，我们讨论用于训练回归器的历史数据集。

7.9.4 了解历史数据集

我们采用的历史数据集具有下列不同特征。

名称	类型	描述
品牌型号	类别值	识别特定车辆
气缸数	连续值	气缸数量（介于 4 到 8 之间）
排量	连续值	发动机的排气量，单位为 in^3[⊖]
马力	连续值	发动机的功率
加速度	连续值	从 0 加速到 60mile/h(27m/s) 所需的时间 (s)

问题的预测标签 MPG 是一个连续变量，其数值指定了每辆车的每加仑英里数。

我们先为该问题设计数据处理管道来进行预处理历史数据。

⊖ $1in^3 = 1.6 \times 10^{-5} m^3$。

7.9.5 用数据管道实施特征工程

我们讨论如何设计一个可重用的数据管道来求解回归器挑战性问题。同前面的做法一样，我们一次性地准备数据，然后在所有回归算法中使用它。我们遵循如下步骤：

1）我们将首先导入数据集，如下所示：

```
dataset = pd.read_csv('https://storage.googleapis.com/neurals/data/data/auto.csv')
```

2）接下来，预览数据集：

```
dataset.head(5)
```

3）数据集如图 7.16 所示。

	NAME	CYLINDERS	DISPLACEMENT	HORSEPOWER	WEIGHT	ACCELERATION	MPG
0	chevrolet chevelle malibu	8	307.0	130	3504	12.0	18.0
1	buick skylark 320	8	350.0	165	3693	11.5	15.0
2	plymouth satellite	8	318.0	150	3436	11.0	18.0
3	amc rebel sst	8	304.0	150	3433	12.0	16.0
4	ford torino	8	302.0	140	3449	10.5	17.0

图 7.16　数据集示例

4）接下来进行特征选择。删除品牌型号"NAME"列，因为它只是汽车的标识符，用于识别数据集中行的列与训练模型无关，因而删除这一列。

5）接下来，转换所有的输入变量，并填补所有的空值：

```
dataset=dataset.drop(columns=['NAME'])
dataset.head(5)
dataset= dataset.apply(pd.to_numeric, errors='coerce')
dataset.fillna(0, inplace=True)
```

填充空值提高了数据的质量，为模型训练做好了准备。现在让我们完成最后一步。

6）把数据划分为训练集和测试集：

```
y=dataset['MPG']
X=dataset.drop(columns=['MPG'])
# Splitting the dataset into the Training sct and Test set
from sklearn.model_selection import train_test_split
from sklearn.cross_validation import train_test_split
X_train, X_test, y_train, y_test = train_test_split(X, y, test_size = 0.25, random_state = 0)
```

这样就创建了以下四个数据结构：

- `X_train`：包括训练数据所有特征的数据结构
- `X_test`：包括测试数据所有特征的数据结构

- `Y_train`：包含训练数据集所有标签值的向量
- `Y_test`：包含测试数据集所有标签值的向量

现在，我们把准备的数据集应用到三个不同的回归器上，以便比较它们的性能。

7.10 线性回归

在所有的监督式机器学习算法中，线性回归是最容易理解的。我们先讨论简单线性回归，然后再将概念拓展到多元线性回归上。

需要注意的是，尽管线性回归易于理解和实现，但它并不总是在任何情况下都是"最佳"选择。每个机器学习算法，包括我们迄今讨论过的算法，都具有其独特的优势和局限性，它们的有效性取决于手头数据的类型和结构。

例如，决策树和随机森林擅长处理分类数据和捕捉复杂的非线性关系。支持向量机（SVM）可以很好地处理高维数据，并且对异常值具有鲁棒性，而逻辑回归在处理二分类问题时特别有效。

另外，线性回归模型非常适合预测连续性结果，并且具有可解释性，这在理解各个特征的影响时非常重要。

7.10.1 简单线性回归

线性回归最简单的形式就是建立单个连续自变量和单个连续因变量之间的关系。线性回归揭示了因变量（y 轴变量）变化可以归因于解释变量（x 轴变量）变化的程度。

简单线性回归可以表示为

$$\acute{y} = (X)\omega + \alpha$$

式中，$\acute{y}$ 是因变量；X 是自变量；ω 是斜率，表示在 X 的每份增量上直线的上升量；α 是 $X=0$ 时 $\acute{y}$ 的截距。

线性回归遵循以下假设：

- **线性关系**：自变量和因变量之间的关系是线性的。
- **独立性**：各个观测值彼此独立。
- **无多重共线性**：自变量之间没有太高的相关性。

下面的例子展示了单个连续因变量和单个连续自变量之间关系：

- 一个人的体重和其热量摄入量

- 特定社区内房屋价格与面积之间的关系
- 空气湿度与降雨可能性之间的关系

线性回归中,输入变量(自变量)和目标变量(因变量)都必须是数值的。最小化每个点和目标直线之间的垂直距离平方和,可以找到最佳的关系。这里,假设预测变量和标签之间是线性关系。比如,投入在研发上的资金越多,则销售额越高。

让我们看一个具体的例子。我们尝试建立特定产品的市场营销费用和销售额之间的关系。为了找出它们之间的直接关联关系,将市场营销费用和销售额绘制在二维图上,用蓝钻表示。这种关系可以用一条直线来近似表示,如图 7.17 所示。

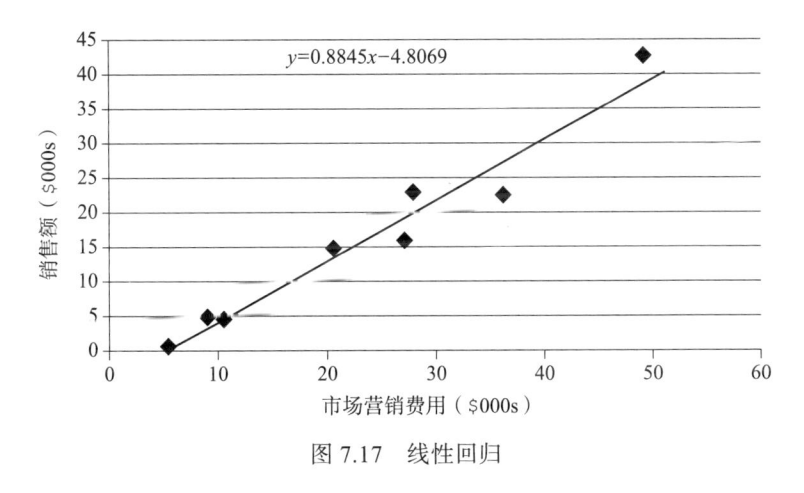

图 7.17 线性回归

一旦画出这条直线,我们就可以看出市场营销费用和销售额之间的数学关系。

7.10.2 评价回归器

我们画的直线近似刻画了因变量和自变量之间关系。然而,即便是最好的直线也和实际数据点有所偏差,如图 7.18 所示。

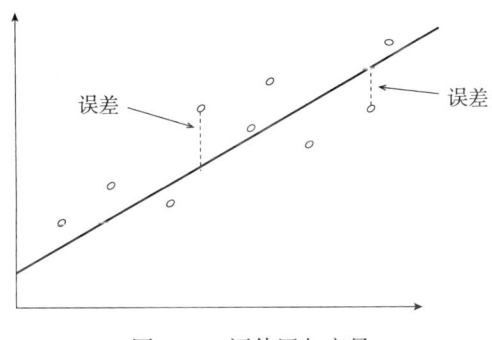

图 7.18 评估回归变量

量化线性回归模型性能的一种典型方法是**均方根误差**（Root Mean Square Error，RMSE）。从数学上看，它计算了训练模型所产生的误差的标准差。在训练数据集的特定数据实例上，损失函数的计算方法如下：

$$\text{Loss}(\acute{y}^{(i)}, y^{(i)}) = 1/2(\acute{y}^{(i)} - y^{(i)})^2$$

这就得到了如下的代价函数，它旨在最小化训练集中所有数据示例的损失：

$$\sqrt{\frac{1}{n}\sum_{i=1}^{n}(\acute{y}^{(i)} - y^{(i)})^2}$$

我们尝试解释一下 RMSE。如果预测产品价格的模型中 RMSE 是 50 美元，则这意味着大约 68.2% 的预测值将落在真实价值的上下浮动 50 美元（也就是 α）的范围内，同时也意味着 95% 的预测值将落在实际价值的上下浮动 100 美元（2α）之内。最后，99.7% 的预测值将落在实际价值上下 150 美元范围之内。

下面，让我们来看看多元回归。

7.10.3 多元回归

事实上，现实世界中大部分分析都不止涉及一个自变量。多元回归是简单线性回归的一种拓展。关键的区别是，多元回归对额外的每个预测变量引入相应额外的系数。训练模型的目标就是找到恰当的系数来最小化线性方程的误差。我们尝试用数学公式来表达因变量和一组自变量（特征）之间的关系。

例如，在房地产市场上，房屋价格（因变量）可能取决于诸多因素，如房屋面积、房屋位置、房龄等（自变量）。

类似于简单线性回归，因变量 y 被量化为截距项加上 x 的任意第 i 个特征和对应系数 β 的乘积：

$$y = \alpha + \beta_1 x_1 + \beta_2 x_2 + \cdots + \beta_i x_i + \varepsilon$$

其中，ε 表示误差，它表明预测结果并不完美。

系数 β 表明每个特征对因变量 y 都有单独的影响，这是由于 x_i 每增加一个单位量，则 y 就会有大小为 β_i 的增量变化。此外，截距表示自变量均为 0 时 y 的期望值。

注意，上面方程中所有变量可以用一组向量来表示。这样，目标变量和预测变量都是行向量，回归系数 β 和误差 ε 也都是向量。

接下来，让我们看看如何使用线性回归算法求解回归器挑战性问题。

7.10.4 用线性回归算法求解回归器挑战性问题

现在，让我们使用数据集的训练部分来训练模型。请注意，我们将使用与我们前面讨论过的相同的数据和数据工程逻辑。

1）首先，导入线性回归包：

```
from sklearn.linear_model import LinearRegression
```

2）接下来，我们实例化线性回归模型，并用训练数据集进行训练：

```
regressor = LinearRegression()
regressor.fit(X_train, y_train)
LinearRegression()
```

3）接下来，利用模型对测试数据集进行预测：

```
y_pred = regressor.predict(X_test)
from sklearn.metrics import mean_squared_error
sqrt(mean_squared_error(y_test, y_pred))
```

4）运行上述代码，生成如下结果：

```
19.02827669300187
```

如前所述，RMSE 是误差的标准差。这表明，68.2% 的预测结果将位于标签值上下浮动 4.36 的范围之内。

让我们来看看什么时候可以使用线性回归。

7.10.5 何时使用线性回归

线性回归可以用于解决许多现实问题，如下所示：

- ❏ 销量预测。
- ❏ 预测最优的产品价格。
- ❏ 在诸如临床药物实验、工程安全测试和市场研究等领域中，量化事件和反应之间的因果关系。
- ❏ 在已知的标准下，识别可用于预测未来行为的模式。比如说，预测保险索赔、自然灾害损失、选举结果和犯罪率，等等。

接下来将介绍线性回归的缺点。

7.10.6 线性回归的缺点

线性回归的缺点如下：

- 线性回归只对连续特征有效。
- 类别数据需要被预处理。
- 线性回归不能有效处理缺失数据。
- 线性回归对数据进行了假设。

7.10.7 回归树算法

与用于分类结果的分类树类似，回归树是决策树的另一种子集，当目标或标签是连续变量而不是分类变量时使用。这种区别影响了树算法处理和学习数据的方式。

在分类树的情况下，算法试图识别数据点所属的类别。然而，在回归树中，目标是预测一个特定的连续值。这可能是房屋价格、公司未来股价，或者明天可能的温度等。

分类树和回归树之间的这些差异也导致了所使用的算法的不同。在分类树中，我们通常使用基尼系数或信息熵等指标来找到最佳分割点。相反，回归树利用诸如均方误差（MSE）之类的指标来最小化实际值和预测连续值之间的距离。

7.10.8 用回归树算法求解回归器挑战性问题

现在，我们讨论如何用回归树算法来求解回归器挑战性问题。

1）首先，我们使用回归树算法来训练模型：

```
from sklearn.tree import DecisionTreeRegressor
regressor = DecisionTreeRegressor(max_depth=3)
regressor.fit(X_train, y_train)
DecisionTreeRegressor(max_depth=3)
```

2）一旦回归树模型训练完成，我们用训练好的模型预测测试集：

```
y_pred = regressor.predict(X_test)
```

3）接下来，我们通过计算 RMSE 来量化模型的性能：

```
from sklearn.metrics import mean_squared_error
from math import sqrt
sqrt(mean_squared_error(y_test, y_pred))
```

得到如下输出

```
4.464255966462035
```

7.10.9 梯度提升回归算法

现在，让我们将注意力转向梯度提升回归算法，该算法利用决策树的集合来揭示数据集中的底层模式。

梯度提升回归的核心思想是创建一个决策树的"团队",其中每个成员逐渐从其前任的错误中学习。实质上,序列中每棵随后的决策树都试图纠正之前树所做的预测错误,形成一个"集成",最终基于所有单独树的集体智慧进行最终预测。这种算法真正独特的地方在于它能够处理广泛的数据并且抵抗过拟合。这种多功能性使得它可以在不同的数据集和问题场景中都有出色的表现。

7.10.10　用梯度提升回归算法求解回归器挑战性问题

在本小节中,我们将看到如何使用梯度提升回归算法来解决回归问题,即预测汽车的MPG,这是一个连续变量,这属于经典的回归问题。请记住,我们的自变量包括诸如"气缸数""排量""马力""重量"和"加速度"等特征。

仔细观察可以发现考虑到影响因素之间的多方面关系,MPG 并不像看起来那么简单。例如,尽管排量较大的汽车通常消耗更多燃料,导致 MPG 较低,但重量和马力等因素可能抵消了这种关系。正是这些微妙的相互作用可能使得像线性回归或单个决策树这样简单的模型难以捕捉。

这就是梯度提升回归算法有用的地方。通过构建一组决策树,每棵树都从前一棵树的错误中学习,模型将力图识别数据中的这些复杂模式。每棵树都为其对数据的理解做出贡献,使预测更准确可靠。

例如,一棵决策树可能会学到,具有较大"排量"值的汽车通常具有较低的 MPG。接下来的一棵树可能会发现轻量级车辆("重量")在具有相同"排量"的情况下有时可以获得更高的 MPG。通过这种迭代学习过程,模型揭示了变量之间错综复杂的关系层。

1)Python 脚本中的第一步是导入必要的库:

```
from sklearn import ensemble
```

2)从 sklearn 库中导入 ensemble 模块:

```
params = {'n_estimators': 500, 'max_depth': 4,
          'min_samples_split': 2, 'learning_rate': 0.01,
          'loss': 'squared_error'}
regressor = ensemble.GradientBoostingRegressor(**params)
regressor.fit(X_train, y_train)
GradientBoostingRegressor(learning_rate=0.01, max_depth=4, n_
estimators=500)
y_pred = regressor.predict(X_test)
```

3)最后,我们计算 RMSE 来量化模型的性能:

```
from sklearn.metrics import mean_squared_error
from math import sqrt
```

```
sqrt(mean_squared_error(y_test, y_pred))
```

4）运行它将得到如下输出值：

4.039759805419003

7.11 各种回归算法的胜者

现在，我们查看一下在相同数据集和完全相同的测试用例上使用的三种回归算法的性能。

算法	RMSE
线性回归	4.36214129677179
回归树	5.2771702288377
梯度提升回归	4.034836373089085

从上面的表格可以看到，三种回归算法中，梯度提升回归算法的均方差根误差最低，性能最好。之后是线性回归算法，而回归树算法在该问题上表现最差。

7.12 实例——如何预测天气

现在，我们将从理论过渡到应用，运用本章讨论的概念来基于某个城市一年的天气数据预测明天的降雨情况。这个真实场景旨在强化监督学习的原则。

有许多算法可以完成这个任务，但选择最合适的算法取决于我们问题和数据的具体特征。每种算法都有独特的优势，并在特定的情境中表现出色。例如，当存在明显的数值相关性时，线性回归可能是理想的选择，而在处理分类变量或非线性关系时，决策树可能更有效。

对于这个预测挑战，我们选择了逻辑回归。这个选择是由我们预测目标的二元特性驱动的（即，明天是否会下雨？），这种情况下，逻辑回归通常表现出色。这种算法提供了一个介于 0 和 1 之间的概率评分，使我们能够做出明确的是或否的预测，非常适合我们的降雨预测场景。

记住，这个实际例子与以往的不同。它旨在帮助你理解我们如何选择并应用特定的算法来解决特定的现实世界问题，从而更深入地理解算法选择背后的思维过程。

用于训练这个模型的可用数据存储在名为 weather.csv 的 CSV 文件中：

1）我们先以 pandas 数据帧的格式导入数据：

```
import numpy as np
import pandas as pd
df = pd.read_csv("weather.csv")
```

2）我们查看数据帧的所有列：

```
df.columns
Index(['Date', 'MinTemp', 'MaxTemp', 'Rainfall',
       'Evaporation', 'Sunshine', 'WindGustDir',
       'WindGustSpeed', 'WindDir9am', 'WindDir3pm',
       'WindSpeed9am', 'WindSpeed3pm', 'Humidity9am',
       'Humidity3pm', 'Pressure9am', 'Pressure3pm',
       'Cloud9am', 'Cloud3pm', 'Temp9am', 'Temp3pm',
       'RainToday', 'RISK_MM', 'RainTomorrow'],
      dtype='object')
```

3）接下来显示一个城市的典型天气的 weather.csv 数据的前 13 列的标题：

`df.iloc[:,0:12].head()`

一个城市的典型天气状况的数据如图 7.19 所示。

	Date	MinTemp	MaxTemp	Rainfall	Evaporation	Sunshine	WindGustDir	WindGustSpeed	WindDir9am	WindDir3pm	WindSpeed9am	WindSpeed3pm
0	2007-11-01	8.0	24.3	0.0	3.4	6.3	7	30.0	12	7	6.0	20
1	2007-11-02	14.0	26.9	3.6	4.4	9.7	1	39.0	0	13	4.0	17
2	2007-11-03	13.7	23.4	3.6	5.8	3.3	7	85.0	3	5	6.0	6
3	2007-11-04	13.3	15.5	39.8	7.2	9.1	7	54.0	14	13	30.0	24
4	2007-11-05	7.6	16.1	2.8	5.6	10.6	10	50.0	10	2	20.0	28

图 7.19　一个城市的典型天气状况的数据

4）现在，让我们来看看 weather.csv 数据的最后 10 列：

`df.iloc[:,12:25].head()`

weather.csv 数据的最后 10 列如图 7.20 所示。

	Humidity9am	Humidity3pm	Pressure9am	Pressure3pm	Cloud9am	Cloud3pm	Temp9am	Temp3pm	RainToday	RISK_MM	RainTomorrow
0	68	29	1019.7	1015.0	7	7	14.4	23.6	0	3.6	1
1	80	36	1012.4	1008.4	5	3	17.5	25.7	1	3.6	1
2	82	69	1009.5	1007.2	8	7	15.4	20.2	1	39.8	1
3	62	56	1005.5	1007.0	2	7	13.5	14.1	1	2.8	1
4	68	49	1018.3	1018.5	7	7	11.1	15.4	1	0.0	0

图 7.20　weather.csv 数据的最后 10 列

5）我们用 x 表示所有输入特征，删除特征列表中的日期字段 Date，因为该字段在预测过程中无用。此外，我们删除标签 RainTomorrow：

`x = df.drop(['Date','RainTomorrow'],axis=1)`

6）用 y 来表示标签值：

`y = df['RainTomorrow']`

7）利用 train_test_split 划分数据：

`from sklearn.model_selection import train_test_split`

```
train_x , train_y ,test_x , test_y = train_test_split(x,y,
test_size = 0.2,random_state = 2)
```

8）由于标签是二分变量，因此我们训练一个分类器。利用逻辑回归方法实现。首先，我们实例化逻辑回归模型：

```
model = LogisticRegression()
```

9）我们用 train_x 和 test_x 训练模型：

```
model.fit(train_x , test_x)
```

10）模型训练完毕后，用于预测：

```
predict = model.predict(train_y)
```

11）现在，我们计算训练后的模型的准确性：

```
predict = model.predict(train_y)
from sklearn.metrics import accuracy_score
accuracy_score(predict , test_y)
0.9696969696969697
```

至此，这个二分类器就可以用于预测明天是否会下雨。

7.13 小结

总结一下，本章对监督机器学习领域进行了全面探索。重点介绍了分类和回归算法的主要组成部分，剖析了它们的原理和应用。

通过实际示例展示了各种的算法，提供了了解这些工具在现实环境中的功能的机会，突显了监督学习技术的适应性及其解决各种问题的能力。

通过对比不同算法的性能，我们强调了在选择最佳机器学习策略时上下文的关键作用。数据大小、特征复杂性和预测要求等因素在选择过程中发挥着重要作用。

随着我们转向即将到来的章节，从这次探索中获取的知识将成为坚实的基础。在机器学习的广阔领域中，将监督学习技术应用于实际场景的能力是一个至关重要的技能。接下来将继续探索引人入胜的人工智能世界，请牢记以上知识，以为更深入地探索复杂的神经网络宇宙做准备。

第 8 章

神经网络算法

幽默没有固定的算法。

——Robert Mankoff（罗伯特·曼考夫）

神经网络是一个已经研究超过 70 年的课题，但由于算力的限制和数字化数据的缺乏，它们的采用受到了限制。如今环境发生了显著变化，我们越来越需要解决复杂的挑战、数据生产的爆炸性增长，以及云计算等进步，这为我们提供了令人印象深刻的算力。这些改进为我们开辟了潜力，使我们能够开发和应用复杂的算法来解决以前被认为不切实际的复杂问题。事实上，这是一个正在快速发展的研究领域，它推动了机器人技术、边缘计算、自然语言处理和自动驾驶汽车等前沿技术领域的大部分重大进步。

本章首先介绍典型神经网络的主要概念和主要组成部分。之后，讨论各种类型的神经网络，并阐述这些网络中使用的各种激活函数。然后，详细讨论反向传播算法，它是训练神经网络时使用最广泛的算法。接下来，阐述迁移学习技术，它可以大大简化和部分地自动化模型训练。最后，给出一个真实示例，讨论如何使用深度学习标记欺诈性文档。

本章涵盖以下主题：

❏ 神经网络的演变。
❏ 理解神经网络。
❏ 训练神经网络。
❏ 工具和框架。

- 迁移学习。
- 案例研究：使用深度学习实现欺诈检测。

让我们从了解神经网络的基础知识开始。

8.1 神经网络的演变

神经网络由称为神经元的个体单元组成。这些神经元是神经网络的基石，每个神经元执行自己特定的任务。当这些个体神经元被组织成结构化的层时，神经网络展现出真正的力量，促进了复杂的处理。每个神经网络由这些层的错综复杂的网络组成，连接在一起形成一个相互连接的网络。

随着信息或信号穿过这些层逐步传播，它被逐步处理。每一层修改信号，为整体输出做出贡献。举例来说，初始层接收输入信号，处理它，然后将其传递到下一层。随后的层进一步处理接收到的信号并将其传递下去。这种中继过程持续进行，直到信号到达生成所需输出的最终层。

正是这些隐藏层或中间层赋予了神经网络进行深度学习的能力。这些层通过逐步将原始输入数据转化为更有用的形式，创建了一个抽象表示的层次结构。这有助于从原始数据中提取更高级别的特征。

这种深度学习能力有着广泛的实际应用，从使亚马逊的Alexa能够理解语音命令，到为谷歌的图像搜索提供支持并对谷歌相册进行整理。

8.1.1 时代背景

神经网络的概念是弗兰克·罗森布拉特（Frank Rosenblatt）于1957年提出的，其灵感源于人脑中神经元工作方式的启发。简单地了解人脑中神经元的分层结构，有助于了充分理解人工神经网络的结构。请参考图8.1来理解人脑中神经元是如何链接在一起的。

在人脑中，**树突**就像传感器一样检测信号。树突是神经元的重要组成部分，是主要的感觉器官。它们负责检测传入的信号。然后，信号被传递到**轴突**，它是一种又长又细的神经细胞的组织。轴突的功能为将信号传递给肌肉、腺体和其他神经元。如图8.1所示，信号需要通过称为**突触**的组织才能传递到其他神经元。注意，通过突触这个器官通道，信号会一直传递，直到到达目标肌肉或者腺体，在那里引发需要完成的动作。信号通过神经元链到达目标地通常需要7～8ms。

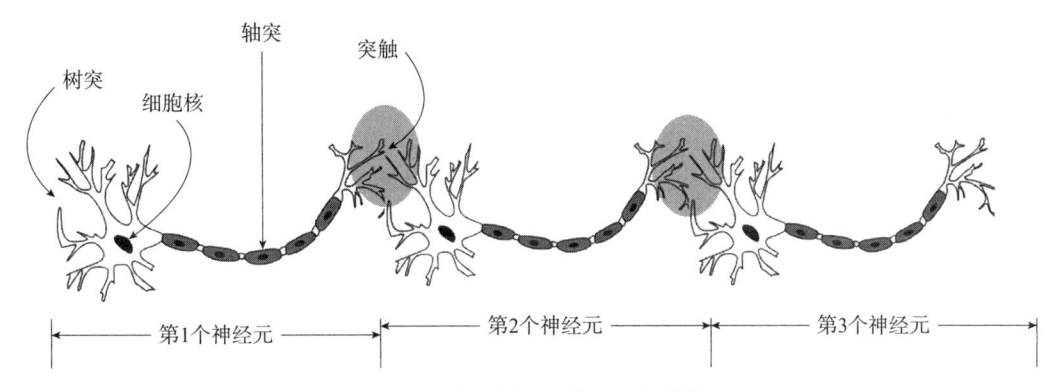

图 8.1 人类大脑中被连接在一起的神经元

受到这种自然结构杰作中信号处理过程的启发，弗兰克·罗森布拉特提出了一种技术来对数字信息进行分层处理，进而求解复杂的数学问题。他设计神经网络的初衷非常简单，看起来类似于线性回归模型。这种简单的神经网络称为感知机，它不包含任何隐藏层。这个没有任何层的简单神经网络（即感知器）成为神经网络的基本单元。本质上，感知器是生物神经元的数学模拟，因此，它是更复杂的神经网络的基本构建模块。

现在，让我们简要回顾一下人工智能的演进历程。

8.1.2 人工智能之冬和人工智能之春

感知器这一开创性概念初期引起了人们极大的热情，但当大家发现其显著的局限性后，这种热情很快就消退了。在 1969 年，马文·明斯基（Marvin Minsky）和西摩·帕佩特（Seymour Papert）进行了深入研究，发现了感知器在学习能力方面的限制。事实上，他们的研究成果表明，感知器不能学习和处理复杂的逻辑函数，即使是 XOR 这样的简单逻辑函数，单层感知器学习起来也很困难。

这一发现导致了人们对**机器学习（ML）**，尤其是神经网络的兴趣普遍下降，并开启了一个称为"人工智能之冬"的时代。世界各地的研究人员不再认真对待人工智能，认为它无法解决任何复杂的问题。

回顾起来，人工智能之冬在一定程度上是由于当时硬件能力的限制。硬件要么缺乏必要的计算能力，要么价格昂贵，严重阻碍了 AI 的进展。这一限制阻碍了 AI 的进步和应用，导致人们普遍对其潜力感到幻灭。

到了 20 世纪 90 年代末，关于 AI 的形象和潜力的看法发生了重大变化。这一变化的催化剂是分布式计算的进步，它提供了易于获取且成本低廉的基础设施。看到了潜力，当时新晋的 IT 巨头（如谷歌）便将 AI 作为研发工作的重点。对 AI 的重新关注促使了人工智能之冬的回暖。这重新激发了对 AI 的研究。最终，人工智能迎来了春天，人们对 AI 和神经网络产生了极大的兴趣。此外，数字化数据也变得易于获取。

8.2 理解神经网络

首先，让我们从神经网络的核心感知器开始。你可以将单个感知器看作最简单的神经网络，它构成了现代复杂多层架构的基本构建模块。下面从理解感知器的工作原理开始。

8.2.1 理解感知器

一个单层感知器具有多个输入和一个由激活函数控制或激活的单个输出。如图 8.2 所示。

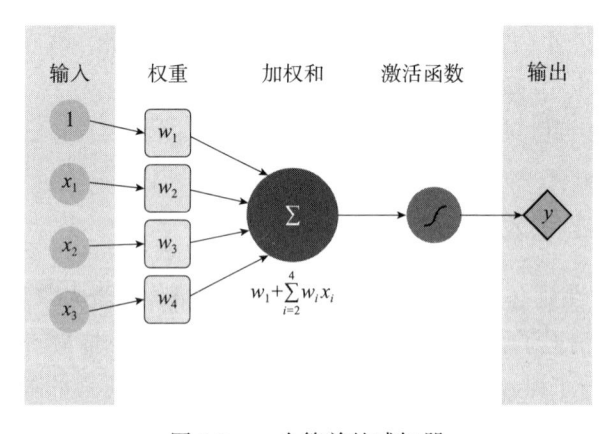

图 8.2　一个简单的感知器

图 8.2 中显示的感知器具有三个输入特征：x_1、x_2 和 x_3。我们还添加了一个称为偏置的常量信号。偏置在我们的神经网络模型中起着关键作用，因为它允许对数据进行灵活拟合。它类似于线性方程中增加的截距，起到一种"移位"激活函数的作用。当我们的输入等于零时，我们能够更好地拟合数据。输入特征和偏置被权重相乘，并相加得到加权和 $\left(w_1+\sum_{i=2}^{4}w_i x_i\right)$。这个加权和被传递给激活函数，生成输出 y。利用各种激活函数来建立特征和标签之间复杂关系的能力是神经网络的优势之一。通过超参数可以选择各种激活函数。一些常见的例子包括 Sigmoid 函数，它将值压缩在 0 和 1 之间，适用于二分类问题；双曲正切（tanh）函数，它将值缩放在 −1 和 1 之间，提供以零为中心的输出；以及修正线性单元（Rectified Linear Unit，ReLU）函数，又称线性整流函数，它将向量中的所有小于或等于零的值设为零，有效地消除

任何负影响，并常用于卷积神经网络中。这些激活函数将在8.6节详细讨论。

现在让我们来探讨神经网络背后的直觉。

8.2.2 理解神经网络背后的原理

在第7章中，我们讨论了一些传统的机器学习算法。这些传统的机器学习算法对许多重要的用例都表现出色。但它们也有局限性。当训练数据集中的潜在模式开始变得非线性和多维时，就超过了传统机器学习算法的能力，无法准确捕捉特征和标签之间的复杂关系。这些复杂模式的不全面的、简单的数学公式导致了用例的训练模型的性能不佳。

在现实场景中，我们经常会遇到特征和标签之间的关系不是线性或直接的情况，而是呈现复杂的模式。这就是神经网络发挥作用的地方，它为我们提供了一种强大的工具来建模这样的复杂关系。

神经网络在处理高维数据或特征与结果之间的关系为非线性时特别有效。例如，在图像和语音识别等应用中，它们在处理复杂的、分层结构的输入数据（像素或声波）方面表现出色。传统的机器学习算法在这些情况下可能会遇到困难，因为特征之间的关系非常复杂且呈非线性。

虽然神经网络是非常强大的工具，但必须承认它们也有局限性。这些限制在本章后面将进行详细探讨，这对于实际有效地使用神经网络来解决现实世界的问题至关重要。

现在，让我们来说明一些常见模式及其在使用简单的机器学习算法（如线性回归）时面临的挑战。想象一下，我们正在尝试根据"受教育年限"来预测数据科学家的薪水。我们从两个不同的组织收集了两个不同的数据集。

首先，让我们介绍一下数据集1，如图8.3a所示。它展示了特征（受教育年限）和标签（薪水）之间的相对简单的关系，看起来是线性的。然而，即使是这样简单的模式，在我们尝试使用线性算法进行数学建模时也会遇到一些挑战：

❑ 我们知道薪水不能为负数，这意味着无论受教育年限如何，薪水（y）都不应该低于零。

❑ 至少有一位初级数据科学家可能刚刚毕业，因此在受教育年限上花费了"x_1"年，但目前的薪水为零，也许是作为实习生。因此，对于从零到"x_1"的"x"值范围内，薪水"y"保持为零，如图8.3a所示。

有趣的是，我们可以使用神经网络中提供的线性整流激活函数来捕捉特征和标签之间的复杂关系，这是我们稍后将探讨的一个概念。

接下来，我们看一下数据集2，如图8.3b所示。这个数据集代表了特征和标签之间的非线性关系。它的工作原理如下：

1）当"x"（受教育年限）从零变化到"x_1"时，薪水"y"保持为零。

2）随着"x"接近"x_2"，薪水急剧增加。

3）但一旦"y"超过"x_2"，薪水就会趋于平稳并趋于平缓。

正如我们将在本书后面讨论的，我们可以在神经网络框架内使用 Sigmoid 激活函数来建模这种关系。理解这些模式并知道应用哪些工具是有效利用神经网络力量的关键。

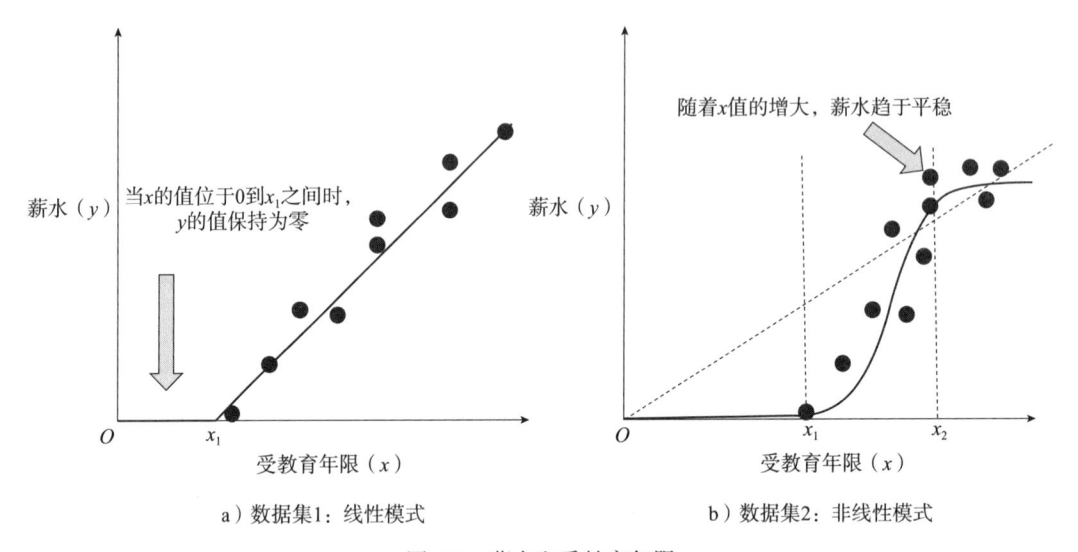

图 8.3　薪水和受教育年限

8.2.3　理解分层的深度学习架构

对于更复杂的问题，研究人员开发了一种称为**多层感知器**的多层神经网络。多层神经网络具有几个不同的层，如图 8.4 所示。这些层包括：

- **输入层**：第一层是输入层。在输入层，特征值被作为网络的输入。
- **（多个）隐藏层**：输入层之后是一个或多个隐藏层。每个隐藏层都是相似激活函数的数组。
- **输出层**：最后一层称为输出层。

> 一个简单的神经网络将有一个隐藏层。深度神经网络是一个具有两个或两个以上隐藏层的神经网络。简单神经网络和深度神经网络如图 8.4 所示。

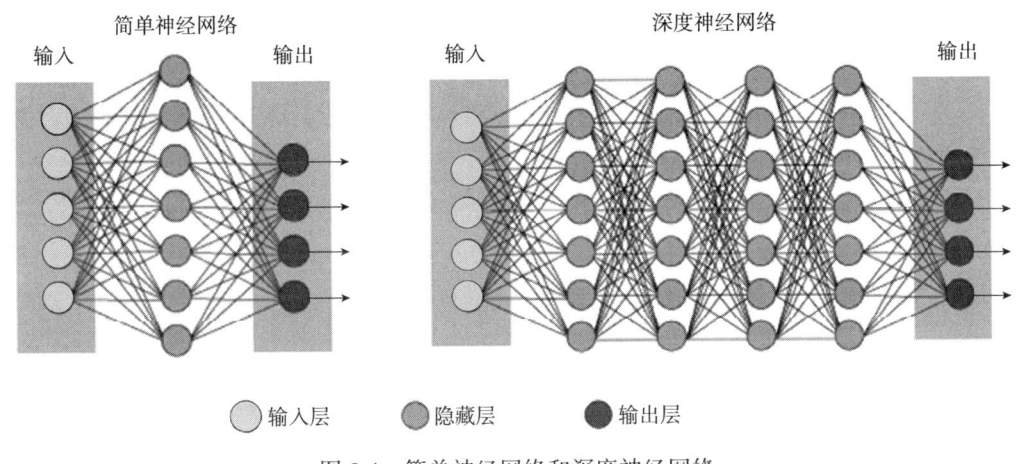

图 8.4 简单神经网络和深度神经网络

接下来，让我们尝试理解隐藏层的功能。

直观理解隐藏层

在神经网络中，隐藏层在解释输入数据方面起着关键作用。隐藏层在神经网络内部以分层结构进行系统组织，其中每一层对其输入数据执行不同的非线性转换。这种设计允许从输入中逐渐提取更抽象和微妙的特征。

考虑卷积神经网络的例子，它是神经网络的一个子类型，专门用于图像处理任务。在这种情况下，较低的隐藏层专注于识别图像中的简单、局部特征，如边缘和角落。这些特性虽然是基本的，但它们本身并没有多大意义。

当我们深入隐藏层时，这些层可以说开始连接点。它们将较低层次检测到的基本模式整合起来，将它们组装成更复杂、更有意义的结构。因此，最初无序的边缘和角落的散点转变为可识别的形状和图案，赋予了网络一定的"视觉"能力。

这种渐进的转换过程将未经处理的像素值转化为复杂的特征和图案映射，使得高级应用如指纹识别成为可能。在这里，网络可以提取指纹中独特的脊和谷的排列方式，将这些原始视觉数据转换为一个独一无二的标识符。因此，隐藏层转换原始数据，并将其细化为有价值的见解。

应该使用多少个隐藏层

请注意，最优的隐藏层数量会因问题而异。对于一些问题，应该使用单层神经网络。这些问题通常表现出直接的模式，可以通过简约的网络设计轻松捕捉和表达。对于其他问题，我们应该增加多层以获得最佳性能。例如，如果你处理的是一个复杂的问题，如图像识别或自然语言处理，可能需要具有多个隐藏层和每层更多节点的神经网络。

数据底层模式的复杂性将在很大程度上影响你的网络设计。例如，为简单问题使用过于复杂的神经网络可能导致过拟合，即模型过于适应训练数据，在新的、未见过的数据上表现不佳。另外，对于复杂问题使用过于简单的模型可能导致欠拟合，即模型未能捕捉到数据中的基本模式。

此外，激活函数的选择起着关键作用。例如，如果你的输出需要是二元的（如是/否问题），那么，Sigmoid 函数可能比较合适。对于多类分类问题，Softmax 函数可能更好。

最终，选择神经网络架构的过程需要对问题进行仔细分析，结合实验和微调。这就是制定基线实验模型有益的地方，让你能够迭代调整和增强你的网络设计以获得最佳性能。

接下来将介绍神经网络的数学基础。

神经网络的数学基础

理解神经网络的数学基础是利用它们的力量的关键。虽然它们可能看起来复杂，但其原理基于熟悉的数学概念，如线性代数、微积分和概率。神经网络的美妙之处在于它们能够从数据中学习，并随着时间的推移不断改进，这些特性根植于它们的数学结构中。

图 8.5 显示了一个 4 层神经网络。在这个神经网络中，一个重要的事情要注意，那就是神经元是这个网络的基本单元，并且每个层的神经元都连接到下一层的所有神经元。对于复杂的网络来说，这些互连的数量会爆炸增长，我们后面会讨论各种方法来减少互连而不牺牲太多网络质量。

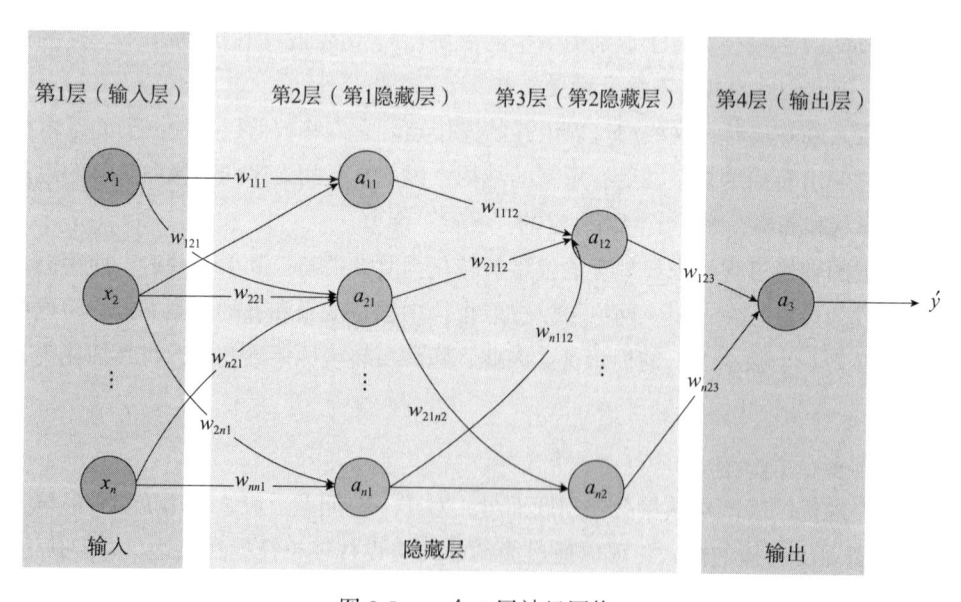

图 8.5　一个 4 层神经网络

首先，让我们尝试明确我们要解决的问题。

输入是一个维度为 n 的特征向量 $\boldsymbol{x}$。

我们希望神经网络能够给出预测值。预测值由 $\acute{y}$ 表示。

从数学上讲，我们希望在给定特定输入的情况下，确定交易欺诈的概率。换句话说，给定 $\boldsymbol{x}$ 的特定值，$y=1$ 的概率是多少？

从数学上讲，我们可以表示为

$$\acute{y} = P(y=1 \mid \boldsymbol{x}), \boldsymbol{x} \in \mathbf{R}^{n_x}$$

请注意，$\boldsymbol{x}$ 是一个 n_x 维向量，其中 n_x 是输入变量的数量。

图 8.5 所示的神经网络有四层。输入和输出之间的层是隐藏层。第一个隐藏层中的神经元数量用 $n_h^{[1]}$ 表示。各个节点之间的连接由称为权重的参数相乘。训练神经网络的过程基本上围绕着确定与网络神经元之间的各种连接相关联的权重的最佳值展开。通过调整这些权重，网络可以微调其计算并随着时间的推移提高其性能。

让我们看看如何训练神经网络。

8.3 训练神经网络

用给定的数据集构建神经网络这一过程称为训练神经网络。我们解析一个典型的神经网络。我们谈到训练一个神经网络时，指的是计算所有权重的最佳取值。训练过程需要迭代地使用由训练数据集给定的一组数据示例。训练数据中的示例给出了各种输入值不同组合上的期望输出值。神经网络的训练过程不同于传统模型（相关讨论请参见第 7 章）的训练方式。

8.4 解析神经网络结构

下面给出了神经网络的构成：

- **层**：层是神经网络的核心构建模块，每个层如同过滤器一样进行数据处理。每一层接受一个或多个输入，以某种方式处理它，然后得到一个或多个输出。数据通过每一层时都会经过一个处理阶段，并且揭示出与我们试图回答的业务问题相关的模式。
- **损失函数**：损失函数提供反馈信号，用于学习过程的各次迭代。损失函数描述单个示例上的偏差。

- **代价函数**：代价函数指所有数据示例上损失函数之和。
- **优化器**：优化器决定如何解释由损失函数给出的反馈信号。
- **输入数据**：输入数据是用于训练神经网络的数据，这些数据都带有相应的目标变量取值。
- **权重**：权重通过训练网络得到，它们大致相当于每个输入的重要性。例如，如果一个特定的输入比其他输入更重要，则网络训练后，这个输入将被赋予一个较大的权重作为乘数。于是，即使这个输入的信号较为微弱，也能从较大的（用作乘数的）权重值中获得强度。因此，权重最终依据重要性来调节各个输入信号。
- **激活函数**：输入值乘以不同的权重，然后聚合。聚合操作如何确切地实施，以及聚合后的值如何进行解释，这都将取决于激活函数的选择。

现在，我们讨论神经网络训练过程中的一个重要方面。

在训练神经网络时，我们逐个处理每个示例。对于每个示例，我们使用正在训练的模型生成输出。术语"正在训练"指的是模型的学习状态，即它仍在根据数据进行调整和学习，并且尚未达到其最佳性能。在这个阶段，模型参数，如权重，会不断更新和调整以改善其预测性能。我们计算预期输出与预测输出之间的差异。对于每个单独的示例，这种差异称为**损失**。整个训练数据集中的损失被称为**成本**。随着我们不断训练模型，我们的目标是找到权重的正确值，以产生最小的损失值。在整个训练过程中，我们不断调整权重的值，直到找到权重的一组值，使总体成本达到最小可能值。一旦达到最小成本，我们将模型标记为已训练。

8.5 定义梯度下降

训练神经网络的核心目标是确定权重的正确值，这些权重起到了我们调整以最小化模型预测与实际值之间差异的"旋钮"或"开关"的作用。

当训练开始时，我们使用随机或默认值初始化这些权重。然后，我们使用优化算法逐步调整它们，其中一种流行的选择是"梯度下降"，以逐步改善我们模型的预测。

让我们深入了解梯度下降算法。梯度下降始于我们设定的权重的初始随机值。

从这个起点开始，我们迭代并在每一步调整这些权重，使我们更接近最小成本。

为了形成更清晰的图景，想象我们的数据特征是输入向量 X。目标变量的真实值是 Y，而我们模型预测的值是 Y'。我们测量这些实际和预测值之间的差异，或者说偏差。这种差异给出了我们的损失。

接下来，我们更新权重，考虑到两个关键因素：移动方向和步长的大小，也称为学习率。

"方向"告诉我们在哪个方向移动以找到损失函数的最小值。把它想象成下坡——我们想要沿着最陡的斜坡"下坡"以最快速度到达底部（我们的最小损失）。

"学习率"确定我们在所选择方向上的步长大小。这就像决定是步行还是跑下坡——更大的学习率意味着更大的步长（就像跑步），而较小的学习率意味着更小的步长（就像步行）。

这个迭代过程的目标是达到一个我们无法"下坡"的点，这意味着我们已经找到了最小成本，表明我们的权重现在是最优的，我们的模型已经训练得很好。

这个简单的迭代过程在图 8.6 中显示。

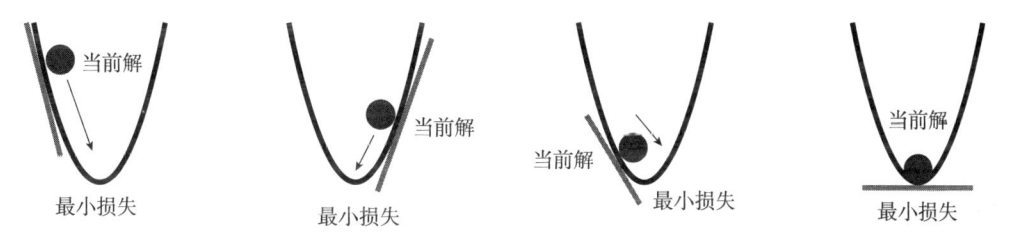

图 8.6　梯度下降算法，求出最小值

图 8.6 显示了，梯度下降算法如何通过改变权重来找到最小成本。算法选中的下一个取值点取决于移动方向的选择和学习率的选择。

选择正确的学习率值很重要。如果学习率太小，问题可能需要很长时间才能收敛。如果学习率太高，问题将无法收敛。在图 8.6 中，表示当前解的点将在图的两条相对线之间来回振荡。

现在，我们讨论如何利用梯度来实现最小化。只考虑两个变量 x 和 y，x 和 y 的梯度计算如下：

$$梯度 = \frac{\Delta y}{\Delta x}$$

用梯度找到最小值，可以使用如下方法：

```
def adjust_position(gradient):
    while gradient != 0:
        if gradient < 0:
            print("Move right")
            # here would be your logic to move right
        elif gradient > 0:
            print("Move left")
            # here would be your logic to move left
```

梯度下降算法同样也能找到神经网络的最优或者接近最优的权重。

注意，梯度下降算法的计算过程在整个网络中是从后向前逐步推进的。算法先计算最后一层的梯度，然后是倒数第二层的梯度，类似地逐步向前一层推进，直到到达第一层。这个计算过程被称为**反向传播**，是由辛顿（Hinton）、威廉姆斯（Williams）和鲁姆哈特（Rumelhart）等三人在 1985 年提出的。

接下来，我们讨论激活函数。

8.6 激活函数

激活函数形式地描述了特定神经元如何处理其输入以产生其输出。

正如图 8.7 所示，神经网络中的每个神经元都有一个激活函数，它确定了输入将如何被处理。

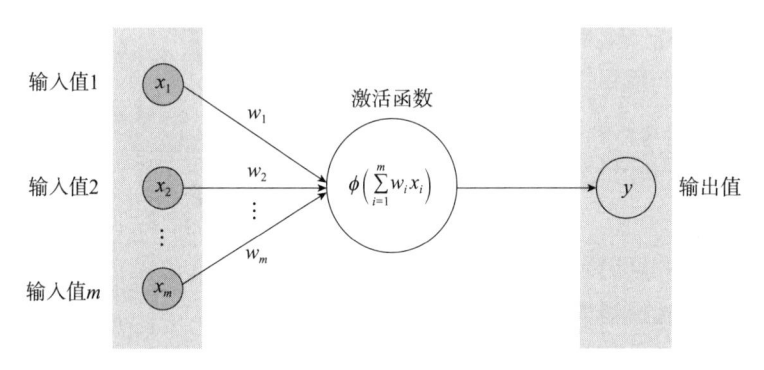

图 8.7 激活函数

在图 8.7 中，可以看到由激活函数生成的结果被传递到输出。激活函数设定了如何解释输入值以生成输出的标准。

对于完全相同的输入值，不同的激活函数会产生不同的输出。在使用神经网络解决问题时，了解如何选择合适的激活函数是很重要的。

下面我们逐个来看这些激活函数。

8.6.1 阈值函数

最简单的激活函数是阈值函数（Threshold Function）。阈值函数的输出是二进制的（0 或 1）。如果任何输入大于 1，它将生成 1 作为输出。这可以在图 8.8 中解释。

尽管阈值激活函数很简单，但它在需要明确区分输出时发挥着重要作用。使用这个函数，只要输入的加权总和中有任何非零值，输出（y）就会变为 1。然而，它的简单性也带来了缺点，即这个函数极为敏感。因而，阈值函数很容易由于输入信号中的一些小故障或者噪声而被错误地触发。

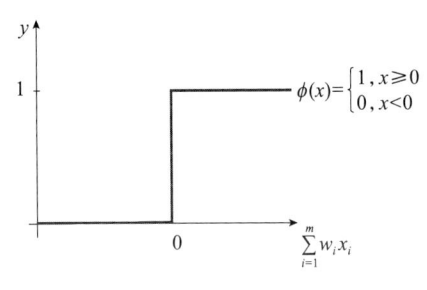

$$\phi(x)=\begin{cases}1,x\geqslant 0\\0,x<0\end{cases}$$

图 8.8 阈值函数

例如，一个神经网络使用阈值函数来将电子邮件分类为"垃圾邮件"或"非垃圾邮件"。在这里，输出为 1 可能代表"垃圾邮件"，而 0 可能代表"非垃圾邮件"。即使是轻微的特征存在（比如某些关键的垃圾邮件词语），也可能会触发函数将邮件分类为"垃圾邮件"。因此，虽然它在某些用例中是一种有价值的工具，但应该考虑到它潜在的过度敏感性，特别是在噪声或输入数据中的轻微变化是常见的应用中。接下来，让我们看看 Sigmoid 函数。

8.6.2 Sigmoid 函数

Sigmoid 函数可以视为阈值函数的改进，其中，激活函数的敏感度得到了控制。Sigmoid 激活函数如图 8.9 所示。

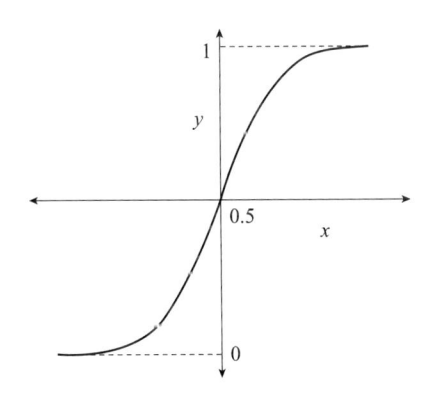

图 8.9 Sigmoid 激活函数

Sigmoid 函数 y 的定义如下：

$$y = f(x) = \frac{1}{1+e^{-x}}$$

在 Python 中实现如下：

```
def sigmoidFunction(z):
    return 1/ (1+np.exp(-z))
```

上述代码使用 Python 演示了 Sigmoid 函数。在这里，np.exp(-z) 是对 -z 进行指数运算，然后将该项加到 1 中形成方程的分母，从而产生一个介于 0 和 1 之间的值。

通过 Sigmoid 函数降低激活函数的灵敏度，使它不太容易受到输入中的突然畸变或"小故障"的影响。然而，值得注意的是，输出仍然是二进制的，这意味着它仍然只能是 0 或 1。

Sigmoid 函数广泛用于二分类问题，其中输出预期为 0 或 1。例如，如果你正在开发一个模型来预测电子邮件是垃圾邮件（1）还是非垃圾邮件（0），那么 Sigmoid 激活函数将是一个合适的选择。

现在，让我们深入研究线性整流函数。

8.6.3 线性整流函数

前面给出了前两个激活函数，它们的输出都是二进制值。这意味着它们会把一组输入变量转换成二进制输出。线性整流函数是一个激活函数，它接受一组输入变量作为输入，并将它们转换为单个连续输出。在神经网络中，线性整流函数是最常用的激活函数，通常用于隐藏层中，其中，我们不希望将连续变量转换为类别变量。

图 8.10 总结了线性整流函数。

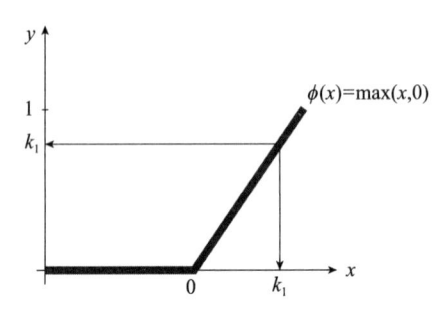

图 8.10 线性整流函数

需要注意的是，当 $x \leqslant 0$ 时，意味着 $y=0$。这意味着来自输入的任何信号，如果为零或小于零，将被转换为零输出：

$$y = f(x) = 0, \ x \leqslant 0$$
$$y = f(x) = x, \ x > 0$$

当 x 大于 0 时，其输出就是 x。

线性整流函数是神经网络中最常用的激活函数之一。它可以用 Python 实现，如下所示：

```
def relu(x):
    if x < 0:
```

```
        return 0
    else:
        return x
```

现在让我们来看看带修正的线性整流函数，它是基于线性整流函数的。

带修正的线性整流函数

在线性整流函数中，当 $x \leq 0$ 时，y 取值为 0。这意味着在这个过程中丢失了一些信息，这使得神经网络的训练周期变长，尤其是训练刚开始的时候。带修正的线性整流（Leaky ReLU）激活函数解决了这个问题，其计算过程如下所示：

$$y = f(x) = \beta x, x \leq 0$$
$$y = f(x) = x, x > 0$$

带修正的线性整流函数如图 8.11 所示。

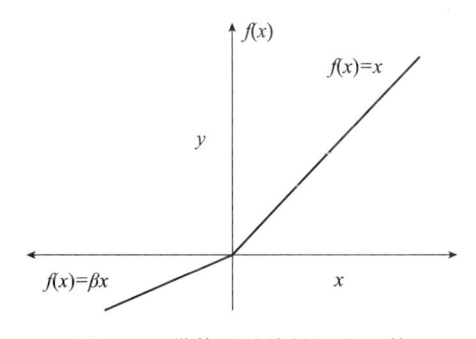

图 8.11　带修正的线性整流函数

其中，参数 β 小于 1。

带修正的线性整流函数可以用 Python 实现如下：

```
def leaky_relu(x, beta=0.01):
    if x < 0:
        return beta * x
    else:
        return x
```

设定 β 值的三种不同方法如下：

❑ **默认值**：我们可以为 β 分配一个默认值，通常为 0.01。这是最直接的方法，在我们希望快速实现而不需要进行复杂调整的情况下非常有用。

❑ **参数化线性整流函数**：另一种方法是允许 β 成为我们神经网络模型中的可调参数。在这种情况下，β 的最优值是在训练过程中学习的。这在我们将激活函数定制到数据中特定模式的情况下非常有益。

❑ **随机化线性整流函数**：我们也可以选择随机分配一个值给 β。这种技术称为随机化线性整流函数，可以作为一种正则化形式，通过向模型引入一些随机性来帮助防止过拟合。在我们有一个包含复杂模式的大型数据集，并且我们希望确保我们的模型不会过度拟合训练数据的情况下，随机化线性整流函数可能会有所帮助。

8.6.4 双曲正切函数

双曲正切函数（Hyperbolic Tangent），或 tanh，与 Sigmoid 函数密切相关，但有一个关键区别：它可以输出负值，从而在 -1 和 1 之间提供更广泛的输出范围。这在我们想要模拟既包含正影响又包含负影响的现象时非常有用。图 8.12 对此进行了说明。

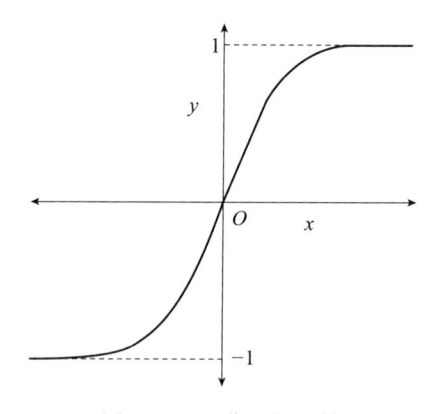

图 8.12　双曲正切函数

双曲正切函数的计算过程如下所示：

$$y = f(x) = \frac{1 + e^{-2x}}{1 + e^{-2x}}$$

双曲正切函数可以用 Python 实现如下：

```
import numpy as np

def tanh(x):
    numerator = 1 - np.exp(-2 * x)
    denominator = 1 + np.exp(-2 * x)
    return numerator / denominator
```

在这段 Python 代码中，我们使用了 numpy 库，用 np 表示，来处理数学运算。tanh 函数，与 Sigmoid 类似，是神经网络中用于给模型增加非线性的激活函数。它通常比 Sigmoid 函数更受欢迎，作为神经网络隐藏层中的激活函数，因为它通过使输出均值为 0 来使数据居中，这可以使下一层的学习变得更容易。然而，选择 tanh、Sigmoid 或任何其他激活函数主要取决于你所处理的模型的特定需求和复杂性。接下来，让我们深入了解 Softmax 函数。

8.6.5 Softmax 函数

有时，我们需要激活函数的输出具有两个以上的级别。Softmax 是一种激活函数，它为我们提供了两个以上级别的输出。它最适合于多类分类问题。假设我们有 n 个类，则输入值可以按如下方式映射到不同的类：

$$x = \left\{ x^{(1)}, x^{(2)}, \cdots, x^{(n)} \right\}$$

Softmax 是基于概率理论的。对于二分类器，最终层的激活函数将是 Sigmoid；对于多类分类器，激活函数则会是 Softmax。举个例子，假设我们要对水果图像进行分类，类别包括苹果、香蕉、樱桃和枣。Softmax 函数计算了图像属于每个类别的概率。具有最高概率的类别被认为是预测结果。

用 Python 代码和方程式来分解它：

```
import numpy as np

def softmax(x):
    return np.exp(x) / np.sum(np.exp(x), axis=0)
```

在这段代码片段中，我们使用 numpy 库（np）执行数学运算。Softmax 函数接受一个数组 x 作为输入，对每个元素应用指数函数，并对结果进行归一化，使它们总和为 1，这是所有类别的总概率。

现在让我们深入了解与神经网络相关的各种工具和框架。

8.7 工具和框架

在本节中，我们将深入探讨便于实现神经网络而开发的各种工具和框架。这些框架，每个都有其独特的优势和可能的局限性。

在众多可选项中，我们选择着重介绍 Keras，这是一个高级神经网络 API（应用程序接口），能够在 TensorFlow 之上运行。你可能会想为什么选择 Keras 和 TensorFlow 呢？这两者结合在一起提供了几个显著的好处，使它们成为从业者们的热门选择。

首先，Keras 以其用户友好和模块化的特性简化了构建和设计神经网络模型的过程，因此迎合了初学者和经验丰富的用户。其次，它与功能强大的端到端开源机器学习平台 TensorFlow 的兼容性，确保了其稳健性和多功能性。TensorFlow 提供高计算性能的能力也是其宝贵的资产之一。它们共同构成一个动态的组合，平衡了可用性和功能性，使其成为开发和部署神经网络模型的极佳选择。

在接下来的章节中，我们将更深入地探讨如何使用 Keras 与 TensorFlow 后端来构建神经网络。

Keras

Keras 是最受欢迎且易于使用的神经网络库之一，它是用 Python 编写的。它的设计初衷是为了简单易用，并提供了实现深度学习的最快捷途径。Keras 只提供高级模块，在模型的级别上进行编程实现。

现在，让我们来了解一下 Keras 的各种后端引擎。

Keras 的后端引擎

Keras 需要一个较底层的深度学习库来执行张量操作，这种底层的深度学习库称为后端引擎。

更简单地说，张量级别的操作涉及在多维数据数组上执行的计算和变换，这些数组称为张量，在神经网络中被用作主要的数据结构。这种较低级别的深度学习库被称为后端引擎。Keras 的可能后端引擎包括以下几种：

- TensorFlow：这是同类框架中最流行的框架，由谷歌开发。
- Theano：该框架由蒙特利尔大学的 MILA 实验室开发。
- Microsoft Cognitive Toolkit(CNTK)：由微软开发的框架。

图 8.13 展示了模块化深度学习技术栈的构成。

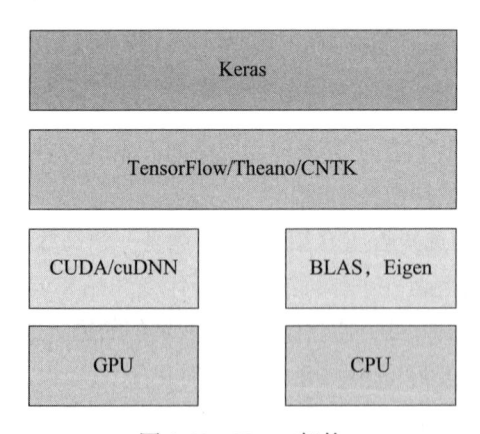

图 8.13　Keras 架构

这种模块化的深度学习架构的优势在于，可以在不重写任何代码的情况下更改 Keras 的后端。例如，如果我们发现对于特定任务，TensorFlow 比 Theano 更好，我们可以简单地将后端更改为 TensorFlow，而无须重写任何代码。

接下来，我们将介绍深度学习技术栈的底层。

深度学习技术栈的底层

前面给出的三个后端引擎都可以通过技术栈底层的选择来同时运行于 CPU 和 GPU 之上。对于 CPU，使用的是一个叫 Eigen 的低级张量操作库。对于 GPU，TensorFlow 使用的是 NVIDIA 的 CUDA 深度神经网络（cuDNN）库。值得注意的是，要解释为什么 GPU 在机器学习中经常被优先选择。

虽然 CPU 功能多样且强大，但 GPU 专门设计用于同时处理多个操作，在处理大块数据时尤其有利，这在机器学习任务中很常见。GPU 具有这种特性，再加上其更高的内存带宽，可以显著加速机器学习计算，因此成为这类任务的热门选择。

接下来，我们将解释超参数。

定义超参数

第 6 章 "无监督机器学习算法" 曾经讲过，超参数是指在学习过程开始之前就选定值的参数。通常，我们先尝试使用常识值设定超参数，然后再逐步优化它们的取值。神经网络中，重要的超参数包括：

- 激活函数
- 学习率
- 隐藏层数量
- 各个隐藏层中神经元的数量

我们下面讨论如何用 Keras 来定义模型。

定义 Keras 模型

定义一个完整的 Keras 模型需要三个步骤：

1）定义层。
2）定义学习过程。
3）测试模型。

我们可以使用 Keras 以两种可能的方式构建模型：

- 功能性（Functional）API：这使我们能够为层的非循环图设计模型。使用功能性 API 可以创建更复杂的模型。
- 顺序性（Sequential）API：这种方式允许用一系列线性层来构建模型。它用于相对简单的模型，这是构建模型的通常选择。

首先，让我们看一下使用顺序性（Sequential）方法定义 Keras 模型：

1）让我们从导入 `tensorflow` 库开始：

```
import tensorflow as tf
```

2）然后，从 Keras 的数据集中加载 MNIST 数据集：

```
mnist = tf.keras.datasets.mnist
```

3）接下来，将数据集分为训练集和测试集：

```
(train_images, train_labels), (test_images, test_labels) = mnist.load_data()
```

4）我们将像素值从 255 的比例标准化到 1 的比例：

```
train_images, test_images = train_images / 255.0,
                            test_images / 255.0
```

5）接下来，我们定义了模型的结构：

```
model = tf.keras.models.Sequential([
    tf.keras.layers.Flatten(input_shape=(28, 28)),
    tf.keras.layers.Dense(128, activation='relu'),
    tf.keras.layers.Dropout(0.15),
    tf.keras.layers.Dense(128, activation='relu'),
    tf.keras.layers.Dropout(0.15),
    tf.keras.layers.Dense(10, activation='softmax'),
])
```

这段脚本用于训练一个模型，对来自 MNIST 数据集的图像进行分类。MNIST 数据集包含 70000 张由高中学生和美国人口普查局的员工手写的数字图像。

该模型使用 Keras 中的顺序性（Sequential）方法进行定义，表明我们的模型是以线性堆叠层的形式组织的：

1）第一层是一个平层 Flatten 层，它将图像的格式从二维数组转换为一维数组。

2）接下来的一层是一个 Dense 层，是一个具有 128 个节点（或神经元）的全连接神经层。这里使用的激活函数是线性整流（ReLU）激活函数。

3）在训练过程中的每一步，Dropout 层以概率随机将输入单元的值设置为 0，有助于防止过拟合。

4）另一个 Dense 层被包括在内。与前一个类似，它也使用线性整流（ReLU）激活函数。

5）我们再次使用与之前相同频率的 Dropout 层。

6）最后一层是一个具有 10 个节点的 Softmax 层，它返回一个总和为 1 的 10 个概率分数数组。每个节点包含一个分数，指示当前图像属于 10 个数字类别中的一个的概率。

请注意，这里我们创建了三层——前两层具有线性整流（ReLU）激活函数，第三层具有 Softmax 作为激活函数。

现在，让我们看一下使用功能性 API 定义 Keras 模型的方法。

1）首先，让我们导入 tensorflow 库：

```
# Ensure TensorFlow 2.x is being used
%tensorflow_version 2.x
import tensorflow as tf
from tensorflow.keras.datasets import mnist
```

2）要使用 MNIST 数据集，我们首先将其加载到内存中。该数据集被合宜地分为训练集和测试集，其中包含图像和相应的标签：

```
# Load MNIST dataset
(train_images, train_labels), (test_images, test_labels) = mnist.load_data()

# Normalize the pixel values to be between 0 and 1
train_images, test_images = train_images / 255.0, test_images / 255.0
```

3）在 MNIST 数据集中，图像的大小为 28×28 像素。当使用 TensorFlow 建立神经网络模型时，你需要指定输入数据的形状。在这里，我们建立模型的输入张量：

```
inputs = tf.keras.Input(shape=(28,28))
```

4）接下来，Flatten 层是一个简单的数据预处理步骤。它通过"展平"将二维的 128×128 像素输入转换为一维数组。这为接下来的 Dense 层准备了数据：

```
x = tf.keras.layers.Flatten()(inputs)
```

5）接下来是第一个 Dense 层，也称为全连接层，其中，每个输入节点（或神经元）都连接到每个输出节点。该层有 512 个输出节点，并使用线性整流激活函数。线性整流（ReLU）是一种常用的激活函数，如果输入是正数，则直接输出该输入；否则输出零：

```
x = tf.keras.layers.Dense(512, activation='relu', name='d1')(x)
```

6）Dropout 层在训练过程中每次更新时随机地将输入节点的一部分（在本例中为 0.2，或 20%）设为 0，这有助于防止过拟合：

```
x = tf.keras.layers.Dropout(0.2)(x)
```

7）最后是输出层。这是另一个具有 10 个输出节点的 Dense 层（假设是用于 10 个类别）。应用 Softmax 激活函数，它输出了 10 个类别的概率分布，这意味着它将输出 10 个值，它们的总和为 1。每个值代表了模型对输入图像对应于特定类别的置信度：

```
predictions = tf.keras.layers.Dense(10, activation=tf.nn.softmax, name='d2')(x)

model = tf.keras.Model(inputs=inputs, outputs=predictions)
```

请注意，我们可以使用顺序模型和功能模型两种 API 来定义相同的神经网络。从性能的角度来看，无论采用哪种方法来定义模型都没有任何区别。

让我们将数值型的 train_labels 和 test_labels 转换为独热编码向量。在下面的代码中，每个标签都变成了一个大小为 10 的二进制数组，在其相应数字的索引处为 1，其他地方为 0。

```
# One-hot encode the labels
train_labels_one_hot = tf.keras.utils.to_categorical(train_labels, 10)
test_labels_one_hot = tf.keras.utils.to_categorical(test_labels, 10)
```

现在我们应该定义学习过程。

在这一步中，我们定义了三件事：

- 优化器（Optimizer）
- 损失函数（Loss Function）
- 将量化模型质量的指标

```
optimizer = tf.keras.optimizers.RMSprop()
loss = 'categorical_crossentropy'
metrics = ['accuracy']

model.compile(optimizer=optimizer, loss=loss, metrics=metrics)
```

请注意，我们使用 `model.compile` 函数来定义优化器、损失函数和度量指标。

现在我们将训练模型。

一旦架构定义好了，就该开始训练模型了。

```
history = model.fit(train_images, train_labels_one_hot, epochs=10,
validation_data=(test_images, test_labels_one_hot))
```

请注意，诸如 `batch_size` 和 `epochs` 之类的参数是可配置的参数，使它们成为超参数。

接下来，让我们看看如何选择顺序模型或功能模型。

8.8 选择顺序性模型或功能性模型

在选择使用顺序性模型还是功能性模型构建神经网络时，网络架构的性质将指导你的选择。顺序性模型适用于简单的线性层堆叠。它简单明了，易于实现，非常适合初学者或简单任务。然而，这种模型存在一个关键限制：每个层只能连接到一个输入张量和一个输出张量。

如果你的网络架构更复杂，比如在任何阶段（输入、输出或隐藏层）都具有多个输入或输出，那么顺序性模型就会显得力不从心。对于这种复杂的架构，功能性模型更加适合。这种模型提供了更高程度的灵活性，允许在任何层中使用多个输入和输出构建更复杂的网络结构。现在让我们更深入地了解 TensorFlow。

8.8.1　理解 TensorFlow

TensorFlow 是最流行的用于处理神经网络的库之一。在前面的部分中，我们看到了如何将其用作 Keras 的后端引擎。它是一个开源的高性能库，实际上可以用于任何数值计算。如果我们对其技术栈稍加了解，会发现可以使用高级语言如 Python 或 C++ 编写 TensorFlow 代码，然后由 TensorFlow 分布式执行引擎来解释执行。由于这个原因，TensorFlow 对开发者非常有用，并且广受开发者欢迎。

TensorFlow 通过使用**有向图（Directed Graph，DG）**来体现你的计算。在这个图中，节点是数学运算，连接这些节点的边表示这些运算的输入和输出。此外，这些边代表数据数组。

除了作为 Keras 的后端引擎之外，TensorFlow 还在各种场景中广泛应用。它可以帮助开发复杂的机器学习模型、处理大型数据集，甚至在不同平台上部署人工智能应用。无论你是创建推荐系统、图像分类模型还是自然语言处理工具，TensorFlow 都可以有效地满足这些任务甚至更多。

8.8.2　TensorFlow 的基本概念

我们简要地讨论一下 TensorFlow 的基本概念，包括标量、向量和矩阵。我们知道，简单数字，如 3 或 5，在传统数学中被称为**标量**。而物理学中，同时具有大小和方向的量则称为**向量**。但是，在 TensorFlow 中，向量指的是一维数组。这个概念拓展之后，二维数组称为**矩阵**，三维数组则称为**三维张量**。数据结构的维数称为阶。因此，标量的阶是 0，向量的阶是 1，矩阵的阶是 2。我们将这种多维结构统称为张量，如图 8.14 所示。

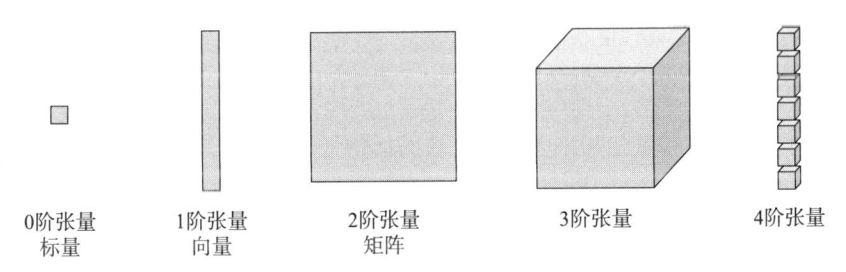

图 8.14　多维结构或张量

正如前面所讲，阶指的是张量的维数。

下面讨论另外一个参数，构形（Shape）。构形是由整数构成的一个元组，它规定了张量在每个维度上的长度。图 8.15 解释了构形这个概念。

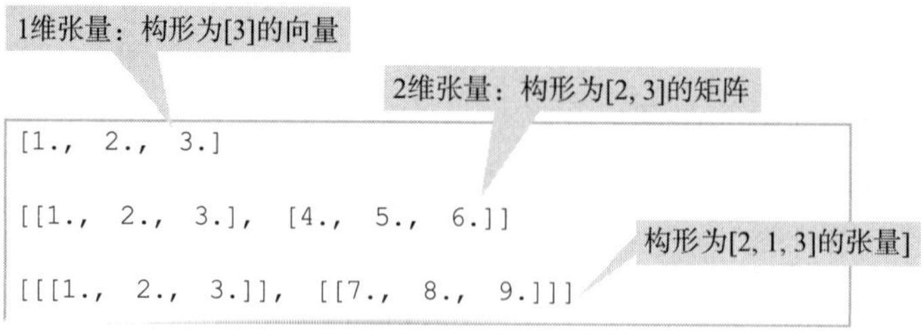

```
[1., 2., 3.]          ← 1维张量：构形为[3]的向量
                      ← 2维张量：构形为[2, 3]的矩阵
[[1., 2., 3.], [4., 5., 6.]]
                      ← 构形为[2, 1, 3]的张量]
[[[1., 2., 3.]], [[7., 8., 9.]]]
```

图 8.15　构形

利用构形和阶，我们可以指定张量的细节。

8.8.3　理解张量数学

现在，我们利用张量实现各种数学计算。

1）定义两个标量，并用 TensorFlow 对其执行加法运算和乘法运算：

```
print("Define constant tensors")
a = tf.constant(2)
print("a = %i" % a)
b = tf.constant(3)
print("b = %i" % b)
Define constant tensors
a = 2
b = 3
```

2）我们可以将它们相加和相乘，显示结果：

```
print("Running operations, without tf.Session")
c = a + b
print("a + b = %i" % c)
d = a * b
print("a * b = %i" % d)
Running operations, without tf.Session
a + b = 5
a * b = 6
```

3）我们可以将两个张量相加来创建一个新的标量张量：

```
c = a + b
print("a + b = %s" % c)
a + b = tf.Tensor(5, shape=(), dtype=int32)
```

4）此外，我们还可以执行复杂的张量运算：

```
d = a*b
print("a * b = %s" % d)
a * b = tf.Tensor(6, shape=(), dtype=int32)
```

8.9 理解神经网络的类型

神经网络的设计可以有多种方式，这取决于神经元是如何相互连接的。在密集或全连接的神经网络中，给定层中的每个神经元都与下一层中的每个神经元相连。这意味着前一层的每个输入都被馈送到后一层的每个神经元中，最大化了信息流动。

然而，并不是所有的神经网络都是全连接的。有些可能根据它们设计解决的问题具有特定的连接模式。例如，在用于图像处理的卷积神经网络中，每一层中的每个神经元可能只与前一层中的一个小区域的神经元相连。这反映了人类视觉皮质中神经元的组织方式，并有助于网络高效地处理视觉信息。

请记住，神经网络的具体架构——神经元如何相互连接——极大地影响了其功能和性能。

8.9.1 卷积神经网络

卷积神经网络（Convolution Neural Network，CNN）是一种用于分析多媒体数据的典型神经网络。为了更好地了解 CNN 是如何分析图像数据的，我们需要掌握以下两个过程。

- 卷积
- 池化

接下来逐一讨论它们。

卷积

卷积运算用一幅小图像（称为**过滤器**，也称为**卷积核**）来处理给定图片以便找出图片中的感兴趣的某种模式。例如，如果我们想从图像中找出物体的边缘，则可以采用一个特定过滤器对图像进行卷积操作。这样的边缘检测有助于我们实现对象检测、对象分类以及其他一些应用。总之，卷积运算能够找出图像的特性或特征。

模式搜寻方法旨在找出可以在不同数据上重用的模式。可重用模式称为过滤器或者卷积核。

池化

在处理多媒体数据以进行机器学习时，重要的一步是对其进行降采样。降采样是指减少数据的分辨率，即降低数据的复杂性或维度。池化提供了两个关键优势：

- 通过降低数据的复杂性，我们显著减少了模型的训练时间，提高了计算效率。

❑ 池化对多媒体数据中的不必要细节进行了抽象和聚合，使其更加泛化。这反过来增强了模型表示类似问题的能力。

降采样的执行步骤如图 8.16 所示。

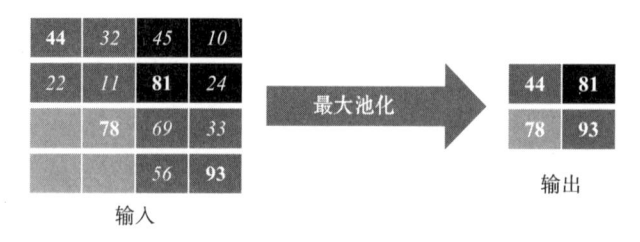

图 8.16　降采样

在降采样过程中，我们基本上将一组像素压缩成一个代表性像素。例如，假设我们将一个 2×2 像素块压缩成一个单一像素，有效地将原始数据降采样到四分之一。

新像素的代表值可以以各种方式选择。其中一种方法是"最大池化"，我们从原始像素块中选择最大值来表示新的单个像素。

另外，我们也可以选择像素块的平均值，在这种情况下，池化过程称为"平均池化"。

在最大池化和平均池化之间的选择通常取决于具体的任务。当我们希望保留图像最突出特征时，最大池化特别有益，因为它保留了块中的最大像素值，从而捕捉该部分中最突出或显著的方面。

相反，当我们想要保留整体背景并减少噪声时，平均池化通常很有用，因为它考虑块内的所有值并计算它们的平均值，从而创建一个更平衡的表示，可能对像素值的轻微变化或噪声不太敏感。

8.9.2　生成对抗网络

生成对抗网络（Generative Adversarial Network，GAN）代表了一种独特的神经网络类别，能够生成合成数据。由 Ian Goodfellow 及其团队于 2014 年首次引入，GAN 因其创新性方法而备受赞誉，能够生成类似原始训练样本的新数据。

GAN 的一个显著应用是能够产生虚构的人物的真实图像，展示了其在细节生成方面的非凡能力。然而，更重要的应用在于它们潜在的生成合成数据的能力，从而增强现有的训练数据集的规模，这在数据可用性有限的情况下极为有益。

尽管它们有潜力，但它们并非没有局限性。GAN 的训练过程可能相当具有挑战性，经常导致诸如模式崩溃等问题，即生成器开始产生有限种类的样本。此外，生成数据的质量在很大程度上取决于输入数据的质量和多样性。代表性不好或存在偏见的数据可能导致生成的合成数据不够有效，而存在偏倚。

在接下来的部分，我们将了解什么是迁移学习。

8.10 迁移学习

多年来，无数组织、研究机构和开源社区的贡献者们精心打造了用于通用用例的复杂模型。这些模型通常经过大量数据的训练，经过多年的努力优化，并适用于各种应用，例如：

- 视频或图像目标检测
- 音频转录
- 文本情感分析

在启动新的机器学习模型训练时，应该首先问自己：我们是否可以修改已经建立的预训练模型以满足我们的需求，而不是从零开始。简单来说，我们是否可以利用现有模型的学习来定制一个满足我们特定需求的定制模型？这种方法被称为迁移学习，它具有以下几个优势：

- 它为我们的模型训练提供了一个快速启动。
- 通过利用预验证和可靠的模型，它潜在地提高了我们模型的质量。
- 如果我们没有足够的数据来解决我们的问题，则使用预训练的模型进行迁移学习可能有很大帮助。

下面给出的实际例子，迁移学习在其中都发挥了作用：

- 训练机器人时，我们可以先用模拟游戏的方式训练一个神经网络。在模拟过程中，我们可以创造出那些在现实世界中很难发现的罕见事件。一旦训练完成，我们就可以利用迁移学习的方法来训练模型以适应现实世界的问题。
- 假设我们要训练一种模型，该模型可以通过视频信息对苹果和 Windows 笔记本计算机进行分类。现在已经有成熟的开源代码检测模型，可以准确地分类视频中提到的各种对象。我们可以使用这些模型作为起点。使用迁移学习，我们可以首先利用这些模型将对象识别为笔记本计算机。一旦我们确定对象是笔记本计算机之后，我们就可以进一步训练模型将笔记本计算机区分为苹果笔记本计算机和 Windows 笔记本计算机。

8.11 节中，我们应用本章讨论的概念来构建一个用于欺诈文档分类的神经网络。

作为一个视觉化的例子，可以将预训练模型比作是一棵已经成熟的树，拥有许多分支

（层）。一些分支已经结满了成熟的果实（训练用于识别特征）。在应用迁移学习时，我们"冻结"这些多产的分支，保留它们已经建立的学习。然后，我们允许新的分支生长并结果实，这就像是训练额外的层来理解我们特定的特征。这个冻结一些层并训练其他层的过程概括了迁移学习的本质。

8.11 案例研究：使用深度学习实现欺诈检测

利用机器学习（ML）技术来识别欺诈文档是一个活跃而具有挑战性的研究领域。研究人员正在研究，神经网络的模式识别能力能在这个任务上发挥多大的作用。这种方法不再手工地抽取属性特征，而是直接将原始像素作为特征用于多个深度学习架构。

实现方法

我们采用一种称为**孪生神经网络**的神经网络结构，它有共享相同架构和参数的两个分支。利用孪生神经网络来标记欺诈文档的过程如图 8.17 所示。

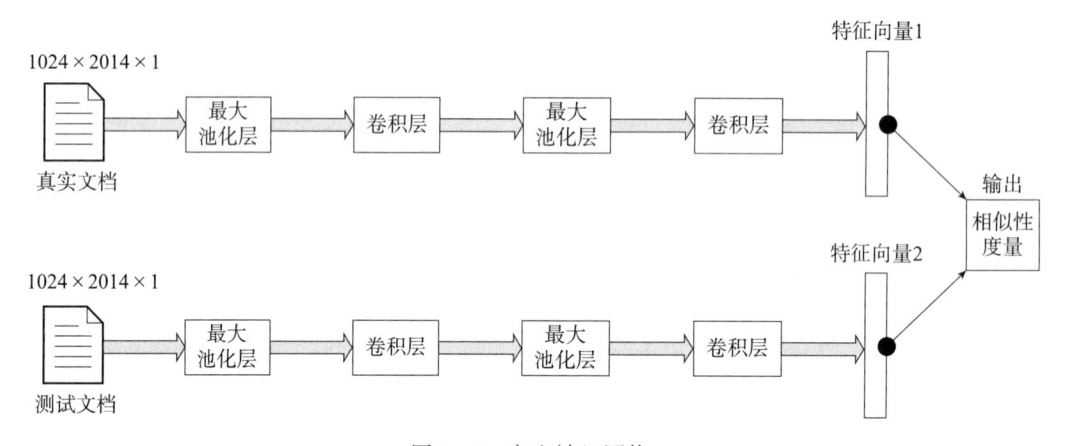

图 8.17 孪生神经网络

当需要验证特定文档的真实性时，我们首先根据文档的布局和类型对文档进行分类，然后将其与预定的模板和模式进行比较。如果比较结果超出了某个阈值，则该文档会被标记为假文档；否则，它被认为是真文档。对于某些关键用例，我们可以将算法无法判定真伪的文档进行手动分类。

为了比较文档和预期模板，我们在孪生网络中使用两个相同的卷积神经网络。卷积神经网络的优势在于它学习得到的局部特征感知器具有最优的位移不变性，这使得它可以对输入图像的几何畸变构建鲁棒性的表达。该一特点适用于我们的问题，因为我们的目标是将真实和测试文档通过同一个网络，然后比较它们结果的相似性。为了实现这个目标，我们执行下面步骤：

假设我们要测试文档，对于每一类文档，我们执行下面步骤：

1）获取真实文档的存储映像，我们称之为**真文档**。测试文档应当看起来像真文档。

2）真文档通过神经网络层来创建一个特征向量，该特征向量是真文档模式的数学表达。我们将其称为**特征向量 1**，如图 8.17 所示。

3）需要测试的文档称为**测试文档**。我们将这个文档传入神经网络。该神经网络和用来为真文档创建特征向量的神经网络类似。测试文档的特征向量称为**特征向量 2**。

4）我们用特征向量 1 和特征向量 2 之间的欧氏距离来计算真文档和测试文档之间的相似性得分。这种相似性得分称为**相似性度量（MOS）**。相似性度量是一个介于 0 和 1 之间的数。数字越大则表示文档之间的距离越小，文档相似的可能性越高。

5）如果神经网络计算出的相似性得分低于预先设定的阈值，我们将其标记为欺诈文档。

下面讨论如何用 Python 来实现孪生神经网络。

为了说明我们如何使用 Python 实现孪生神经网络，我们将把这个过程分解成更简单、更易管理的模块。这种方法将有助于帮助我们遵循 PEP8 风格指南，保持我们的代码可读性和可维护性。

1）首先，让我们导入所需的 Python 软件包：

```
import random
import numpy as np
import tensorflow as tf
```

2）接下来，我们定义神经网络，它将用于处理孪生网络的每个分支。请注意，我们已经将 0.15 的 dropout 率纳入其中以减少过拟合：

```
def createTemplate():
    return tf.keras.models.Sequential([
        tf.keras.layers.Flatten(),
        tf.keras.layers.Dense(128, activation='relu'),
        tf.keras.layers.Dropout(0.15),
        tf.keras.layers.Dense(128, activation='relu'),
        tf.keras.layers.Dropout(0.15),
        tf.keras.layers.Dense(64, activation='relu'),
    ])
```

3）为了实现孪生网络，我们将使用 MNIST 图像，它是测试我们方法有效性的理想选择。我们需要在准备数据过程中保证每个样本有两幅图像和一个二分类标签，该标签表明两幅图片是否来自于同一个类。现在实现名为 prepareData 的函数，它为我们准备数据：

```
def prepareData(inputs: np.ndarray, labels: np.ndarray):
    classesNumbers = 10
    digitalIdx = [np.where(labels == i)[0] for i in range(classesNumbers)]
```

4）在prepareData函数中，我们确保所有数字的样本数量相等。我们首先使用np.where函数创建一个索引，指示数据集中每个数字出现的位置。然后，我们准备图像对并分配标签：

```
pairs = list()
labels = list()
n = min([len(digitalIdx[d]) for d in range(classesNumbers)]) - 1
for d in range(classesNumbers):
    for i in range(n):
        z1, z2 = digitalIdx[d][i], digitalIdx[d][i + 1]
        pairs += [[inputs[z1], inputs[z2]]]
        inc = random.randrange(1, classesNumbers)
        dn = (d + inc) % classesNumbers
        z1, z2 = digitalIdx[d][i], digitalIdx[dn][i]
        pairs += [[inputs[z1], inputs[z2]]]
        labels += [1, 0]
return np.array(pairs), np.array(labels, dtype=np.float32)
```

5）现在，我们准备训练数据集和测试数据集：

```
input_a = tf.keras.layers.Input(shape=input_shape)
encoder1 = base_network(input_a)
input_b = tf.keras.layers.Input(shape=input_shape)
encoder2 = base_network(input_b)
```

6）最后，我们将实现MOS，它将量化我们想要比较的两个文档之间的距离：

```
distance = tf.keras.layers.Lambda(
    lambda embeddings: tf.keras.backend.abs(
        embeddings[0] - embeddings[1]
    )
) ([encoder1, encoder2])
measureOfSimilarity = tf.keras.layers.Dense(1, activation='sigmoid')
(distance)
```

现在，我们训练这个模型。我们设定参数epoch等于10。

```
# Build the model
model = tf.keras.models.Model([input_a, input_b], measureOfSimilarity)
# Train
model.compile(loss='binary_crossentropy',optimizer=tf.keras.optimizers.
Adam(),metrics=['accuracy'])

model.fit([train_pairs[:, 0], train_pairs[:, 1]], tr_labels,
          batch_size=128,epochs=10,validation_data=([test_pairs[:, 0],
test_pairs[:, 1]], test_labels))
Epoch 1/10
847/847 [==============================] - 6s 7ms/step - loss: 0.3459 -
accuracy: 0.8500 - val_loss: 0.2652 - val_accuracy: 0.9105
Epoch 2/10
847/847 [==============================] - 6s 7ms/step - loss: 0.1773 -
accuracy: 0.9337 - val_loss: 0.1685 - val_accuracy: 0.9508
Epoch 3/10
847/847 [==============================] - 6s 7ms/step - loss: 0.1215 -
```

```
accuracy: 0.9563 - val_loss: 0.1301 - val_accuracy: 0.9610
Epoch 4/10
847/847 [==============================] - 6s 7ms/step - loss: 0.0956 -
accuracy: 0.9665 - val_loss: 0.1087 - val_accuracy: 0.9685
Epoch 5/10
847/847 [==============================] - 6s 7ms/step - loss: 0.0790 -
accuracy: 0.9724 - val_loss: 0.1104 - val_accuracy: 0.9669
Epoch 6/10
847/847 [==============================] - 6s 7ms/step - loss: 0.0649 -
accuracy: 0.9770 - val_loss: 0.0949 - val_accuracy: 0.9715
Epoch 7/10
847/847 [==============================] - 6s 7ms/step - loss: 0.0568 -
accuracy: 0.9803 - val_loss: 0.0895 - val_accuracy: 0.9722
Epoch 8/10
847/847 [==============================] - 6s 7ms/step - loss: 0.0513 -
accuracy: 0.9823 - val_loss: 0.0807 - val_accuracy: 0.9770
Epoch 9/10
847/847 [==============================] - 6s 7ms/step - loss: 0.0439 -
accuracy: 0.9847 - val_loss: 0.0916 - val_accuracy: 0.9737
Epoch 10/10
847/847 [==============================] - 6s 7ms/step - loss: 0.0417 -
accuracy: 0.9853 - val_loss: 0.0835 - val_accuracy: 0.9749

<tensorflow.python.keras.callbacks.History at 0x7ff1218297b8>
```

注意，我们使用了 10 个 epoch 达到了 97.49% 的精度。增加 epoch 会进一步提高精度。

8.12　小结

在本章中，我们沿着神经网络的演变之路前行，探讨了不同类型的神经网络及其关键组成部分（如激活函数），以及重要的梯度下降算法。我们简要介绍了迁移学习的概念及其在识别欺诈文档中的实际应用。

下一章，我们将深入探讨自然语言处理，探索诸如词嵌入和循环网络等领域。我们还将学习如何实现情感分析。神奇的神经网络领域仍在不断展开。

第 9 章

自然语言处理算法

语言是思想最重要的工具。

——马文·明斯基

本章介绍了自然语言处理（NLP）的算法。首先介绍了 NLP 的基础知识，然后介绍为 NLP 任务准备数据的过程，接下来解释文本数据向量化的概念，而后我们讨论词嵌入，最后，我们给出一个详细的用例。

本章涵盖以下主题：

- 自然语言处理（NLP）简介。
- 基于词袋（Bag-of-Words）模型的自然语言处理。
- 词嵌入介绍。
- 案例研究：餐厅评论情感分析。

通过本章的学习，你将了解用于自然语言处理（NLP）的基本技术，还应该了解 NLP 如何用于解决一些有趣的现实世界问题。

让我们从最基本的概念开始。

9.1 自然语言处理简介

自然语言处理是机器学习算法的一个分支，涉及计算机与人类语言之间的交互。它包括分析、处理和理解人类语言，使机器能够理解并回应人类的交流。自然语言处理是一个综合性的主题，涉及使用计算机语言算法和人机交互技术与方法来处理复杂的非结构化数据。

自然语言处理的工作方式是通过处理人类语言并将其分解为其组成部分，如单词、短语和句子。其目标是使计算机能够理解文本的含义并做出适当的回应。自然语言处理算法利用各种技术，如统计模型、机器学习和深度学习，来分析和处理大量的自然语言数据。对于复杂的问题，我们可能需要结合多种技术来找到有效的解决方案。

在自然语言处理中最重要的挑战之一是处理人类语言的复杂性和歧义性。语言非常多样，具有复杂的语法结构和惯用表达。此外，单词和短语的含义可能会根据其使用的上下文而变化。自然语言处理算法必须能够处理这些复杂性以实现有效的语言处理。

让我们先看看在讨论自然语言处理时使用的一些术语。

9.2 理解自然语言处理术语

NLP 是一个广阔的研究领域。在这一部分，我们将探讨与 NLP 相关的一些基本术语：

- **语料库（Corpus）**：语料库是一个大型且结构化的文本或语音数据集合，用作 NLP 算法的资源。它可以由各种类型的文本数据组成，如书面文本、口语语言、转录的对话和社交媒体帖子。语料库是通过有意识地从各种在线和离线来源（包括互联网）收集和组织数据而创建的。虽然互联网可以是获取数据的丰富来源，但决定将哪些数据包含在语料库中需要进行有目的的选择，并与正在进行的特定研究或分析的目标对齐。

  语料库的复数形式是"corpora"，它们可以被注释，意味着它们可能包含有关文本的额外细节，如词性标签和命名实体。这些带注释的语料库提供了特定信息，增强了 NLP 算法的训练和评估，使它们成为该领域特别有价值的资源。
- **规范化（Normalization）**：这个过程涉及将文本转换为标准形式，例如，将所有字符转换为小写或删除标点符号，使其更容易进行分析。
- **分词（Tokenization）**：分词将文本分解为更小的部分，称为标记（Token），通常是单词或子词，从而实现更结构化的分析。
- **命名实体识别（NER）**：NER 识别和分类文本中的命名实体，例如人名、地点、组织等。
- **停用词（Stop Word）**：这些是常用词，如 and、the 和 is，通常在文本处理过程中被过滤掉，因为它们可能不会提供重要的含义。

- **词干提取和词形还原（Stemming and Lemmatization）**：词干提取涉及将词汇减少到它们的词根形式，而词形还原涉及将词汇转换为它们的基本形式或字典形式。这两种技术都有助于分析单词的核心含义。

下面，让我们学习在自然语言处理中使用的不同文本预处理技术：

- **词嵌入（Word Embedding）**：这是一种将单词转换为数值形式的方法，其中每个单词被表示为空间中的一个向量，该空间可能具有许多维度。在这个上下文中，"高维向量"是指一个由数字组成的数组，其中维度或各个分量的数量相当大，通常是数百甚至数千个。使用高维向量的想法是捕捉单词之间复杂的关系，使得含义相似的单词在这个多维空间中更靠近。向量的维度越多，它能够捕捉的关系就越微妙。因此，在词嵌入中，语义相关的单词在这个高维空间中更接近，使得算法更容易理解和处理语言，反映了人类的理解方式。
- **语言建模（Language Modeling）**：语言建模是开发统计模型的过程，这些模型可以基于给定文本语料库中找到的模式和结构来预测或生成单词或字符序列。
- **机器翻译（Machine Translation）**：使用自然语言处理技术和模型自动将一种语言的文本翻译成另一种语言的过程。
- **情感分析（Sentiment Analysis）**：确定文本中表达的态度或情感的过程，通常是通过分析所使用的词语和短语及其上下文来实现的。

NLP 中的文本预处理

文本预处理是自然语言处理中的一个重要阶段，原始文本数据经过转换以适应机器学习算法。这种转换涉及将杂乱无章的文本转换为所谓的"结构化格式"。结构化格式意味着数据被组织成更系统化和可预测的模式，通常涉及诸如分词、词干提取和去除不必要的字符等技术。这些步骤有助于清理文本，减少不相关的信息或"噪声"，并以一种使机器学习模型更容易理解的方式安排数据。通过遵循这种方法，可能包含不一致性和不规则性的原始文本被塑造成一种能够增强后续自然语言处理任务的准确性、性能和效率的形式。在本小节中，我们将探讨用于文本预处理的各种技术，以实现这种结构化格式。

分词

提醒一下，分词是将文本划分为更小单位的关键过程，这些更小单位称为标记。标记可以像单个单词甚至子单词一样小。在自然语言处理中，分词通常被视为准备文本数据进行进一步分析的第一步。这个基础性作用的原因在于语言的本质，理解和处理文本需要将其分解为可管理的部分。通过将连续的文本流转换为单独的标记，我们创建了一个结构化格式，反映了人类自然阅读和理解语言的方式。这种结构化为机器学习模型提供了一种清晰和系统的方法来分析文本，使它们能够识别数据中的模式和关系。随着我们深入研究自然语言处理技术，这种标记化格式成为许多其他预处理和分析步骤建立的基础。

下面的代码片段是使用 Python 中的自然语言工具包（nltk）来标记给定的文本。自然语言工具包（nltk）是 Python 中广泛使用的库，专门设计用于处理人类语言数据。它提供了易于使用的界面和工具，用于分类、分词、词干提取、标记、解析等任务，使其成为自然语言处理的宝贵的资产。对于希望在 Python 项目中利用这些功能的人，可以使用 pip 安装 nltk 命令直接从 Python 包索引（PyPI）下载和安装 nltk 库。通过将 nltk 库合并到你的代码中，你可以访问一套丰富的函数和资源，简化各种自然语言处理任务的开发和执行，使其成为计算语言学领域的研究人员、教育者和开发人员的热门选择。让我们开始导入相关函数并使用它们：

```
from nltk.tokenize import word_tokenize
corpus = 'This is a book about algorithms.'

tokens = word_tokenize(corpus)
print(tokens)
```

输出将是如下类似的列表：

```
['This', 'is', 'a', 'book', 'about', 'algorithms', '.']
```

在这个例子中，每个标记都是一个单词。根据目标的不同，生成的标记的粒度也会有所不同，例如，每个标记可以由一个单词、一个句子或一个段落组成。

要根据句子对文本进行分词，你可以使用 nltk.tokenize 模块中的 sent_tokenize 函数：

```
from nltk.tokenize import sent_tokenize
corpus = 'This is a book about algorithms. It covers various topics in depth.'
```

在这个例子中，corpus 变量包含两个句子。sent_tokenize 函数接受 corpus 作为输入，并返回一个句子列表。当你运行修改后的代码时，你将获得以下输出：

```
sentences = sent_tokenize(corpus)
print(sentences)
['This is a book about algorithms.', 'It covers various topics in depth.']
```

有时我们可能需要将大段文本分解成段落级别的块。nltk 可以帮助完成这个任务。这个功能在文档摘要等应用中可能特别有用，因为在段落级别理解结构可能至关重要。将文本分词为段落可能看起来很简单，但根据文本的结构和格式，它可能是复杂的。一个简单的方法是将文本分割成两个换行符，这通常在纯文本文档中分隔段落。

以下是一个基本示例：

```python
def tokenize_paragraphs(text):
    # Split by two newline characters
    paragraphs = text.split('\n\n')
    return [p.strip() for p in paragraphs if p]
```

接下来，让我们来看看如何清洗这些数据。

- 数据清洗

数据清洗是自然语言处理中的一个关键步骤，因为原始文本数据通常包含噪声和无关信息，这些都可能影响 NLP 模型的性能。对于 NLP，清洗数据的目标是预处理文本数据，去除噪声和无关信息，并将其转换为适合使用 NLP 技术进行分析的格式。请注意，数据清洗是在分词之后进行的。原因是清洗可能涉及依赖于分词所揭示的结构的操作。例如，在文本被分词为单独的术语之后，去除特定单词或更改单词形式可能会更准确。

让我们研究一些用于清洗数据并为机器学习任务做准备的技术：

大小写转换

大小写转换是自然语言处理中的一种技术，在这种技术中，文本从一种大小写格式转换为另一种，例如从大写转换为小写，或从标题大小写转换为大写。

例如，"Natural Language Processing" 这个标题大小写格式的文本可以转换为小写形式 "natural language processing"。

这一简单而有效的步骤有助于标准化文本，进而简化各种 NLP 算法对其的处理。通过确保文本处于统一的大小写形式，有助于消除由于大小写变化而引起的不一致性。

标点符号去除

在自然语言处理中，标点符号去除指的是在分析之前从原始文本数据中去除标点符号。标点符号是指句号（.）、逗号（,）、问号（?）和感叹号（!）等用于书面语言中表示停顿、强调或语调的符号。虽然它们在书面语言中很重要，但它们可能会给原始文本数据增加噪声和复杂性，从而影响 NLP 模型的性能。

人们想知道去除标点符号会如何影响句子的意义，这是一个合理的问题。请考虑以下例子：

"她是一只猫。"

"她是一只猫？"

没有标点符号，两行文本都变成了"她是一只猫"，可能会丢失问号传达的明显强调。

然而，值得注意的是，在许多 NLP 任务中，如主题分类或情感分析，标点符号可能并不会对整体理解产生显著影响。此外，模型可以依赖于文本结构、内容或上下文中的其他线索来推断含义。在标点符号的细微差别至关重要的情况下，可以采用专门的模型和预处理技术来保留所需的信息。

在自然语言处理中处理数字

文本数据中的数字可能会给 NLP 带来挑战。以下是处理文本分析中数字的两种主要策略，分为传统的去除方法和替代的标准化选项。

在一些 NLP 任务中，数字可能被视为噪声，特别是当重点放在诸如词频或情感分析等方面时。以下是一些分析人员可能选择删除数字的原因：

- ❑ **缺乏相关性**：数字字符在特定的文本分析场景中可能不具有显著的含义。
- ❑ **扭曲频率计数**：数字可以扭曲词频计数，特别是在像主题建模这样的模型中。
- ❑ **减少复杂性**：删除数字可能会简化文本数据，可能提高 NLP 模型的性能。

然而，另一种方法是将所有数字转换为标准表示，而不是丢弃它们。这种方法承认数字可以携带重要信息，并确保它们的值以一致的格式保留。它在数字数据在文本含义中发挥关键作用的情况下尤其有用。

决定是否删除或保留数字需要对正在解决的问题有所了解。根据文本的上下文和具体的 NLP 任务，算法可能需要定制化来区分数字是否具有重要意义。分析数字在文本领域内的作用以及分析目标可以指导这个决策过程。

在 NLP 中处理数字并非一刀切的方法。是否删除、标准化或仔细分析数字取决于手头任务的独特要求。了解这些选项及其影响有助于做出与文本分析目标一致的、经过深思熟虑的决策。

删除空白

NLP 中的空白字符去除指的是删除不必要的空格，如多个空格和制表符。在文本数据的上下文中，空白字符不仅仅是单词之间的空格，还包括其他"看不见的"字符，这些字符在文本中创建间距。

在 NLP 中，空白字符去除是指消除这些不必要的空白字符的过程。删除不必要的空格可以减小文本数据的大小，并使其更容易处理和分析。

以下是一个简单的示例来说明删除空白：

- ❑ 输入文本："The quick brown fox \tjumps over the lazy dog."
- ❑ 处理后的文本："The quick brown fox jumps over the lazy dog."

在上面的示例中，额外的空格和一个制表符（用 \t 表示）被删除，从而创建一个更清洁和更标准化的文本字符串。

停用词去除

停用词去除是从文本语料库中消除常见词，即停用词的过程。停用词是指在语言中频繁出现但并不具有显著含义或对文本整体理解起不了作用的单词。英语中的停用词示例包括 the、and、is、in 和 for。停用词去除有助于减少数据的维度并提高算法的效率。通过删除那些对分析没有实质性贡献的单词，计算资源可以集中在具有实际意义的单词上，从而改善各种

NLP 算法的效率。

需要注意的是，停用词去除不仅仅是减小文本大小，它更多地关注的是对正在进行的分析真正重要的单词。虽然停用词在语言结构中扮演着重要角色，但在 NLP 中去除这些词可以增强分析的效率和焦点，特别是在情感分析等任务中，这些任务的主要关注点是理解潜在的情感或观点。

词干提取和词形还原

在文本数据中，大多数单词可能以稍微不同的形式出现。将每个单词减少到其词根或词族中的原始形式称为词干提取。它用于根据它们相似的含义将单词分组，以减少需要分析的单词总数。实质上，词干提取减少了问题的整体条件性。最常用于英语的词干提取算法是 Porter 算法。

举例来看，我们可以看以下例子：

- 例 1：{use, used, using, uses} => use
- 例 2：{easily, easier, easiest} => easi

需要注意的是，词干提取有时可能会导致拼写错误，就像在例 2 中出现的 easi 一样。

词干提取是一个简单快速的过程，但它并不总是能产生正确的结果。对于需要正确拼写的情况，词形还原是一种更合适的方法。词形还原考虑上下文，并将单词减少到它们的基本形式。单词的基本形式，也称为词元（Lemma），是其最简单和有意义的版本。它代表了单词在词典中的形式，不包含任何屈折结束，这将是一个正确的英语单词，从而产生更准确和有意义的词根。

> 指导算法识别相似性的过程是一项精确却需要深思熟虑的任务。与人类不同，算法需要明确的规则和标准来建立我们可能认为显而易见的联系。理解这种区别并知道如何提供必要的指导是在开发和调整各种应用程序的算法中的一项至关重要的技能。

9.3 使用 Python 清洗数据

让我们看看如何使用 Python 清洗文本。

首先，让我们导入必要的库：

```
import string
import re
import nltk
```

```
from nltk.corpus import stopwords
from nltk.stem import PorterStemmer

# Make sure to download the NLTK resources
nltk.download('punkt')
nltk.download('stopwords')
```

接下来,下面是执行文本清洗的主要函数:

```
def clean_text(text):
    """
    Cleans input text by converting case, removing punctuation, numbers,
    white spaces, stop words and stemming
    """
    # Convert to lowercase
    text = text.lower()

    # Remove punctuation
    text = text.translate(str.maketrans('', '', string.punctuation))

    # Remove numbers
    text = re.sub(r'\d+', '', text)

    # Remove white spaces
    text = text.strip()

    # Remove stop words
    stop_words = set(stopwords.words('english'))
    tokens = nltk.word_tokenize(text)
    filtered_text = [word for word in tokens if word not in stop_words]
    text = ' '.join(filtered_text)

    # Stemming
    ps = PorterStemmer()
    tokens = nltk.word_tokenize(text)
    stemmed_text = [ps.stem(word) for word in tokens]
    text = ' '.join(stemmed_text)

    return text
```

让我们测试一下函数 `clean_text()`:

```
corpus="7- Today, Ottawa is becoming cold again "
clean_text(corpus)
```

结果将是:

```
today ottawa becom cold
```

请注意输出中的单词"becom"。由于我们使用了词干提取,输出中并不是所有的单词都会是正确的英语单词。

通常情况下，上述所有的处理步骤都是需要的，实际的处理步骤取决于我们想要解决的问题。它们会因用例而异，例如，如果文本中的数字代表了在我们试图解决的问题环境中可能具有一定价值的内容，那么我们可能不需要在标准化阶段从文本中移除数字。

一旦数据被清洗，我们需要将结果存储在一个专门为此目的量身定制的数据结构中。这个数据结构被称为**术语文档矩阵（Term Document Matrix，TDM）**，下面将对其进行解释。

9.4 理解术语文档矩阵

术语文档矩阵（TDM）是自然语言处理中使用的一种数学结构。它是一个表格，记录了在一组文档中术语（单词）的频率。每一行代表一个唯一的术语，每一列代表一个特定的文档。这是文本分析中的一个重要工具，可以看到每个单词在各种文本中出现的频率。

对于包含单词 cat 和 dog 的文档：

- 文档 1：cat cat dog
- 文档 2：dog dog cat

	文档 1	文档 2
cat	2	1
dog	1	2

这种矩阵结构允许高效地存储、组织和分析大型文本数据集。在 Python 中，可以使用 sklearn 库中的 CountVectorizer 模块来创建一个术语文档矩阵（TDM），示例如下：

```
from sklearn.feature_extraction.text import CountVectorizer

# Define a list of documents
documents = ["Machine Learning is useful", "Machine Learning is fun", "Machine Learning is AI"]

# Create an instance of CountVectorizer
vectorizer = CountVectorizer()

# Fit and transform the documents into a TDM
tdm = vectorizer.fit_transform(documents)

# Print the TDM
print(tdm.toarray())
```

输出结果如下：

```
[[0 0 1 1 1 1]
 [0 1 1 1 1 0]
```

[1 0 1 1 1 0]]

请注意，对于每个文档，都有一行，对于每个不同的单词，都有一列。这里有三个文档和六个不同的单词，从而得到一个维度为 3×6 的矩阵。

在这个矩阵中，数字表示每个单词（列）在相应文档（行）中出现的频率。因此，例如，如果第一行第一列中的数字为 1，这意味着第一个单词在第一个文档中出现了一次。

术语文档矩阵（TDM）默认使用每个术语的频率，这是一种简单的方法来量化每个单词在每个单独文档中的重要性。一种更复杂的量化每个单词重要性的方法是 TF-IDF，下面将对其进行解释。

9.4.1 词频-逆文档频率

词频-逆文档频率（TF-IDF） 是一种用于计算文档中单词重要性的方法。它考虑两个主要组成部分来确定每个术语的权重：**词频（TF）** 和**逆向文档频率（IDF）**。TF 查看一个词在特定文档中出现的频率，而 IDF 则检查一个词在文档集合（称为语料库）中有多罕见。在 TF-IDF 的语境中，语料库指的是你正在分析的整个文档集合。举例来说，如果我们正在处理一组图书评论，那么语料库将包括所有评论：

- ❑ **TF**：TF 衡量了一个术语在文档中出现的次数。它被计算为术语在文档中出现的次数与文档中总术语数的比值。术语出现越频繁，其 TF 值就越高。
- ❑ **IDF**：IDF 衡量了一个术语在整个文档语料库中的重要性。它被计算为文档语料库中总文档数与包含该术语的文档数之比的对数。术语在整个语料库中越罕见，其 IDF 值就越高。

要使用 Python 计算词频-逆文档频率（TF-IDF），可以按照以下步骤进行：

```
from sklearn.feature_extraction.text import TfidfVectorizer

# Define a list of documents
documents = ["Machine Learning enables learning", "Machine Learning is fun", "Machine Learning is useful"]

# Create an instance of TfidfVectorizer
vectorizer = TfidfVectorizer()

# Fit and transform the documents into a TF-IDF matrix
tfidf_matrix = vectorizer.fit_transform(documents)

# Get the feature names
feature_names = vectorizer.get_feature_names_out()
```

```
# Loop over the feature names and print the TF-IDF score for each term
for i, term in enumerate(feature_names):
    tfidf = tfidf_matrix[:, i].toarray().flatten()
    print(f"{term}: {tfidf}")
```

这将输出:

```
enables:  [0.60366655 0.         0.        ]
fun:      [0.         0.66283998 0.        ]
is:       [0.         0.50410689 0.50410689]
learning: [0.71307037 0.39148397 0.39148397]
machine:  [0.35653519 0.39148397 0.39148397]
useful:   [0.         0.         0.66283998]
```

输出中的每一列对应一个文档，行表示各个文档中术语的 TF-IDF 值。例如，术语 "fun" 的 TF-IDF 值仅在第二个文档中为非零，这符合我们的预期。

9.4.2 结果摘要与讨论

词频 – 逆文档频率（TF-IDF）方法提供了一种宝贵的方式来衡量单个文档内以及整个语料库中术语的重要性。由此产生的 TF-IDF 值揭示了特定术语在每个文档中的相关性，同时考虑到它们在给定文档中的频率以及它们在整个集合中的罕见程度。在提供的示例中，不同术语的 TF-IDF 分数变化表明了模型区分特定文档中独特术语和常用术语的能力。这种能力可以在各种应用中加以利用，例如文本分类、信息检索和特征选择，以增强对文本数据的理解和处理能力。

9.5 词嵌入简介

自然语言处理中的一个重大进展是我们能够以稠密向量的形式创建单词的有意义的数值表示，这种技术称为词嵌入。那么，什么是稠密向量呢？想象一下，如果有一个单词，比如"苹果"，在词嵌入中，它可能被表示为一系列数字，如 [0.5, 0.8, 0.2]，其中每个数字都是连续多维空间中的一个坐标。术语"稠密"意味着大多数或所有这些数字都是非零的，不像稀疏向量中有许多元素为零。简而言之，词嵌入将文本中的每个单词转化为空间中的一个独特的多维点。这样，意思相近的单词将在这个空间中更接近彼此，使得算法能够理解单词之间的关系。尤溪瓦·本吉奥（Yoshua Bengio）在他的论文《神经概率语言模型》中首次提出了这个术语。在 NLP 问题中，每个单词可以被看作一个分类对象。

在词嵌入中，试图建立每个单词的邻域，并用它来量化其含义和重要性。一个单词的邻域是指环绕着特定单词的一组单词。

要真正理解词嵌入的概念，让我们看一个涉及四种熟悉水果词汇的具体例子：苹果、香蕉、橙子和梨。这里的目标是将这些单词表示为稠密向量，数值数组，其中每个数字捕捉了单词的特定特征或特性。

为什么要以这种方式表示单词呢？在自然语言处理中，将单词转化为稠密向量使得算法能够量化不同单词之间的关系。基本上，我们将抽象的语言转化为可以在数学上衡量的东西。

考虑我们水果词的甜度、酸度和多汁度特征。我们可以针对每种水果在 0 到 1 的范围内对这些特征进行评分，其中 0 表示该特征完全不存在，而 1 表示该特征非常明显。这个评分可能看起来像这样：

```
"apple": [0.5, 0.8, 0.2] - moderately sweet, quite acidic, not very juicy
"banana": [0.2, 0.3, 0.1] - not very sweet, moderately acidic, not juicy
"orange": [0.9, 0.6, 0.9] - very sweet, somewhat acidic, very juicy
"pear": [0.4, 0.1, 0.7] - moderately sweet, barely acidic, quite juicy
```

这些数字是主观的，可以通过品尝测试、专家意见或其他方法得出，但它们用于将单词转化为算法可以理解和处理的格式。

将这个过程可视化，你可以想象一个三维空间，其中每个轴代表一个特征（甜度、酸度或多汁度），将表示每种水果特征的向量放置在这个空间的特定点上。在这个空间中，味道相似的单词（水果）会彼此靠近。

那么，为什么选择长度为 3 的稠密向量呢？这是基于我们选择表示的具体特征而做出的。在其他应用中，向量的长度可能会有所不同，这取决于你想要捕捉的特征数量。

这个例子说明了词嵌入是如何将一个单词转化为持有现实世界含义的数值向量的。这是使机器能够"理解"和处理人类语言的关键步骤。

9.6 利用 Word2Vec 实现词嵌入

Word2Vec 是一种用于获取单词向量表示的主要方法，通常称为词嵌入。与"生成单词"不同，该算法创建表示语言中每个单词语义含义的数值向量。

Word2Vec 背后的基本思想是使用神经网络来预测给定文本语料库中每个单词的上下文。神经网络通过输入单词及其周围的上下文单词来进行训练，并学习输出在给定输入单词的情况下上下文单词的概率分布。然后，神经网络的权重被用作词嵌入，可以用于各种自然语言处理任务：

```
import genism

# Define a text corpus
```

```
corpus = [['apple', 'banana', 'orange', 'pear'],
          ['car', 'bus', 'train', 'plane'],
          ['dog', 'cat', 'fox', 'fish']]

# Train a word2vec model on the corpus
model = gensim.models.Word2Vec(corpus, window=5, min_count=1, workers=4)
```

让我们分解一下 `Word2Vec()` 函数的重要参数：

- **sentences**：这是模型的输入数据。它应该是一系列句子，其中每个句子都是一个单词列表。基本上，它是一个单词列表的列表，表示你的整个文本语料库。
- **size**：这定义了词嵌入的维度。换句话说，它设置了表示单词的向量中的特征或数值的数量。典型的值可能是 100 或 300，具体取决于词汇的复杂性。
- **window**：此参数设置了在句子中目标单词和用于预测的上下文单词之间的最大距离。例如，如果将窗口大小设置为 5，算法将在训练过程中考虑目标单词之前和之后的五个单词。
- **min_count**：在语料库中出现频率较低的单词可能会通过设置此参数而被排除在模型之外。例如，如果将 `min_count` 设置为 2，则在训练过程中将忽略在所有句子中出现少于两次的任何单词。
- **workers**：这指的是训练期间使用的处理线程数量。增加此值可以通过启用并行处理来加速在多核机器上的训练。

一旦 Word2Vec 模型被训练好，使用它的强大方法之一是度量嵌入空间中单词之间的相似性或"距离"。这种相似性得分可以让我们了解模型如何感知不同单词之间的关系。现在让我们通过查看"car"和"train"之间的距离来检查模型：

```
print(model.wv.similarity('car', 'train'))
-0.057745814
```

现在让我们来看看汽车和苹果的相似性：

```
print(model.wv.similarity('car', 'apple'))
0.11117952
```

因此，基于模型学习的词嵌入，输出给出了单个术语之间的相似性得分。

9.6.1 解释相似性得分

以下细节有助于理解相似性得分：

- **非常相似**：接近 1 的得分表示强烈的相似性。具有此得分的单词通常共享上下文或语义意义。

- **中度相似**：约为 0.5 的得分表明某种程度的相似性，可能是由于共享的属性或主题。
- **弱或无相似性**：接近 0 或负数的得分意味着很少或没有相似性，甚至在含义上对比。

因此，这些相似性得分提供了关于单词的定量关系。通过理解这些得分，你可以更好地分析文本语料库的语义结构，并利用它进行各种自然语言处理任务。

Word2Vec 提供了一种强大而高效的方法，以捕捉单词之间的语义关系，减少维度，并在下游自然语言处理任务中提高准确性的方式来表示文本数据。让我们深入了解 Word2Vec 的优缺点。

9.6.2 Word2Vec 的优点和缺点

Word2Vec 的优点包括：

- **捕捉语义关系**：Word2Vec 的嵌入被定位在向量空间中，使得语义相关的单词彼此靠近。这种空间排列捕捉了诸如同义词、类比等的句法和语义关系，从而在信息检索和语义分析等任务中实现更好的性能。
- **降低维度**：传统的单词独热编码可能会创建稀疏且高维的空间，特别是对于大型词汇表。Word2Vec 将其压缩成更稠密且维度较低的连续向量空间（通常在 100 到 300 维之间）。这种压缩表示保留了关键的语言模式，同时在计算上更高效。
- **处理词汇外单词**：Word2Vec 可以通过利用周围的上下文单词推断出未出现在训练语料库中的单词的嵌入。这种特性有助于更好地泛化到未见过或新的文本数据，增强了模型的鲁棒性。

现在让我们来看一下使用 Word2Vec 的一些缺点：

- **训练复杂度**：Word2Vec 模型在训练时可能需要大量的计算资源，特别是对于庞大的词汇表和高维度的向量。它们需要大量的计算资源，并且可能需要优化技术，如负采样或分层 Softmax，以有效地扩展。
- **解释性不足**：Word2Vec 嵌入的连续和稠密特性使得它们难以被人类解释。与精心制作的语言特征不同，Word2Vec 中的维度不符合直觉特征，这使得很难理解单词的哪些特定方面正在被捕获。
- **对文本预处理的敏感性**：Word2Vec 嵌入的质量和效果可能会根据应用于文本数据的预处理步骤而有显著差异。诸如分词、词干提取和词形还原，或者停用词的去除等因素必须被仔细考虑。预处理的选择可能会影响向量空间内的空间关系，从而可能影响模型在下游任务中的性能。

接下来，让我们结合本章介绍的所有概念，来看一个关于餐厅评论的案例研究。

9.7 案例研究：餐厅评论情感分析

我们将使用 Yelp 评论数据集，其中包含了标记为正面（5 星）或负面（1 星）的评论。我们将训练一个模型，可以将餐厅的评论分类为负面或正面。

让我们通过以下步骤来实现这个处理流程。

9.7.1 导入所需的库并加载数据集

首先，我们导入需要的包：

```
import numpy as np
import pandas as pd
import re
from nltk.stem import PorterStemmer
from nltk.corpus import stopwords
```

然后我们从 a.csv 文件中导入数据集：

```
url = 'https://storage.googleapis.com/neurals/data/2023/Restaurant_Reviews.tsv'
dataset = pd.read_csv(url, delimiter='\t', quoting=3)
dataset.head()
                                              Review  Liked
0                           Wow... Loved this place.      1
1                                 Crust is not good.      0
2          Not tasty and the texture was just nasty.      0
3  Stopped by during the late May bank holiday of...      1
4  The selection on the menu was great and so wer...      1
```

9.7.2 构建一个干净的语料库：预处理文本数据

接下来，我们通过对数据集中的每一条评论进行文本预处理，使用词干提取和停用词去除技术来清洗数据：

```
def clean_text(text):
    text = re.sub('[^a-zA-Z]', ' ', text)
    text = text.lower()
    text = text.split()
    ps = PorterStemmer()
    text = [
        ps.stem(word) for word in text
        if not word in set(stopwords.words('english'))]
    text = ' '.join(text)
    return text
```

```
corpus = [clean_text(review) for review in dataset['Review']]
```

代码遍历数据集中的每条评论（在本例中是"Review"列），并将 `clean_text` 函数应用于每条评论以进行预处理和清洗。代码创建了一个名为 `corpus` 的新列表。结果是一个存储在 `corpus` 中的经过清洗和预处理的评论列表。

9.7.3 将文本数据转换为数值特征

现在让我们定义特征（由 y 表示）和标签（由 X 表示）。请记住，**特征**是描述数据特征的自变量或属性，用作预测的输入。

标签是模型训练后预测的因变量或目标值，代表以下特征对应的结果：

```
vectorizer = CountVectorizer(max_features=1500)
X = vectorizer.fit_transform(corpus).toarray()
y = dataset.iloc[:, 1].values
```

让我们将这些数据划分为测试数据和训练数据：

```
X_train, X_test, y_train, y_test = train_test_split(X, y, test_size=0.20, random_state=0)
```

为了训练这个模型，我们使用了我们在第 7 章中研究的朴素贝叶斯算法：

```
classifier = GaussianNB()
classifier.fit(X_train, y_train)
```

让我们来预测测试集的结果：

```
y_pred = classifier.predict(X_test)
```

接下来，让我们打印混淆矩阵。请记住，混淆矩阵是一个表格，用于可视化分类模型的性能。

```
cm = confusion_matrix(y_test, y_pred)
print(cm)
[[55 42]
 [12 91]]
```

通过查看混淆矩阵，我们可以估计出误分类。

9.7.4 分析结果

混淆矩阵让我们一窥模型的误分类情况。在这个背景下，有：

- 55 个真阳性（正确预测的正面评论）
- 42 个假阳性（错误预测的正面评论）
- 12 个假阴性（错误预测的负面评论）
- 91 个真阴性（正确预测的负面评论）

55 个真阳性和 91 个真阴性表明我们的模型具有合理的能力区分正面和负面评论。然而，42 个假阳性和 12 个假阴性突显了潜在需要改进的方面。

在餐厅评论的背景下，理解这些数字有助于商家和顾客评估总体情感。高比率的真阳性和真阴性表明该模型可以被信任，给出准确的情感概述。对于希望改善服务的餐厅或寻求诚实评论的潜在客户来说，这些信息可能是无价的。另外，假阳性和假阴性的存在表明模型可能需要进行微调，以避免误分类并提供更准确的见解。

9.8 自然语言处理的应用

自然语言处理技术的持续进步彻底改变了我们与计算机和其他数字设备交互的方式。近年来取得了显著进展，在许多任务中取得了令人印象深刻的成就，包括：

- **主题识别**：发现文本存储库中的主题，然后根据发现的主题对存储库中的文档进行分类。
- **情感分析**：根据文本中包含的正面或负面情感对其进行分类。
- **机器翻译**：在不同语言之间进行翻译。
- **文本转语音**：将口语转换为文本。
- **问答系统**：这是一个利用可用信息理解并响应查询的过程。它涉及智能解释问题并基于现有知识或数据提供相关答案。
- **实体识别**：从文本中识别实体（如人物、地点或事物）。
- **假新闻检测**：根据内容标记假新闻。

9.9 小结

这一章讨论了与自然语言处理相关的基本术语，例如语料库、词嵌入、语言建模、机器翻译和情感分析。此外，本章还涵盖了在 NLP 中至关重要的各种文本预处理技术，包括分词，它涉及将文本分解为称为标记的较小单元，以及其他技术，如词干提取和停用词去除。

本章还讨论了词嵌入，并提出了一个餐厅评论情感分析的应用案例。现在，读者应该对 NLP 中使用的基本技术及其在解决实际问题中的潜在应用有了更好的理解。

在下一章中，我们将研究训练序列数据的神经网络。我们还将研究如何使用深度学习可以进一步改进 NLP 技术和在本章中讨论的方法。

第 10 章

理解序列模型

序列的工作方式是集合永远无法做到的。

——乔治·默里

本章涵盖了一类重要的机器学习模型，即序列模型。这类模型的一个定义特征是，处理层的排列方式使得一个层的输出成为另一个层的输入。这种架构使它们非常适合处理序列数据。序列数据是一种由有序的一系列元素组成的数据类型，例如文档中的句子或股票市场价格的时间序列。

在本章中，我们将从理解序列数据的特征开始。其次，我们将介绍循环神经网络（RNN）的工作原理以及它们如何用于处理序列数据。接下来，我们将学习如何在不降低准确性的前提下，通过门控循环单元（Gated Recurrent Unit，GRU）来解决 RNN 的局限性。然后，我们将讨论长短期记忆（LSTM）网络的架构。最后，我们将比较不同的序列建模架构，并提出在何时使用哪种模型的建议。

本章涵盖以下主题：

- ❑ 理解序列数据。
- ❑ 循环神经网络如何处理序列数据。
- ❑ 通过门控循环单元来解决 RNN 的局限性。
- ❑ 理解长短期记忆网络。

让我们首先从了解序列数据的特点开始。

10.1 理解序列数据

序列数据是一种特定类型的数据结构，其中元素的顺序很重要，并且每个元素与其前导元素具有关联依赖关系。这种"序列行为"独特之处在于，它不仅传达了单个元素的信息，还包括它们出现的模式或顺序。在序列数据中，当前观察不仅受到外部因素的影响，还受到序列中先前观察的影响。这种依赖关系形成了序列数据的核心特征。

理解不同类型的序列数据对于理解其广泛的应用至关重要。以下是序列数据的主要类别：

- **时间序列数据**：这是按时间顺序索引或列出的数据点系列。任何时间点的值都取决于过去的值。时间序列数据被广泛应用于经济学、金融学和医疗保健等各个领域。
- **文本数据**：文本数据也具有序列性，其中单词、句子或段落的顺序可以传达意义。**自然语言处理**（NLP）利用这种序列属性来分析和解释人类语言。
- **时空数据**：这涉及捕获空间和时间关系的数据，例如特定地理区域随时间变化的天气模式或交通流量。

以下是这些类型的序列数据在现实场景中的体现：

- **时间序列数据**：金融市场趋势清晰地展示了这种数据类型，股票价格不断变化以应对持续的市场动态。类似地，社会学研究可能会分析出生率，反映受经济状况和社会政策等因素影响的年度变化。
- **文本数据**：文本的序列性在文学和新闻作品中至关重要。在小说、新闻文章或论文中，单词、句子和段落的特定排序构建了叙述和论点，赋予了文本超越单词本身的意义。
- **时空数据**：这种数据类型在城市发展和环境研究等领域至关重要。例如，可以随着时间跟踪不同地区的房价，以识别经济趋势，而气象学研究可能会监测特定地理位置的天气变化，以预测模式和自然事件。

这些现实世界的例子展示了不同类型数据中固有的序列行为如何被利用来提供洞见并驱动各个领域的决策。

在深度学习中，处理序列数据需要专门的神经网络架构，如序列模型。这些模型旨在捕捉和利用序列数据元素之间固有存在的时间依赖关系。通过识别这些依赖关系，序列模型为创建更加细致和有效的机器学习模型提供了坚实的框架。

总之，序列数据是一种丰富而复杂的数据类型，在各个领域都有应用。认识其序列性质，了解其类型，并利用专业模型使数据科学家能够得出更深入的见解并构建更强大的预测工具。在研究技术细节之前，让我们首先来看看序列建模技术的历史。

让我们研究不同类型的序列模型。

序列模型的类型

序列模型根据其处理的数据类型以及输入和输出方式被分类为各种不同的类别。这种分类考虑了所使用数据的特定性质（如文本信息、数值数据或基于时间的模式），以及这些数据如何从过程的开始到结束进行演变或转换。通过深入探讨这些特征，我们可以确定三种主要类型的序列模型。

一对多

在一对多的序列模型中，一个单一事件或输入可以启动整个序列的生成。这个独特的属性打开了广泛的应用领域，但也导致了训练和实施上的复杂性。一对多的序列模型提供了令人兴奋的机会，但在训练和执行上存在固有的复杂性。随着生成式人工智能的不断发展，这些模型很可能在塑造不同领域的创造性和定制化解决方案方面发挥关键作用。

利用它们的潜力的关键在于理解它们的能力，并认识到训练和实施的复杂性。一对多的序列模型如图 10.1 所示。

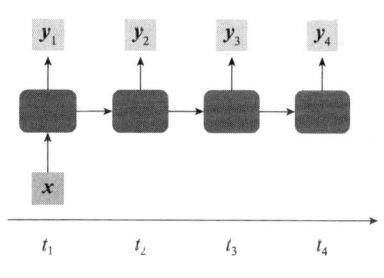

图 10.1　一对多序列模型

让我们深入了解一对多模型的特点、能力和挑战：

- **广泛的应用**：将单个输入转换为有意义的序列的能力使得一对多模型更加通用且功能强大。它们可以被用来写诗，创作绘画等艺术作品，甚至为工作申请制作个性化的求职信。
- **属于生成式人工智能的一部分**：这些模型属于生成式人工智能的范畴，这是一个新兴领域，旨在创造连贯且与上下文相关的新内容。这就是为什么他们能够执行上面提到的各种任务。
- **训练过程密集**：与其他序列模型相比，训练一对多的模型通常更耗时，计算成本也更高。其原因在于将单个输入转换为广泛的潜在输出的复杂性。模型不仅必须学习输入和输出之间的关系，还必须学习生成序列中固有的复杂模式和结构。

请注意，与一对一模型不同，单个输入对应单个输出，或多对多模型，输入序列映射到输出序列，一对多范式必须学会从单一的起点推断一个丰富和结构化的序列。这需要对底层模式有更深入的理解，通常也需要更复杂的训练算法。

一对多的方法并非没有挑战。确保生成的序列保持一致性、相关性和创造力需要仔细的设计和微调。它通常需要更广泛的数据集和特定领域的专家知识来指导模型的训练。

多对一

多对一的序列模型是数据分析中的专业工具，它将一系列输入转换为单个输出。将多个输入综合成一个简洁输出的过程构成了多对一模型的核心，使其能够提炼数据的基本特征。

这些模型有着各种各样的应用，例如在情感分析中，可以分析诸如评论或帖子之类的单词序列，以确定整体情感是积极的、消极的还是中性的。多对一序列模型如图 10.2 所示。

多对一模型的训练过程是其功能中一个复杂而又不可分割的一部分。与一对多的模型不同，一对多模型的重点是从单个输入中创建一个序列，而多对一模型必须有效地压缩信息，需要仔细地选择算法和精确地调整参数。

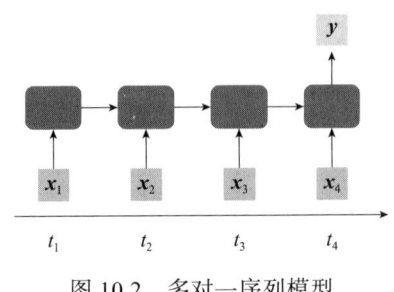

图 10.2 多对一序列模型

训练一个多对一的模型包括教它来识别输入序列的重要特征，并在输出中准确地表示它们。这包括丢弃不相关的信息，这是一个需要复杂的平衡的任务。训练过程通常也需要专门的预处理和特征工程，以适应输入数据的特定性质。

正如前面所讨论的，多对一模型的训练可能比其他类型更具挑战性，需要对数据中潜在关系的深入理解。在训练过程中持续监控模型的性能，以及系统地选择数据和超参数，对于模型的成功至关重要。

多对一模型以将复杂数据简化为可理解的见解的能力而闻名，被用于各行各业的任务，如总结、分类和预测。尽管它们的设计和训练可能复杂，但它们对于解释序列数据的独特能力提供了创造性的解决方案，以解决复杂的数据分析挑战。

因此，多对一序列模型是当代数据分析中的重要工具，而了解它们的特定训练过程对于充分利用它们的能力至关重要。训练过程的特点是细致的算法选择、参数调优和领域专业知识，使这些模型与众不同。随着该领域的进展，多对一模型将继续为数据解释和应用提供有价值的贡献。

多对多

这是一种将序列数据作为输入、以某种方式处理它，然后生成序列数据作为输出的序列模型类型。多对多模型的一个示例是机器翻译，其中一种语言中的一系列单词被翻译成另一种语言中的对应序列。一个生动的例子是将英语文本翻译成法语。虽然在这个类别中有许多机器翻译模型，但一个突出的方法是使用**序列到序列**（**Seq2Seq**）模型，特别是带有长短期记忆（LSTM）网络的模型。带有 LSTM 的 Seq2Seq 模型已经成为诸如英语到法语翻译等任务的标准方法，并已在各种自然语言处理框架和工具中得到实现。图 10.3 展示了多对多的序列模型。

多年来，许多算法已经被开发出来用于处理和训练机器学习模型使用序列数据。让我们从研究如何用三维数据结构来表示序列数据开始。

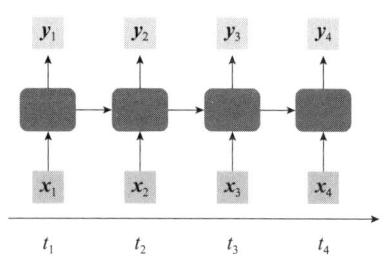

图 10.3　多对多序列模型

10.2　序列模型的数据表示

时间步长为数据增加了深度，使其成为一个三维结构。在序列数据的背景下，该维度的每个"单元"或实例被称为"时间步长"。这一点至关重要：虽然该维度称为"时间步长"，但该维度中的每个单个数据点都是一个"时间步长"。图 10.4 说明了用于训练循环神经网络的数据中的三个维度，强调了时间步长的增加。

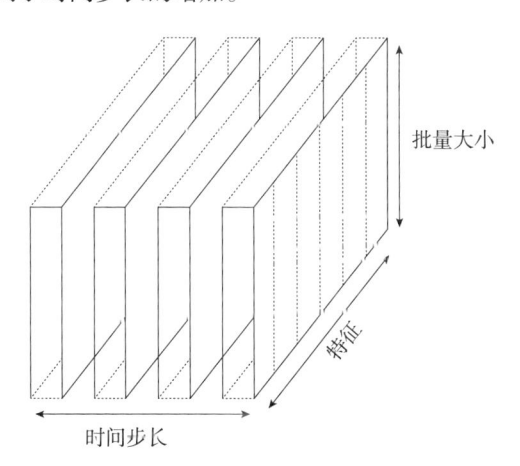

图 10.4　用于 RNN 训练的三维数据结构

考虑到时间步长的概念是我们探索的一个新内容，为了有效表示它，引入了一种特殊的符号。一个被包围在尖括号中的时间步长的上标与相应的变量配对。例如，使用这种表示法，stock_price$^{<t_1>}$ 和 stock_price$^{<t_2>}$ 分别表示时间步长为 t_1 和 t_2 时的变量 stock_price 的值。

将数据分成批次的选择，实质上决定了"长度"，可以是一个有意的设计决策，也可以受到外部工具和库的影响。通常，机器学习框架提供了自动批处理数据的实用程序，但选择最佳批量大小可以是实验和领域知识的结合。

让我们先从循环神经网络开始讨论序列建模技术。

10.3 循环神经网络简介

循环神经网络是专门为序列数据设计的一类特殊类型的神经网络。以下是它们的主要特点解析。

"循环"一词源于 RNN 独有的反馈循环。与传统的神经网络不同，传统的神经网络基本上是无状态的，并仅根据当前输入产生输出，RNN 将一个"状态"从序列中的一个步骤传递到下一个步骤。

在 RNN 中，当我们谈论"运行"时，我们指的是对序列中的一个元素进行单次传递或处理。因此，当 RNN 处理每个元素或每个"运行"时，它会保留一些来自前几步的信息。

RNN 的魔力在于它们能够保持对先前运行或步骤的记忆。它们通过引入一个额外的输入来实现这一点，这个输入本质上是来自上一次运行的状态或记忆。这种机制使得 RNN 能够识别和学习序列中元素之间的依赖关系，比如句子中连续单词之间的关系。

让我们详细研究 RNN 的架构。

10.3.1 理解循环神经网络的架构

首先，让我们定义一些变量：

- $x^{<t>}$：时间步长为 t 时的输入。
- $y^{<t>}$：时间步长为 t 时的实际输出（基本值）。
- $\hat{y}^{<t>}$：时间步长为 t 时的预测输出。

理解存储单元和隐藏状态

RNN 之所以突出，是因为它们天生具有记忆和保持上下文的能力，随着不同时间步长的推进而逐步展现。在某个时间步长 t 上的状态由 $h^{<t>}$ 表示，其中 h 代表隐藏状态。它是到达特定时间步长的信息总结。正如图 10.5 所示，RNN 通过在每个时间步长更新其隐藏状态而不断学习。RNN 在每个时间步长使用这个隐藏状态来保持上下文。在

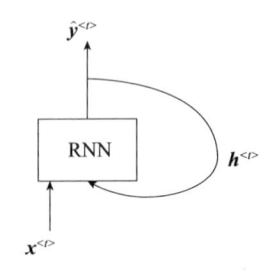

图 10.5 在 RNN 中的隐藏状态

本质上，"上下文"指的是 RNN 从前几个时间步长保留的集体信息或知识。它使得 RNN 能够记住每个时间步长的状态，并将这些信息随着序列的推进传递到下一个时间步长。这个隐藏状态使得 RNN 具有状态：

例如，如果我们使用 RNN 将一句英文翻译成法文，每个输入都是一个需要定义为序列数据的句子。为了做到正确翻译，RNN 不能孤立地翻译每个单词。它需要捕捉到目前为止已经翻译过的单词的上下文，这样 RNN 才能正确翻译整个句子。这是通过在每个时间步长计算和存储隐藏状态，并将其传递到后续时间步长来实现的。

> RNN 的策略是记忆状态，并打算在未来的时间步长中使用它，这带来了需要解决的新的研究问题。例如，要记住什么，要忘记什么。也许最棘手的问题是，什么时候该忘记。RNN 的变体，如 GRU 和 LSTM，试图以不同的方式来回答这些问题。

理解输入变量的特征

让我们更深入地理解输入变量 $x^{<t>}$ 和在使用 RNN 时对其进行编码的方法论。RNN 的一个关键应用领域在于自然语言处理。在这里，我们处理的序列数据包括句子。将每个句子视为一系列单词，这样一个句子可以被描述为：$\{x^{<1>}, x^{<2>}, \cdots, x^{<T>}\}$。

在这个表示法中，$x^{<t>}$ 表示句子中的单个单词。为了避免混淆：每个 $x^{<n>}$ 都不是一个完整的句子，而是一个单独的单词。

每个单词 $x^{<t>}$ 都使用一个独热向量进行编码。这个向量的长度由 $|V|$ 定义，其中：

❑ V 表示我们的词汇表集，它是一个不同的单词的集合。
❑ $|V|$ 量化了 V 中的条目总数。

在广泛使用的应用程序中，人们可以想象 V 包含了标准英语词典中的整个单词集，其中可能包含大约 15 万个单词。然而，对于特定的 NLP 任务，只需要这个大量词汇表中的一个子集。

注意：必须区分 V 和 $|V|$。V 代表词汇表本身，而 $|V|$ 表示这个词汇表的大小。

当提及 "词典" 时，我们是指标准英语词典的一般概念。然而，还有更详尽的语料库可用，比如 Common Crawl，其中可能包含数千万个单词集。

对于许多应用程序来说，这个词汇表的一个子集应该足够了。形式上，$x^{<t>} \in \mathbf{R}^{|V|}$。

为了理解 RNN 的工作原理，让我们检查一下第一个时间步长 t_1。

10.3.2 在第一个时间步长训练 RNN

RNN 通过逐个时间步长来分析序列。让我们深入了解这个过程的初始阶段。对于时间步长 t_1，网络接收到一个表示为 $x^{<t_1>}$ 的输入。基于这个输入，RNN 作出一个初始预测，我们将其表示为 $\hat{y}^{<t_1>}$。在每个时间步长 t，RNN 利用前一个时间步长的隐藏状态 $h^{<t-1>}$ 来提供上下文信息。然而，在 t_1 时，由于我们刚刚开始，没有之前的隐藏状态可供参考。因此，隐藏状态 $h^{<t_0>}$ 被初始化为零。

激活函数的作用

参考图 10.6，你会注意到一个标记为 A 的元素。这代表了激活函数，神经网络中的一个关键组件。基本上，激活函数决定了要传递多少信号到下一层。对于这个时间步长，激活函数接收到输入 $x^{<t_1>}$ 和前一个隐藏状态 $h^{<t_0>}$。

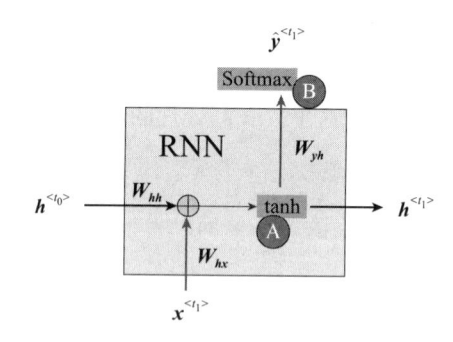

图 10.6　时间步长 t_1 的 RNN 训练

正如第 8 章所讨论的那样，神经网络中的激活函数是一个数学方程，根据神经元的输入确定其输出。它的主要作用是在网络中引入非线性，使其能够从错误中学习并进行调整，这对于学习复杂模式至关重要。

在许多神经网络中，激活函数的一个常见选择是"tanh"。但这种偏好背后的原因是什么呢？

神经网络世界并非没有挑战，其中一个障碍就是梯度消失问题。简而言之，当我们持续训练我们的模型时，有时梯度值（指导我们的权重调整）会减小到极小的数字。这种下降意味着我们对网络权重的修改几乎可以忽略不计。这些微小的调整导致学习过程极其缓慢，有时甚至停滞不前。这就是"tanh"函数发挥作用的地方。选择它是因为它充当了对抗梯度消失问题的缓冲，引导训练过程走向一致性和效率。

当我们忽略了激活函数的结果时，我们得到了隐藏状态的值 $h^{<t_1>}$。在数学上，这种关系可以表示为

$$h^{<t_1>} = \tanh\left(W_{hh}h^{<t_0>} + W_{hx}x^{<t_1>} + b_h\right) \quad (10.1)$$

这种隐藏的状态不仅仅是一个传递的阶段。当我们进入下一个时间步长 t_2 时，它的值保持不变。可以把它想象成接力赛中的接力选手传递接力棒，或者在这种情况下，从一个时间步传递上下文到它的后继者，确保序列的连续性。

第二个激活函数用于在时间步长 t_1 生成预测输出 $\hat{y}^{<t_1>}$。选择这个激活函数将取决于输出变量的类型。例如，如果使用 RNN 来预测股票市场价格，可以采用 ReLU 函数，因为输出变量是连续的。另外，如果我们对一堆帖子进行情感分析，可以使用 Sigmoid 激活函数。在图 10.7 中，假设输出变量是多类输出变量，我们使用 Softmax 激活函数。请记住，多类输出变量指的是输出或预测可以落入几个不同类别中的情况。在机器学习中，这在分类问题中很常见，目标是将输入分类到预定义的几个类别之一。例如，如果我们将对象分类为汽车、自行车或公交车，输出变量具有多个类别，因此被称为"多类"。数学上，我们可以表示为

$$\hat{y}^{<t_1>} = \text{Softmax}\left(W_{yh}h^{<t_1>} + b_y\right) \quad (10.2)$$

根据式（10.1）和式（10.2），很明显，训练 RNN 的目标是找到三组权值矩阵（W_{hx}、W_{hh} 和 W_{yh}）和两组偏差（b_h 和 b_y）的最优值。随着我们的进展，很明显，这些权重和偏差在所有时间步长中都保持了一致性。

训练整个序列的 RNN

之前，我们已经为第一个时间步 t_1 开发了隐藏状态的数学公式。现在让我们通过多个时间步长来研究 RNN 的工作方式，以训练一个完整的序列，如图 10.7 所示。

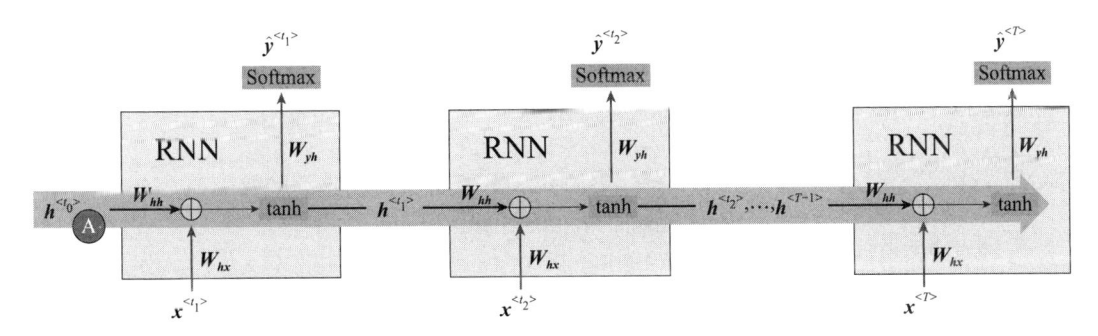

图 10.7 在 RNN 中的序列处理

> 信息：在图 10.7 中，可以观察到隐藏状态从左到右传播，通过箭头 A 展示了上下文的传递。RNN 及其变体能够创建这种随时间传播的"信息高速公路"是 RNN 的定义特征。

我们计算了时间步长 t_1 的隐藏状态 [见式（10.1）]。对于任何时间步长 t，我们可以将式（10.1）推广为

$$h^{<t>} = \tanh\left(W_{hh}h^{<t-1>} + W_{hx}x^{<t>} + b_h\right) \tag{10.3}$$

对于自然语言处理应用，$x^{<t>}$ 被编码为一个独热向量。在这种情况下，$x^{<t>}$ 的维度将等于 $|V|$，其中 V 是表示词汇表的向量。隐藏变量 $h^{<t>}$ 将是原始输入 $x^{<t>}$ 的低维表示。通过将输入变量 $h^{<t>}$ 的维度降低多倍，我们打算使隐藏层仅捕获输入变量 $x^{<t>}$ 的重要信息。$h^{<t>}$ 的维度由 D_h 表示。

$h^{<t>}$ 的维度低于 $|V|$ 的 1/500 通常并不罕见。

因此，通常：

$$D_h < \frac{|V|}{500}$$

由于 $h^{<t>}$ 的维度较低，权重矩阵 W_{hh} 是一个相对较小的数据结构，因为 $W_{hh} \in \mathbf{R}^{D_h \times D_h}$。另外，$W_{hx} \in \mathbf{R}^{D_h \times D_x}$，$W_{hh}$ 与 W_{hx} 具有相同的行数。

组合权重矩阵

在式（10.3）中 $h^{<t>}$ 的计算中同时使用了 W_{hh} 和 W_{hx}。为了简化分析，将 W_{hh} 和 W_{hx} 合并成一个权重参数矩阵 W_h 是有帮助的。这种简化表示将对后面更复杂的 RNN 变体的讨论非常有用。

为了创建一个组合权重矩阵 W_h，我们简单地水平连接 W_{hh} 和 W_{hx}，得到组合权重矩阵 W_h：

$$W_h = [W_{hh} \mid W_{hx}]$$

由于我们只是水平连接，W_h 将具有和 W_{hh} 与 W_{hx} 相同的行数，W_h 的列数是 W_{hh} 与 W_{hx} 的列数之和，即 $W_h \in \mathbf{R}^{D_h \times (D_h + D_x)}$。

在式（10.3）中使用 W_h 有

$$h^{<t>} = \tanh\left(W_h\left[h^{<t-1>}, x^{<t>}\right] + b_h\right) \tag{10.4}$$

其中，$\left[h^{<t-1>}, x^{<t>}\right]$ 表示两个向量的垂直叠加。

$$\left[h^{<t-1>}, x^{<t>}\right] = \begin{bmatrix} h_T^{<t-1>} \\ x_T^{<t>} \end{bmatrix}$$

其中，$h_T^{<t-1>}$ 和 $x_T^{<t>}$ 是相应的转置向量。

让我们看一个具体的例子。

假设我们正在使用 RNN 处理一个 NLP 应用。词汇表的大小是 50000 个单词。这意味着每个输入 $x^{<t>}$ 将被编码为一个维度为 50000 的独热向量。假设 $h^{<t>}$ 的维度是 50。它将是 $x^{<t>}$ 的低维表示。

现在，很明显，W_{hh} 的维度为（50×50）。W_{hx} 的维度为（50×50000）。

回到上面的示例，W_h 的尺寸将为 [50×(50000+50)]=50×50050，即

$$W_h \in \mathbf{R}^{(50 \times 50050)}$$

计算每个时间步长的输出

在我们的模型中，为给定时间步长生成的输出，如 t_1，用 $\hat{y}^{<t>}$ 表示。由于我们在模型中使用了 Softmax 函数进行归一化，因此任何时间步长 t_t 的输出都可以用以下方程来推广：

$$\hat{y}^{<t>} = \text{Softmax}\left(W_{yh}h^{<t>} + b_y\right) \tag{10.5}$$

理解如何在每个时间步长中计算输出为后续训练阶段奠定了基础，我们需要评估模型的表现如何。

现在我们了解了在每个时间步长上的输出是如何生成的，确定这些预测输出与实际目标值之间的差异变得至关重要。这种差异被称为"损失（Loss）"，它给我们提供了模型误差的度量。在下文中，我们将深入探讨计算 RNN 损失的方法，这样就可以衡量模型的准确性，并对权重和偏差进行必要的调整。这一过程对于训练模型做出更准确的预测至关重要，从而提高其整体性能。

计算 RNN 损失

正如前面提到的，训练 RNN 的目标是找到三组权重（W_{hx}、W_{hh} 和 W_{yh}）和两组偏差（b_h 和 b_y）的正确值。最初，在时间步长 t_1，这些值是随机初始化的。

随着训练过程的进行，这些值会随着梯度下降算法的启动而改变。我们需要在 RNN 的前向传播的每个时间步长计算损失。让我们分解计算损失的过程：

1）计算每个时间步长的损失：

在时间步长 t_1，预测输出是 $\hat{y}^{<t_1>}$。期望输出是 $y^{<t_1>}$。所使用的实际损失函数将取决于我们正在训练的模型的类型。例如，如果我们正在训练一个分类器，那么在时间步长 t_1 的损失将是

$$\text{Loss}^{<t_1>} = -\sum_i y_i \log\left(\hat{y}_i\right)^{<t_1>}$$

2）完整序列的总损失：

对于由多个时间步长组成的完整序列，我们将计算每个时间步长 $\{t_1, t_2, \cdots, t_T\}$ 的单独损失。具有 T 个时间步长的一个序列的损失将是每个时间步长的损失的总和，如下式所示：

$$\text{Loss} = \text{Loss}^{<t_1>} + \text{Loss}^{<t_2>} + \cdots + \text{Loss}^{<T>}$$

3）计算批处理中多个序列的损失：

如果批处理中有多个序列，首先会为每个单独的序列计算损失。然后，我们计算特定批次中所有序列的成本，并将其用于反向传播。

通过以这种结构化方式计算损失，我们引导模型调整其权重和偏差，以更好地与期望的输出相一致。这种迭代过程在许多批次和周期上重复进行，使模型能够从数据中学习并做出更准确的预测。

10.3.3　时间反向传播

反向传播，如在第 8 章中所解释的，在神经网络中被用来逐步从训练数据集的例子中学习。RNN 为训练数据添加了另一个维度，即时间步长。时间反向传播（BPTT）被设计为在训练过程经过时间步长时处理序列数据。

当前向传播过程计算批处理的最后一个时间步长的损失时，会触发反向传播。然后，我们将该导数应用于调整 RNN 模型的权重和偏差。

RNN 有三组权重，W_{hh}、W_{hx} 和 W_{hy}，以及两组偏差（b_h 和 b_y）。一旦调整了权重和偏差，我们将继续使用梯度下降进行模型训练。

> 时间反向传播并没有暗示任何时间机器，带我们回到中世纪的时代。相反，它源于这样一个事实：一旦通过前馈计算出成本，它就需要向后运行每个时间步长，并更新权重和偏差。

反向传播过程对于调整模型的参数至关重要，但一旦模型训练完成，在我们使用反向传播来最小化损失之后，我们就有了一个可以进行预测的模型。在接下来的部分中，我们将探讨如何使用训练好的 RNN 模型对新数据进行预测。我们将发现，使用 RNN 进行预测与全连接神经网络使用的过程类似，其中输入数据由经过训练的 RNN 处理，以产生预测。这种从训练到预测的转变形成了理解 RNN 如何应用于现实世界问题的自然进展。

使用循环神经网络进行预测

一旦模型被训练好，使用 RNN 进行预测类似于使用全连接神经网络。输入数据被输入到训练好的 RNN 模型中，然后获取预测结果。以下是其工作原理：

1）**输入数据准备**：就像在一个标准的神经网络中一样，你可以从准备输入数据开始。在 RNN 的情况下，输入数据通常是有顺序的，表示进程或序列中的时间步长。

2）**模型利用**：然后将这些输入数据输入到训练好的 RNN 模型中。模型在训练阶段优化的权重和偏置被用来处理网络的每一层输入。在 RNN 中，这包括通过处理数据的序列方面的循环连接传递数据。

3）**激活函数**：与其他神经网络一样，在 RNN 中，激活函数会在数据经过各层时对其进行转换。根据 RNN 的具体设计，可能会在不同阶段使用不同的激活函数。

4）**生成预测**：倒数第二步是生成预测结果。RNN 的输出经过最后一层，通常使用 Softmax 激活函数（用于分类任务），以产生每个输入序列的最终预测结果。

5）**解释**：然后根据具体的任务来解释预测结果。这可能是对文本序列进行分类、预测时间序列中的下一个值，或者是依赖于序列数据的任何其他任务。

因此，使用 RNN 进行预测的过程与全连接神经网络类似，主要区别在于处理序列数据。RNN 捕捉数据内部的时间关系的能力使其能够提供其他神经网络架构可能难以实现的独特见解和预测。

10.3.4　基础 RNN 的局限性

在本章的前面，我们介绍了基础 RNN。有时我们将基础 RNN 称为"普通的" RNN。这个术语指的是它们基本、简单的结构。虽然它们是循环神经网络的一个坚实的入门，但这些基础 RNN 确实有一些显著的局限性：

1）**梯度消失问题**：这个问题使得 RNN 难以学习和保留数据中的长期依赖关系。

2）**无法预测序列中的未来情况**：传统的 RNN 从序列的开头处理到结尾，这限制了它们理解序列中未来上下文的能力。

让我们——分解。

梯度消失问题

RNN 以逐步处理输入数据，每个时间步长一个数据点的方式运作。这意味着随着输入序列变得越来越长，RNN 很难捕捉到长期的依赖关系。长期依赖关系指的是序列中彼此相距很远的元素之间的关系。想象一下，分析一部长篇小说的情况。如果小说中第一章中的人物行动影响到最后一章的事件，那就是一种长期依赖关系。文本开头的信息必须一直"记住"到最后才能完全理解。

RNN 通常很难处理这样的长距离连接。RNN 的隐藏状态机制旨在保留前一个时间步长的信息，但可能过于简单，无法捕捉复杂的关系。随着相关元素之间的距离增加，RNN 可能会失去联系。在什么时候、什么信息应该被记住，以及在什么时候、什么信息应该被遗忘方面，RNN 没有太多智能。

对于序列数据中的许多用例，只有最新的信息是重要的。例如，考虑一个预测性文本应用程序，它试图通过提示下一个单词来帮助人们输入电子邮件。

正如我们所知，这种功能现在已经是现代文字处理器的标准功能。如果用户正在输入图 10.8

所示的文本。

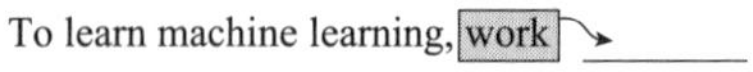

To learn machine learning, work →_____

图 10.8 预测性文本示例

这种预测性文本应用可以轻松地建议下一个词"hard"。它不需要从之前的句子中获取上下文来预测下一个词。对于这种不需要长期记忆的应用，RNN 是最佳选择。RNN 不会过度复杂化架构而降低准确性。

但对于其他一些应用而言，保持长期依赖关系却很重要。RNN 在处理长期依赖关系时会遇到困难。让我们看一个例子（见图 10.9）。

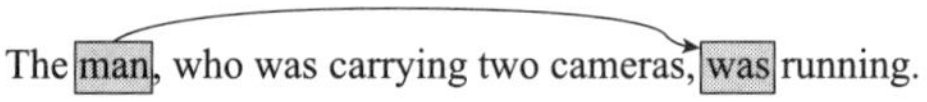

The man, who was carrying two cameras, was running.

图 10.9 具有长期依赖性的预测性文本示例

当我们从左到右阅读这句话时，我们可以观察到"was"（在句子后面使用）指的是"man"。原始形式的 RNN 会在多个时间步长中难以向前传递隐藏状态。原因在于，在 RNN 中，隐藏状态是针对每个时间步长计算并向前传递的。

由于这种操作的递归性质，我们总是担心信号在不同时间步长中从一个元素到另一个元素的传播过程中会过早地消失。这种 RNN 的行为被识别为梯度消失问题。为了解决这个梯度消失问题，我们倾向于选择 tanh 作为激活函数。由于 tanh 的二阶导数衰减非常缓慢趋近于零，选择 tanh 有助于在一定程度上解决梯度消失问题。

但是，我们需要更复杂的架构，如 GRU 和 LSTM，来更好地管理梯度消失问题，这将在下文中讨论。

无法预测序列中的未来信息

根据信息在序列中流动的方向，可以将 RNN 进行分类。主要有两种类型，即单向 RNN 和双向 RNN。

- ❑ **单向 RNN**：这些网络以单一方向处理输入数据，通常是从序列的开头到结尾。它们将上下文向前传递，在迭代序列中的元素（如句子中的单词）时逐步建立理解。这里存在一个限制：单向 RNN 无法"预测"序列中的未来信息。

  它们只能访问到目前为止所见到的信息，这意味着它们无法融合未来的元素来构建更准确或更细致的上下文。想象一下，逐字逐句地阅读一个复杂的句子，而无法提前浏览后面的内容。你可能会错过微妙之处，或者误解整体含义。

- **双向 RNN**：相比之下，双向 RNN 同时以两个方向处理序列。它们结合了来自过去和未来元素的见解，允许对背景有更丰富的理解。

让我们考虑以下两个句子，如图 10.10 所示。

I enjoy cricket as it is a great sport played throughout the world.
I enjoy cricket as being such a small insect, its voice resonates in wetlands.

图 10.10　一个 RNN 必须在句子中向前看的例子

这两个句子都使用了单词"cricket"。如果上下文仅从左到右构建，就像单向 RNN 中所做的那样，我们无法正确地将"cricket"置于上下文中，因为其相关信息将出现在未来的时间步长中。为了解决这个问题，我们将研究双向 RNN，这将在第 11 章讨论。

现在让我们研究 GRU 及其详细工作原理和架构。

10.4　门控循环单元

GRU 代表了基础 RNN 结构的演变，专门设计用于解决传统 RNN 遇到的一些挑战，比如梯度消失问题。GRU 的架构如图 10.11 所示。

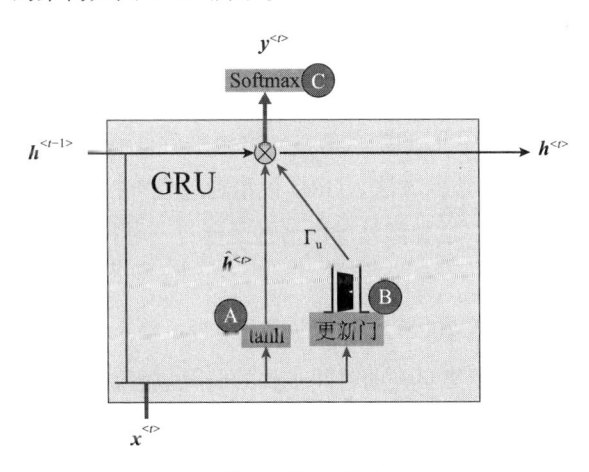

图 10.11　GRU

让我们从 GRU 的第一个激活函数开始，标注为 A。在每个时间步长 t，GRU 首先使用 tanh 激活函数计算隐藏状态，并利用 $x^{<t>}$ 和 $h^{<t-1>}$ 作为输入。这个计算与前面章节介绍的原始 RNN 中确定隐藏状态的方式没有什么不同。但是有一个重要的区别。输出是一个候选的隐藏状态，它是使用式（10.6）计算的：

$$\hat{h}^{<t>} = \tanh\left(W_h\left[h^{<t-1>}, x^{<t>}\right] + b_h\right) \tag{10.6}$$

其中，$\hat{h}^{<t>}$ 为隐藏层的候选值。

现在，不是直接使用候选隐藏状态，GRU 需要时间来决定是否使用它。想象一下，就像有人在做决定之前停下来思考一样。这个停顿和思考的步骤就是我们所说的**门控机制**。它检查信息，然后选择要记住的细节和要忽略的细节。这有点像过滤噪声并集中注意力于重要的事情。通过将旧信息（来自上一个隐藏状态）和新草稿（候选值）混合在一起，GRU 能够更好地跟踪长篇故事或序列而不会迷失。通过引入候选隐藏状态，GRU 提供了额外的灵活性。它们可以谨慎地决定要合并的候选状态的部分。这种区别使得 GRU 能够灵活地解决诸如梯度消失之类的挑战问题，这是传统 RNN 经常缺乏的技巧。简单来说，尽管经典的 RNN 可能难以记住长篇故事，但 GRU 具有特殊的特性，使它们成为更好的倾听者和记忆者。

> LSTM 是在 1997 年提出的，而 GRU 则是在 2014 年提出的。这个领域的大多数书籍更喜欢按照时间顺序来呈现，首先介绍 LSTM。我选择按照复杂性的顺序来呈现这些算法。由于设计 GRU 的动机是简化 LSTM，因此首先学习更简单的算法可能是有用的。

10.4.1 更新门简介

在标准 RNN 中，每个时间步长的隐藏值被计算出来后自动成为存储单元的新状态。相比之下，GRU 引入了一种更加细致的方法。GRU 模型通过允许控制何时更新存储单元的状态，为该过程带来了更多的灵活性。这种额外的灵活性是通过一种称为"更新门"的机制实现的，有时也称为"重置门"。

更新门的作用是评估候选隐藏状态 $\hat{h}^{<t>}$ 中的信息是否足够重要，以更新存储单元的隐藏状态，或者存储单元是否应该保留来自先前时间步长的旧隐藏值。

在数学术语中，这个决策过程帮助模型更有选择性地管理信息，确定是否集成新的见解或继续依赖先前获得的知识。如果模型认为候选隐藏状态的信息不足以改变存储单元的现有状态，则会保留先前的隐藏值。相反，如果新信息被认为是相关的，它可以覆盖存储单元的状态，从而在处理序列时调整模型的内部表示。

这种独特的门控机制使得 GRU 与传统的 RNN 有所区别，并且能够更有效地从具有复杂时间关系的序列数据中学习。

10.4.2 实施更新门

我们在存储单元中更新状态的这种智能是 GRU 的定义特征。很快就会做出决定,即是否应该使用候选隐藏状态来更新当前隐藏状态。为了做出这个决定,我们使用图 10.11 中显示的第二个激活函数,标注为 B。这个激活函数实现了更新门。它被实现为一个 Sigmoid 层,其输入是当前输入和上一个隐藏状态。Sigmoid 层的输出是一个介于 0 和 1 之间的值,用变量 Γ_u 表示。更新门的输出是变量 Γ_u,它由以下 Sigmoid 函数控制:

$$\Gamma_u = \text{Sigmoid}\left(W_u\left[h^{<t-1>}, x^{<t>}\right] + b_u\right) \quad (10.7)$$

由于 Γ_u 是 Sigmoid 函数的输出,它接近于 1 或 0,这决定了更新门是打开还是关闭的。如果更新门是打开的,$\hat{h}^{<t>}$ 将被选择作为新的隐藏状态。在训练过程中,GRU 将学习何时打开门,何时关闭门。

10.4.3 更新隐藏单元

对于某个时间步长,下一个隐藏状态使用式(10.8)计算确定:

$$h^{<t>} = \Gamma_u \hat{h}^{<t>} + \left(1 - \Gamma_u\right) h^{<t-1>} \quad (10.8)$$

式(10.8)由两项组成,分别标注为 1 和 2。作为 Sigmoid 函数的输出,Γ_u 可以是 0 或 1。这意味着:

当 $\Gamma_u \approx 1$ 时,$h^{<t>} = \hat{h}^{<t>}$

当 $\Gamma_u \approx 0$ 时,$h^{<t>} = h^{<t-1>}$

换句话说,如果门是打开的,则更新 $h^{<t>}$ 的值。否则,只保留旧状态。

现在让我们来看看如何在多个时间步长中运行 GRU。

在多个时间步长中运行 GRU

当在多个时间步长中部署 GRU 时,我们可以将这个过程可视化,如图 10.12 所示。与我们在前文讨论的基础 RNN 类似,GRU 创建了一个可以被视为"信息高速公路"的结构。这条路径有效地将上下文从序列的开始传输到结束,如图 10.12 中的 $\hat{h}^{<t>}$ 所示,并标注为 A。

将 GRU 与传统的 RNN 区分开的是关于信息如何在这条高速公路上流动的决策过程。GRU 不是在每个时间步长盲目地转移信息,而是暂停以评估其相关性。

让我们通过一个基本的例子来说明这一点。想象一下阅读一本书,其中每个句子都是一条信息。然而,你的大脑(就像一个 GRU 一样)并不记住每个句子的每个细节,而是选择性地回忆起最有影响力或情感的句子。这种选择性记忆类似于 GRU 中更新门的工作方式。

更新门在这里发挥着至关重要的作用。它是一个机制，用于确定先前信息的哪些部分，或者先前的哪些"隐藏状态"，应该被保留或丢弃。基本上，这个门帮助网络聚焦并保留最相关的细节，确保携带的上下文尽可能地相关。

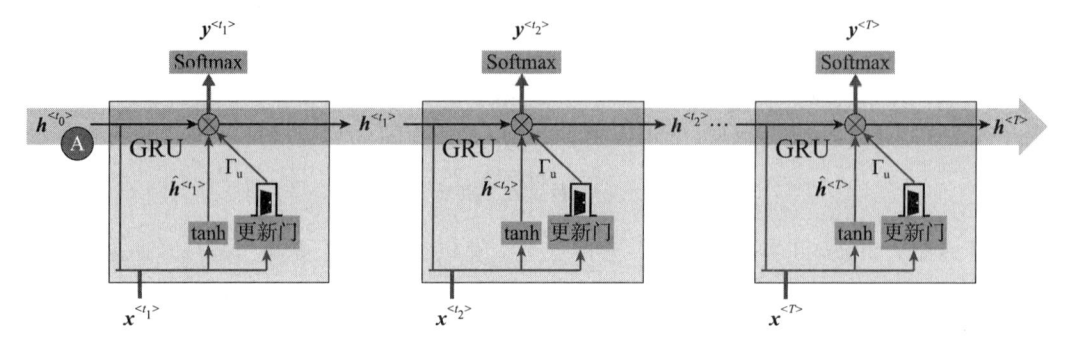

图 10.12　在 RNN 中的序列处理

10.5　长短期记忆网络

RNN 被广泛用于序列建模任务，但它们在捕捉数据中的长期依赖关系方面存在局限性。为了解决这些限制，开发了 RNN 的高级版本，称为 LSTM（长短期记忆）网络。与简单的 RNN 不同，LSTM 具有更复杂的机制来管理上下文，使它们能够更好地捕获序列中的模式。

在前面的部分中，我们讨论了 GRU，其中隐藏状态 $h^{<t>}$ 用于在每个时间步长之间传递上下文。LSTM 具有更复杂的机制来管理上下文。它有两个变量，用于在每个时间步长之间传递上下文：细胞状态和隐藏状态。它们的解释如下：

1）细胞状态（表示为 $c^{<t>}$）：这个变量负责保持输入数据的长期依赖关系。它从一个时间步长传递到下一个时间步长，并用于在更长的时间段内保持信息。正如我们在本节后面将要了解的那样，通过遗忘门和更新门仔细确定了细胞状态中应包含的内容。它可以被视为 LSTM 的"持久层"或"内存"，因为它在长时间内保持信息。

2）隐藏状态（表示为 $a^{<t>}$）：这个上下文聚焦于当前的时间步长，这个时间步长可能对长期依赖关系重要也可能不重要。它是特定时间步长的 LSTM 单元的输出，并作为输入传递到下一个时间步长。如图 10.13 所示，隐藏状态 $a^{<t>}$ 用于生成时间步长 t 的输出 $y^{<t>}$。

现在让我们更详细地研究这些机制，从当前细胞状态如何更新开始。

10.5.1 遗忘门简介

LSTM 网络中的遗忘门负责确定从上一个状态中丢弃哪些信息，以及保留哪些信息。在图 10.13 中标注为 A。它被实现为一个 Sigmoid 层，其输入为当前输入和上一个隐藏状态。Sigmoid 层的输出是一个取值介于 0 和 1 之间的向量，其中每个值对应于 LSTM 内存中的单个单元。

$$\Gamma_f = \text{Sigmoid}\left(W_f\left[a^{<t-1>}, x^{<t>}\right] + b_f\right) \quad (10.9)$$

由于它是一个 Sigmoid 函数，这意味着 Γ_f 可以接近 0 或 1。

如果 Γ_f 是 1，则意味着应该使用来自上一个状态 $c^{<t-1>}$ 来计算 $c^{<t>}$。

如果 Γ_f 是 0，则意味着应该忘记来自上一个状态 $c^{<t-1>}$ 的值。

> 信息：通常，当逻辑为 1 时，二进制变量被认为是活动的。当 $\Gamma_f=0$ 时，"遗忘门"忘记了先前的状态，这可能感觉有些违反直觉，但这是原始论文中提出的逻辑，并且研究人员为了保持一致性而遵循的方式。

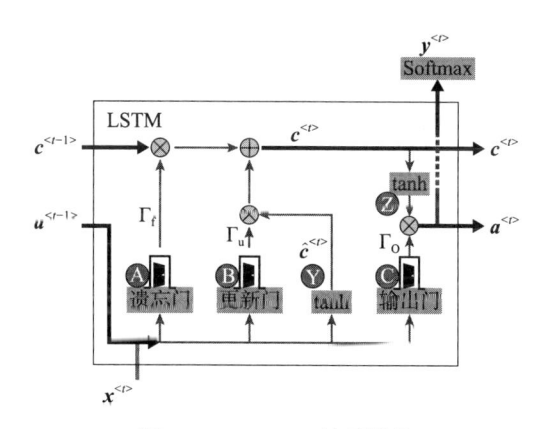

图 10.13　LSTM 体系结构

10.5.2 候选细胞状态

在 LSTM 中，每个时间步长都会计算候选细胞状态，表示为 $\hat{c}^{<t>}$，在图 10.13 中标注为 Y，它是记忆细胞的提议新状态。它是使用当前输入 $x^{<t>}$ 和上一个隐藏状态 $a^{<t-1>}$ 来计算的，如下所示：

$$\hat{c}^{<t>} = \tanh\left(W_c\left[a^{<t-1>}, x^{<t>}\right] + b_c\right) \quad (10.10)$$

10.5.3 更新门

更新门也称为输入门。在 LSTM 网络中,更新门是一种机制,允许网络有选择地将新信息纳入当前状态,以使记忆可以专注于最相关的信息。在图 10.13 中标注为 B。它负责确定候选细胞状态 $\hat{c}^{<t>}$ 是否应该添加到 $c^{<t>}$。它被实现为一个 Sigmoid 层,其输入为当前输入 $x^{<t>}$ 和上一个隐藏状态:

$$\Gamma_u = \text{Sigmoid}\left(W_u\left[a^{<t-1>}, x^{<t>}\right] + b_u\right) \quad (10.11)$$

Sigmoid 层的输出 Γ_u,是一个取值介于 0 和 1 之间的向量,其中每个值对应于 LSTM 记忆中的单个细胞。值为 0 表示应该忽略计算得到的 $\hat{c}^{<t>}$,而值为 1 表示 $c^{<t>}$ 足够重要,可以纳入到 $c^{<t-1>}$ 中。作为 Sigmoid 函数,它的值可以在 0 和 1 之间,这表示应该将 $\hat{c}^{<t>}$ 的一些信息纳入到 $c^{<t>}$ 中,但不是全部。

更新门允许 LSTM 有选择地将新信息纳入当前状态,并防止记忆被无关的数据淹没。通过控制添加到记忆状态中的新信息量,更新门帮助 LSTM 在保留先前状态和纳入新信息之间保持平衡。

10.5.4 计算记忆状态

与 GRU 相比,LSTM 的主要区别在于,我们不是只有一个更新门(像在 GRU 中一样),而是为隐藏状态管理的更新和遗忘机制分别设有单独的门。每个门确定了各种状态的合适混合,以最优地计算长期记忆 $c^{<t>}$ 当前细胞状态和当前隐藏状态 $a^{<t>}$。记忆状态的计算方式是:

$$c^{<t>} = \Gamma_u \hat{c}^{<t>} + \Gamma_f c^{<t-1>} \quad (10.12)$$

式(10.12)由两项组成,分别标注为 1 和 2。作为 Sigmoid 函数的输出,Γ_u 和 Γ_f 可以是 0 或 1。这意味着:

当 $\Gamma_u \approx 1$ 时,$h^{<t>} = \hat{h}^{<t>}$

当 $\Gamma_u \approx 0$ 时,$h^{<t>} = h^{<t-1>}$

换句话说,如果门是开放的,则更新 $h^{<t>}$ 的值。否则,就保留旧状态。因此,GRU 中的更新门是一种机制,允许网络有选择地丢弃来自先前隐藏状态的信息,以便隐藏状态可以专注于最相关的信息。这在图 10.13 中得到了展示,该图展示了状态从左到右的传播方式。

10.5.5 输出门

在 LSTM 网络中，输出门在图 10.13 中被标注为 C。它负责确定当前记忆状态中的哪些信息应作为 LSTM 的输出传递。它被实现为一个 Sigmoid 层，其输入为当前输入和先前的隐藏状态。Sigmoid 层的输出是一个取值介于 0 和 1 之间的向量，其中每个值对应于 LSTM 记忆中的单个细胞。

由于它是一个 Sigmoid 函数，这意味着 Γ_o 可以接近 0 或 1。

如果 Γ_o 为 1，那么这意味着应该使用来自先前状态 $c^{<t-1>}$ 的值进行计算 $c^{<t>}$。

如果 Γ_o 为 0，那么这意味着应该忘记来自先前状态 $c^{<t-1>}$ 的值。

$$a^{<t>} = \Gamma_o \tanh\left(c^{<t>}\right)$$

数值为 0 表示相应的单元不应对输出做出贡献，而数值为 1 表示该单元应完全对输出做出贡献。介于 0 和 1 之间的数值表示该单元应该对输出做出一些而不是全部的贡献。

在 LSTM 中，在处理完输出门后，当前状态会经过一个 tanh 函数。这个函数调整数值，使它们落在 -1 到 1 的范围内。为什么需要进行这种缩放？tanh 函数确保 LSTM 的输出保持归一化，并防止数值变得过大，这可能在训练过程中会出现问题，比如梯度爆炸等潜在问题。

在缩放之后，来自输出门的结果将乘以这个归一化状态。这个组合数值代表了在特定时间步长的 LSTM 的最终输出。

提供一个简单的类比：想象调整音乐的音量，使其既不太大也不太小，而是适合你的环境。tanh 函数的作用类似，确保输出被优化并适合进一步处理。

输出门很重要，因为它允许 LSTM 有选择地将当前记忆状态中的相关信息作为输出传递。它还有助于防止将无关信息作为输出传递。

这个输出门生成了变量 Γ_o，它确定了细胞状态对隐藏状态的贡献被输出：

$$\Gamma_o = \text{Sigmoid}\left(W_o\left[a^{<t-1>}, x^{<t>}\right] + b_o\right)$$

在 LSTM 中，c 被用作门的输入，而 $c^{<t>}$ 是隐藏状态。

总之，在 LSTM 网络中，输出门是一个机制，允许网络有选择地从当前记忆状态中传递相关信息作为输出，从而使 LSTM 能够根据其存储在内存中的相关信息生成适当的输出。

10.5.6 将所有内容整合在一起

让我们深入探讨 LSTM 在多个时间步长中的工作原理，如图 10.14 中的 A 所示。

就像 GRU 一样，LSTM 创建了一个通道——通常被称为"信息高速公路"——它有助于在连续的时间步长之间传递上下文。这在图 10.14 中有所说明。让人着迷的是，LSTM 能够利用长期记忆来传输上下文。

当我们从一个时间步长移动到下一个时间步长时，LSTM 学习应该保留在其长期记忆中的内容，表示为 $c^{<t>}$。在每个时间步长的开始，$c^{<t>}$ 与"遗忘门"进行交互，允许一些信息被丢弃。随后，它遇到"更新门"，新数据被注入。这允许 $c^{<t>}$ 在时间步长之间过渡，根据这两个门的规定不断获得和丢弃信息。

现在，这里变得复杂了。在每个时间步长结束时，长期记忆的一个副本 $c^{<t>}$ 通过 tanh 函数进行转换。然后，这个处理过的数据经过输出门筛选，形成我们所谓的短期记忆 $a^{<t>}$。这个短期记忆具有双重作用：它确定了该特定时间步长的输出，并为随后的时间步长奠定了基础，如图 10.14 所示。

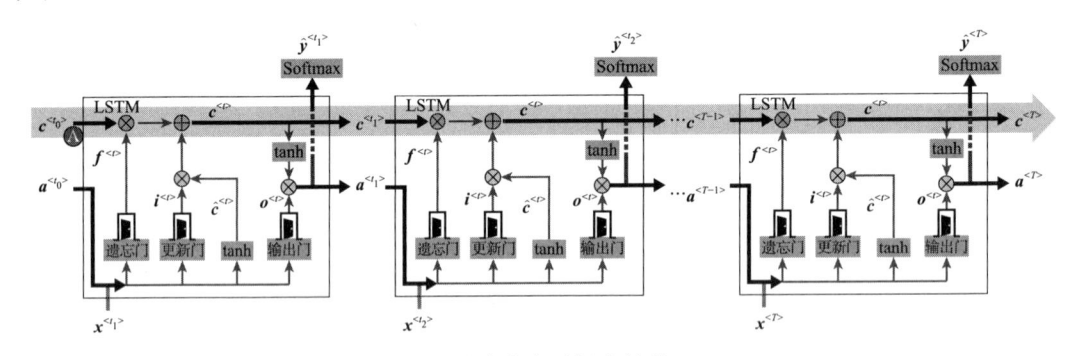

图 10.14　具有多个时间步长的 LSTM

现在让我们来研究一下如何编码 RNN。

10.5.7　编写序列模型

在我们对 LSTM 进行探索时，我们将深入研究使用著名的 IMDb 电影评论数据集进行情感分析。在这个数据集中，每条评论都标有一个情感，积极或消极，用二进制值编码（True 表示积极，False 表示消极）。我们的目标是仅基于评论的文本内容来构建一个能够预测这些情感的二分类器。

总共，该数据集拥有 50000 条电影评论。对于我们的目的，我们将平均分配：25000 条评论用于训练我们的模型，剩余的 25000 条用于评估其性能。

对于希望深入了解数据集的人，可以在斯坦福的 IMDb 数据集上找到更多信息。

加载数据集

首先，我们需要加载数据集。我们将通过 keras.datasets 导入此数据集。通过 keras.datasets 导入此数据集的优势在于，它已经被处理成可用于机器学习的形式。例如，评论已被单独编码为单词索引的列表。某个特定单词的总体频率被选择为索引。因此，如果单词的索引是"7"，这意味着它是第 7 个最常见的单词。使用预先准备好的数据集使我们能够专注于 RNN 算法，而不是数据准备工作：

```
import tensorflow as tf
from tensorflow.keras.datasets import imdb
vocab_size = 50000
(X_train,Y_train),(X_test,Y_test) = tf.keras.datasets.imdb.load_data(num_words=vocab_size)
```

请注意，参数 num_words=50000 用于仅选择前 50000 个单词。由于单词的频率被用作索引，这意味着所有索引小于 50000 的单词都被过滤掉了：

```
"I watched the movie in a cinema and I really like it"
[13, 296, 4, 20, 11, 6, 4435, 5, 13, 66, 447,12]
```

当处理长度不同的序列时，通常有助于确保它们具有统一的长度。当将它们输入到神经网络中时，这一点尤为重要，因为神经网络通常期望一致的输入大小。为了实现这一点，我们使用填充——在序列的开头或结尾添加零直到达到指定的长度。

以下使用 TensorFlow 实现这方法：

```
# Pad the sequences
max_review_length = 500
x_train = tf.keras.preprocessing.sequence.pad_sequences(x_train, maxlen=max_review_length)
x_test = tf.keras.preprocessing.sequence.pad_sequences(x_test, maxlen=max_review_length)
```

索引对于算法来说非常方便。为了便于人类阅读，我们可以将这些索引转换回单词：

```
word_index = tf.keras.datasets.imdb.get_word_index()
reverse_word_index = dict([(value, key) for (key, value) in word_index.items()])
def decode_review(padded_sequence):
    return " ".join([reverse_word_index.get(i - 3, "?") for i in padded_sequence])
```

请注意，单词索引从 3 开始，而不是从 0 或 1 开始。原因是前三个索引被保留了。

接下来，让我们看看如何准备数据。

准备数据

在我们的示例中，我们考虑了一个拥有 50000 个单词的词汇表。这意味着输入序列中的每个单词 $x^{<t>}$ 将使用一个独热向量表示，其中每个向量的维度为 50000。一个独热向量是一个二进制向量，除了与单词对应的索引处，它为 1，在其他位置上为 0。以下是我们如何在 TensorFlow 中加载 IMDb 数据集，并指定词汇表的大小：

```
vocab_size = 50000
(x_train, y_train), (x_test, y_test) = tf.keras.datasets.imdb.load_data(num_words=vocab_size)
```

请注意，由于 vocab_size 设置为 50000，因此数据将加载 50000 个最常出现的单词。其余的单词将被丢弃或替换为一个特殊的标记（通常用 <UNK> 表示"未知"）。这确保了我们的输入数据是可管理的，并且只包含对我们模型最相关的信息。变量 x_train 和 x_test 将分别包含训练和测试的输入数据，而 y_train 和 y_test 将包含相应的标签。

创建模型

我们首先定义一个空栈，使用它来逐层构建我们的网络：

```
model = tf.keras.models.Sequential()
```

接下来，我们将在模型中添加一个嵌入（Embedding）层。我们使用在第 9 章讨论的词嵌入来在连续的向量空间中表示单词。嵌入层具有类似的目的，但是在神经网络内部。它提供了一种将词汇表中的每个单词映射到连续向量的方法。在这个向量空间中彼此接近的单词很可能共享上下文或含义。

让我们定义 Embedding 层，考虑到我们之前选择的词汇表大小，并将每个单词映射到一个 50 维向量，对应于 $h^{<t>}$ 的维度：

```
model.add(
    tf.keras.layers.Embedding(
        input_dim = vocab_size,
        output_dim = 50,
        input_length = review_length
    )
)
```

Dropout 层可以防止过拟合，并通过在学习阶段随机禁用神经元来促使模型学习相同数据的多个表示。让我们随机禁用 25% 的神经元来处理过拟合问题：

```
model.add(
    tf.keras.layers.Dropout(
        rate=0.25
    )
)
```

接下来，我们将添加一个 LSTM 层，它是 RNN 的一种特殊形式。虽然基础 RNN 在学习长期依赖性方面存在问题，但 LSTM 被设计用于记忆这种依赖关系，使它们适用于我们的任务。这个 LSTM 层将分析评论中的单词序列及其嵌入，利用这些信息来确定给定评论的情感。我们将在此层中使用 32 个单元：

```
model.add(
    tf.keras.layers.LSTM(
        units=32
```

添加第二个 Dropout 层以丢弃 25% 的神经元以减少过拟合：

```
model.add(
    tf.keras.layers.Dropout(
        rate=0.25
    )
)
```

所有 LSTM 单元都连接到稠密层中的一个单节点。一个 Sigmoid 激活函数确定来自这个节点的输出——一个介于 0 和 1 之间的值。接近 0 表示负面评论。接近 1 表示正面评论：

```
model.add(
    tf.keras.layers.Dense(
        units=1,
        activation='sigmoid'
    )
)
```

现在，让我们编译模型。我们将使用 binary_crossentropy 作为损失函数，Adam 作为优化器：

```
model.compile(
    loss=tf.keras.losses.binary_crossentropy,
    optimizer=tf.keras.optimizers.Adam(),
    metrics=['accuracy'])
```

显示模型结构的摘要：

```
model.summary()
```

```
_____
Layer (type)                 Output Shape              Param #
=================================================================
embedding (Embedding)        (None, 500, 32)           320000
dropout (Dropout)            (None, 500, 32)           0
lstm (LSTM)                  (None, 32)                8320
dropout_1 (Dropout)          (None, 32)                0
dense (Dense)                (None, 1)                 33
=================================================================
Total params: 328,353
Trainable params: 328,353
Non-trainable params: 0
```

训练模型

现在将在训练数据上训练 LSTM 模型。训练模型涉及几个关键组件，每个组件都在下面描述：

- **训练数据**：这些是我们的模型将从中学习的特征（评论）和标签（积极或消极的情感）。

- **批量大小**：确定了在每次更新模型参数时将使用的样本数量。较大的批量可能需要更多的内存。
- **轮次（epoch）**：一个轮次是对整个训练数据的完整迭代。轮次越多，学习算法将更多次地遍历整个训练数据集。
- **验证拆分**：将训练数据的这一部分用于验证，而不是用于训练。它帮助我们评估模型的表现如何。
- **冗长模式（verbose）**：这个参数控制模型在训练过程中将产生多少输出。值为 1 表示将显示进度条：

```
history = model.fit(
    x_train, y_train,      # Training data
    batch_size=256,
    epochs=3,
    validation_split=0.2,
    verbose=1
)
Epoch 1/3
79/79 [==============================] - 75s 924ms/step - loss: 0.5757 - accuracy: 0.7060 - val_loss: 0.4365 - val_accuracy: 0.8222
Epoch 2/3
79/79 [==============================] - 79s 1s/step - loss: 0.2958 - accuracy: 0.8900 - val_loss: 0.3040 - val_accuracy: 0.8812
Epoch 3/3
79/79 [==============================] - 73s 928ms/step - loss: 0.1739 - accuracy: 0.9437 - val_loss: 0.2768 - val_accuracy: 0.8884
```

查看一些错误的预测

让我们来看一些错误的分类评论：

```
predicted_probs = model.predict(x_test)
predicted_classes_reshaped = (predicted_probs > 0.5).astype("int32").reshape(-1)
incorrect = np.nonzero(predicted_classes_reshaped != y_test)[0]
```

我们选择了前 20 个错误分类的评论：

```
class_names = ["Negative", "Positive"]
for j, incorrect_index in enumerate(incorrect[0:20]):
    predicted = class_names[predicted_classes_reshaped[incorrect_index]]
    actual = class_names[y_test[incorrect_index]]
    human_readable_review = decode_review(x_test[incorrect_index])
    print(f"Incorrectly classified Test Review [{j+1}]")
    print(f"Test Review #{incorrect_index}: Predicted [{predicted}] Actual [{actual}]")
    print(f"Test Review Text: {human_readable_review.replace('<PAD> ', '')}\n")
```

10.6 小结

本章介绍了序列模型的基本概念，旨在让你对这些技术和方法有基本的了解。在本章中，我们介绍了 RNN，它们非常适用于处理序列数据。GRU 是一种 RNN，由 Cho 等人于 2014 年提出，作为 LSTM 网络的简化替代方案。

像 LSTM 一样，GRU 设计用于学习序列数据中的长期依赖关系，但它们使用不同的方法来实现。GRU 使用单一的门控机制来控制信息进入和退出隐藏状态，而不是 LSTM 使用的三个门。这使得它们更容易训练，需要的参数更少，使用起来更加高效。

下一章将介绍与序列模型相关的一些高级技术。

第 11 章

高级序列建模算法

> 一个算法是一系列指令，如果按照它们的顺序执行，将会解决一个问题。
>
> ——未知

在上一章中，我们深入探讨了序列模型的核心原理。提供了对它们的技术和方法的简要概述。上一章讨论的序列建模算法有两个基本限制。首先，输出序列必须与输入序列具有相同数量的元素。其次，这些算法一次只能处理输入序列的一个元素。如果输入序列是一个句子，这意味着到目前为止讨论的序列算法只能一次"关注"或处理一个词。为了能够更好地模拟人脑的处理能力，我们需要比这更多。我们需要复杂的序列模型来得到与输入具有不同长度的输出，并且可以同时处理句子中的多个单词，消除这种信息瓶颈。

在本章中，我们将更深入地探讨序列模型的高级方面，以了解复杂配置的创建。首先分解关键元素，如自动编码器和序列到序列（Seq2Seq）模型。接下来，我们将研究注意力机制和变换器（Transformer），这在大型语言模型（LLM）的发展中起着关键作用，然后我们将对其进行研究。

在本章结束时，你将全面了解这些高级结构及其在机器学习领域的重要性。我们还将对这些模型的实际应用提供一些见解。

本章涵盖以下主题：

- ❏ 自动编码器介绍。
- ❏ 序列到序列（Seq2Seq）模型。

- 注意力机制。
- Transformer。
- 大型语言模型。
- 深度和广度结构。

首先，让我们探索高级序列模型的概述。

11.1 高级序列建模技术的演变

在第 10 章"理解序列模型"中，我们涉及了序列模型的基础方面。尽管它们适用于许多用例，但在把握和生成人类语言的复杂细节方面面临挑战。

我们将从讨论**自动编码器**开始我们的学习。自动编码器是在 21 世纪 10 年代初引入的，它们为数据表示提供了更新颖的方法。它们标志着**自然语言处理（NLP）** 的重大进展，改变了我们对数据编码和解码的看法。但是 NLP 领域的势头并没有就此停止。到了 21 世纪 10 年代中期，**Seq2Seq** 模型进入了舞台，为诸如语言翻译等任务带来了创新的方法。这些模型可以熟练地将一种序列形式转换为另一种，开启了高级序列处理的时代。

然而，随着数据复杂性的上升，NLP 社区感到需要更复杂的工具。这促使了 2015 年**注意力机制**的推出。这一优雅的解决方案赋予模型有选择地集中关注输入数据的特定部分的能力，使它们能够更有效地处理更长的序列。基本上，它允许模型衡量不同数据段的重要性，放大相关的部分并减少不太相关的部分。

基于这一基础，2017 年见证了 **Transformer** 架构的出现。充分利用注意力机制的能力，**Transformer** 在 NLP 领域树立了新的标杆。

这些进步最终促成了**大型语言模型（LLM）** 的发展。经过在大量和多样化的文本数据上训练，LLM 能够理解并生成微妙的人类语言表达。从医疗诊断到金融领域的算法交易，它们在广泛的应用中展现了无与伦比的实力。

在接下来的章节中，我们将揭开自动编码器的复杂内在机制，从它们的早期起源到在今天的高级序列模型中的核心作用。我们将深入探讨这些变革性工具的机制、应用和演变。

11.2 探索自动编码器

自动编码器在神经网络架构中占据着独特的地位，在高级序列模型的叙事中发挥着关键作用。基本上，自动编码器被设计用来创建一个网络，其中输出反映其输入，这意味着将输入数据压缩为更简洁、更低维度的潜在表示。

自动编码器结构可以概念化为双相过程：**编码**阶段和**解码**阶段。

自动编码器体系结构如图 11.1 所示。

在这个图表中，我们做出以下假设：

- x 对应于输入数据。
- h 是我们数据的压缩形式。
- r 表示输出，是对 x 的重构或近似。

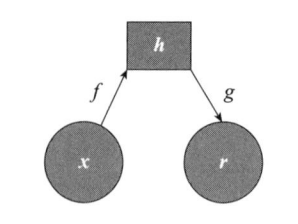

图 11.1　自动编码器体系结构

我们可以看到，这两个阶段分别由 f 和 g 表示。让我们更详细地看一下它们：

- **编码阶段**（f）：在数学上描述为 $h=f(x)$。在这个阶段，输入 x 转换为被标记为 h 的紧凑的隐藏表示。
- **解码阶段**（g）：在这个阶段，表示为 $r=g(h)$，压缩的 h 被展开，旨在重构初始输入。

在训练自动编码器时，目标是完美地捕捉 h，确保它包含了输入数据的本质。通过实现高质量的 h，我们确保重构的输出 r 以最小的损失反映原始的 x。目标不仅仅是重构，还要训练一个在这个重构任务中流畅而高效的 h。

11.2.1　编码一个自动编码器

修改后的美国国家标准与技术研究所（MNIST）数据集是一个著名的手写数字数据库，由 28×28 像素的灰度图像组成，代表从 0 到 9 的数字。它已被广泛用作机器学习算法的基准。有关更多信息和访问数据集的方法，请访问官方 MNIST 网站。对于有兴趣访问数据集的人，可以在 Yann LeCun 托管的官方 MNIST 存储库上找到：yann.lecun.com/exdb/mnist/。请注意，可能需要账户才能下载数据集。

在这一小节中，我们将利用自动编码器来重构这些手写数字。自动编码器的独特特点在于它们的训练机制：输入和目标输出是相同的图像。让我们来详细解释一下。

首先是**训练阶段**，这个阶段的步骤如下：

1）MNIST 图像被提供给自动编码器。

2）编码器部分将这些图像压缩成一个紧凑的潜在表示。

3）然后，解码器部分尝试从这个表示中恢复原始图像。

通过反复迭代这个过程，自动编码器掌握了压缩和重构的微妙之处，捕捉了手写数字的核心模式。

接下来是**重构阶段**：

1）经过模型训练后，当我们向其提供新的手写数字图像时，自动编码器将首先将它们编码为内部表示。

2）然后，解码这个表示将产生一个重构图像，如果训练成功，它应该与原始图像非常接近。

当自动编码器在 MNIST 数据集上得到有效训练后，它将成为一个强大的工具，用于处理和重构手写数字图像。

11.2.2 设置环境

在深入编码之前，必须导入基本的库。我们将使用 TensorFlow 作为主要工具，但对于数据处理，诸如 NumPy 之类的库可能至关重要：

```
import tensorflow as tf
```

数据准备

接下来，我们将把数据集分离成训练部分和测试部分，然后对它们进行归一化：

```
# Load dataset
(x_train, _), (x_test, _) = tf.keras.datasets.mnist.load_data()
# Normalize data to range [0, 1]
x_train, x_test = x_train / 255.0, x_test / 255.0
```

请注意，除以 255.0 是为了对我们的灰度图像数据进行归一化处理，这一步骤可以优化学习过程。

模型架构

设计自动编码器涉及对层、它们的大小和激活函数做出决策。在这里，使用 TensorFlow 的 Sequential 和 Dense 类定义了模型。

```
model = tf.keras.Sequential([
    tf.keras.layers.Flatten(input_shape=(28, 28)),
    tf.keras.layers.Dense(32, activation='relu'),
    tf.keras.layers.Dense(784, activation='sigmoid'),
    tf.keras.layers.Reshape((28, 28))
])
```

将 28×28 的图像展平后，我们得到了一个包含 784 个元素的一维数组，因此使用了这个输入形状。

编译

在定义模型之后，需要使用指定的损失函数和优化器对其进行编译。由于我们的灰度图像具有二进制特性，因此选择了二元交叉熵作为损失函数：

```
model.compile(loss='binary_crossentropy', optimizer='adam')
```

训练

训练阶段通过 fit 方法启动。在这里，模型学习 MNIST 手写数字的微妙之处：

```
model.fit(x_train, x_train, epochs=10, batch_size=128,
        validation_data=(x_test, x_test))
```

预测

有了训练好的模型，可以执行以下预测（包括编码和解码）：

```
encoded_data = model.predict(x_test)
decoded_data = model.predict(encoded_data)
```

可视化

现在让我们通过视觉方式比较原始图像与它们重构的对应图像。以下脚本展示了一个可视化过程，显示了两行图像：

```
n = 10  # number of images to display
plt.figure(figsize=(20, 4))
for i in range(n):
    # Original images
    ax = plt.subplot(2, n, i + 1)
    plt.imshow(x_test[i].reshape(28, 28) , cmap='gray')
    ax.get_xaxis().set_visible(False)
    ax.get_yaxis().set_visible(False)

    # Reconstructed images
    ax = plt.subplot(2, n, i + 1 + n)
    plt.imshow(decoded_data[i].reshape(28, 28) , cmap='gray')
    ax.get_xaxis().set_visible(False)
    ax.get_yaxis().set_visible(False)

plt.show()
```

图 11.2 显示了输出的重构图像。

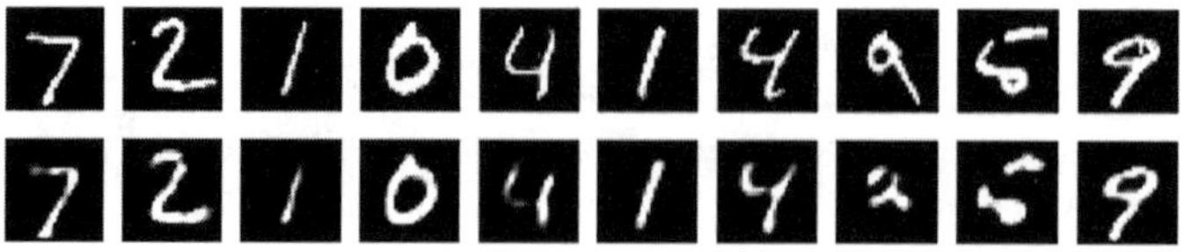

图 11.2　原始测试图像（上行）和由自动编码器生成的重构图像（下行）

图 11.2 上行展示了原始测试图像，而下行展示了由自动编码器生成的重构图像。通过这种并排比较，我们可以辨别出我们的模型在保留输入的内在特征方面的功效。

接下来，我们将讨论 Seq2Seq 模型。

11.3 理解 Seq2Seq 模型

在我们探讨完自动编码器之后，高级序列模型领域中的另一个开创性架构是 Seq2Seq 模型。作为许多最先进的自然语言处理任务的核心，Seq2Seq 模型展现了独特的能力：将输入序列转换为长度可能不同的输出序列。这种灵活性使其在诸如机器翻译之类的挑战中表现出色，因为源语句和目标语句在长度上可能自然而然地有所不同。

请参考图 11.3，该图可视化了 Seq2Seq 模型的核心组件。

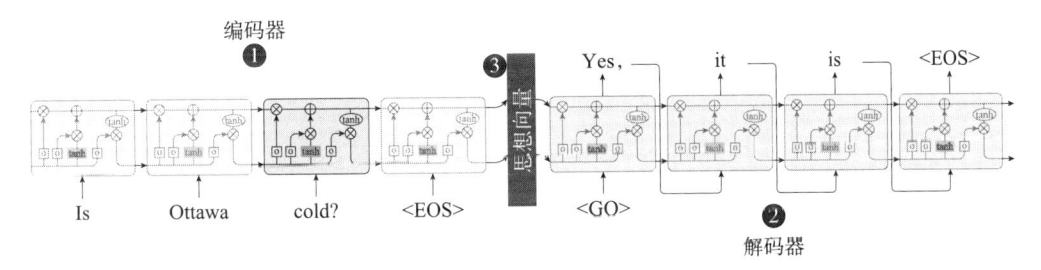

图 11.3　Seq2Seq 模型架构示意图

广义上来说，Seq2Seq 模型主要由三个要素组成：

- **编码器**：处理输入序列
- **思想向量**：连接编码器和解码器的桥梁
- **解码器**：生成输出序列

让我们依次探索它们。

11.3.1　编码器

如图 11.3 所示，❶为编码器。正如我们所看到的，编码器是一个输入**循环神经网络**，用于处理输入序列。在这种情况下，输入的句子是一个三个单词的句子："Is Ottawa cold?"。

$$X = \left\{ x^{<1>}, x^{<2>}, \cdots, x^{<L_1>} \right\}$$

编码器遍历这个序列，直到遇到**句子结束**（⟨**EOS**⟩）标记，表示输入的结束。它将位于时间步长 L_1 处。

11.3.2 思想向量

在编码阶段中，循环神经网络更新其隐藏状态，表示为 $h^{<t>}$。在序列结束时捕获的最终隐藏状态 $h^{<t_1>}$ 被传递给解码器。这个最终状态被称为思想向量，在 2015 年由 Geoffrey Hinton 提出。这种紧凑的表示捕获了输入序列的本质。在图 11.3 中，思想向量如❸所示。

11.3.3 解码器或生成器

在编码过程完成后，一个 <GO> 标记信号将解码器启动。使用编码器的最终隐藏状态 $h^{<t_1>}$ 作为其初始输入，解码器开始构建输出序列，表示为 $Y = \left\{ y^{<1>}, y^{<2>}, \cdots, y^{<t_2>} \right\}$。在图 11.3 的背景下，这个输出序列对应的句子是："Yes, it is."

11.3.4 Seq2Seq 中的特殊标记

在 Seq2Seq 范式中，<EOS> 和 <GO> 是必不可少的标记，但还有其他值得注意的标记：

- <UNK>：代表未知，这个标记替换不常见的词，确保词汇表保持可管理。
- <PAD>：用于填充较短的序列，这个标记在训练期间标准化序列长度，增强模型的效果。

Seq2Seq 模型的一个显著特点是其能够处理可变长度的序列，这意味着输入和输出序列的大小可以有所不同。这种灵活性，结合其顺序性质，使得 Seq2Seq 在高级建模领域中成为一个关键的架构，将我们从自动编码器到更复杂、更微妙的序列处理系统的过程串联起来。

在学习了自动编码器的基础领域并深入研究了 Seq2Seq 模型之后，我们现在需要了解编码器 – 解码器框架的局限性。

11.3.5 信息瓶颈困境

正如我们所了解的，传统 Seq2Seq 模型的核心是思想向量 $h^{<t_1>}$。这是来自编码器的最后一个隐藏状态，是连接到解码器的桥梁。这个向量的任务是封装整个输入序列 X。这种机制的简单性既是它的优势，也是它的弱点。当序列变得更长时，将大量信息压缩成固定大小的表示变得越来越困难。这被称为**信息瓶颈**。无论输入的丰富性或复杂性如何，固定长度的记忆约束意味着只能从编码器传递这么多信息给解码器。

要了解如何解决这个问题，我们需要将焦点从 Seq2Seq 模型转移到注意力机制上。

11.4 理解注意力机制

在传统 Seq2Seq 模型中固定长度记忆带来的挑战之后，2014 年标志着一个革命性的进步。Dzmitry Bahdanau、KyungHyun Cho 和 Yoshua Bengio 提出了一个变革性的解决方案：**注意力机制**。与早期模型不同，早期模型通常试图将整个序列压缩到有限的内存空间中（往往是徒劳的），注意力机制使模型能够聚焦于输入序列中特定、相关的部分。可以将其想象成在每个解码步骤上只放大最关键的数据部分，就像使用放大镜一样。

11.4.1 注意力在神经网络中是什么

俗话说，注意力集中在哪里，问题就解决在哪里。在自然语言处理领域，特别是在训练大型语言模型的过程中，注意力机制变得非常重要。传统上，神经网络按照固定顺序处理输入数据，可能忽略上下文的相关性。而引入注意力机制则可以衡量不同输入数据的重要性，更加关注相关的内容。

基本思想

就像人类更加关注图像或文本中显著的部分一样，注意力机制让神经模型能够集中关注输入数据中更相关的部分。它有效地告诉模型下一步应该"看"哪里。

示例

受我最近的埃及之旅的启发，那感觉像是一次回到过去的航行，想想古埃及的表达性和象征性的语言：象形文字。象形文字远不止于简单的符号，它们是艺术和语言的复杂融合，代表着多层次的意义。这个系统，以其广泛的符号阵列，展示了神经网络中注意力机制的基本原理。吉萨著名的金字塔——胡夫和卡夫拉，伴随着古老的埃及文字"象形文字"的铭文如图 11.4 所示。

举例来说，一个埃及抄写员希望传达沿尼罗河举行一场盛大节日的消息。在成千上万的象形文字中：

- ☐ ☥，表示生命的"Ankh"象形文字捕捉了节日的活力和庆祝精神。
- ☐ ↑，类似权杖的"Was"符号，预示着当权者或法老在庆祝活动中的关键角色。
- ☐ ≡，尼罗河的插图，作为埃及文化的中心，准确定位了节日的地点。

图 11.4　吉萨著名的金字塔——胡夫和卡夫拉，
伴随着古老的埃及文字"象形文字"的铭文（照片由作者拍摄）

然而，为了传达节日的盛大和重要性，不是所有符号都同等重要。抄写员需要强调或重复特定的象形文字，以突出消息中最关键的方面。这种选择性的强调类似于神经网络的注意力机制。

11.4.2　注意力机制的三个关键方面

在神经网络中，特别是在自然语言处理任务中，注意力机制在过滤和聚焦相关信息方面起着至关重要的作用。在这里，我们将注意力的主要方面概括为三个主要组成部分：上下文相关性、符号效率和重点关注：

1. 上下文相关性

1）概述：从本质上讲，注意力的目标是将更多的重要性分配给被认为与当前任务更相关的输入数据的某些部分。

2）深入探讨：以"盛大的尼罗河节日"这样一个简单的输入为例。在这种情况下，注意力机制可能会给"尼罗河"和"盛大"这两个词分配更高的权重。这并不是因为它们的一般意义，而是由于它们在特定任务中的重要性。注意力不是以统一的重要性来处理每个词或输入，而是根据上下文来区分和调整模型的焦点。

3）在实践中：可以将这看作聚光灯。就像舞台上的聚光灯在关键时刻照亮特定的演员，同时使其他演员变暗一样，注意力关注具有更多上下文价值的特定输入数据。

2. 符号效率

1）概述：注意力将大量信息压缩成易于消化的关键片段的能力。

2）深入探讨：象形文字可以在单个符号内包含复杂的叙述或观念。类似地，通过分配不同的权重，注意力机制可以确定数据的哪些部分包含最重要的信息，并应优先处理。

3）在实践中：考虑将大篇幅的文档压缩成简明扼要的摘要。摘要只保留了最关键的信息，反映了注意力机制从更大的输入中提取并优先处理最相关的数据的功能。

3. 重点关注

1）概述：注意力机制并不均匀地分配其关注焦点。旨在根据它们对任务的感知相关性对输入数据的部分进行优先处理。

2）深入探讨：在古埃及象形文字的例子中汲取灵感，就像埃及抄写员在想要传达生命或庆祝的概念时可能会强调"十字形"符号一样，注意力机制会调整它们的焦点（或权重）到更相关的输入的特定部分。

3）在实践中：这类似于阅读研究论文。虽然整个文档都具有价值，但人们可能会更关注摘要、结论或与其当前研究需求相一致的特定数据点。

因此，神经网络中的注意力机制模拟了人类在处理信息时自然采用的选择性关注。通过理解注意力如何确定优先级和处理数据的微妙差别，我们可以更好地设计和解释神经模型。

11.4.3 深入探讨注意力机制

注意力机制可以被看作一种进化的沟通形式，就像古代的象形文字一样。传统上，编码器试图将整个输入序列提炼成一个封装的隐藏状态。这类似于埃及抄写员试图用单个象形文字来传达整个事件。虽然这是可能的，但具有挑战性，并且可能无法捕捉事件的全部本质。

现在，通过增强的编码器-解码器方法，我们有幸为每一步生成一个隐藏状态，为解码器提供更丰富的数据。但是同时引用每一个象形文字（或状态）将会很混乱，就像一位抄写员使用所有可用的符号来描述尼罗河边的一个事件一样。这就是注意力发挥作用的地方。采用由注意力机制增强的编码器-解码器结构的 RNN 如图 11.5 所示。

注意力允许解码器进行优先排序。就像一位抄写员可能专注于"Ankh"象形文字来表示生命和活力，或者"Was"权杖来代表权力，甚至描绘尼罗河本身以确定位置一样，解码器为每个编码器状态分配不同的权重。它决定输入序列中哪些部分（或哪些象形文字）值得更多关注。在我们的翻译示例中，将"Transformers are great!"翻译为"Transformatoren sind grossartig!"时，该机制强调将"great"与"grossartig"对齐，确保核心情感保持完整。

无论是在神经网络注意力机制还是象形文字叙述中，这种选择性关注确保了所传达消息的精准性和清晰性。

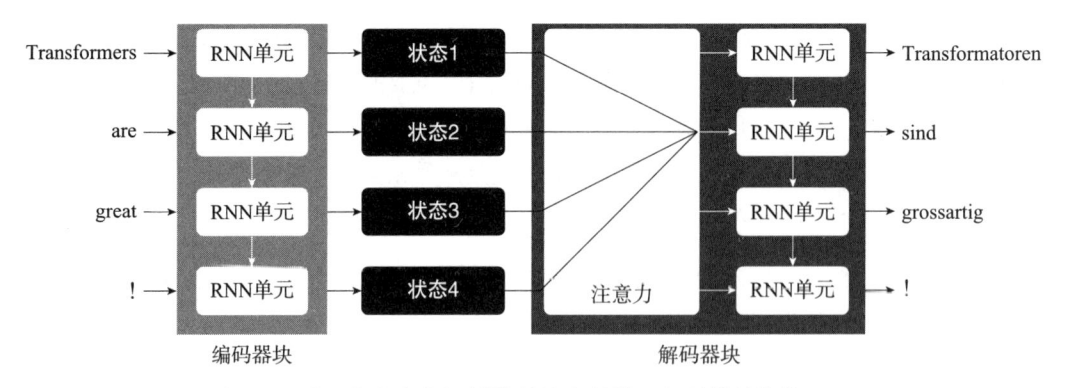

图 11.5　采用由注意力机制增强的编码器 – 解码器结构的 RNN

11.4.4　注意力机制的挑战问题

虽然将注意力与 RNN 结合起来能够带来显著的改进，但它并非没有缺陷。

一个重要的障碍是计算成本。从编码器传输多个隐藏状态到解码器的行为需要大量的处理能力。

然而，与所有的技术进步一样，解决方案不断出现。其中一个进步是引入了**自注意力**，这是 Transformer 架构的基石。这种创新的变体改进了注意力过程，使其更高效和可伸缩。

11.5　深入探讨自注意力

让我们再次考虑古代象形文字的艺术，那里的符号被有意选择用来传达复杂的信息。自注意力以类似的方式运作，确定序列中哪些部分是至关重要的，应该受到强调。

如图 11.6 所示，将自注意力集成到序列模型中的美妙之处显而易见。想象一下底层使用双向 RNN 进行计算的过程，就像金字塔的基石一样。它们生成了我们所谓的上下文向量 (c_2)，这是一个总结，就像象形文字为事件所做的描述一样。

序列中的每一步或词都有其权重，用 α 表示。这些权重与上下文向量进行交互，强调了某些元素的重要性而减弱了其他元素的影响。

想象一个场景，其中输入 X_k 代表一个不同的句子，用 k 表示，其长度为 L_1。这可以在数学上表达为

$$X_k = \left\{ X_k^{<1>}, X_k^{<2>}, \cdots, X_k^{<L_1>} \right\}$$

这里，每个元素 $X_k^{<t>}$ 代表句子 k 中的一个单词或标记，上标 $<t>$ 表示它在该句子中的特定位置或时间步长。

11.5.1 注意力权重

在自注意力领域，注意力权重扮演着至关重要的角色，就像指引哪些词是必不可少的指南针一样。它们在生成上下文向量时为每个单词分配了"重要性分数"。

为了让这一点更加具体化，考虑我们之前的翻译示例："Transformers are great!"翻译成"Transformatoren sind grossartig!"。在关注单词"Transformers"时，注意力权重可能会分解如下：

- $\alpha_{2,1}$：衡量"Transformers"与句子开头的关系。其值越大，表示单词"Transformers"在很大程度上越依赖于开头来获得上下文。
- $\alpha_{2,2}$：反映了"Transformers"强调其固有含义的程度。
- $\alpha_{2,3}$ 和 $\alpha_{2,4}$：分别衡量了"Transformers"对单词"are"和"great!"的上下文的重视程度。其值越大，意味着"Transformers"越深受周围词语的影响。

在训练过程中，这些注意力权重不断地被调整和微调。这种持续的优化确保我们的模型理解句子中词语之间的复杂关系，捕捉到明确和微妙的联系。

在我们深入探讨自注意力机制之前，了解图 11.6 中汇聚在一起的关键要素至关重要。

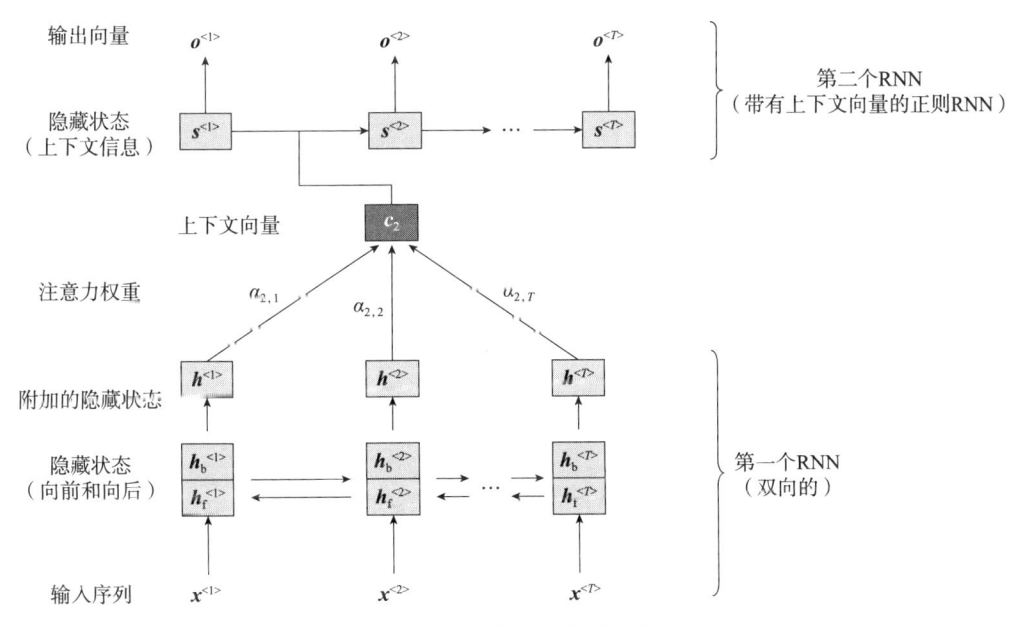

图 11.6 在序列模型中集成自注意力

11.5.2 编码器：双向 RNN

在第 10 章中，我们研究了单向 RNN 及其变体的主要架构组件。双向 RNN 是为了解决这一需求而被发明的（Schuster 和 Paliwal，1997）。我们还确定了单向 RNN 的一个不足之处，即它们只能在一个方向上传递上下文。

对于输入序列，比如 X，双向 RNN 首先从头到尾读取它，然后从尾部返回到头部。这种双重方法有助于基于前面和后面的元素捕获信息。对于每个时间步长，我们得到两个隐藏状态：$h_f^{<t>}$ 代表正向方向，$h_b^{<t>}$ 代表反向方向。这些状态被合并成一个单独的状态，表示为

$$h^{<t>} = h_f^{<t>} \mid h_b^{<t>}$$

例如，如果 $h_f^{<t_2>}$ 和 $h_b^{<t_2>}$ 是 64 维向量，那么结果 $h^{<t_2>}$ 是 128 维的。这个合并的状态是序列上下文的详细表示，包含了来自两个方向的信息。

11.5.3 思想向量

思想向量，这里表示为 C_k，是输入 X_k 的一种表示。正如我们所学到的，它的创建是为了捕捉 X_k 中每个元素的排序模式、上下文和状态。

在我们前面的图中，它被定义为

$$C_k = \left(\alpha_k^{<1>} h^{<1>} + \alpha_k^{<2>} h^{<2>} + \cdots + \alpha_k^{<L_1>} h^{<L_1>} \right)$$

其中，$\alpha_k^{<t>}$ 是在训练过程中调整的时间步长 t 的注意力权重。

利用求和符号，可以表示为

$$C_k = \sum_{t=1}^{L_1} \alpha_k^{<t>} h^{<t>}$$

11.5.4 解码器：常规 RNN

图 11.5 显示了解码器通过思想向量与编码器相连接。

对于某个句子 k，解码器的输出表示为

$$O_k = \left\{ o_k^{<1>}, o_k^{<1>}, \cdots, o_k^{<L_2>} \right\}$$

请注意，输出的长度为 L_2，这与输入序列的长度不同，输入序列的长度为 L_1。

11.5.5 训练与推断

在某个输入序列 k 的训练数据中，我们有代表基本事实的预期输出向量，由向量 Y_k 表示。这是：

$$Y_k = \left\{ y_k^{<1>}, y_k^{<1>}, \cdots, y_k^{<L_2>} \right\}$$

在每个时间步长，解码器的 RNN 会得到三个输入：

- $s_k^{<t-1>}$：先前的隐藏状态。
- C_k：序列 k 的思想向量。
- $y_k^{<t-1>}$：基本事实向量 Y_k 中的先前单词。

然而，在推断过程中，由于没有先前的基本事实可用，解码器的 RNN 会使用先前的输出单词，即 $o_k^{<t-1>}$。

现在我们已经了解了自注意力是如何解决注意力机制所面临的挑战以及它涉及的基本操作，我们可以将注意力转移到序列建模的下一个重大进展：Transformer。

11.6 Transformer：自注意力之后的神经网络演变

我们对自注意力的探索揭示了其重新解释序列数据的强大的能力，为每个单词提供基于其与其他单词关系的上下文理解。这一原则为神经网络设计带来了一次进化性的飞跃：Transformer 架构。

Transformer 架构由 Google Brain 团队在他们 2017 年的论文 "Attention is All You Need" 中提出（https://arxiv.org/abs/1706.03762），它建立在自注意力的核心原理之上。在其出现之前，RNN 是首选。想象一下 RNN 就像勤奋的图书管理员，逐字逐句地阅读英文句子并将其逐字翻译成德语，确保上下文从一个单词传递到下一个单词。它们对于短文本是可靠的，但当句子变得太长时可能会出现问题，导致前面单词的本质被忽略。

Transformer 是一种全新的序列数据处理方法。与逐字逐句的线性处理方式不同，拥有先进注意力机制的 Transformer 能够在一瞬间理解整个序列。这就好比一下子领悟整段文字的情感，而不是逐字拼凑。这种整体视角确保了更丰富、更全面的理解，彰显了词语之间微妙的相互作用。

自注意力是 Transformer 效率的核心。虽然我们在 11.5 节已经提及过这一点，但值得注意的是它在这里的关键性。通过自注意力，网络的每一层都能与输入数据的每一部分产生共鸣。

正如图 11.7 所示，Transformer 架构在其编码器和解码器部分都采用了自注意力，然后将结果馈送到神经网络中［也称为**前馈神经网络（FFNN）**］。除了更易于训练外，这种设置还催生了自然语言处理领域的许多最新突破。

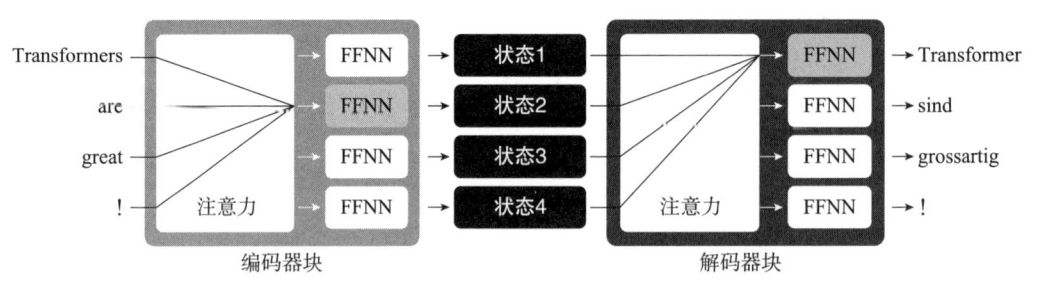

图 11.7　原始 Transformer 的编码器 – 解码器架构

举例来说，考虑比利·韦尔曼（Billy Wellman）所著的《古埃及：引人入胜的埃及历史的概述》(Ancient Egypt: An Enthralling Overview of Egyptian History)。其中，早期法老如拉美西斯和克利奥帕特拉以及金字塔建造之间的关系是广泛而复杂的。传统模型可能会在处理如此广泛的内容时遇到困难。

11.6.1　为什么 Transformer 出类拔萃

Transformer 架构及其自注意力机制被视为一种有前景的解决方案。当遇到像"金字塔"这样的术语时，模型可以利用自注意力机制评估其与"拉美西斯"或"克利奥帕特拉"等术语的相关性，而不考虑它们的位置。这种对各个输入部分进行关注的能力展示了为何 Transformer 在现代自然语言处理中至关重要。

11.6.2　Python 代码分解

下面是自注意力机制如何实现的简化版本的 Python 代码示例：

```python
import numpy as np

def self_attention(Q, K, V):
    """
    Q: Query matrix
    K: Key matrix
    V: Value matrix
    """
    
    # Calculate the attention weights
    attention_weights = np.matmul(Q, K.T)
```

```
    # Apply the softmax to get probabilities
    attention_probs = np.exp(attention_weights) / np.sum(np.exp(attention_weights),
axis=1, keepdims=True)

    # Multiply the probabilities with the value matrix to get the output
    output = np.matmul(attention_probs, V)

    return output

# Example
Q = np.array([[1, 0, 1], [0, 2, 0], [1, 1, 0]])   # Example Query
K = np.array([[1, 0, 1], [0, 2, 0], [1, 1, 0]])   # Key matrix
V = np.array([[0, 2, 0], [1, 0, 1], [0, 1, 2]])   # Value matrix
output = self_attention(Q, K, V)
print(output)
```

输出：

```
[[0.09003057 1.57521038 0.57948752]
 [0.86681333 0.14906291 1.10143419]
 [0.4223188  0.73304361 1.26695639]]
```

这段代码是一个基本的表示，而真正的 Transformer 模型在扩展到更大序列时会采用更优化和详细的方法。但其核心在于动态加权序列中不同单词的特性，让模型能够带入上下文理解。

11.6.3　输出的理解

- 第一行 [0.09003057 1.57521038 0.57948752] 对应于查询中第一个单词（在本例中由 Q 矩阵的第一行表示）对 V 矩阵加权组合的结果。这意味着当我们的模型遇到由这个查询表示的单词时，它将分别对 V 矩阵的第一个单词、第二个单词和第三个单词分别产生 9%、157.5% 和 57.9% 的注意力权重，以获得上下文理解。
- 第二行 [0.86681333 0.14906291 1.10143419] 是查询中第二个单词的注意力结果。它分别对 V 矩阵的第一个单词、第二个单词和第三个单词产生 86.7%、14.9% 和 110.1% 的注意力权重。
- 第三行 [0.4223188 0.73304361 1.26695639] 是查询中第三个单词的注意力结果。它分别对 V 矩阵中的单词产生 42.2%、73.3% 和 126.7% 的注意力权重。

通过回顾了解了 Transformer 模型，了解其在序列建模中的位置、代码和输出后，我们可以考虑自然语言处理领域的下一个重大发展。接下来，让我们来看一下大型语言模型（LLM）。

11.7 大型语言模型

LLM 是自然语言处理领域中 Transformer 之后的下一个进化步骤。它不仅仅是老模型的增强版，还代表着一次飞跃。这些模型能够处理大量的文本数据，并执行以前被认为是人类思维领域的任务。

简单来说，LLM 能够生成文本、回答问题，甚至编写代码。想象一下与软件进行聊天，它像人类一样回答，捕捉微妙的暗示并回忆先前的对话部分。这就是 LLM 所提供的。

语言模型（LM） 一直是 NLP 的支柱，帮助解决从机器翻译到更现代的文本分类等各种任务。虽然早期的 LM 依赖于 RNN 和**长短期记忆（LSTM）**结构，但今天的 NLP 成就主要归功于深度学习技术，尤其是 Transformer。

LLM 的特点是能够阅读并从大量文本中学习。从零开始训练一个 LLM 是一项严峻的工作，需要强大的计算机和大量时间。根据模型的大小和训练数据的数量等因素，比如来自巨大信息来源如维基百科或 Common Crawl 数据集的数据，训练一个 LLM 可能需要几周甚至几个月的时间。

处理长序列是 LLM 面临的一个已知挑战。早期的模型，建立在 RNN 和 LSTM 上，面临着与长度序列相关的问题，经常丢失重要细节，这影响了它们的性能。这就是我们开始看到注意力机制发挥作用的地方。注意力机制就像一把手电筒，照亮长输入的关键部分。例如，在关于汽车发展的文本中，注意力确保模型识别并关注主要的突破，无论它们出现在文本的哪个位置。

11.7.1 理解 LLM 中的注意力机制

注意力机制已经成为神经网络领域的基础，特别是在 LLM 中尤为显著。训练这些加载了数百万甚至数十亿参数的庞大的模型，绝非易事。在它们的核心，注意力机制就像是荧光笔，强调关键细节。例如，在进行关于自然语言处理演进的长篇文本时，LLM 可以理解整体主题，但注意力确保它们不会错过关键的里程碑。Transformer 利用了这种注意力特性，帮助 LLM 处理大量文本，并确保上下文的一致性。

对于 LLM 来说，上下文至关重要。例如，如果一个 LLM 创作一个以猫为开始的故事，注意力确保当故事展开时，上下文保持不变。因此，故事不会引入无关的声音，比如"汪汪"，而是自然地倾向于"咕噜"或"喵喵"。

训练一个 LLM 就像持续几个月地运行一台超级计算机，纯粹用于处理大量的文本。而当初始训练结束时，这只是个开始。可以将它想象成拥有一辆高端车——你需要定期维护。同样，LLM 需要根据新数据进行频繁的更新和改进。

即使训练了一个LLM，工作还没有结束。为了保持有效，这些模型需要不断学习。想象一下教给某人英语语法规则，然后再加入俚语或成语——他们需要适应这些不规则性才能完全理解。

2017年到2018年之间，LLM领域出现了一个显著的变化，这是一个突出的历史性转变。包括OpenAI在内的公司开始利用无监督预训练，为情感分析等任务铺平了更简化模型的道路。

11.7.2 探索自然语言处理的强大工具：GPT和BERT

通用语言模型微调（ULMFiT） 开创了自然语言处理领域的新时代。这一方法首创了重复利用预训练的LSTM模型，将它们适应于各种NLP任务，既节省了计算资源，又节约了时间。让我们来详细了解一下它的过程：

1）**预训练**：这类似于教孩子语言的基础知识。使用维基百科等大量数据集，模型学习语言的基本结构和语法。可以将其想象为给学生提供通识教科书。

2）**领域适应**：模型随后深入到特定领域或体裁。如果第一步是学习语法，那么这一步就像是将模型介绍给不同体裁的文学作品——从惊悚小说到科学期刊。它仍然预测单词，但现在是在特定的上下文中进行预测。

3）**微调**：最后，模型被专门调整以执行特定任务，比如在给定文本中检测情绪或情感。这相当于训练学生写作文章或深入分析文本。

2018年诞生的LLM先驱者：GPT和BERT

2018年见证了两个杰出模型的崛起：GPT和BERT。让我们更详细地了解它们。

生成式预训练Transformer（GPT）

受到ULMFiT的启发，GPT是一种依赖于**Transformer**架构的解码器端的模型。想象一下浩瀚的人类文学。如果传统模型是针对固定的书籍集进行训练的，那么GPT就像是让一位学者可以访问整个图书馆，包括BookCorpus——一个包含多样化未发表书籍的丰富数据集。这使得GPT可以从小说到历史等各种体裁中获得见解。

这里有一个类比：传统模型可能知道莎士比亚剧作的情节。而通过其广泛的学习，GPT不仅能理解情节，还能了解文化背景、角色细微差别，以及莎士比亚写作风格随时间的演变。

GPT对解码器的关注使其成为生成相关且连贯文本的大师，就像经验丰富的作家起草一部小说一样。

来自transformer的双向编码表示（BERT）

BERT通过其"掩码语言建模"技术彻底改变了传统的语言建模。与仅预测句子中下一个词的模型不同，BERT填补有意留空或"掩码"的单词，增强了其语境理解能力。

让我们换个角度来看这个问题。在句子"她去巴黎参观___"中，传统模型可能会预测出适合在"参观"之后的词，比如"博物馆"。而对于给定的"她去巴黎参观掩码"，BERT 会试图推断出"掩码"可以被"埃菲尔铁塔"替代，理解到对巴黎之行的更广泛背景。

BERT 的方法提供了更全面的语言视角，根据前后文捕捉单词的本质，提升了其语言理解能力。

在训练 LLM 时，取得成功的关键在于结合"深度"和"广度"学习架构。将"深度"部分视为专注于某一主题的专家，而"广度"方法则像是样样通，对各方面都有一定了解。

11.7.3 利用深度和广度模型创建强大的 LLM

深度和广度模型的结合为创建强大的 LLM 提供了重要的支持。LLM 的设计非常复杂，LLM 旨在在特定任务中表现出色，如预测序列中的下一个词。虽然这听起来可能很简单，但要实现高准确度，模型通常会从人类学习的某些方面获取灵感。

人脑作为大自然的奇迹，通过识别并抽象出周围环境中的共同模式来处理信息。在这一基本理解的基础上，人类通过记忆特定实例或不符合通常模式的异常情况来增进他们的知识。可以将这视为理解规则，然后学习规则的异常情况。

要赋予机器这种双层学习方法，我们需要精心设计的机器学习架构。一种基本的方法可能涉及只在概括的模式上训练模型，而忽略异常情况。然而，为了真正表现出色，尤其是在像预测下一个词这样的任务上，模型必须善于把握语言中的共同模式和特殊的异常情况。

虽然 LLM 并非旨在完全模拟人类智能（因为人类智能具有多个方面，不仅仅是预测序列），但它们从人类学习策略中获取灵感，以精通其特定任务。

LLM 旨在通过检测大量文本数据中的模式来理解和生成语言。考虑以下基本的语言指导原则：

1）古埃及象形文字提供了一个引人入胜的例子。在这种早期书写系统中，一个符号可能代表一个词、音或甚至一个概念。例如，虽然单个象形文字可以表示"河流"这个词，但一组象形文字可以传达像"赋予生命的尼罗河"这样更深层的含义。

2）现在，考虑一下问题是如何形成的。通常，问题以助动词开头。然而，间接的询问，比如"我想知道今年尼罗河是否会发洪水"，偏离了这种常规模式。

为了有效地预测序列中的下一个词或短语，LLM 必须掌握通行的语言规范和偶尔出现的异常情况。

11.8 底部的表单

因此，结合深度和广度模型（见图 11.8）已被证明可以提高模型在各种任务上的性能。深度模型的特点是具有许多隐藏层，并且擅长学习输入和输出之间的复杂关系。

相比之下，广度模型旨在学习数据中的简单模式。通过结合这两种模型，可以捕捉复杂关系和简单模式，从而产生更加稳健和灵活的模型。

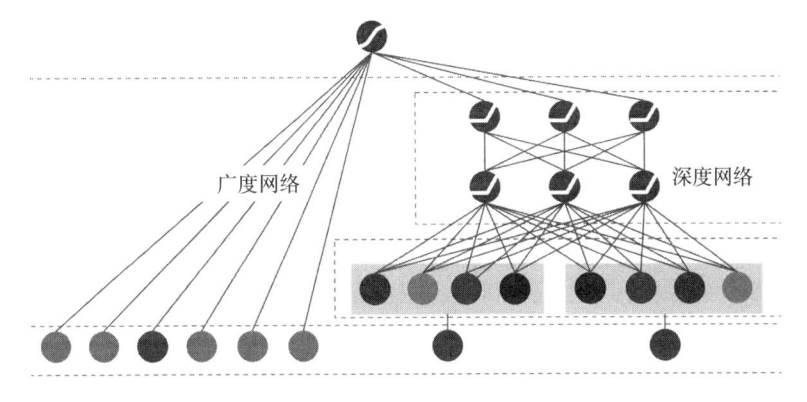

图 11.8　深度和广度模型的架构

将异常情况纳入训练过程对于模型更好地泛化到新的和未知数据至关重要。例如，一个语言模型如果只在包含一个词义的数据上进行训练，那么它可能很难识别在新数据中遇到的其他含义。通过纳入异常情况，模型可以学会识别一个词的多个含义，从而提高其在各种自然语言处理任务中的性能。

深度架构通常用于需要学习数据的复杂、分层抽象表示的任务。表现出可泛化模式的特征被称为稠密特征。当我们使用深度架构来制定规则时，我们称之为通过泛化学习。为了构建广而深的网络，我们将稀疏特征直接连接到输出节点。

在机器学习领域，结合深度和广度模型被认为是构建更灵活和稳健的模型的重要途径。这样的模型能够捕捉数据中的复杂关系和简单模式。深度模型擅长学习数据的复杂、分层抽象表示，它具有许多隐藏层，每一层都能处理数据并在不同层次的抽象级别上学习不同的特征。相比之下，广度模型具有最少的隐藏层，通常用于学习数据中的简单非线性关系，而不创建任何抽象层次。

这种模式通过稀疏特征表示。当模型的广度部分具有一个或零个隐藏层时，它可以用来记忆示例并制定异常情况。因此，当宽度架构用于制定规则时，我们称之为记忆学习。

深度和广度模型可以利用深度神经网络来泛化模式。通常情况下，该模型部分需要大量时间来训练。广度部分和在实时捕获所有这些概括异常情况的努力是不断的算法学习过程的一部分。

11.9　小结

在本章中，我们深入探讨了高级序列模型，这些模型专门设计用于处理输入序列，尤其是当输出序列的长度可能与输入序列不同时。其中，自动编码器是一种神经网络架构，特别擅长压缩数据。它的工作原理是将输入数据编码为较小的表示，然后将其解码回类似于原始的输入。这个过程在诸如图像去噪的任务中非常有用，可以从图像中滤除噪声以产生更清晰的版本。

另一个具有影响力的模型是 Seq2Seq 模型，它专门设计用于处理输入和输出序列长度不同的任务，因此非常适用于机器翻译等应用。然而，传统的 Seq2Seq 模型面临信息瓶颈挑战，即需要在单一的固定大小表示中捕获整个输入序列的上下文。为了解决这个问题，引入了注意力机制，使模型能够动态地专注于输入序列的不同部分。在论文"Attention is All You Need"中引入的 Transformer 架构利用了这一机制，彻底改变了序列数据的处理方式。与它们的前身不同，Transformer 可以同时关注序列中的所有位置，捕捉数据内部的错综复杂的关系。这一创新为 LLM（大型语言模型）铺平了道路，由于其类似人类的文本生成能力而备受关注。

在下一章中，我们将探讨如何使用推荐引擎。

第三部分 *Part 3*

高级主题

顾名思义，本部分将涉及与算法相关的一些高级主题。密码学和大规模算法是本部分的重点内容。我们还将探讨与训练复杂算法所需的大规模基础设施相关的问题。最后探讨在实施算法时应该牢记的实际考虑因素。

第 12 章

推荐引擎

我所能拥有的最佳"推荐信"就是我自身的才能、我自己的劳动成果,别人不会为我做的事,我会尽力自己去做。

——18~19 世纪科学家 John James Audubon(约翰·詹姆斯·奥杜邦)

推荐引擎利用用户偏好和物品详情的可用数据,为用户提供定制建议。在核心层面,这些引擎的目标是识别各种物品之间的共同点,并理解用户 – 物品交互的动态。推荐系统不仅关注产品,而且涵盖更广泛的范围,会考虑任何类型的物品——无论是歌曲、新闻文章还是产品,并据此量身定制推荐内容。

本章首先介绍推荐引擎的基础知识。然后讨论各种类型的推荐引擎。在本章的后续部分,我们将探讨推荐系统的内部工作原理。这些系统擅长向用户推荐定制的物品或产品,但它们并非没有挑战。我们将讨论它们的优势和局限性。最后,我们将学习使用推荐引擎来解决现实世界中的问题。

本章涵盖以下主题:

- ❏ 推荐引擎简介。
- ❏ 推荐引擎的类型。
- ❏ 理解推荐系统的局限性。
- ❏ 实际应用领域。
- ❏ 实例——创建推荐引擎。

通过学习本章，你将能够理解如何使用推荐引擎根据用户偏好来推荐不同的项目。我们先了解推荐引擎的背景。

12.1 推荐引擎简介

推荐系统是一个强大的工具，表示研究人员最初开发用于预测用户最有可能感兴趣的商品的方法。推荐系统能够对商品提供个性化建议，这使得它成为在线购物中最重要的技术。

在电子商务应用中，推荐引擎使用复杂的算法来改善购物者的购物体验，并允许服务提供商根据用户的偏好定制产品。

一个经典的例子是 2009 年的 Netflix Prize 挑战。Netflix 为了改进其推荐算法，提供了高达 100 万美元的奖金，任何团队只要能将其当前的推荐系统 Cinematch 的效果提升 10%，就可以获得奖金。这一挑战吸引了全球研究人员的参与，最终贝尔科的 Pragmatic Chaos 团队成为赢家。他们的成就突显了推荐系统在商业领域的重要作用和潜力。关于这个引人入胜的挑战的更多内容将在本章中探讨。

12.2 推荐引擎的类型

一般来说，推荐引擎大致有三种主要类型：

- **基于内容的推荐引擎**：关注物品属性，将一个产品的特征与另一个产品进行匹配。
- **协同过滤推荐引擎**：基于用户行为来预测偏好。
- **混合推荐引擎**：引擎将基于内容和协同过滤方法的优势融合在一起，以优化建议。

在确定了这些类别后，下面我们逐一深入了解这三种类型的推荐引擎的详细信息。

12.2.1 基于内容的推荐引擎

基于内容的推荐引擎的运作原理非常简单：推荐与用户之前互动过的物品相似的物品。系统的关键在于准确度量物品之间的相似性。

为了说明这一点，想象一下如图 12.1 所示的场景。

假设某用户已经阅读了文档 1。由于文档之间的相似性，我们可以向该用户推荐文档 2。

这种方法的有效性依赖于是否能够识别并量化这些相似性。因此，识别物品之间的相似性对于推荐来说至关重要。让我们深入探讨如何量化这些相似性。

图 12.1　基于内容的推荐引擎

确定非结构化文档之间的相似性

确定不同文档之间相似性的一种方法是使用共现矩阵,其基本原理是经常一起购买的物品可能具有相似性或属于互补类别。

例如,购买剃须刀的人可能还需要剃须膏。让我们通过四个用户的购买习惯数据来解释这一点(见下表)。

	剃须刀	苹果	剃须膏	自行车	鹰嘴豆沙
Mike	1	1	1	0	1
Taylor	1	0	1	1	1
Elena	0	0	0	1	0
Amine	1	0	1	0	0

构建共现矩阵的步骤如下:

1)初始化一个 $N \times N$ 的矩阵,其中 N 是物品的数量。该矩阵将存储共现计数。

2)针对用户-物品矩阵中的每个用户,通过增加用户互动过的物品对应的单元格的值来更新共现矩阵。

3)最终的矩阵展示了基于用户互动的物品之间的关联。

上述表格的共现矩阵如下表所示。

	剃须刀	苹果	剃须膏	自行车	鹰嘴豆沙
剃须刀	—	1	3	1	2
苹果	1	—	1	0	1
剃须膏	3	1	—	1	2
自行车	1	0	1	—	1
鹰嘴豆沙	2	1	2	1	—

本质上，这个矩阵展示了两个物品一起被购买的可能性。它是推荐系统中的一个有价值的工具。

12.2.2 协同过滤推荐引擎

协同过滤的推荐是基于对用户的历史购买模式进行分析得出的。其基本假设是，如果两个用户对大部分相同的物品表现出兴趣，那么我们可以将这两个用户归类为相似的用户。换句话说，我们可以假定以下情况：

- 如果两个用户的购买历史重叠部分超过了一个阈值，我们就可以将他们归类为相似用户。
- 查看相似用户的历史记录，那些在购买历史中没有重叠的物品成为通过协同过滤进行未来推荐的基础。

让我们来看一个具体的例子。比如有两个用户，用户 1 和用户 2，如图 12.2 所示。

请注意以下内容：

- 用户 1 和用户 2 都对完全相同的文档（文档 1 和文档 2）表现出了兴趣。
- 基于他们相似的历史模式，可以将他们两个归类为相似用户。
- 如果用户 1 现在阅读了文档 3，则可以向用户 2 推荐文档 3。

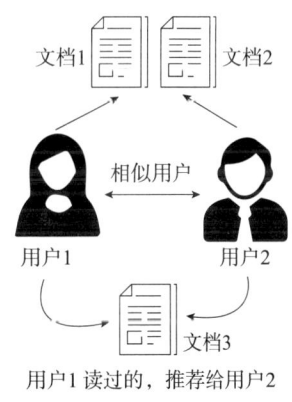

图 12.2 协同过滤推荐引擎

基于用户历史向他们推荐物品的策略并不总是有效的。让我们更详细地了解一下与协同过滤相关的问题。

与协同过滤相关的问题

协同过滤有三个潜在问题：

1）由于样本量有限导致的不准确性。
2）容易受到孤立分析的影响。
3）过度依赖历史数据。

下面来更详细地了解这些限制。

由于样本量有限导致的不准确性

协同过滤系统的准确性和有效性也取决于样本量。例如，如果只分析了三个文档，那么准确推荐的潜力就会受到限制。

然而，如果一个系统拥有关于数百或数千个文档和交互的数据，其预测能力将明显变得更加可靠。这就像根据少量数据点进行预测与根据全面的数据集获取信息之间的区别一样。

即使配备了大量数据，协同过滤也不是万无一失的。原因在于它纯粹依赖于用户和物品之间的历史交互，而没有考虑任何外部因素。

容易受到孤立分析的影响

协同过滤专注于由用户行为及其与物品的交互形成的模式。这意味着它经常忽略可能影响用户选择的外部因素。例如，用户可能选择一本书并不是因为个人兴趣，而是出于学术需要或朋友的推荐。协同过滤模型无法识别这些细微差别。

过度依赖历史数据

由于系统依赖历史数据，因此可能会强化刻板印象，或者无法跟上用户不断变化的品味。想象一下，如果一个用户曾经非常喜欢科幻电影，但后来转向喜欢浪漫影片。由于他过去看了大量的科幻电影，系统可能仍然主要给他推荐这类电影，而忽略了他当前的偏好。

总之，尽管协同过滤在拥有大量数据时表现非常出色，但我们也需要认识到由于其独立操作方法所带来的固有限制。

接下来，我们来看一下混合推荐引擎。

12.2.3　混合推荐引擎

到目前为止，我们已经讨论了基于内容和基于协同过滤的推荐引擎。这两种类型的推荐引擎可以组合起来创建混合推荐引擎。为此，我们遵循以下步骤：

1）生成商品相似性矩阵；
2）生成用户偏好矩阵；
3）生成用户推荐。

我们逐一讨论这些步骤。

生成商品相似性矩阵

混合推荐需要先用基于内容的推荐方法来创建商品相似性矩阵。这既可以使用共现矩阵来完成，也可以用任何距离度量来量化商品之间的相似性。

假设我们目前有 5 个商品。使用基于内容的推荐方法，我们生成了一个捕捉商品之间相似性的矩阵，如图 12.3 所示。

我们看看如何将这个相似性矩阵和偏好矩阵结合起来生成推荐。

	商品1	商品2	商品3	商品4	商品5
商品1	10	5	3	2	1
商品2	5	10	6	5	3
商品3	3	6	10	1	5
商品4	2	5	1	10	3
商品5	1	3	5	3	10

图 12.3 相似性矩阵

生成用户偏好矩阵

基于系统中每个用户的历史，我们生成一个偏好向量来捕捉这些用户的兴趣。

我们假设给一家名为 KentStreetOnline 的在线商店生成推荐。假设这家商店销售 100 种不同的商品，商店很受欢迎，有 100 万活跃的订货用户。此时，我们需要生成一个维数为 100×100 的相似性矩阵。我们还要给每个用户生成一个偏好向量。这意味着，我们需要生成 100 万个偏好向量。

偏好向量中每个数据项表示用户对某个商品的偏好。用户偏好矩阵如图 12.4 所示，第一行的值表示对商品 1 的偏好权重为 4。偏好权重并不直接反映购买次数。相反，它是一个加权指标，可能考虑了诸如浏览历史、过去的购买情况、物品评分等因素。

得分为 4 可能代表了对商品 1 的兴趣和过去与其交互的结合，这表明用户很有可能会喜欢该商品。

这一点在图 12.4 中有直观展示。

接下来，我们讨论如何基于相似性矩阵 S 和偏好矩阵 U 来生成推荐。

商品1	4
商品2	0
商品3	0
商品4	5
商品5	0

图 12.4 用户偏好矩阵

生成推荐

为提供推荐，我们可以将矩阵相乘。用户更感兴趣的商品是那些与用户高分评价的商品一起出现的商品：

$$矩阵\ [S] \times 矩阵\ [U] = 矩阵\ [R]$$

此计算结果如图 12.5 所示。

为每个用户生成一个单独的结果矩阵。推荐矩阵 R 中的数字量化了用户对每个商品的预期兴趣。比如，在结果矩阵中，第 4 项的数字最大，为 58，于是可以强烈地向这个用户推荐该商品。

矩阵[S]×矩阵[U]=矩阵[R]

10	5	3	2	1
5	10	6	5	3
3	6	10	1	5
2	5	1	10	3
2	3	5	3	10

4
0
0
5
0

$10×4+5×0+3×0+2×5+1×0=50$

50
45
17
58
23

相似性矩阵S　　　用户偏好矩阵U　　　推荐矩阵R

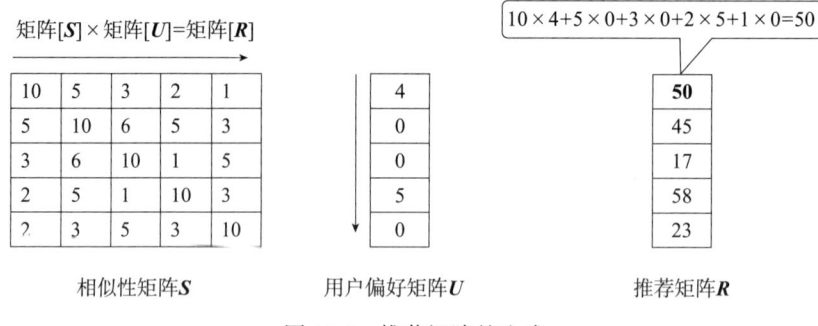

图 12.5　推荐矩阵的生成

推荐系统的演进

推荐系统并非一成不变，它们在不断的优化中得以演进。这种演进是如何发生的？通过将推荐的商品（预测）与用户实际选择进行对比。通过分析差异，系统确定需要改进的领域。随着时间的推移，通过根据用户反馈和观察到的行为重新校准，系统增强了其推荐准确性，确保用户始终收到最相关的建议。

接下来，我们讨论各种推荐系统的局限性。

12.3　理解推荐系统的局限性

推荐引擎使用预测式算法向一群用户提出推荐。这是一种强大的技术，但是我们应该理解其局限性。让我们看一看推荐系统有哪些局限性。

12.3.1　冷启动问题

协同过滤的核心问题在于一个至关重要的依赖：历史用户数据。缺乏用户偏好的历史记录意味着生成准确的推荐变得难以实现。对于新用户，缺乏数据意味着我们的算法在假设的基础上运行，这可能导致不精确的推荐。同样，在基于内容的推荐系统中，新商品可能缺乏全面的细节，使得建议过程不够可靠。这种数据依赖性——需要已建立的用户和商品数据来产生可靠的推荐——就是所谓的**冷启动问题**。

有几种策略可以抵消冷启动问题：

1）**混合系统**：将协同过滤和基于内容的过滤相结合，可以利用彼此的优势来抵消系统的局限性。

2）**基于知识的推荐**：如果历史数据很少，借助关于用户和商品的明确知识可以帮助弥合差距。

3）登录问卷调查：针对新用户，关于偏好的简短问卷可以为系统提供初步数据，指导早期推荐。

理解并应对这些挑战，确保推荐系统在用户参与策略中仍然是一个有效且可靠的工具。

12.3.2　元数据需求

虽然基于内容的推荐系统可以在没有元数据的情况下运行，但整合这些细节可以提高其精确度。需要注意的是，元数据不仅限于文本描述。在多样化的数字生态系统中，商品涉及各种媒体类型，如图像、音频或电影。对于这些媒体而言，"内容"可以从其固有属性中提取。例如，图像的元数据可能来自视觉模式；音频元数据则来自波形或频谱特征等元素；而对于电影，可以考虑诸如类型、演员阵容或场景结构等方面。

整合这些多样化的内容维度使推荐系统更具适应性，能够在广泛的项目范围内提供更精细的推荐。

12.3.3　数据稀疏性问题

在大量的商品中，用户只会给少部分商品进行评分，导致用户—商品评分矩阵非常稀疏。

> 亚马逊大约有10亿用户和10亿件商品。可以说，亚马逊的推荐引擎拥有世界上所有推荐引擎中最稀疏的数据。

为了解决这种稀疏性，采用了各种技术。例如，**矩阵分解方法**可以预测这些稀疏区域的潜在评分，提供更完整的用户—商品交互景象。此外，混合推荐系统结合了基于内容和协同过滤的元素，即使用户—商品交互有限，也能生成有意义的推荐。通过整合这些方法，推荐系统可以有效地应对和缓解稀疏数据集带来的挑战。

12.3.4　推荐系统中社交影响是一把双刃剑

推荐系统会受到社交动态的显著影响。的确，我们的社交圈往往对我们的偏好和选择产生明显的影响。例如，朋友们往往会进行类似的购买，并以相似的方式对产品或服务进行评分。

从积极的一面来看，利用社交关系可以提升推荐的相关性。如果系统观察到特定社交群体中的个体喜欢某部电影或商品，那么向该群体的其他成员推荐同样的商品可能是合理的。这可能会提高用户满意度，并有可能带来更高的转化率。

然而，也存在负面影响。过分依赖社交影响可能会使推荐产生偏见。它可能会无意中产生信息茧房，使用户仅暴露于其直接社交圈所喜爱的物品，限制多样性，潜在地错过更适合个人的商品或服务。此外，这可能导致自我强化的反馈循环，使相同的商品不断被推荐，使其他潜在有价值的商品黯然失色。

因此，虽然社交影响是塑造用户偏好的强大工具，但推荐系统需要平衡社交影响与个体用户行为和更广泛趋势，以确保多样化和个性化的用户体验。

12.4 实际应用领域

推荐系统在我们日常的数字互动中起着关键作用。为了真正理解它们的重要性，让我们深入探讨它们在各个行业中的应用。

基于所提供的关于 Netflix 对数据科学的运用及其推荐系统的详细信息，我们来看一下针对上述要点重新组织的陈述。

12.4.1 Netflix 对数据驱动推荐的掌握

作为流媒体行业的领导者，Netflix 利用数据分析来优化内容推荐，其在硅谷的 800 名工程师正在努力推动这一工作。他们对数据驱动策略的重视在 Netflix 奖挑战赛中得到了充分体现。获胜团队 BellKor's Pragmatic Chaos 使用了 107 种不同的算法，从矩阵分解到受限玻尔兹曼机，投入了 2000 小时进行开发。

结果是他们的"Cinematch"系统取得了显著的 10.06% 的改进。这转化为了更多的流媒体观看时长，更少的订阅取消量，并为 Netflix 节省了大量费用。有趣的是，现在大约 75% 的用户观看内容受到推荐的影响。Töscher 等人（2009）指出了一个有趣的"一日效应"，暗示可能存在共享账户或用户情绪变化的影响。

这次比赛展示了 Netflix 对数据的信奉，但也暗示了集成技术在平衡推荐多样性和准确性方面的潜力。

如今，获胜模型的一些元素仍然是 Netflix 推荐引擎的核心，但随着技术的不断发展，仍有进一步改进的潜力，比如整合强化学习算法和改进的 A/B 测试。

12.4.2 亚马逊推荐系统的演变

在 21 世纪初，亚马逊通过将推荐引擎从基于用户的协同过滤转变为基于商品之间的协同过滤，这是一项开创性的工作。这项工作由 Linden、Smith 和 York 在 2003 年的一篇论文中详细阐述。该策略从根据相似用户推荐商品转变为推荐与个体商品购买相关的商品。

这种"相关性"的本质是从观察到的客户购买模式中解读出来的。如果《哈利·波特》图书购买者经常购买《哈利·波特》书签，那么这些商品被认为是相关的。然而，最初的系统存在缺陷。对于大量买家，推荐并不那么精细，促使 Smith 及其团队进行必要的算法调整。

快进几年——在 2019 年的 re:MARS 会议上，亚马逊强调了其在 Prime Video 客户电影推荐方面取得的显著进展，实现了双倍改进。

该技术的应用受到了矩阵补全问题的启发。这种方法包括在网格中表示 Prime Video 客户和电影，并预测客户观看特定电影的概率。亚马逊随后将深度神经网络应用于这个矩阵问题，从而实现更准确和个性化的电影推荐。

未来充满更多潜力。通过持续的研究和进步，亚马逊团队的目标是进一步完善和革新他们的推荐算法，始终努力提升客户体验。

你可以在以下链接找到关于亚马逊统计数据：https://www.amazon.science/the-history-of-amazons-recommendation-algorithm。

现在，让我们尝试使用推荐引擎来解决一个实际问题。

12.5　实例——创建推荐引擎

我们创建一个推荐引擎来向不同用户推荐电影。我们使用明尼苏达大学 GroupLens 研究小组收集的数据。

12.5.1　搭建框架

我们的首要任务是确保拥有完成任务所需的正确工具，在 Python 中，意味着导入必要的库：

```
import pandas as pd
import numpy as np
```

12.5.2　数据加载：导入评论和标题

现在，让我们导入 df_reviews 和 df_movie_titles 数据集：

```
df_reviews = pd.read_csv('https://storage.googleapis.com/neurals/data/data/reviews.csv')
df_reviews.head()
```

reviews.csv 数据集包含丰富的用户评论集合。每个条目都包括用户的 ID（userId）、他们评论过的电影 ID（movieId）、他们的评分（rating）以及评论时间戳（timestamp）。

reviews.csv 数据集的内容如图 12.6 所示。

	userId	movieId	rating	timestamp
0	1	1	4.0	964982703
1	1	3	4.0	964981247
2	1	6	4.0	964982224
3	1	47	5.0	964983815
4	1	50	5.0	964982931

图 12.6　reviews.csv 数据集的内容

movies.csv 数据集是电影标题及其详细信息的汇编。每条记录通常包含一个唯一的电影 ID（movieId）、电影标题（title）以及其相关的一个或多个类型（genres）。movies.csv 数据集的内容如图 12.7 所示。

	movieId	title	genres
0	1	Toy Story (1995)	Adventure|Animation|Children|Comedy|Fantasy
1	2	Jumanji (1995)	Adventure|Children|Fantasy
2	3	Grumpier Old Men (1995)	Comedy|Romance
3	4	Waiting to Exhale (1995)	Comedy|Drama|Romance
4	5	Father of the Bride Part II (1995)	Comedy

图 12.7　movies.csv 数据集的内容

12.5.3　数据合并：创建一个全面的视图

为了得到一个全面的视图，我们需要合并这些数据集。'movieId' 将作为它们之间的桥梁：

```
df = pd.merge(df_reviews, df_movie_titles, on='movieId')
df.head()
```

合并后的数据集应包含以下信息（见图 12.8）。

	userId	movieId	rating	timestamp	title	genres
0	1	1	4.0	964982703	Toy Story (1995)	Adventure|Animation|Children|Comedy|Fantasy
1	5	1	4.0	847434962	Toy Story (1995)	Adventure|Animation|Children|Comedy|Fantasy
2	7	1	4.5	1106635946	Toy Story (1995)	Adventure|Animation|Children|Comedy|Fantasy
3	15	1	2.5	1510577970	Toy Story (1995)	Adventure|Animation|Children|Comedy|Fantasy
4	17	1	4.5	1305696483	Toy Story (1995)	Adventure|Animation|Children|Comedy|Fantasy

图 12.8　合并后的电影数据

以下是每列的简要说明：

- `userId`：每个用户的唯一 ID。
- `movieId`：每部电影的唯一 ID。
- `rating`：用户对电影的评分，范围从 1 到 5。
- `timestamp`：特定电影的评分时间戳。
- `title`：电影的标题。
- `genres`：与电影相关联的类型。

12.5.4 描述性分析：从评分中获取信息

让我们深入研究得到的数据：评分。一个好的起点是计算每部电影的平均评分。此外，了解对一部电影进行评分的用户数量可以提供关于其受欢迎程度的情况：

```
df_ratings = pd.DataFrame(df.groupby('title')['rating'].mean())
df_ratings['number_of_ratings'] = df.groupby('title')['rating'].count()
df_ratings.head()
```

每部电影的平均评分如图 12-9 所示。

title	rating	number of ratings
71 (2014)	4.0	1
Hellboy : The Seeds of Creation (2004)	4.0	1
Round Midnight (1986)	3.5	2
Salem's Lot (2004)	5.0	1
Til There Was You (1997)	4.0	2

图 12.9 计算平均评分

有了这些聚合指标，我们可以识别出平均收视率高的流行电影，比如有大量收视率的潜在大片，或者可能评论较少但平均收视率较高的隐藏珍品。

这一基础将为接下来的步骤铺平道路，届时我们将深入构建实际的推荐引擎。随着进展的深入，我们对用户偏好的理解将得到改进，从而使我们能够推荐符合个人品位的电影。

12.5.5 为推荐系统构建结构：创建矩阵

接下来的逻辑步骤是将数据集转换为优化推荐的结构。可以将该结构视为一个矩阵：

- 行代表用户（由 `userId` 索引）。
- 列表示电影标题。
- 矩阵内的单元格填充的是评分，显示用户对特定电影的评价。

Pandas 中的 `pivot_table` 函数是一种多功能工具，可以帮助重塑或透视 DataFrame 中的数据，以提供汇总视图。该函数本质上是从原始表中创建一个新的派生表：

```
movie_matrix = df.pivot_table(index='userId', columns='title', values='rating')
```

请注意，上面的代码将生成一个非常稀疏的矩阵。

12.5.6 测试引擎：推荐电影

让我们看看引擎如何运作。假设某用户刚刚观看了《阿凡达》(*Avatar*，2009)。我们如何找到他们可能喜欢的其他电影呢？

首要任务是筛选出所有给《阿凡达》(2009) 评分的用户：

```
avatar_ratings = movie_matrix['Avatar (2009)']
avatar_ratings = avatar_ratings.dropna()
print("\nRatings for 'Avatar (2009)':")
print(avatar_ratings.head())
userId
10    2.5
15    3.0
18    4.0
21    4.0
22    3.5
Name: Avatar (2009), dtype: float64
```

从上面的代码中，请注意以下几点：

- `userId`：这表示我们数据集中每个用户的唯一标识符。userId 列表包含 10、15、18、21 和 22，这些是我们数据快照中前 5 个给《阿凡达》(2009) 评分的用户。
- `ratings`：每个 `userId` 旁边的数字（2.5、3.0、4.0、4.0 和 3.5）代表这些用户对《阿凡达》(2009) 的评分。评分范围为 1~5，数值越高表明对电影的评价越好。例如，用户 10 给《阿凡达》(2009) 打了 2.5 分，表明他认为这部电影一般或略低于预期，而用户 22 则打了 3.5 分，表达了对这部电影略高于平均水平的欣赏。

让我们建立一个推荐引擎，它可以向一群用户推荐电影。

找到与《阿凡达》(2009) 相关的电影

通过确定其他电影在评分模式上与《阿凡达》(2009) 的相关性，我们可以推荐可能吸引《阿凡达》粉丝的电影。

下面巧妙地展示我们的发现：

```
similar_to_Avatar=movie_matrix.corrwith(Avatar_user_rating)
corr_Avatar = pd.DataFrame(similar_to_Avatar, columns=['correlation'])
corr_Avatar.dropna(inplace=True)
```

```
corr_Avatar = corr_Avatar.join(df_ratings['number_of_ratings'])
corr_Avatar.head()
                                    correlation       number_of_ratings
title
'burbs, The (1989)                  0.353553                 17
(500) Days of Summer (2009)         0.131120                 42
*batteries not included (1987)      0.785714                  7
10 Things I Hate About You (1999)   0.265637                 54
```

理解相关性

较高的相关性（接近 1）意味着一部电影的评分模式与《阿凡达》（2009）相似。负值表示相反的情况。

然而，需要谨慎对待推荐。例如，《鬼使神差》（1987）出现在《阿凡达》（2009）粉丝的热门推荐中，这可能看起来并不准确。可能是因为仅凭用户评分而不考虑其他因素（如类型或电影主题）的局限性。需要对推荐系统进行调整和改进，以获得更精确的结果。

最终生成的表格展示了与《阿凡达》在用户评分行为上相关的电影。根据我们的分析得出的表格列出了根据用户评分与《阿凡达》相关性的电影。但更简单地说，这意味着什么呢？

相关性在这个上下文中指的是一种统计度量，解释一组数据如何相对于另一组数据移动。具体来说，我们使用了皮尔逊相关系数，其范围从 −1 到 1：

❑ 1：完美正相关。这意味着如果某用户对《阿凡达》的评分很高，那么该用户对另一部电影的评分也很高。

❑ −1：完美负相关。如果某用户对《阿凡达》的评分很高，那么该用户对另一部电影的评分很低。

❑ 0：无相关性。《阿凡达》和另一部电影的评分是彼此独立的。

在我们的电影推荐背景下，与《阿凡达》具有较高正相关值（接近 1）的电影被认为是更适合推荐给喜欢《阿凡达》的用户的。这是因为这些电影显示出与《阿凡达》类似的评分模式。

通过检查表格，你可以识别出哪些电影在评分行为上类似于《阿凡达》，因此可以作为其粉丝的潜在推荐。

这意味着我们可以使用这些电影作为推荐给用户的内容。

评估模型

测试和评估是至关重要的。评估模型的一种方法是使用训练 − 测试拆分（train-test split），将一部分数据留作测试集。然后将模型对测试集的推荐与实际用户评分进行比较。像平均绝对误差（MAE）或均方根误差（RMSE）这样的指标可以量化这些差异。

随着时间的推移进行再训练：整合用户反馈

用户偏好会不断变化。定期使用新数据对推荐模型进行再训练可以确保其推荐内容保持相关性。通过引入反馈循环，让用户能够对推荐内容进行评分或评论，可以进一步提高模型的准确性。

12.6 小结

本章学习了推荐引擎。我们讨论了如何基于要解决的问题来选择最合适的推荐引擎，介绍了如何为推荐引擎准备数据以创建相似矩阵，还学习了如何使用推荐引擎来解决实际问题，例如，根据用户过去的行为模式向他们推荐电影。

下一章将重点讨论用于理解和处理数据的算法。

第 13 章

数据处理的算法策略

> 数据是数字经济的新石油。
>
> ——《连线》杂志

在这个数据驱动的时代，从大数据集中提取有意义的信息的能力正在从根本上塑造我们的决策过程。本书中探讨的算法在很大程度上依赖于数据。因此，开发工具、方法论和战略计划以创建强大且高效的数据存储基础设施变得尤为重要。

本章的重点是以数据为中心的有效管理数据的算法。这些算法的重要组成部分包括高效存储和数据压缩操作。通过使用这种方法，以数据为中心的体系结构能够实现数据管理和有效的资源利用。在本章结束时，你应该能够理解设计和实施各种以数据为中心的算法所涉及的概念和权衡。

本章涵盖以下主题：

❑ 数据算法简介。
❑ 数据分类。
❑ 数据存储算法。
❑ 数据压缩算法。

13.1 数据算法简介

数据算法专门用于管理和优化数据存储。除了存储，它们还处理诸如数据压缩等任务，确保高效地利用存储空间，并简化快速数据检索，这在许多应用中至关重要。

理解数据算法的一个关键方面，尤其在分布式系统中，是 CAP 定理。CAP 定理的重要性在于它阐明了一致性、可用性和分区容错性之间的平衡关系。在任何分布式系统中，我们只能期望同时实现这三个特性中的两个。深入理解 CAP 定理的细微之处，有助于识别现代数据算法所面临的挑战和进行设计决策。

在数据治理范围内，这些算法是无价的。它们确保所有分布式系统节点上的数据一致性，确保数据完整性。它们还确保高效的数据可用性并管理数据分区容错性，从而增强系统的弹性和安全性。

13.1.1 CAP 定理在数据算法背景下的重要性

CAP 定理不只是理论上设定，它在现实世界中处理、存储和检索数据的场景中也有着实际意义。例如，想象一下，一个算法必须从分布式系统中检索数据的情况。围绕一致性、可用性和分区容错性所做的选择直接影响该算法的效率和可靠性。如果一个系统优先考虑可用性，数据可能很容易被检索，但可能不是最新版本。相反，一个优先考虑一致性的系统有时可能会延迟数据检索，以确保只访问最新的数据。

我们在这里讨论的以数据为中心的算法在很多方面都受到 CAP 定理的影响。通过将我们对 CAP 定理的理解与数据算法相结合，我们可以在处理数据挑战时做出更明智的决策。

13.1.2 分布式环境中的存储

单节点架构对于较小的数据集是有效的。然而，随着数据集规模的激增，分布式环境存储已成为解决大规模问题的标准。在这种环境中，确定正确的数据存储策略取决于多种因素，包括数据的性质和预期的使用模式。

CAP 定理为制定这些存储策略提供了一个基础原则，帮助我们应对管理庞大数据集相关的挑战。

13.1.3 连接 CAP 定理和数据压缩

初看起来，CAP 定理和数据压缩之间似乎没有太多联系。但要考虑到实际影响。如果我们在系统中优先考虑一致性（根据 CAP 定理的考虑），我们的数据压缩方法需要确保数据在所有节点上保持一致地被压缩。而在一个优先考虑可用性的系统中，压缩方法可能会针对速度进行优化，即使这可能导致轻微的不一致。这种相互作用表明，我们在 CAP 方面的选择甚至会影响到我们如何压缩和检索数据，展示了该定理在以数据为中心的算法中的广泛影响。

13.2　CAP 定理介绍

1998 年，埃里克·布鲁尔（Eric Brewer）提出了一个后来被称为 CAP 定理的著名理论。它强调了设计分布式服务系统时涉及的各种权衡。要理解 CAP 定理，首先让我们定义分布式服务系统的以下三个特性：一致性（Consistency）、可用性（Availability）和分区容错性（Partition Tolerance）。CAP 实际上是这三个特性的首字母构成的缩略词：

- 一致性（Consistency，简称 C）：分布式服务由多个节点组成。任何一个节点都可以用于读取、写入或更新数据存储库中的记录。一致性保证在特定时间 t_1，无论使用哪个节点读取数据，我们都会得到相同的结果。每次读取操作要么返回分布式存储库中最新的一致数据，要么返回错误消息。
- 可用性（Availability，简称 A）：在分布式系统领域，可用性意味着整个系统始终响应请求。这确保用户每次查询系统时都能得到回复，即使回复的数据可能不是最新的。因此，重点不是每个节点都必须是最新的，而是整个系统必须保持响应。它关注的是保证用户的请求永远不会未得到回应，即使系统的某些部分包含过时的信息。
- 分区容错性（Partition Tolerance，简称 P）：在分布式系统中，多个节点通过通信网络连接。分区容错性保证在少数节点（一个或多个）之间发生通信故障时，系统仍然可以继续运行。需要注意的是，为了保证分区容错性，数据需要在足够多的节点上进行复制。

利用这三个特性，CAP 定理细致总结了分布式服务系统架构和设计中涉及的权衡。具体而言，CAP 定理指出，在一个分布式存储系统中，我们只能在以下三种特性中选择其中的两种：一致性（Consistency 或 C）、可用性（Availability 或 A）和分区容错性（Partition Tolerance 或 P）。可以通过图 13.1 来展示。

分布式数据存储正日益成为现代 IT 基础设施的关键组成部分。设计分布式数据存储系统时，应根据数据的特性和我们想要解决的问题的需求进行仔细考虑。当应用于分布式数据库时，CAP 定理通过确保开发人员和架构师了解创建分布式数据库系统过程中涉及的基本权衡和限制，帮助指导设计和决策过程。平衡这三个特性对于实现分布式数据库系统所期望的性能、可靠性和可扩展性至关重要。

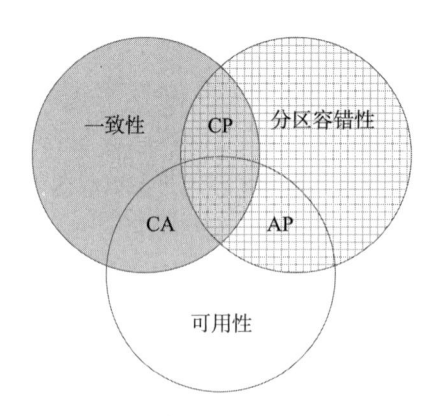

图 13.1　可视化分布式系统中的选择：CAP 定理

在 CAP 定理的背景下，我们可以假设存在三种类型的分布式存储系统：

- CA 系统（实现一致性和可用性）
- AP 系统（实现可用性和分区容错性）
- CP 系统（实现一致性和分区容错性）

将数据存储分类为 CA、AP 和 CP 系统有助于我们了解在设计数据存储系统时涉及的各种权衡。

让我们逐一来介绍它们。

13.2.1　CA 系统

传统的单节点系统是 CA 系统。在非分布式系统中，分区容错性并不是一个问题，因为不需要管理多个节点之间的通信。因此，这些系统可以专注于保持一致性和可用性。换句话说，它们是 CA 系统。

一个系统可以通过在单个节点或服务器上存储和处理数据来运作而不需要分区容错性。虽然这种方法可能不适合处理大规模数据集或高速数据流，但对于较小的数据量或对性能要求不高的应用来说，它是有效的。

传统的单节点数据库，例如 Oracle 或 MySQL，就是 CA 系统的典型例子。这些系统非常适合用于数据量和数据流速相对较低的用例，并且分区容错性不是关键因素的场景。例子包括中小型企业、学术项目或用户和数据源数量有限的应用程序。

13.2.2　AP 系统

AP 系统是为了优先考虑可用性和分区容错性而设计的分布式存储系统，即使要以牺牲一致性为代价。这些高响应性的系统可以在必要时牺牲一致性，以适应高速数据流。通过这样做，这些分布式存储系统能够立即处理用户请求，即使这可能导致在不同节点间临时提供稍微过时或不一致的数据。

当在 AP 系统中牺牲一致性时，用户偶尔可能会得到稍微过时的信息。在某些情况下，这种临时的不一致是可以接受的，因为迅速处理用户请求和保持高可用性的能力被认为比严格的数据一致性更为重要。

典型的 AP 系统用于实时监控系统，比如传感器网络。像 Cassandra 这样的高速分布式数据库是 AP 系统的典型例子。

在需要高可用性、快速响应和分区容错性的场景中，推荐使用 AP 系统来实现分布式数据存储。

例如，如果加拿大交通部希望通过安装在渥太华某条高速公路上不同位置的传感器网络来监控该高速公路上的交通情况，那么 AP 系统将是首选。在这种情况下，优先考虑实时数据处理和可用性对于确保交通监控能够有效运行至关重要，即使在存在网络分区或临时不一致的情况下也是如此。这就是为什么在此类应用中，尽管可能需要牺牲一致性，AP 系统仍然常被推荐的原因。

13.2.3 CP 系统

CP 系统优先考虑一致性和分区容错性，确保分布式存储系统在读取过程中先保证数据的一致性。这些系统专门设计用于维护数据一致性，并在存在网络分区的情况下继续有效运行。

对于 CP 系统来说，理想的数据类型是那些需要严格一致性和准确性的数据，即使这意味着要牺牲系统的即时可用性。例如，金融交易、库存管理和关键业务操作数据。在这些情况下，确保数据在分布式环境中保持一致和准确是至关重要的。

CP 系统的一个典型用例是存储 JSON 格式的文档文件。文档数据存储，如 MongoDB，是针对在分布式环境中保持一致性而优化的 CP 系统。

在了解了不同类型的分布式存储系统之后，我们现在可以继续探讨数据压缩算法。

13.3 解码数据压缩算法

数据压缩是一种用于数据存储的重要方法论。它不仅提高了存储效率并最小化了数据传输时间，而且在成本节约和性能改进方面具有显著的影响，特别是在大数据和云计算领域。本节介绍了数据压缩技术的详细内容，特别关注无损算法哈夫曼（Huffman）和 LZ77，以及它们对现代压缩方案（如 GZIP、LZO 和 Snappy）的影响。

无损压缩技术

无损压缩的核心在于消除数据中的冗余，以最小化存储需求，同时确保数据可以完美还原。哈夫曼和 LZ77 是两个对该领域具有深远影响的基础算法。

哈夫曼编码侧重于可变长度编码，用较少的位数表示频繁出现的字符，而 LZ77 是一种基于字典的算法，利用重复的数据序列，并用较短的引用来表示它们。让我们逐一来研究它们。

哈夫曼编码：实现可变长度编码

哈夫曼编码是一种熵编码形式，在无损数据压缩中被广泛使用。哈夫曼编码的关键原则是为数据集中更频繁出现的字符分配较短的编码，从而减小整体数据大小。

该算法使用一种特定类型的二叉树，称为哈夫曼树，其中每个叶节点对应一个数据元素。元素出现的频率决定了在树中的位置：出现频率更高的元素放置在离根节点更近的位置。这种策略确保了最常见的元素具有最短的编码。

一个简单的例子

假设我们有包含字母 A、B 和 C 的数据，它们的频率分别是 5、9 和 12。在哈夫曼编码中：

- ❏ C 是最频繁出现的，可能会得到一个短编码，例如 0。
- ❏ B 是下一个频繁出现的，可能会得到 10。
- ❏ A 是最少出现的，可能会得到 11。

为了完全理解这一点，让我们通过一个 Python 示例来详细说明。

在 Python 中实现哈夫曼编码

首先，我们为每个字符创建一个节点，每个节点包含字符和其频率。然后，将这些节点添加到一个优先队列中，其中频率最低的元素具有最高的优先级。为此，我们创建一个 Node 类来表示哈夫曼树中的每个字符。每个 Node 对象包含字符、频率以及指向其左右子节点的指针。我们定义了 __lt__ 方法来根据它们的频率比较两个 Node 对象。

```python
import functools

@functools.total_ordering
class Node:
    def __init__(self, char, freq):
        self.char = char
        self.freq = freq
        self.left = None
        self.right = None
```

```
    def __lt__(self, other):
        return self.freq < other.freq
    def __eq__(self, other):
        return self.freq == other.freq
```

接下来，我们构建哈夫曼树。构建哈夫曼树涉及在优先队列（通常实现为二叉堆）中进行一系列的插入和删除操作。为了构建哈夫曼树，我们创建了一个 Node 对象的最小堆。最小堆是一种满足简单但重要条件的特殊基于树的结构：父节点的值小于或等于其子节点。这一特性确保了最小元素总是位于根节点，从而使优先操作变得高效。我们反复弹出两个频率最低的节点，合并它们，然后将合并后的节点重新推入堆中。这个过程持续到只剩下一个节点，这个节点成为哈夫曼树的根。该树可以通过 build_tree 函数来构建，其定义如下：

```
import heapq
def build_tree(frequencies):
    heap = [Node(char, freq) for char, freq in frequencies.items()]
    heapq.heapify(heap)
    while len(heap) > 1:
        node1 = heapq.heappop(heap)
        node2 = heapq.heappop(heap)
        merged = Node(None, node1.freq + node2.freq)
        merged.left = node1
        merged.right = node2
        heapq.heappush(heap, merged)
    return heap[0]   # the root node
```

一旦构建了哈夫曼树，我们可以通过遍历树来生成哈夫曼编码。从根节点开始，每次沿着左分支，我们添加一个 0，每次沿着右分支，我们添加一个 1。当我们到达一个叶节点时，从根节点到该叶节点路径上累积的 0 和 1 序列就形成了该叶节点字符的哈夫曼编码。这个功能通过创建 generate_codes 函数来实现，其定义如下。

```
def generate_codes(node, code='', codes=None):
    if codes is None:
        codes = {}
    if node is None:
        return {}
    if node.char is not None:
        codes[node.char] = code
        return codes
    generate_codes(node.left, code + '0', codes)
    generate_codes(node.right, code + '1', codes)
    return codes
```

现在我们使用哈夫曼树。首先定义用于哈夫曼编码的数据：

```
data = {
    'L': 0.45,
    'M': 0.13,
    'N': 0.12,
    'X': 0.16,
```

```
    'Y': 0.09,
    'Z': 0.05
}
```

然后，我们打印出每个字符的哈夫曼编码：

```
# Build the Huffman tree and generate the Huffman codes
root = build_tree(data)
codes = generate_codes(root)
# Print the root of the Huffman tree
print(f'Root of the Huffman tree: {root}')
# Print out the Huffman codes
for char, code in codes.items():
    print(f'{char}: {code}')
Root of the Huffman tree: <__main__.Node object at 0x7a537d66d240>
L: 0
M: 101
N: 100
X: 111
Y: 1101
Z: 1100
```

由此我们可以推断如下：

- **固定长度编码**：对于这个表的固定长度编码是 3。这是因为，使用 6 个字符，固定长度的二进制表示需要最多 3 位 [(2^3=8) 种可能的组合，可以覆盖我们的 6 个字符]。
- **可变长度编码**：对于这个表的可变长度编码是

$$[0.45(1) + 0.13(3) + 0.12(3) + 0.16(3) + 0.09(4) + 0.05(4) = 2.24]。$$

图 13.2 显示了根据上述示例创建的哈夫曼树。

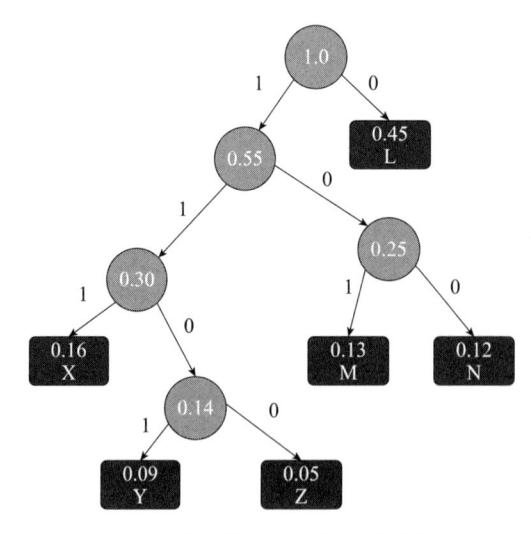

图 13.2　哈夫曼树：可视化压缩过程

请注意，哈夫曼编码是将数据转换为哈夫曼树，以实现压缩。解码或解压缩可以将数据还原为原始格式。

在了解了哈夫曼编码之后，现在让我们探讨另一种基于字典的无损压缩技术。

接下来，让我们讨论基于字典的压缩技术。

理解基于字典的压缩算法 LZ77

LZ77 属于一类被称为字典编码器的压缩算法。与 Huffman 编码中维护静态代码词典不同，LZ77 动态建立一个包含输入数据中出现的子字符串的字典。这个字典并未单独存储，而是隐式地作为一个滑动窗口引用已编码的输入，从而实现了一种优雅且高效的表示重复序列的方法。

LZ77 算法的操作原理是使用对单个副本的引用来替换重复出现的数据。它维护一个"滑动窗口"来保存最近处理的数据。当遇到之前出现过的子字符串时，它不会存储实际的子字符串，而是存储一对值——从滑动窗口开始处到重复子字符串的距离和重复子字符串的长度。

通过示例理解

想象一个场景，你正在读取字符串：

data_string = "ABABCABABD"

现在，当你从左到右处理这个字符串时，当遇到子字符串 "CABAB" 时，你会注意到 "ABAB" 在最初的 "AB" 之后已经出现过。LZ77 利用了这种重复现象。

与其再次写出 "ABAB"，LZ77 会建议："嘿，回看两个字符并复制接下来的两个字符！"用技术术语来说，这是一个向后引用两个字符，并具有两个字符长度的操作。

因此，使用 LZ77 压缩 data_string，它可能看起来像这样：

ABABC<2,2>D

其中，<2,2> 是 LZ77 的符号，表示"回退两个字符并复制接下来的两个字符。"

与哈夫曼的比较

为了理解 LZ77 和 Huffman 之间的差异和优势，使用相同的数据会很有帮助。我们继续使用我们的 data_string = "ABABCABABD"。

LZ77 识别数据中的重复序列并对其进行引用，而 Huffman 编码更多的是用较短的代码表示频繁出现的字符。

例如，如果你用 Huffman 压缩 data_string，你可能会看到某些字符，比如 'A' 和 'B'，由于它们出现得更频繁，会被表示为较短的二进制代码，而较不频繁的 'C' 和 'D' 则会用较长的代码表示。

这个比较展示了 Huffman 编码是基于频率的表示，而 LZ77 则是关于识别和引用模式。根据数据的类型和结构，其中一种方法可能比另一种更高效。

高级无损压缩格式

Huffman 和 LZ77 奠定的原理催生了先进的压缩格式。本章中我们将探讨三种高级格式。

1）LZO

2）Snappy

3）GZIP

让我们逐一来了解它们。

LZO 压缩：注重速度

LZO 是一种无损数据压缩算法，它强调快速的压缩和解压缩。它用对单个副本的引用来替换重复出现的数据。在经过 LZ77 压缩的初始处理后，数据随后会经过 Huffman 编码阶段。

虽然它的压缩比可能不是最高的，但其处理速度明显快于许多其他算法。这使得 LZO 成为需要快速数据访问的情况下的绝佳选择，比如实时数据处理和流式应用程序。

Snappy 压缩：追求平衡

Snappy 是由谷歌最初开发的另一种快速压缩和解压缩库。Snappy 的主要目标是实现高速度和合理的压缩，但不一定要达到最高的压缩比。

Snappy 的压缩方法基于 LZ77，但更注重速度，没有像 Huffman 编码那样的额外熵编码步骤。相反，Snappy 使用了一种更简单的编码算法，确保快速的压缩和解压缩。该算法采用基于复制的策略，搜索数据中重复的序列，然后将它们编码为长度和对先前位置的引用。

需要注意的是，由于对速度的这种权衡，Snappy 的压缩效率不如使用 Huffman 编码或其他形式熵编码的算法。然而，在速度比压缩比更为关键的使用场景中，Snappy 可能是一个非常有效的选择。

GZIP 压缩：最大化存储效率

GZIP 是一种用于文件压缩和解压缩的文件格式和软件应用。GZIP 数据格式结合了 LZ77 算法和 Huffman 编码。

13.4　实例——AWS 中的数据管理：聚焦于 CAP 定理和压缩算法

以一个在世界各地的多个云服务器上运行的全球电子商务平台为例，这个平台每秒处理成千上万笔交易，由这些交易产生的数据需要被高效地存储和处理。下面将介绍 CAP 定理和压缩算法如何指导平台的数据管理系统的设计。

13.4.1　应用 CAP 定理

CAP 定理指出，分布式数据存储不能同时提供以下三种特性中的两种以上：一致性

（Consistency）、可用性（Availability）和分区容错性（Partition Tolerance）。

在电子商务平台场景中，可用性和分区容错性可能会被优先考虑。高可用性确保系统即使在一些服务器故障时也能继续处理交易。分区容错性意味着即使网络故障导致一些服务器被隔离，系统仍然可以正常运作。

虽然这意味着系统可能并不总是提供强一致性（每次读取都能得到最新的写入），但它可以使用最终一致性（更新在系统中传播，最终所有副本显示相同的值）来确保良好的用户体验。在实践中，轻微的不一致可能是可以接受的，例如，用户的购物车在所有设备上更新需要几秒钟的时间。

在 AWS 生态系统中，根据 CAP 定理定义的需求，我们有各种可选择的数据存储服务。对于我们的电子商务平台，我们更倾向于可用性和分区容错性，而不是一致性。Amazon DynamoDB，一种键-值 NoSQL 数据库，将是一个非常合适的选择。它提供了内置的多区域复制和自动分片支持，确保了高可用性和分区容错性。

对于一致性，DynamoDB 提供了"最终一致性"和"强一致性"两种选项。在我们的例子中，我们会在选择最终一致性的基础上来考虑可用性和性能。

13.4.2　使用压缩算法

电子商务平台会生成大量数据，包括交易详情、用户行为日志和商品信息。存储和传输这些数据可能既昂贵又耗时。

在这种情况下，像 GZIP、Snappy 或 LZO 这样的压缩算法可以发挥作用。例如，平台可能会使用 GZIP 来压缩长期存档的交易日志。由于 GZIP 通常能将文本文件压缩到原始大小的约 30%，这可以显著减少存储成本。

另外，对于用户行为数据的实时分析，平台可能会使用 Snappy 或 LZO 算法压缩。虽然这些算法的压缩比可能不如 GZIP，但它们速度更快，可以让分析系统更迅速地处理数据。

13.4.3　量化收益

收益可以像前面描述的那样进行量化。

让我们通过一个实例来展示潜在的成本节省。假设我们的平台每天生成 1TB 的交易日志。通过利用 S3 的 GZIP 压缩，我们可以将存储需求缩减到大约 300GB。截至 2023 年 8 月，S3 每 GB 的存储费用大约为 \$0.023（前 50TB 的月度存储）。通过计算，这相当于每月节省约 \$485，或者说仅在日志存储上每年可以节省 \$5820。需要注意的是，我们所引用的 AWS 定价是用作说明的，它适用于 2023 年 8 月。所以，在计算费用时，请务必查看当前费率，因为它们可能会有所变化。

AWS 提供了多种实现压缩的方法，具体取决于数据的类型和用途。例如，对于压缩长期存储的交易日志，我们可以使用与 GZIP 压缩结合的 Amazon S3（简单存储服务）。S3 支持对上传文件自动进行 GZIP 压缩，这可以显著降低存储成本。对于用户行为数据的实时分析，我们可以使用带有 Snappy 或 LZO 压缩的 Amazon Kinesis Data Streams。Kinesis 能够捕获、处理和存储用于实时分析的数据流，并支持压缩处理高流量数据。

使用 Snappy 或 LZO 与 Kinesis 进行实时分析可以提高数据处理速度。这可能会带来更及时和个性化的用户推荐，从而潜在地增加销售额。财务收益可以根据推荐速度的提高所增加的转换率来计算。

最后，通过使用 DynamoDB 并遵循 CAP 定理，我们可以确保即使在网络分区或单个服务器故障的情况下也能为用户提供顺畅的购物体验。这一选择的价值可以体现在平台的用户留存率和整体客户满意度上。

13.5 小结

在本章中，我们研究了以数据为中心的算法设计，重点关注了三个关键组成部分：数据存储、数据治理和数据压缩。我们研究了与数据治理相关的各种问题。分析了数据的不同属性如何影响数据存储的架构决策。调查了不同的数据压缩算法，每种算法都在效率和性能方面提供了具体优势。在下一章中，我们将研究加密算法。将学习如何利用这些算法的力量来保护交换和存储的信息。

第 14 章

密码算法

我把我用密码写的不成文的诗贴在脸上！

——乔治·艾略特

本章将向你介绍与密码学相关的算法。我们将从介绍背景开始，然后讨论对称加密算法。接下来，将解释**消息摘要 MD5（Message-Digest 5）**算法和**安全散列算法 SHA（Secure Hash Algorithm）**，并给出对称算法的局限性和弱点。之后，讨论非对称加密算法及其在创建数字证书方面的应用。最后，将通过一个实例来总结所有这些技术。

通过本章的学习，你将对与密码学相关的各种问题有基本的理解。

本章涵盖以下主题：

- 密码算法简介。
- 理解加密技术的类型。
- 实例——部署机器学习模型时的安全问题。

让我们从基本概念开始。

14.1 密码算法简介

保护秘密的技术已经存在了几个世纪。最早的保护和隐藏数据不被对手发现的尝试可以追溯到在埃及发现的古代铭文上，那里的特殊字母表只有少数可信人士知晓。这种早期的安全形式被称为隐藏，今天仍以不同形式使用。为了使这种方法奏效，关键在于保护秘密，比如上述例子中字母表的秘密含义。后来，在第一次世界大战和第二次世界大战中，找到保护重要信息的万无一失的方法变得至关重要。在 20 世纪末，随着电子技术和计算机的引入，人们开发出复杂的算法来保护数据，从而催生了一个全新的领域——密码学。本章讨论密码学中与算法相关的方面。这些算法的用途之一是允许两个进程或用户之间进行安全的数据交换。加密算法寻找利用数学函数来确保所述安全目标的策略。

首先，我们将探讨基础设施中"最薄弱环节"的重要性。

14.1.1 理解最薄弱环节的重要性

有时，在构建数字基础设施的安全性时，我们过于注重个体实体的安全，而忽视了端到端的安全性。这可能导致我们忽视系统中的一些漏洞和弱点，而这些漏洞和弱点后来可能会被黑客利用来访问敏感数据。需要记住的重要一点是，整个数字基础设施的安全性取决于其中最薄弱的环节。对于黑客来说，这个最薄弱环节可以提供给他们后门，以访问数字基础设施中的敏感数据。在没有关闭所有后门的情况下，只加固前门就毫无意义。

随着保护数字基础设施的算法和技术变得越来越复杂，攻击者也在不断升级他们的技术。重要的是要记住，攻击者入侵数字基础设施的最简单方法之一就是利用这些漏洞来获取敏感信息。

> 2014 年，加拿大联邦研究机构——国家研究委员会（NRC）遭到网络攻击，据估计造成了数亿美元的损失。攻击者窃取了数十年的研究数据和知识产权材料。他们利用了网络服务器上的 Apache 软件漏洞来获取敏感数据。

本章将强调各种密码算法的漏洞。

下面先给出一些基本术语。

14.1.2 基本术语

让我们看看与密码学相关的基本术语：

- **密码**（**Cipher**）：执行特定密码功能的算法。
- **明文**（**Plain Text**）：明文可以是文本文件、视频、位图或数字化的声音。本章用 P 来表示明文。

- 密文（Cipher Text）：明文经密码学处理后得到的加密形式。本章用 C 表示密文。
- 秘钥套件（Cipher Suite）：一组或一套加密软件组件。当两个独立节点要用密码算法交换消息时，它们首先需要就一组密码达成一致。这对于确保所有参与方使用完全相同的加密函数实现加解密非常重要。
- 加密（Encryption）：将明文 P 转换成密文 C 的过程称为加密。数学上，它表示为 encrypt(P)=C。
- 解密（Decryption）：将密文变回明文的过程。数学上，它表示为 decrypt(C)=P。
- 密码分析（Cryptanalysis）：用来分析加密算法强度的方法。分析人员在不知晓密码的情况下尝试恢复明文。
- 个人身份信息（Personally Identifiable Information，PII）：PII 是单独使用或与其他相关数据一起使用时可用于跟踪个人身份的信息。例如，典型的 PII 包括社会保险号、出生日期或母亲的婚前姓名等受保护的信息。

让我们首先了解系统的安全性需求。

14.1.3 理解安全性需求

先了解系统的确切安全性需求非常重要。理解这些需求将帮助我们使用正确的加密技术并发现系统中的潜在漏洞。为了更好地理解系统的安全性需求，可以通过回答以下四个问题来实现：

- 需要保护哪些个人或进程？
- 我们要保护这些个人和进程免受谁的攻击？
- 应该在哪里保护他们？
- 为什么要保护他们？

让我们以 AWS 云中的**虚拟私有云（VPC）**为例。VPC 允许我们创建一个逻辑隔离的网络，在该网络中添加虚拟机等资源。为了理解 VPC 的安全性需求，首先需要通过回答以下四个问题来识别身份：

- 有多少人计划使用这个系统？
- 需要保护什么类型的信息？
- 我们只需要保护 VPC，还是说我们需要加密并传递信息到 VPC？
- 数据的安全等级是什么？有哪些潜在风险？为什么有人会试图攻击系统？

大部分问题的答案可以通过执行以下三个步骤得到：

1）明确实体。

2）树立安全目标。

3）理解数据敏感度。

接下来，我们将逐一介绍这些步骤。

步骤 1：明确实体

实体可以定义为信息系统的一部分，即个人、进程或资源。我们首先需要确定运行时用户、资源和进程的存在方式。然后，我们将量化这些确定的实体的安全性需求，可以是单独的实体，也可以是作为一个整体。

一旦我们更好地了解了这些需求，我们就可以建立我们数字系统的安全目标。

步骤 2：树立安全目标

设计安全系统的目标是保护信息免受窃取、损害或攻击。通常使用加密算法来实现一个或多个安全目标：

- **认证**：认证是一种机制，通过它我们可以确定用户、设备或系统的身份，确认它们确实是它们声称的内容或者人物。
- **授权**：授权是指授予用户访问特定资源或功能的过程。
- **机密性**：需要保护的数据称为**敏感数据**。机密性是指敏感数据被限制为只能提供给授权用户。为了在传输或存储期间保护敏感数据的机密性，需要对数据做转换，使其除授权用户外无法读取。这就要使用加密算法来完成，本章后面将就此展开讨论。
- **完整性**：完整性是指在数据传输或存储过程中，确立数据未被以任何方式更改的过程。例如，TCP/IP（传输控制协议 / 互联网协议）使用校验和或**循环冗余校验**（Cyclic Redundancy Check，CRC）算法来验证数据的完整性。
- **不可否认性**：不可否认性是指能够产生不可伪造且不可否认的证据，证明消息已发送或收到。这些证据可以在以后用来证明数据的接收。

步骤 3：理解数据敏感度

重要的是要理解数据的机密性。根据政府、机构或组织的相关监管部门对数据的分类，数据被归类为不同级别，这是基于数据一旦泄露可能造成的后果的严重性来划分的。数据的分类帮助我们选择正确的加密算法。根据信息的敏感度，可以有多种方式对数据进行分类。下面给出了对数据进行分类的典型方式：

- **公开数据或无密级数据**：任何向公众提供的信息，例如公司网站上或政府信息门户网站上的信息。
- **内部数据**或**秘密数据**：虽然不适合公众使用，但将这些数据暴露给公众可能并不会造成严重的后果。例如，如果员工的投诉邮件被曝光，可能会让公司感到尴尬，但可能并不会造成严重后果。
- **敏感数据**或**机密数据**：不应该供公众使用的数据，将其暴露给公众可能会给个人或组织带来严重后果。例如，泄露未来 iPhone 的细节可能会损害苹果的业务目标，并给竞争对手（如三星）带来优势。
- **高度敏感数据**：也称为**绝密数据**。这是一旦披露将极大损害组织的信息。高度敏感数据的例子包括专有研究、战略业务计划或内部财务数据。绝密数据通过多层安全保护，并需要特殊权限才能访问。

> 一般来说，相比于简单的安全算法，较复杂的安全机制设计会让系统慢得多。在系统安全性和性能之间取得恰当的平衡也很重要。

14.1.4 理解密码的基本设计

设计密码就是要提出一种算法，可以将敏感数据进行置乱，使恶意进程或未经授权的用户无法访问它。虽然随着时间的推移，密码变得越来越复杂，但密码所基于的基本原理并没有改变。

让我们先来看一些相对简单的密码，这些密码将帮助我们理解加密算法设计中使用的基本原则。

替换密码

替换密码已经以各种形式使用了数百年。顾名思义，替换密码基于一个简单的概念——用其他字符以一种预定的有序方式替换明文中的字符。

让我们详细了解这其中的确切步骤：

1）首先，我们将每个字符映射到一个替代字符。

2）然后，通过替换映射，将明文编码和转换为密文，即用密文中的另一个字符替换明文中的每个字符。

3）要解码，我们使用替换映射将密文还原为明文。

以下是基于替换的几种密码示例：

- 凯撒密码（Caesar Cipher）
- 旋转 13 密码（ROT13）

让我们详细了解它们。

凯撒密码

凯撒密码基于替换映射。替换映射通过应用一个保密的简单公式，以确定性的方式改变实际的字符串。

替换映射是通过将每个字符替换为其右侧第三个字符来创建的。这种映射如图 14.1 所示。

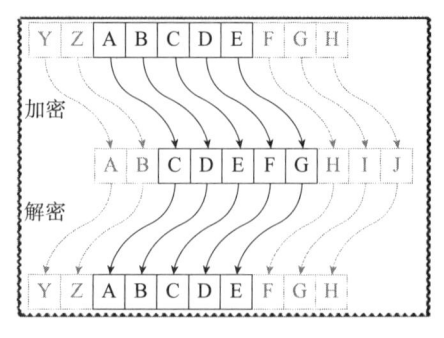

让我们看看如何使用 Python 实现凯撒密码：

```
rotation = 3
P = 'CALM'; C=''
for letter in P:
    C = C+ (chr(ord(letter) + rotation))
```

图 14.1 凯撒密码的替换映射

可以看到我们对明文 CALM 应用了凯撒密码。

让我们打印出使用凯撒密码加密后的密文：

```
print(C)
FDOP
```

> 据说凯撒密码最早被尤利乌斯·凯撒用来与他的将军们互通消息。

凯撒密码是一种简单的密码，易于实现。但其缺点在于，作为黑客可以简单地迭代所有可能的字母位移（共 2626 种），看是否能得到任何连贯的消息。考虑到当前计算机的处理能力，这是一个相对较少的组合数量，极易被破解。因此，不将其应用于保护高度敏感的数据。

旋转 13 密码（ROT13）

ROT13 是凯撒密码的特殊情况，其替换映射是通过将每个字符替换为其右侧第 13 个字符来创建的。图 14.2 说明了这一点。

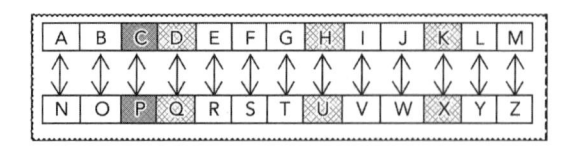

图 14.2 ROT13 的工作情况

这意味着如果 `ROT13( )` 是实现 ROT13 的函数，那么以下内容适用：

```
rotation = 13
P = 'CALM'; C=''
```

```
for letter in P:
    C = C+ (chr(ord(letter) + rotation))
```

现在，让我们打印出 C 的结果：

```
print(c)
PNYZ
```

实际上，ROT13 并不用于实现数据的保密性。它更多用于掩盖文本，例如隐藏潜在的冒犯性文本。它也可以用来避免透露谜题的答案，以及其他类似的用途场景。

替换密码的密码分析

替换密码易于实现和理解。不幸的是，它们也很容易破解。对替换密码的简单密码分析表明，如果我们使用英语字母表，那么需要确定的只是位移量。我们可以逐个尝试英语字母表中的每个字母，直到成功解密文本。这意味着需要大约仅 25 次尝试就能重构明文。

现在，让我们来看看另一种简单密码——换位密码。

理解换位密码

在换位密码中，明文的字符通过换位进行加密。换位是一种加密方法，其中我们使用确定性逻辑来混淆字符的位置。换位密码将字符按行写入矩阵中，然后按列读取作为输出。让我们看一个例子。

我们以 "Ottawa Rocks" 作为明文（P）。

首先，让我们对 P 进行编码。为此，我们将使用一个 3×4 的矩阵，将明文水平写入。

O	t	t	a
w	a	R	o
c	k	s	

读取过程将垂直读取字符串，这将生成密文——"OwctaktRsao"。

密钥将是 {1,2,3,4}，这是读取列的顺序。使用不同的密钥，比如 {2,4,3,1}，会得到不同的密文，例如，在这种情况下是 "takaotRsOwc"。

> 德国在第一次世界大战中使用了一种名为 ADFGVX 的密码，它结合了换位和替换密码的特性。多年后，这种密码被乔治·庞维因（George Painvin）破解。

上面是一些加密方法的类型。通常，加密方法使用密钥对明文进行编码。现在，让我们来看一些当前使用的密码学技术。密码学通过加密和解密过程来保护消息，接下来将讨论这些过程。

14.2 理解加密技术的类型

不同类型的加密技术使用不同类型的算法，并根据不同的情况和用例选择使用。由于不同的业务需求和数据分类具有不同的安全要求，因此选择合适的技术对于设计良好的架构至关重要。

广义上来说，加密技术可以分为以下三种类型：

- 散列加密
- 对称加密
- 非对称加密

让我们逐一讨论。

14.2.1 使用加密散列函数

加密散列函数（Hash Function）是一种数学算法，可以用来为消息创建一个唯一的数字指纹。它从明文生成一个称为散列的输出。输出的大小通常是固定的，但对于一些专业算法可能会有所不同。

数学上来看，它的形式如下：

$$C_1 = hashFunction(P_1)$$

式中，P_1 代表输入数据的明文；C_1 是通过加密散列函数生成的固定长度的散列值。

图 14.3 表明，可变长度的数据通过单向散列函数转换为固定长度的散列值。

图 14.3　单向散列函数

散列函数是一种数学算法，将任意数量的数据转换为固定大小的字节字符串。它在确保数据的完整性和真实性方面起着至关重要的作用。以下是加密散列函数的关键特征：

- **确定性**：散列函数是确定性的，意味着相同的输入（或"明文"）始终会产生相同的输出（或"散列值"）。无论对特定数据进行多少次散列，结果都将保持一致。
- **唯一性**：理想情况下，不同的输入应该总是产生唯一的散列输出。如果两个不同的输入产生相同的散列值，则称为碰撞。优质的散列函数设计旨在最大程度地减少碰撞的可能性。

- **固定长度**：散列函数的输出具有固定的长度，不论输入数据的大小如何。无论是对单个字符还是整篇小说进行散列，得到的散列值都具有相同的大小，具体取决于所使用的散列算法（例如，MD5 的输出长度为 128 位，SHA-256 的输出长度为 256 位）。
- **对输入变化敏感**：即使是明文中的微小改动，也会导致结果散列值的显著且难以预测的变化。这个特性确保不可能推导出原始输入，或者找到另一个能产生相同散列值的输入，从而增强了散列函数的安全性。这种效果是，即使是在大型文档中改变一个字母，也会导致生成的散列值与原始散列值看起来完全不同。
- **单向函数**：散列函数是单向的，意味着从散列值（C_1）反向计算生成原始明文（P_1）在计算上是不可行的。这确保了即使未经授权的人获取了散列值，也无法利用它确定原始数据。

如果每个唯一的消息没有唯一的散列，我们称之为碰撞。换句话说，碰撞是指散列算法对两个不同的输入值产生相同的散列值。在安全应用中，碰撞是潜在的漏洞，其发生概率应该非常低。即如果有两个文本 P_1 和 P_2，在碰撞的情况下，意味着 hashFunction(P_1)=hashFunction(P_2)。

无论使用什么散列算法，碰撞都是罕见的。否则，散列就不会有用了。然而，对于某些应用程序，无法容忍碰撞。在这些情况下，我们需要使用更复杂但生成碰撞散列值可能性较低的散列算法。

实现加密散列函数

加密散列函数可以通过多种算法实现。让我们深入了解其中两种：

1. MD5
2. 安全散列算法（Secure Hashing Algorithm，SHA）

理解 MD5 容忍碰撞

MD5 由 Poul-Henning Kamp 于 1994 年开发，用于取代 MD4。它生成一个 128 位的散列值。生成一个 128 位的散列值意味着生成的散列值由 128 个二进制数字（位）组成。

这意味着生成的散列值是 16 字节或 32 个十六进制字符的固定长度。无论原始数据的大小如何，散列值始终是 128 位长。固定长度的输出旨在创建原始数据的"指纹"或"摘要"。MD5 是一个相对简单的算法，容易发生碰撞。在不能容忍碰撞的应用中，不应使用 MD5。例如，可以用它来检查从互联网上下载的文件的完整性。

让我们看一个例子。要在 Python 中生成 MD5 散列，我们首先使用 `hashlib` 模块，它是 Python 标准库的一部分，提供了多种不同的加密散列算法。

```
import hashlib
```

接下来，我们定义一个名为 generate_md5_hash() 的效用函数，它以 input_string 作为参数。此字符串将由以下函数进行散列：

```python
def generate_md5_hash(input_string):
    # Create a new md5 hash object
    md5_hash = hashlib.md5()

    # Encode the input string to bytes and hash it
    md5_hash.update(input_string.encode())

    # Return the hexadecimal representation of the hash
    return md5_hash.hexdigest()
```

请注意，`hashlib.md5()` 创建一个新的散列对象。这个对象使用 MD5 算法，而 `md5_hash.update(input_string.encode())` 则用输入字符串的字节更新散列对象。字符串会使用默认的 UTF-8 编码转换为字节。在所有数据都更新到散列对象之后，我们可以调用 `hexdigest()` 方法来返回摘要的十六进制表示。这就是输入字符串的 MD5 散列值。

下面我们使用 generate_md5_hash() 函数来获取字符串 "Hello, World!" 的 MD5 散列值，并将结果打印到控制台：

```python
def verify_md5_hash(input_string, correct_hash):
    # Generate md5 hash for the input_string
    computed_hash = generate_md5_hash(input_string)

    # Compare the computed hash with the provided hash

    return computed_hash == correct_hash

# Test
input_string = "Hello, World!"
hash_value = generate_md5_hash(input_string)
print(f"Generated hash: {hash_value}")

correct_hash = hash_value
print(verify_md5_hash(input_string, correct_hash))# This should return True
Generated hash: 65a8e27d8879283831b664bd8b7f0ad4
True
```

在 verify_md5_hash 函数中，我们接收一个输入字符串和一个已知正确的 MD5 散列值作为参数。我们使用 generate_md5_hash 函数生成输入字符串的 MD5 散列值，然后将其与已知的正确散列值进行比较。

使用 MD5 的时机

回顾历史，MD5 在 20 世纪 90 年代末期被发现存在安全漏洞。尽管存在这些问题，MD5 仍然被广泛使用。它非常适合用于数据完整性检查。需要注意的是，MD5 消息摘要并不能唯一地将散列与其所有者关联，因为 MD5 摘要不是签名散列。MD5 通常用于验证文件自从计算散列后是否被更改，并不适用于验证文件的真实性。现在，让我们来看看另一种散列算法——SHA。

理解安全散列算法

SHA 是由美国国家标准与技术研究院（NIST）开发的。它被广泛用于验证数据的完整性。在其多种变体中，SHA-512 是一种流行的散列函数，并且 Python 的 `hashlib` 库包含了它。让我们看看如何通过 Python 使用 SHA 算法创建散列。首先，让我们导入 `hashlib` 库：

```
import hashlib
```

然后我们会定义 salt 参数。加盐（Salting）是在对明文执行散列操作之前向明文添加随机字符的过程。这通过增加散列碰撞的难度来增强安全性：

```
salt = "qIo0foX5"
password = "myPassword"
```

接下来，我们将把 salt 和密码组合起来，实现加盐过程：

```
salted_password = salt + password
```

然后，我们将使用 `sha512` 函数对盐化后的密码进行散列处理：

```
sha512_hash = hashlib.sha512()
sha512_hash.update(salted_password.encode())
myHash = sha512_hash.hexdigest()
```

让我们打印 `myHash`：

```
myHash
2e367911b87b12f73b135b1a4af9fac193a8064d3c0a52e34b3a52a5422beed2b6276eabf9
5abe728f91ba61ef93175e5bac9a643b54967363ffab0b35133563
```

请注意，当我们使用 SHA 算法时，生成的散列长度为 512 字节。这个特定的大小并非随意选择，而是算法安全特性的关键组成部分。较大的散列长度意味着具有更多潜在组合的可能性，从而降低了"碰撞"的概率——即两个不同的输入产生相同的散列输出的情况。碰撞会损害散列算法的可靠性，而 SHA-512 的 512 字节输出显著降低了这种风险。

密码散列函数的应用

散列函数用于在复制文件后检查其完整性。为了实现这一点，当文件从源头复制到目标位置（例如从 Web 服务器下载文件时），相应的散列值也随之复制。原始散列值 $h_{original}$ 充当原始文件的指纹。在复制文件后，我们从复制的文件版本中再次生成散列值，即 h_{copied}。如果 $h_{original}=h_{copied}$，也就是生成的散列值与原始散列值匹配，这就验证了文件在下载过程中没有发生更改，没有丢失任何数据。为了达到这个目的，我们可以使用任何密码散列函数，例如 MD5 或 SHA 算法。

在 MD5 和 SHA 之间选择

MD5 和 SHA 都是散列算法。MD5 简单且速度快，但安全性较差。SHA 相比 MD5 更复杂，提供了更高的安全级别。

现在，让我们看看对称加密。

14.2.2 使用对称加密

在密码学中，密钥是一组数字的组合，加密算法用选择的密钥对明文进行编码。对称加密使用相同的密钥进行加密和解密。如果对称加密使用的密钥为 K，则有如下公式：

$$E_K(P)=C$$

其中，P 是明文，C 是密文。

解密时使用相同的密钥 K 将密文 C 变回明文 P：

$$D_K(C)=P$$

这个过程如图 14.4 所示。

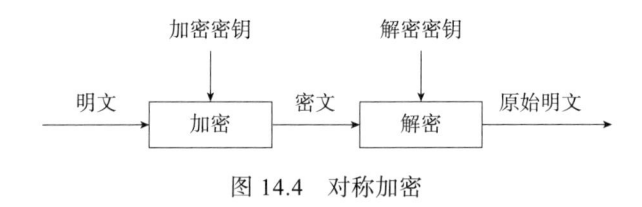

图 14.4 对称加密

现在，我们讨论如何在 Python 中使用对称加密。

编写对称加密代码

这里，我们将探讨如何使用 Python 内置的 `hashlib` 库来处理散列函数。`hashlib` 随 Python 预安装，并提供了多种散列算法。首先，让我们导入 `hashlib` 库：

```
import hashlib
```

我们将使用 SHA-256 算法来创建我们的散列值。其他算法如 MD5、SHA-1 等也可以使用：

```
sha256_hash = hashlib.sha256()
```

让我们为消息 `"Ottawa is really cold"` 创建一个散列值：

```
message = "Ottawa is really cold".encode()
sha256_hash.update(message)
```

散列的十六进制表示可以通过以下方式输出：

```
print(sha256_hash.hexdigest())
b6ee63a201c4505f1f50ff92b7fe9d9e881b57292c00a3244008b76d0e026161
```

让我们来看看对称加密的一些优点。

对称加密的优点

以下是对称加密的优点：

- **简单**：使用对称加密进行加密和解密实现起来更简单。
- **快速**：对称加密比非对称加密更快。
- **安全**：最广泛使用的对称密钥加密系统之一是美国政府指定的高级加密标准（AES）。使用安全算法（如 AES）时，对称加密至少与非对称加密一样安全。

对称加密的问题

当两个用户或进程计划使用对称加密进行通信时，他们需要通过安全通道交换密钥。这会引发以下两个问题：

- **密钥保护**：如何保护对称加密密钥
- **密钥分发**：如何将对称加密密钥从源端共享到目的端

现在，让我们来看一下非对称加密。

14.2.3 使用非对称加密

非对称加密出现于在 20 世纪 70 年代，其设计目的是解决对称加密中出现的问题。

非对称加密首先要生成两个不同的密钥，它们看起来完全不同，但实际上则通过算法相互关联。这对秘钥中，一个被选作私钥 K_{pr}，另一个被选作公钥 K_{pu}。哪个密钥作为公钥或私钥是任意选择的。在数学上，我们可以表示如下：

$$E_{Kpr}(P)=C$$

其中，P 是明文，C 是密文。

我们可以将其解密如下：

$$D_{Kpu}(C)=P$$

公钥应该自由分发，而私钥则由密钥对的拥有者保密。例如，在 AWS 中，密钥对用于保护与虚拟实例的连接并管理加密资源。公钥被他人用来加密数据或验证签名，而私钥由拥有者安全存储，用于解密数据或签署数字内容。通过遵循保持私钥秘密和公钥可访问的原则，AWS 用户可以确保其云环境内的安全通信和数据完整性。这种公钥与私钥的分离是 AWS 和其他云服务中的安全性和信任机制的基石。

基本原理是，如果使用其中一个密钥进行加密，那么解密的唯一方法就是使用另一个密钥。例如，如果我们使用公钥加密数据，我们将需要使用另一个密钥——即私钥来解密它。

现在，我们看看非对称加密的一个基本协议——安全套接字层 (SSL)/ 传输层安全性 (TLS) 握手，该协议负责使用非对称加密在两个节点之间建立连接。

SSL/TLS 握手算法

开发 SSL 最初是为了增加 HTTP 的安全性。随着时间的推移，SSL 被更高效、更安全的协议 TLS 取代。TLS 握手是 HTTP 创建安全通信会话的基础。TLS 握手发生在两个参与实体（客户端和服务器）之间。这个过程如图 14.5 所示。

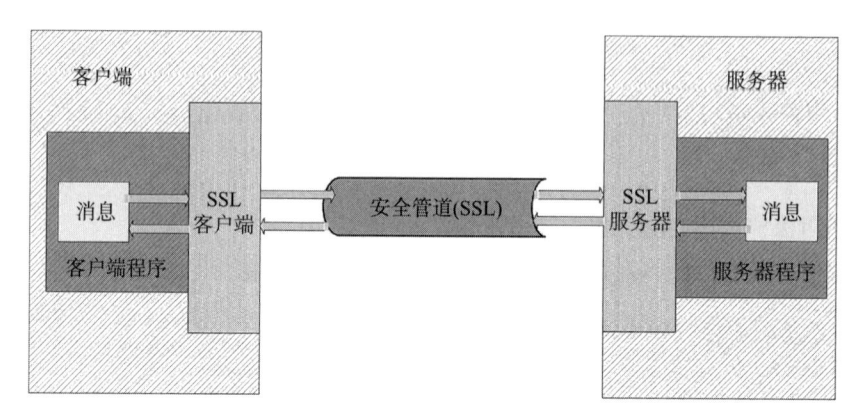

图 14.5 客户端和服务器之间的安全会话

TLS 握手在参与节点之间建立安全连接。这一过程的主要步骤如下：

1）客户端向服务器发送 `client hello` 消息。该消息还包括以下内容：

- 所使用的 TLS 版本。
- 客户端支持的密码套件列表。
- 一个压缩算法。
- 由 `byte_client` 标识的随机字节字符串。

2）服务器向客户端发送一个 `server hello` 消息。该消息还包括以下内容：

- 服务器从客户端提供的列表中选择的密码套件。
- 一个会话 ID。
- 由 `byte_server` 标识的随机字节字符串。
- 服务器数字证书，由 `cert_server` 标识，包含服务器的公钥。
- 如果服务器需要数字证书，用于客户端认证或客户端证书请求，则客户端服务器请求还包括以下内容：
- 可接受的 CA 的专有名称。
- 支持的证书类型。
- 客户端验证 `cert_server`。
- 客户端生成一个由 `byte_client2` 标识的随机字节字符串，并使用通过 cert_

server 提供的服务器公钥对其加密。
- 客户端生成由随机字节和身份信息构成的字符串，并用自己的私钥加密。
- 服务器验证客户端证书。
- 客户端向服务器发送 finished 消息，该消息用密钥加密。
- 为从服务器端为确认这一点，服务器向客户端发送 finished 消息，该消息用密钥加密。
- 服务器和客户端现在已经建立了一个安全通道，可以用对称加密算法和共享密钥来加密消息，安全地实现消息交换。整个方法如图 14.6 所示。

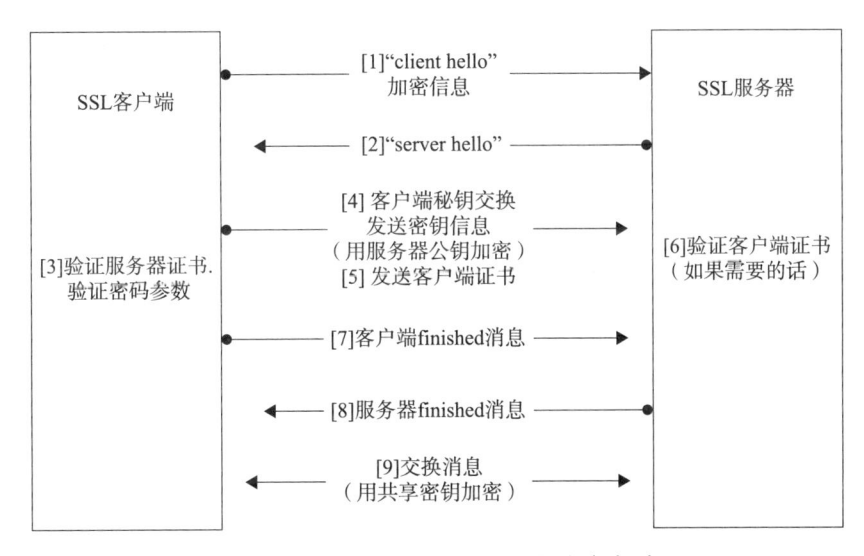

图 14.6　客户端和服务器之间的安全会话

现在，我们讨论如何用非对称加密来创建**公钥体系**（**Public Key Infrastructure，PKI**）以满足组织的一个或多个安全目标。

公钥体系

公钥体系 PKI 采用非对称加密技术为组织管理加密秘钥，是最流行、最可靠的方法之一。所有参与方都信任一个称为核证机关（CA）的中央信任机构。核证机关负责在验证个人和组织的身份之后给他们发放数字证书（数字证书包含个人或组织的公钥及其身份的副本），并且验证与任何个人或组织关联的公钥确实属于该个人或组织。

公钥体系的工作方式如下。CA 要求用户证明其身份，个人身份和组织身份应遵循不同的标准。身份证明既有可能仅涉及简单地验证域名的所有权，也有可能涉及身份物理证明之类的更严格的过程，这取决于用户试图获得的数字证书的类型。如果 CA 确信用户身份属实，则用户就可以通过安全通道向 CA 提供自己的公钥。

CA 使用此信息创建一个数字证书，其中包含关于用户身份及其公钥的信息。此证书由 CA 进行数字签名。证书是一个公共实体，因为用户可以向任何希望验证其身份的人显示其证书，而无须通过安全通道发送，因为该证书本身不包含任何敏感信息。接收证书的人不必直接验证用户的身份，而是简单地通过验证 CA 的数字签名来验证证书是有效的，CA 的数字签名验证了证书所包含的公钥确实属于证书上描述的个人或组织。

> 组织机构中 CA 的私钥是 PKI 信任链中最脆弱的环节。例如，如果假冒者获得了微软的私钥，他们就可以通过假冒 Windows 更新，在全世界数百万台计算机上安装恶意软件。

区块链和密码学

近年来，区块链和加密货币毫无疑问地引起了社会的广泛关注。区块链被认为是有史以来最安全的技术之一。对区块链的热情始于比特币和数字货币。尽管数字货币最早在 1980 年开发，但直到比特币的出现，它们才变得更加主流。比特币的崛起归因于分布式系统的广泛可用性。它具有两个重要特点，使其成为一场变革者：

1）它从设计上就是去中心化的。它使用矿工网络和一种称为区块链的分布式算法。

2）比特币基于内在激励机制，矿工通过尝试解答非常复杂的计算难题来竞争将区块添加到区块链中。获胜的矿工有资格获得不同数量的比特币作为其努力的奖励。

尽管区块链最初是为比特币开发的，但其应用范围已经大大拓展。区块链基于分布式共识算法，采用分布式账本技术（DLT），具有以下几个显著特点：

- **去中心化**：它基于分布式而非集中式架构。没有中央权威。区块链系统中的每个节点都参与维护 DLT 的完整性。在所有参与的节点之间都有一个共识。在这种分布式架构中，交易记录存储在各个节点上，形成一个点对点（P2P）网络。
  请注意，"P2P"代表"点对点"，意味着网络中的每个节点或"对等方"直接与其他节点通信，无须经过中央服务器或权威机构。
- **链式结构**：区块链上的所有交易都累积在一个区块列表中。当添加了多个区块时，就形成了类似链条的结构，这也是其名称"区块链"的由来。
- **不可变性**：数据被安全地复制并存储在不可更改的区块中。
- **可靠性**：每笔交易都有一条历史记录。每个交易都通过加密技术进行验证和记录。

在区块链交易的背后，使用了前面每个区块的加密散列值。散列函数用于创建任意数据块的单向指纹。梅克尔（Merkle）树或散列树用于验证存储、处理和在不同参与节点间传输的数据。它使用 SHA-2 进行散列。图 14.7 展示了一个特定交易。

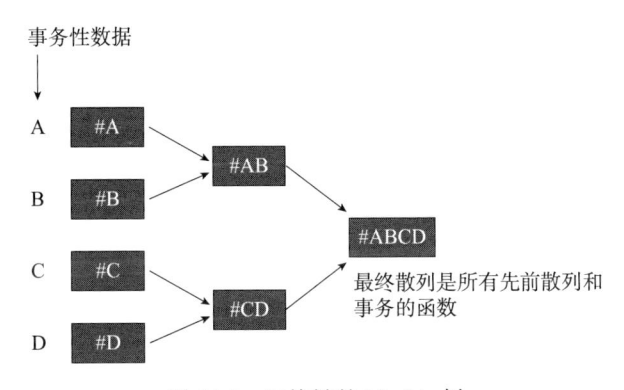

```
                    事务性数据
                        ↓
         A    [#A]
                    ↘
                      [#AB]
         B    [#B]   ↗       ↘
                              [#ABCD]
         C    [#C]   ↘       ↗      最终散列是所有先前散列和
                      [#CD]          事务的函数
         D    [#D]   ↗
```

图 14.7　区块链的 Merkle 树

图 14.7 总结了区块链的工作原理。图中展示了交易如何转换为区块，然后又如何形成链条。左侧显示了四笔交易，分别是 A、B、C 和 D。接下来，通过应用散列函数，创建了 Merkle 根。Merkle 根可以被视为区块头的一部分数据结构。由于交易是不可变的，因此之前记录的交易内容不可更改。

注意，前一个区块头的散列值也成为当前区块的一部分，从而合并在事务记录里。这就创建了类似链条的处理结构，这也是区块链名称的由来。

区块链中的每个用户都通过密码学进行身份验证和授权，从而消除了第三方身份验证和授权的需求。数字签名也用于保障交易安全。交易的接收方拥有一个公钥。区块链技术消除了第三方在交易验证中的参与，并依靠密码学证明来实现验证。交易是通过数字签名来保障安全的。每个用户都拥有一个独特的私钥，用于在系统中建立其数字身份。

14.3　实例——部署机器学习模型时的安全问题

第 6 章"无监督机器学习算法"讨论了**跨行业数据挖掘标准流程**（CRISP-DM）生命周期，它明确刻画了训练和部署机器学习模型的各个阶段。模型一旦被训练和评估，最后阶段就是部署。如果待部署的是一个关键的机器学习模型，则需要确保它达成了所有的安全目标。

我们分析一下在部署这种模型时面临的常见挑战，以及如何使用本章讨论的概念来解决这些挑战。我们讨论如何用策略来保护训练后的模型，以应对以下三个挑战：

❑ 中间人（MITM）攻击
❑ 伪装
❑ 数据篡改

我们依次讨论这几个挑战。

14.3.1 MITM 攻击

我们要保护模型，使其免遭各种攻击，MITM 攻击就是其中一种。当入侵者劫持窃听通信并部署经过训练的机器学习模型时，MITM 攻击就发生了。

我们使用一个示例场景来逐步理解 MITM 攻击。

假设 Bob 和 Alice 想用 PKI 交换消息：

1）Bob 用 {Pr$_{Bob}$、Pu$_{Bob}$} 作为密钥而 Alice 使用 {Pr$_{Alice}$、Pu$_{Alice}$} 作为密钥。Bob 创建了消息 M$_{Bob}$ 而 Alice 创建了消息 M$_{Alice}$。两人希望用一种安全方式来交换这两条消息。

2）他们需要先交换公钥，由此建立安全连接。这意味着，Bob 在将 M$_{Bob}$ 发送给 Alice 之前，他要用 Pu$_{Alice}$ 加密消息 M$_{Bob}$。

3）假设我们有一个窃听者 X，他使用 {Pr$_X$、Pu$_X$} 作为密钥。攻击者能够拦截 Bob 和 Alice 之间的公钥交换，并将其替换为自己的公钥。

4）Bob 错误地认为自己收到的公钥是 Alice 的公钥，因而他在将 M$_{Bob}$ 发给 Alice 时使用 Pu$_X$ 加密而不是用 P$_{Alice}$ 加密。于是，窃听者 X 就可以窃听通信并拦截消息 M$_{Bob}$，然后用 Pr$_{Bob}$ 解密。

上面的 MITM 攻击如图 14.8 所示。

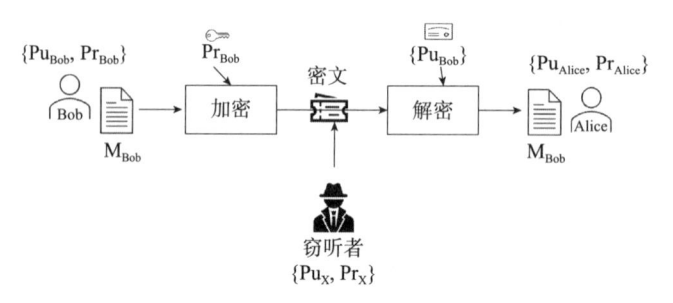

图 14.8　MITM 攻击

现在，我们讨论如何防止 MITM 攻击。

如何防止 MITM 攻击

我们探讨如何通过在组织中引入 CA 来防止 MITM 攻击。假设这个 CA 的名称是 myTrustCA。数字证书嵌入了 CA 的公钥 Pu$_{myTrustCA}$。myTrustCA 负责为组织中所有人（包括 Alice 和 Bob）签署证书。这意味着 Bob 和 Alice 都持有 myTrustCA 签名的证书。在 myTrustCA 为他们签署证书时，它会验证这两人确实是 Alice 和 Bob。

在引入这种新的安排后，我们再来看看 Alice 和 Bob 之间的顺序交互行为：

1）Bob 用 {Pr$_{Bob}$、Pu$_{Bob}$} 作为密钥而 Alice 使用 {Pr$_{Alice}$、Pu$_{Alice}$} 作为密钥。两人的公钥都已经嵌入到 myTrustCA 签发的数字证书中。Bob 创建了消息 M$_{Bob}$ 而 Alice 创建了消息 M$_{Alice}$。

两人希望用一种安全方式来交换这两条消息。

2）两人交换他们的数字证书，其中嵌入了他们的公钥。如果公钥嵌入到由其信任的 CA 签署的证书中，则他们接受公钥。他们需要先交换公钥，由此建立安全连接。这意味着，Bob 在将 M_{Bob} 发送给 Alice 之前，他要用 Pu_{Alice} 加密消息 M_{Bob}。

3）假设有一个窃听者 X，他使用 {Pr_X、Pu_X} 作为密钥。攻击者能够拦截 Bob 和 Alice 之间的公钥交换，并将其替换为自己的公钥 Pu_X。

4）Bob 拒绝 X 的尝试，因为 Bob 信任的 CA 没有对坏人的数字证书进行签名。安全握手中止，试图进行的攻击被记录下来，包括时间戳和所有详细信息，并引发安全异常。

当部署一个训练好的机器学习模型时，会有一个部署服务器，而不是 Alice。Bob 只需在建立安全通道后按照上面给出的步骤来部署模型即可。

14.3.2 避免伪装

攻击者 X 假装是授权用户 Bob，以此获得对敏感数据的访问权。这里，敏感数据指的是训练好的模型。我们需要保护模型免受任何未经授权的更改。

要保护经过训练的模型不受伪装影响，一种方法是使用授权用户的私钥加密模型。经过加密后，任何人都可以通过在数字证书中找到的授权用户的公钥对模型进行解密，从而读取和使用模型。任何人都不能对模型进行任何未经授权的更改。

14.3.3 数据加密和模型加密

模型一经部署，就能够接受实时未标记数据作为其输入，但这些数据也可能被篡改。经过训练的模型用于推理，并为数据提供一个标签。为了保护数据不被篡改，我们需要保护静止和通信中的数据。为了保护静止的数据，可以使用对称加密对其进行编码。

为了传输数据，可以建立基于 SSL/TLS 的安全通道来提供安全的通道。这种安全通道可以用来传输对称密钥，数据可以在被提供给训练过的模型之前在服务器上被解密。

这是保护数据不被篡改的更有效和更简单的方法之一。

对称加密还可以在模型经过训练后，在部署到服务器之前对其进行加密。这样能够防止在部署模型之前对其进行任何未经授权的访问。

我们看看如何在源位置加密一个训练过的模型，加密过程用对称加密按如下步骤实施，然后在使用它之前在目标位置解密：

1）我们先用 Iris 数据集来训练一个简单的模型：

```
import pickle
from joblib import dump, load
```

```python
from sklearn.linear_model import LogisticRegression
from sklearn.model_selection import train_test_split
from sklearn.datasets import load_iris
from cryptography.fernet import Fernet

iris = load_iris()
X = iris.data
y = iris.target
X_train, X_test, y_train, y_test = train_test_split(X, y)
model = LogisticRegression(max_iter=1000)  # Increase max_iter for convergence
model.fit(X_train, y_train)
```

2）接下来，定义存储模型的文件名称：

```python
filename_source = "unencrypted_model.pkl"
filename_destination = "decrypted_model.pkl"
filename_sec = "encrypted_model.pkl"
```

3）注意，文件 filename_source 将用于在源位置存储经过训练的未加密模型。文件 filename_destination 将用于在目的位置存储经过训练的未加密模型，文件 filename_sec 存储加密后的训练模型。

4）我们用 pickle 将训练好的模型存储到文件中：

```python
from joblib import dump
dump(model, filename_source)
```

5）我们定义一个名为 write_key() 的函数，它生成对称密钥并将其存储到一个名为 key.key 的文件中：

```python
def write_key():
    key = Fernet.generate_key()
    with open("key.key", "wb") as key_file:
        key_file.write(key)
```

6）现在，再定义一个名为 load_key() 的函数，它从 key.key 文件中读取存储的密钥：

```python
def load_key():
    return open("key.key", "rb").read()
```

7）接下来，我们定义一个 encrypt() 函数来对模型进行加密和训练，并将其存储在一个名为 filename_sec 的文件中：

```python
def encrypt(filename, key):
    f = Fernet(key)
    with open(filename,"rb") as file:
        file_data = file.read()
    encrypted_data = f.encrypt(file_data)
    with open(filename_sec,"wb") as file:
        file.write(encrypted_data)
```

8）我们用这些函数生成一个对称密钥并将其存储在一个文件中。然后，读取这个密钥并用它来将训练模型存储到一个名为 filename_sec 的文件中：

```
write_key()
key = load_key()
encrypt(filename_source, key)
```

现在模型被加密了。下面将它传送到目的位置，用于预测：

1) 我们先定义一个名为 decrypt() 的函数，使用存储在 key.key 文件中的密钥可以将模型从文件 filename_sec 解密到文件 filename_destination：

```
def decrypt(filename, key):
    f = Fernet(key)
    with open(filename, "rb") as file:
        encrypted_data = file.read()
    decrypted_data = f.decrypt(encrypted_data)
    with open(filename_destination, "wb") as file:
        file.write(decrypted_data)
```

2) 现在，我们使用这个函数来解密模型，并将其存储在一个名为 filename_destination 的文件中：

```
decrypt(filename_sec, key)
```

3) 最后，我们用这个未加密的文件来加载模型，并用它来完成预测：

```
loaded_model = load(filename_destination)
result = loaded_model.score(X_test, y_test)
print(result)
0.9473684210526315
```

注意，我们使用了对称加密对模型进行编码。如果需要，同样的技术也可以用于加密数据。

14.4 小结

本章学习了密码算法。我们从确定问题的安全目标开始。然后，我们讨论了各种加密技术，还了解了 PKI 体系的细节。最后，我们讨论了保护经训练的机器学习模型不受常见攻击的不同方法。现在，你应该能够理解用于保护现代 IT 基础设施的安全算法的基础知识。

下一章将讨论大规模算法的设计。我们将讨论在设计和选择大规模算法时所涉及的挑战和折中。我们还要讨论如何用 GPU 和集群来求解复杂问题。

第 15 章

大规模算法

大规模算法专门设计用于解决庞大而复杂的问题。它们因数据量庞大和处理需求高而脱颖而出，通常需要多个执行引擎来支持。例如，像 ChatGPT 这样的大型语言模型（LLM），需要分布式模型训练来处理深度学习中固有的大量计算需求。这类复杂算法具有资源密集型的特点，这突显了对于训练模型至关重要的强大并行处理技术的需求。

在本章中，我们将首先介绍大规模算法的概念，然后讨论支持它们所需的高效基础设施。此外，我们还将探讨管理多资源处理的各种策略。在本章中，我们将详细探讨并行处理的限制，如 Amdahl 定律，并研究图形处理单元（GPU）的应用。通过学习本章，将理解设计大规模算法的基本策略。

本章涵盖以下主题：

- ❏ 大规模算法简介。
- ❏ 描述大规模算法的高性能基础设施。
- ❏ 多资源处理的策略制定。
- ❏ 利用集群/云的能力来运行大规模算法。

15.1 大规模算法简介

纵观历史，人类一直在解决各种复杂问题，从预测蝗虫群的位置到发现最大质数。我们的好奇心和决心推动了问题解决方法的持续革新。计算机的发明是这一历程中的一个关键时刻，它赋予了我们处理复杂算法和计算的能力。如今，计算机使我们能够处理庞大的数据集，执行复杂的计算，并以令人瞩目的速度和准确性模拟各种场景。

然而，随着我们遇到越来越复杂的挑战，单台计算机的资源往往显得不足。这正是大规模算法发挥作用的地方，它利用多台计算机协同工作的综合力量。大规模算法设计是计算机科学中的一个动态而广泛的领域，专注于创建和分析能够有效利用多台计算机资源的算法。这些大规模算法允许两种类型的计算——分布式计算和并行计算。在分布式计算中，我们将单个任务分配给多台计算机。它们各自处理任务的一部分，并在最后将结果合并。可以将其类比为汽车组装：不同的工人负责不同的部件，但最终共同组装成整辆车。相反，在并行计算中，多个处理器同时执行多个任务，类似于流水线上的工人同时进行不同的工作。

像 OpenAI 的 GPT-4 这样的 LLM 在这一广阔领域占据着重要位置，因为它们代表了一种大规模算法。LLM 旨在通过处理大量数据并识别语言中的模式，理解和生成类似于人类的文本。然而，训练这些模型是一项繁重的任务，涉及处理数十亿甚至数万亿个数据单元（称为令牌）。这种训练包括一步步进行的工作，如准备数据。还有一些步骤可以同时完成，比如在模型的不同层中确定所需的更改。

毫不夸张地说，这是一项庞大的工作。正因为如此，通常会采用同时使用多台计算机进行 LLM 训练的常规做法。我们称之为"分布式系统"。这些系统使用多个图形处理器（GPU）——它们是计算机中负责创建图像或处理数据的部件。更准确地说，LLM 几乎总是在许多机器上共同工作来训练单一模型。

在这种背景下，让我们首先描述一个设计良好的大规模算法，它充分利用现代计算基础设施的潜力，如云计算、集群和 GPU/TPU。

15.2 描述大规模算法的高性能基础设施

为了高效运行大规模算法，我们需要性能优越的系统，因为这些系统设计通过增加更多的计算资源来处理增加的工作负载。水平扩展是实现分布式系统可伸缩性的关键技术，它使系统能够通过将任务分配给多个资源来扩展容量。这些资源通常是硬件（如 CPU 或 GPU）或软件元素（如内存、磁盘空间或网络带宽），系统可以利用这些资源来执行任务。可伸缩的系统为了能够高效地满足计算需求，应该具备弹性和负载均衡的特性，这将在以下部分讨论。

15.2.1 弹性

弹性指的是基础设施根据变化的需求动态扩展或缩减资源的能力。实现这一特性的一个常见方法是自动扩展，这在云计算平台 [如亚马逊网络服务（AWS）] 中是一种普遍采用的策略。在云计算环境中，服务器组是一组虚拟服务器或实例，它们被协调在一起处理特定的工作负载。这些服务器组可以组织成集群，以提供高可用性、容错性和负载均衡。每个组内的服务器可以配置特定的资源（如 CPU、内存和存储）以实现预期任务的最佳性能。自动扩展允许服务器组通过修改正在运行的节点（虚拟服务器）的数量来适应波动的需求。在弹性系统中，可以增加资源（横向扩展）以满足增加的需求，同样地，当需求减少时可以释放资源（收缩）。这种动态调整能够有效利用资源，帮助在性能需求和成本效益之间取得平衡。

AWS 提供了自动扩展服务，它与其他 AWS 服务 [如 **EC2（弹性计算云）** 和 **ELB（弹性负载均衡）**] 集成，自动调整服务器组中的实例数量。这确保了资源的最优分配和一致的性能，即使在高流量或系统故障期间也是如此。

15.2.2 对设计良好的大规模算法进行特征描述

一个设计良好的大规模算法能够处理大量的信息，并被设计为具有适应性、弹性和高效等特征。它具有弹性和适应性，以适应大规模环境的波动。

一个设计良好的大规模算法具有以下两种特性：

- **并行性**：并行性是指算法可以同时执行多个任务。对于大型计算任务，算法应能够将任务分配给多台计算机，从而加速计算过程，因为这些计算是同时进行的。在大规模计算的背景下，算法应具备在多台机器之间分割任务的能力，通过并行处理来加快计算速度。
- **容错性**：由于大规模环境中组件数量众多，系统故障的风险增加，因此算法必须具备承受这些故障的能力。它们应能够在不显著丢失数据或输出准确性的情况下，从故障中恢复。

> 谷歌、亚马逊和微软这三个云计算巨头因其超大的共享资源池规模而提供了高弹性的基础设施。

大规模算法的性能与基础设施的质量密切相关。基础设施应提供足够的计算资源、广泛的存储容量、高速网络连接和可靠的性能，以确保算法的最佳运行。我们将描述适合大规模算法的基础设施。

负载均衡

负载均衡在大规模分布式计算算法中是一项重要实践。通过均匀管理和分配工作负载，它可以防止资源过载并保持系统的高性能。在确保分布式深度学习领域的高效运作、最佳资源利用和高吞吐量方面，负载均衡发挥了重要作用。

图 15.1 直观地展示了这一概念。它显示了用户与负载均衡器的交互，而负载均衡器则管理多个节点上的负载。在这个例子中，有 4 个节点：节点 1、节点 2、节点 3 和节点 4。负载均衡器持续监控所有节点的状态，将进入的用户请求分配到各个节点。将任务分配给特定节点的决策取决于该节点的当前负载和负载均衡器的算法。通过防止任何单个节点过载而其他节点未充分利用，负载均衡器确保了系统的最佳性能。

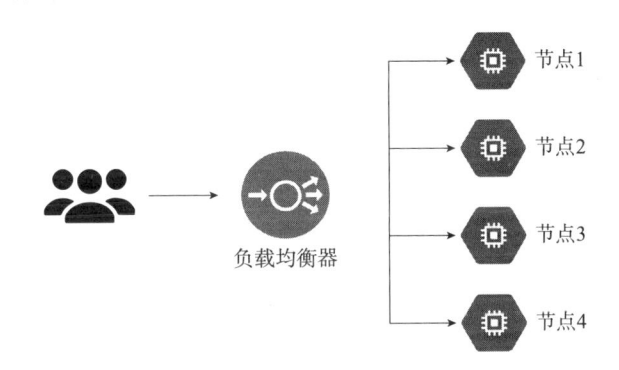

图 15.1　负载均衡

在云计算的更广泛背景下，AWS 提供了一项名为弹性负载均衡（Elastic Load Balancing，ELB）的功能。ELB 会自动将进入的应用程序流量分配到 AWS 生态系统内的多个目标上，例如 Amazon EC2 实例、IP 地址或 Lambda 函数。通过这样做，ELB 防止了资源过载，并保持了应用程序的高可用性和高性能。

弹性负载均衡

ELB 代表了一种先进的技术，将弹性和负载均衡的要素整合到一个单一的解决方案中。它利用服务器集群来增强计算基础设施的响应能力、效率和可扩展性。其目标是在所有可用资源中保持工作负载的均匀分布，同时使基础设施能够动态调整大小以响应需求波动。

图 15.2 显示了一个管理四个服务器组的负载均衡器。请注意，服务器组是一组负责特定计算功能的节点。这里的服务器组指的是一组节点，每个节点都被赋予一个独特的计算角色。

服务器组的一个关键特性是弹性，即根据情况灵活地添加或移除节点的能力。

负载均衡器通过实时持续监控工作负载指标进行操作。当计算任务变得越来越复杂时，对处理能力的需求也相应增加。为了应对这种需求的激增，系统触发"扩展"操作，将额外的节点整合到现有的服务器组中。在此背景下，"扩展"指的是增加算力以适应增加的工作负载。相反，当需求减少时，基础设施可以启动"收缩"操作，释放一些节点。跨服务器组的动态节点重新分配确保了资源利用率的最优化。通过调整资源分配以匹配当前的工作负载，系统防止了资源的过度配置或不足配置。这种动态资源管理策略不仅提高了运营效率和成本效益，还保持了高水平的性能。

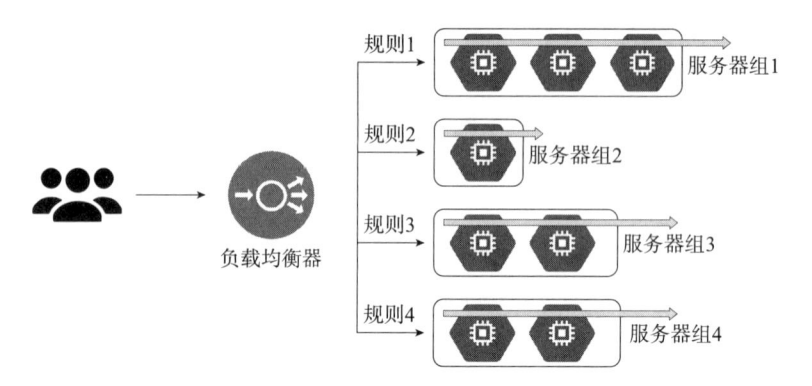

图 15.2　智能负载均衡服务器的自动扩展

15.3　多资源处理的策略制定

在多资源处理策略制定的早期阶段，大型算法是在称为超级计算机的强大机器上执行的。这些单片机具有共享内存空间，使不同处理器之间能够快速通信，并允许它们通过相同的内存访问公共变量。随着运行大规模算法的需求增长，超级计算机转变为**分布式共享内存**（Distributed Shared Memory，DSM）系统，在这种系统中，每个处理节点拥有一部分物理内存。随后，集群系统出现了，这些系统由松散连接的系统组成，依赖于处理节点之间的消息传递。有效地运行大规模算法需要多个执行引擎并行操作，以解决复杂问题。可以利用三种主要策略来实现这一目标：

- **内部利用**：利用单个计算机上已有的资源，亦即利用 GPU 的数百个内核来运行大规模算法。例如，一个数据科学家想要训练一个复杂的深度学习模型，可以利用 GPU 的强大计算能力来增强计算能力。
- **外部利用**：实施分布式计算以访问可协同解决大规模问题的补充计算资源。例如，集群计算和云计算可以利用分布式资源来运行复杂的、对资源要求较高的算法。
- **混合策略**：将分布式计算与每个节点上的 GPU 加速相结合，加快算法的执行速度。一个处理大量数据和进行复杂模拟的科研机构可能采用这种方法。如图 15.3 所示，计算工作负载分布在多个节点（节点 1、节点 2 和节点 3）上，每个节点都配备了自己的 GPU。该图有效地展示了混合策略，展示了如何利用分布式计算和每个节点内的 GPU 加速的优势来加速模拟和计算。

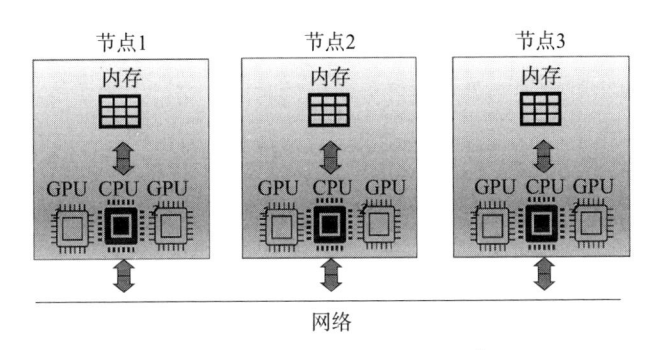

图 15.3 多资源处理的混合策略

在我们探索并行计算在运行大规模算法方面的潜力时，了解制约其效率的理论局限性同样重要。

接下来，我们将深入探讨并行计算的基本限制，揭示影响其性能的因素以及它能够被优化的程度。

15.4 理解并行计算的理论限制

需要注意的是，并行算法并不是万能的。即使是设计最好的并行架构也可能无法达到我们期望的性能。并行计算的复杂性，例如通信开销和同步，使得实现最佳效率成为一项挑战。为了帮助应对这些复杂性并更好地理解并行算法的潜在收益和局限性，制定了一条法则，即阿姆达尔定律（Amdahl's law）。

15.4.1 阿姆达尔定律

吉恩·阿姆达尔（Gene Amdahl）是 20 世纪 60 年代最早研究并行处理的研究人员之一。他提出了阿姆达尔定律，该定律至今仍然适用，是理解设计并行计算解决方案涉及的各种权衡的基础。阿姆达尔定律提供了一个关于并行化版本的算法在执行时间上的最大改进的理论极限，给定了算法可以并行化的比例。它基于的概念是，在任何计算过程中，并不是所有进程都可以并行执行。就是说，任何计算过程均存在不能并行执行而需顺序执行的部分。

15.4.2 推导阿姆达尔定律

假设一个可以分为可并行化分数（f）和串行分数（1–f）的算法或任务。可并行化分数指的是任务中可以在多个资源或处理器上同时执行的部分。这些任务互不依赖，可以并行运行，因此称为"可并行化"。另外，串行分数是任务中无法分割并必须按顺序执行的部分，因此称为"串行"。

让 $T_p(1)$ 表示在单个处理器上处理此任务所需的时间。这可以表示为

$$T_p(1) = N(1-f)\tau_p + N(f)\tau_p = N\tau_p$$

在这个方程中，N 和 τ_p 的含义如下：

- N：算法或任务必须执行的总任务或迭代次数，在单处理器和并行处理器之间保持一致。
- τ_p：处理器完成单个单位的工作、任务或迭代所需的时间，无论使用的处理器数量如何，这个时间保持恒定。

前面的方程计算了在单个处理器上处理所有任务所需的总时间。现在，让我们来看一个在 N 个并行处理器上执行任务的情况。这种执行所需的时间可以表示为 $T_p(N)$。在图 15.4 中，X 轴上是处理器的数量。这表示用于执行我们程序的计算单元或核心的数量。随着我们沿着 X 轴向右移动，使用的处理器数量增加。Y 轴表示加速比。这是我们的程序在使用多个处理器时比仅使用一个处理器更快的量度。随着我们沿着 Y 轴向上移动，我们程序的速度成比例地提高，促使任务执行更有效率。

图 15.4 和阿姆达尔定律告诉我们，更多的处理器可以提高性能，但由于代码中的串行部分存在限制。这个原理是并行计算中收益递减的一个经典例子。

$$N = N(1-f)\tau_p + (f)\tau_p$$

这里，右侧（RHS）的第一项表示处理任务的串行部分所需的时间，而第二项表示处理并行部分所需的时间。

在这种情况下，加速比是由于将任务的并行部分分配给 N 个处理器而产生的。阿姆达尔定律（Amdahl）定义了使用 N 个处理器所实现的加速比 $S(N)$：

$$S(N) = \frac{T_p(1)}{T_p(N)} = \frac{N}{N(1-f)+(f)}$$

要实现显著的加速，必须满足以下条件：

$$1-f \ll f/N \quad (4.4)$$

这个不等式表明，在 N 很大的情况下，并行部分（f）必须非常接近于 1。

现在，让我们通过一个典型的图来展示阿姆达尔定律：

在图 15.4 中，X 轴表示处理器的数量（N），即用于执行程序的计算单元或核心的数量。随着我们沿着 X 轴向右移动，N 增加。Y 轴表示加速比（S），这是使用多个处理器与仅使用一个处理器相比，程序执行时间 T_p 改进的量度。沿着 Y 轴向上移动表示程序执行速度的提高。

第 15 章　大规模算法

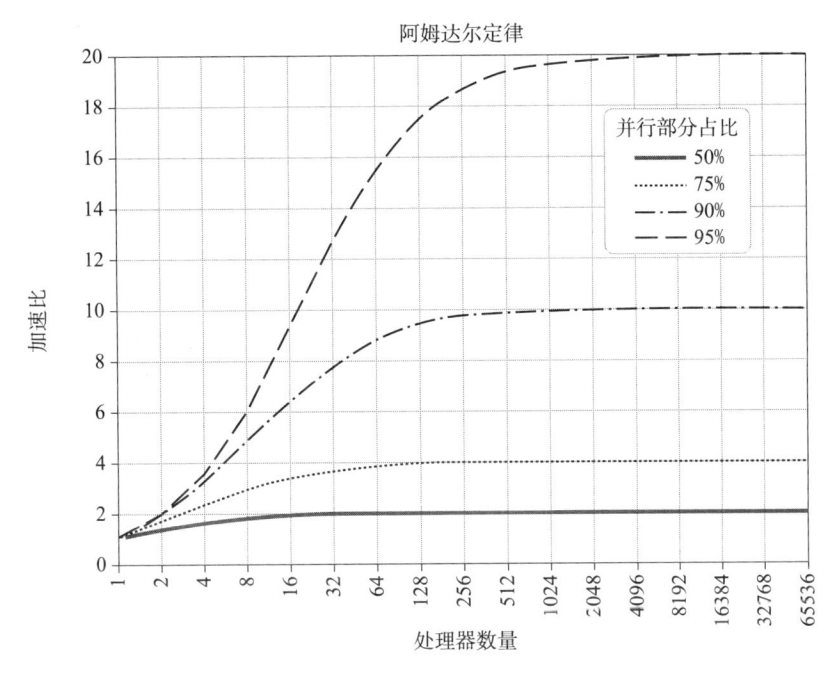

图 15.4　并行处理中的收益递减：可视化的阿姆达尔定律

图中有四条线，每条线表示在不同的并行部分比例（f 为 50%、75%、90% 和 95%）下获得的加速比 S。

- 50% 并行（$f=0.5$）：这条线显示了最小的加速比 S。尽管添加了更多的处理器（N），但由于程序的一半是串行运行的，因此加速比最多只能达到 2。
- 75% 并行（$f=0.75$）：与 50% 的情况相比，加速比 S 更高。然而，25% 的程序仍然是串行运行的，限制了整体加速比。
- 90% 并行（$f=0.9$）：在这种情况下，观察到了显著的加速比 S。然而，10% 的程序串行部分对加速比施加了限制。
- 95% 并行（$f=0.95$）：这条线展示了最高的加速比 S。然而，5% 的程序串行部分仍然对加速比施加了上限。

该图与阿姆达尔定律结合起来，突显了虽然增加处理器的数量（N）可以提高性能，但由于代码的顺序部分（$1-f$），存在固有的限制。这一原则成为并行计算中收益递减的经典例证。

阿姆达尔定律为我们提供了宝贵的见解，可以深入了解多处理器系统中可实现的潜在性能提升，以及确定系统整体加速比的并行化部分（f）的重要性。在讨论了并行计算的理论限制之后，引入并探索另一种强大且广泛使用的并行处理技术是至关重要的：GPU 及其相关的编程框架 CUDA。

15.4.3　CUDA：释放 GPU 架构在并行计算中的潜力

GPU 最初是为图形处理而设计的，但随着发展，它展现出与 CPU 截然不同的特点，从而产生了完全不同的计算范式。

与 CPU 限制为有限数量的核心不同，GPU 由数千个核心组成。然而，需要认识到的是，这些核心在独立运行时，并不像 CPU 核心那样强大。但是，GPU 在执行许多相对简单的计算方面非常高效。

由于 GPU 最初是为图形处理而设计的，因此 GPU 架构非常适合执行图形处理，在此过程中可以独立执行多个操作。例如，渲染图像涉及对图像中每个像素的颜色和亮度进行计算。这些计算在很大程度上彼此独立，因此，利用 GPU 的多核心架构，可以同时进行计算。

表单底部

这种设计选择使得 GPU 在执行其专门设计的任务（如渲染图形和处理大型数据集）时极为高效。图 15.5 展示了 GPU 的架构。

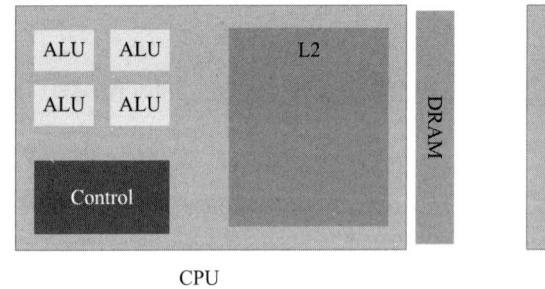

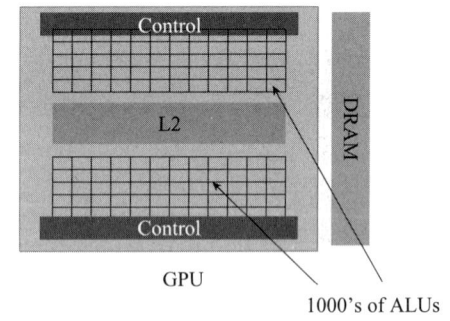

图 15.5　GPU 的架构

这种独特的架构不仅对图形处理有益，对其他类型的计算问题也非常有利。任何可以分割成较小、独立任务的问题都可以利用这种架构进行更快速的处理。这包括科学计算、机器学习，甚至是加密货币挖矿等领域，这些领域通常需要处理大规模数据集和复杂计算。

在 GPU 普及后不久，数据科学家们开始探索它们在高效执行并行操作方面的潜力。典型的 GPU 拥有数千个**算术逻辑单元（ALU）**，因此能够启动数千个并发进程。需要注意的是，ALU 是执行大部分实际计算的核心工作单元。这大量的 ALU 使得 GPU 非常适合需要在多个数据点上同时执行相同操作的任务，例如数据科学和机器学习中常见的向量和矩阵操作。因此，可以进行并行计算的算法最适合在 GPU 上运行。例如，在视频中搜索对象的速度在 GPU 上至少比 CPU 上快 20 倍。图算法（在第 5 章"图算法"中讨论过）在 GPU 上的运行速度也远快于在 CPU 上。

2007 年，NVIDIA 开发了一个名为计算统一设备体系结构（Compute Unified Device Architecture，CUDA）的开源框架，使数据科学家能够利用 GPU 的强大性能来优化他们的算法。CUDA 将 CPU 和 GPU 分别抽象为主机和设备。

主机指的是 CPU 和主内存，负责执行主要程序并将数据并行计算任务卸载给 GPU。

设备指的是 GPU 及其内存（VRAM），负责执行执行数据并行计算的内核。

在典型的 CUDA 程序中，主机在设备上分配内存，传输输入数据，并调用内核。设备执行计算，结果存储在其内存中。然后主机检索结果。这种任务分工利用了每个组件的优势，CPU 处理复杂逻辑，而 GPU 管理大规模的数据并行计算。

CUDA 运行于 NVIDIA GPU 上，并且需要操作系统内核支持，最初从 Linux 开始，后来扩展到 Windows。CUDA 驱动 API 连接编程语言 API 和 CUDA 驱动，支持 C、C++ 和 Python。

大型语言模型中的并行处理：阿姆达尔定律和收益递减的案例研究

大型语言模型（LLM），如 ChatGPT，是复杂的系统，在给定初始提示的情况下，能够生成与人类写作非常相似的文本。这个任务涉及一系列复杂的操作，这些操作可以大致分为串行任务和可并行化任务。

串行任务是必须按照特定顺序一个接一个地进行的任务。这些任务可能包括预处理步骤，比如标记化（tokenizing），即将输入文本分解为更小的部分，通常是单词或短语，以便模型理解。这还可能包括后处理任务，比如解码（decoding），将模型的输出（通常是标记概率）转换回人类可读的文本。这些串行任务对于模型的功能至关重要，但它们本质上不能被分割并并行运行。

另外，可并行化任务是可以分解并同时运行的任务。模型的神经网络中前向传播阶段就是一个重要的例子。在这个阶段中，可以同时执行网络中每一层的计算。这个操作占据了模型计算时间的绝大部分，并且在这里可以利用并行处理的能力。

现在，假设我们使用的 GPU 有 1000 个核心。在语言模型的上下文中，可并行化任务可能涉及前向传播阶段，其中可以同时执行神经网络中每一层的计算。假设这个阶段占总计算时间的 95%。剩下的 5% 的任务可能涉及像标记化和解码等操作，这些是串行任务，不能并行化运行。

阿姆达尔定律应用于这个场景时，我们可以得到以下公式：

$$\text{加速比} = 1/[(1-0.95)+0.95/1000] = 1/(0.05+0.00095) \approx 19.63$$

在理想情况下，这表明我们的语言处理任务在 1000 核心的 GPU 上可以比单核心 CPU 快大约 19.63 倍。

为了进一步说明并行计算的收益递减现象，我们将核心数量调整为 2 个、50 个和 100 个：

- 对于 2 个核心：加速比 $=1/[(1-0.95)+0.95/2] \approx 1.90$

- 对于 50 个核心：加速比 =1/[(1−0.95)+0.95/50]≈14.49
- 对于 100 个核心：加速比 =1/[(1−0.95)+0.95/100]≈16.81

从我们的计算中可以看出，增加并行计算设置中的核心数量不会带来等价的加速比增加。这是并行计算中收益递减概念的一个典型例子。尽管将核心数量从 2 个增加到 4 个，或者从 2 个增加到 100 个，加速比并不会翻倍或增加 50 倍。相反，根据阿姆达尔定律，加速比会达到一个理论上的上限。

收益递减的主要因素是任务中存在非并行化部分。在我们的案例中，像标记化和解码这样的操作形成了串行部分，占总计算时间的 5%。无论我们增加多少核心或多么高效地执行并行部分，这个串行部分都会限制可实现的加速比。它总会存在，要求其计算时间份额。

阿姆达尔定律优雅地捕捉到了并行计算的这一特性。它指出，使用并行处理的最大潜在加速比取决于任务中不可并行化的部分。该定律提醒算法设计师和系统架构师，尽管并行化可以显著加速计算，但它不是一种无限的资源，不可以无限制地利用来提高速度。它强调了识别和优化算法串行组件的重要性，以及最大化并行处理的好处。

这种理解在大型语言模型（LLM）的背景下尤为重要，因为大规模计算使得高效的资源利用成为关键问题。它强调需要采用一种平衡的方法，将并行计算策略与优化任务串行部分的努力结合起来，以期最大化性能。

重新思考数据局部性

传统上，在并行和分布式处理领域，数据局部性原则在决定最优资源分配时至关重要。它从根本上建议，在分布式基础设施中应尽量避免数据移动。数据应尽可能在其所在节点进行处理，否则会降低并行化和水平扩展的效益。水平扩展指的是通过增加更多机器或节点来分配工作负载，从而提高系统容量，使其能够处理更高的数据流量或数据量。

随着网络带宽的不断提升，数据局部性所施加的限制变得不再那么显著。数据传输速度的提高使得分布式计算环境中的节点间通信更加高效，从而减少了对通过数据局部性来优化性能的依赖。网络带宽可以通过网络对分带宽（Network Bisection Bandwidth）来量化，即网络两部分之间的带宽。在资源物理分布的分布式计算中，这一点非常重要。如果我们在分布式网络中的资源之间画一条线，对分带宽就是线一侧的服务器与另一侧服务器之间的通信速率，如图 15.6 所示。为了使分布式计算高效运行，这是需要考虑的最重要参数。如果没有足够的网络对分带宽，那么分布式计算中多执行引擎的可用性所带来的好处将会被缓慢的通信链路所掩盖。

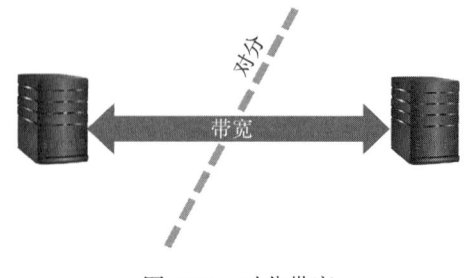

图 15.6　对分带宽

高对分带宽使我们能够在不复制数据的情况下就地处理数据。如今，主要的云计算提供商提供了极高的对分带宽。例如，在谷歌的数据中心内，对分带宽高达每秒1PB。其他主要云供应商也提供类似的带宽。相比之下，典型的企业网络可能只能提供每秒1到10GB的对分带宽。

这种巨大的速度差异展示了现代云基础设施的显著能力，使其非常适合大规模数据处理任务。

增加的pb对分带宽为有效地存储和处理大数据开辟了新的选择和设计模式。这些新选择包括由于增加的网络容量而变得可行的替代方法和设计模式，从而实现了更快、更高效的数据处理。

15.4.4　利用 Apache Spark 实现集群计算的优势

Apache Spark 是一个广泛使用的平台，用于管理和利用集群计算。在这个背景下，"集群计算"涉及将多台机器组合在一起，使它们作为一个系统协同工作以解决问题。Spark不仅仅实现了这一点，它还创建并控制这些集群，以实现高速数据处理。

在 Apache Spark 中，数据会被转换成所谓的弹性分布式数据集（Resilient Distributed Dataset，RDD）。这些数据集实际上是 Apache Spark 数据核心抽象。RDD 是不可变的，这意味着一旦创建就不能被修改，并且是可以并行处理的元素集合。换句话说，这些数据集的不同部分可以同时处理，从而加速数据处理。

当我们说"容错"时，我们的意思是 RDD 具有在执行过程中从潜在故障或错误中恢复的能力。这使得它们在大数据处理任务中既稳健又可靠。RDD 被分割成称为"分区"的较小块，然后分布在集群中的各个节点或独立的计算机上。这些分区的大小可能有所不同，主要取决于任务的性质和 Spark 应用程序的配置。

Spark 的分布式计算框架允许任务分布在多个节点上，这可以显著提高处理速度和效率。

Spark 架构由几个主要组件组成，包括驱动程序、集群管理器、执行器和工作节点。

- ❑ **驱动程序**：驱动程序是 Spark 应用程序中的关键组件，其功能非常类似于操作的控制中心。它位于一个单独的进程中，通常位于称为驱动机器的机器上。驱动程序的角色类似于乐队指挥，它运行主要的 Spark 程序并监督其中的许多任务。在 Apache Spark 中，驱动程序的主要任务之一是处理和运行 SparkSession。SparkSession 对于 Spark 应用程序至关重要，因为它封装了 SparkContext。SparkContext 就像 Spark 应用程序的中央神经系统，是应用程序与 Spark 计算生态系统交互的入口。

为了简化理解，可以将 Spark 应用程序比作一栋办公楼。驱动程序就像大楼的管理者，负责整体的运营和维护。在这栋楼里，SparkSession 代表一个单独的办公室，而 SparkContext 是进入这个办公室的主要入口。核心在于这些组件——驱动程序、SparkSession 和 SparkContext——共同协作以协调任务并管理 Spark 应用程序中的资源。SparkContext 预加载了一些基础函数和上下文信息，这些信息在应用程序启动时就已经存在。此外，它还携带关于集群的关键细节，如配置和状态，这对于应用程序有效地运行和执行任务至关重要。

❑ **集群管理器**：驱动程序与集群管理器无缝互动。集群管理器是一种外部服务，负责提供和管理整个集群的资源，如计算能力和内存。驱动程序和集群管理器协同工作，以识别集群中的可用资源，有效地分配它们，并在 Spark 应用程序的生命周期内管理其使用。

❑ **执行器**：执行器是专门为运行在集群节点上的单个 Spark 应用程序生成的专用计算进程。每个执行器进程在工作节点上操作，有效地充当了 Spark 应用程序的计算"肌肉"。这种方式下内存和全局参数的共享，可以显著提高任务执行的速度和效率，使得 Spark 成为高性能的大数据处理框架。

❑ **工作节点**：工作节点，顾名思义，负责在分布式 Spark 系统中实际执行任务。每个工作节点都能够托管多个执行器，进而可以服务于许多 Spark 应用程序。Spark 的分布式架构如图 15.7 所示。

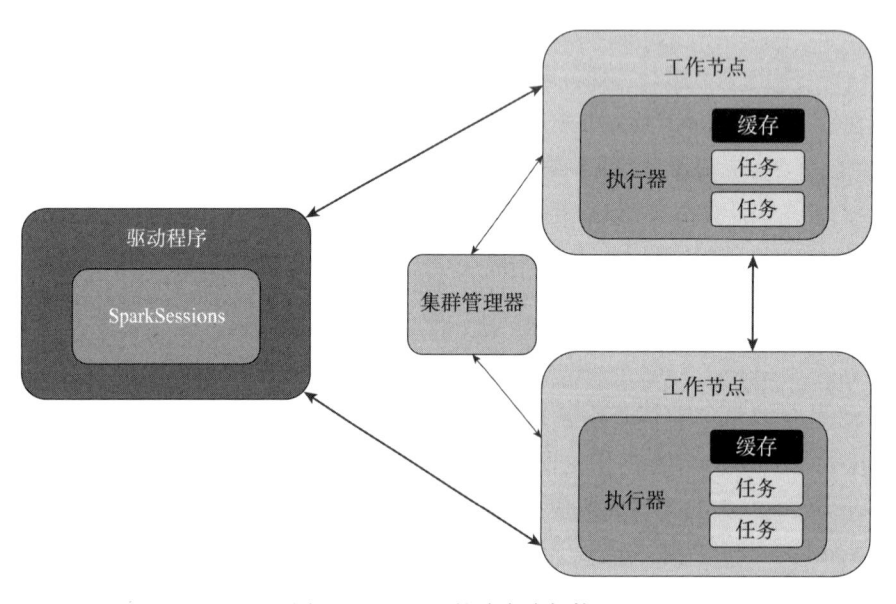

图 15.7　Spark 的分布式架构

15.5 Apache Spark 如何实现大规模的算法处理

Apache Spark 作为处理和分析大数据的领先平台,得益于其强大的分布式计算能力、容错特性和易用性。在这一部分中,我们将探讨 Apache Spark 如何支持大规模算法处理,使其成为复杂且资源密集型任务的理想选择。

15.5.1 分布式计算

Apache Spark 架构的核心概念之一是数据分区,它允许将数据分割到集群的多个节点上。这一特性使得并行处理和高效资源利用成为可能,这对于运行大规模算法至关重要。Spark 的架构由驱动程序和分布在工作节点上的多个执行器进程组成。驱动程序负责管理和分配任务给各个执行器,而每个执行器在独立的线程中并发运行多个任务,从而实现高吞吐量。

15.5.2 内存处理

Spark 的一大亮点是其内存处理能力。不同于传统的基于磁盘的系统,Spark 可以将中间数据缓存到内存中,这显著加快了需要多次遍历数据的迭代算法的速度。

这种内存处理能力对于大规模算法特别有益,因为它减少了在磁盘 I/O 上花费的时间,从而获得更快的计算时间和更高效的资源利用。

15.6 在云计算中使用大规模算法

数据的快速增长和机器学习模型日益复杂,使得分布式模型训练成为现代深度学习流程中必不可少的组成部分。大规模算法需要大量的计算资源,并需要高效的并行处理来优化其训练时间。云计算提供了一系列服务和工具,促进了分布式模型训练,使你能够充分利用对资源需求巨大的大规模算法的潜力。

在使用云进行分布式模型训练时,一些关键优势包括:

- **可扩展性**:云提供几乎无限的资源,能够扩展模型训练工作负载,以满足大规模算法的需求。
- **灵活性**:云支持各种机器学习框架和库,能够选择最适合你特定需求的工具。
- **成本效益**:通过选择合适的实例类型并利用抢占式实例来降低成本,你可以通过云优化你的训练成本。

实例

当我们深入研究机器学习模型，特别是处理自然语言处理任务的模型时，我们注意到对计算资源的需求不断增加。例如，像 GPT-3 这样用于大型语言建模任务的 transformer 模型可能具有数十亿个参数，需要大量的处理能力和内存。在庞大的数据集上训练这些模型，比如包含数十亿网页的 Common Crawl，进一步提高了这些要求。

云计算在这里成为一个强大的解决方案。它提供了分布式模型训练的服务和工具，使我们能够访问几乎无限的资源池，扩展我们的工作负载，并选择最合适的机器学习框架。更重要的是，云计算通过提供灵活的实例类型和现场实例来促进成本优化——本质上是竞标备用的计算能力。通过将这些资源密集型任务委托给云，我们可以更多地专注于创新工作，加快训练过程，并开发更强大的模型。

15.7 小结

本章中，我们讨论了大规模和并行算法设计的概念和原则。重点分析了并行计算的关键作用，特别强调了它在有效地将计算任务分布到多个处理单元上的能力。详细研究了 GPU 的卓越功能，说明了它们在同时执行众多线程方面的实用性。此外，我们还讨论了分布式计算平台，特别是 Apache Spark 和云计算环境。强调了它们在促进大规模算法的开发和部署方面的重要性，为高性能计算提供了稳健、可扩展和经济实惠的基础设施。

第 16 章

实际问题

这本书中介绍了许多可以用来解决现实世界问题的算法。在本章中，我们将探讨这些算法的实用性。我们的重点将是它们在现实世界中的适用性、潜在的挑战和总体主题，包括效用和伦理影响。

本章的组织结构如下：我们将从引言开始。然后，讨论算法的可解释性问题，即算法内部机制能够以可理解的术语进行解释的程度。接下来，我们将介绍在算法使用过程中的伦理，以及算法在实现时产生偏见的可能性。随后，我们将讨论处理 NP 难题的技巧。最后，我们将讨论在选择算法之前应该考虑的因素。

通过本章的学习，你将了解在使用算法解决现实世界问题时需要重点关注的各种实际因素。

本章涵盖以下主题：

- ❑ 实际因素简介。
- ❑ 算法的可解释性。
- ❑ 理解伦理与算法。
- ❑ 减少模型中的偏差。
- ❑ 何时使用算法。

让我们从算法解决方案面临的一些挑战开始。

16.1 算法解决方案面临的挑战

除了设计、开发和测试算法之外，在许多情况下，重要的是考虑依赖机器解决现实世界问题的某些实际方面。对于某些算法，我们可能需要考虑可靠地整合新的重要信息，尤其是这些信息在部署算法后可能会持续变化。例如，全球供应链意外中断可能会使我们用于预测产品利润率的模型的某些假设失效。我们需要仔细考虑，将这些新信息整合进来是否会以某种方式改变我们经过充分测试的算法的质量。如果会改变，我们将如何设计来处理？

预料之外的事态

大多数用算法开发的现实世界问题的解决方案都基于某些假设。这些假设在模型部署后可能意外发生改变。某些算法使用的假设可能会受全球地缘政治局势变化的影响。例如，考虑一个训练好的模型，用于预测一家遍布全球的国际公司的财务利润。突如其来的破坏性事件，如战争或突发的致命病毒传播，可能会根本性地改变该模型的假设和预测质量。对于这类用例，建议作为"预料之外"的事件处理，并为可能的发生制定战略。对于某些数据驱动的模型，这种"预料之外"可能来自解决方案部署后监管政策的变化。

> 当我们使用算法来解决现实世界的问题时，从某种意义上说，我们在依赖机器进行问题解决。即使是最复杂的算法也基于简化和假设，并且无法处理意外情况。我们仍然远未完全将关键决策交给我们自己设计的算法。

例如，谷歌的推荐引擎算法最近因隐私问题而面临欧盟的监管限制。这些算法可能是其领域中最先进的，但如果被禁用，它们可能会变得毫无用处，因为它们无法用于解决原本要解决的问题。

然而，事实上，不幸的是，算法的实际考虑仍然是事后的想法，通常不会在初始设计阶段考虑。

对于许多用例来说，一旦算法被部署，并且提供解决方案的短期兴奋感过去后，使用算法的实际方面和影响将随着时间的推移被发现，这将决定项目的成败。

让我们来看一个实际的例子，在这个案例中，由世界上最优秀的IT公司设计的高调项目，因为没有考虑实际因素，最终失败了。

16.2　Twitter AI 机器人 Tay 的失败

让我们介绍一个经典的例子——Tay，它是微软在 2016 年推出的第一个 AI Twitter 机器人。Tay 使用了 AI 算法，被训练成一个能够自动回应特定话题推文的 Twitter 机器人。为了实现这一点，它具备通过感知对话上下文，使用其现有词汇构建简单消息的能力。一旦部署，它本应从实时的在线对话中不断学习，并通过增加在重要对话中经常使用的词汇来扩展其词汇库。在网络空间存在了几天后，Tay 开始学习新词汇。不幸的是，除了学习到一些新词外，Tay 还从正在进行的推文中学到了种族主义和粗鲁的言辞。很快，它开始使用新学到的词汇生成自己的推文。这些推文中有一小部分严重冒犯网民，导致引发警报。尽管它展示了智能，并迅速学会如何根据实时事件创建定制的推文，但同时，它严重冒犯了人们。微软将其下线并尝试重新调整，但未能奏效。最终，微软不得不终止该项目。这是一个雄心勃勃的项目悲惨的结局。

需要注意的是，虽然微软内置的智能令人印象深刻，但公司忽略了部署自学习 Twitter 机器人的实际影响。自然语言处理和机器学习算法可能是最好的，但由于明显的缺陷，这实际上是一个无用的项目。今天，Tay 已经成为失败的教科书式案例，用以说明忽视算法即时学习的实际影响将造成的后果。Tay 的失败教训无疑影响了后来的 AI 项目。数据科学家们也开始更多关注算法的透明度。

> 可以通过这个链接更深入地全面的研究 Tay，https://spectrum.ieee.org/in-2016-microsofts-racist-chatbot-revealed-the-dangers-of-online-conversation。

这就给我们引出了下一个主题，即探索使算法透明的必要性和方法。

16.3　算法的可解释性

首先，让我们区分黑盒算法和白盒算法：

- 黑盒算法是指其逻辑对人类来说不可解释，这可能是由于其复杂性或其逻辑以复杂方式表示。
- 白盒算法是指其逻辑对人类可见且可理解的算法。

在机器学习的语境中，可解释性指的是我们理解和表达算法特定输出背后原因的能力。

实质上，它衡量了算法内部工作和决策路径对人类认知的可理解程度。

许多算法，特别是在机器学习领域，因为它们的不透明性，通常被称为"黑盒"。例如，考虑神经网络，在第8章"神经网络算法"中，我们深入探讨了这些算法。这些算法作为许多深度学习应用的基础，是黑盒模型的典型例子。它们的复杂性和多层结构使其本质上不直观，使得其内部决策过程对人类理解具有神秘性。

然而，需要注意的是，"黑盒"和"白盒"这两个术语是明确的分类，分别指完全不透明或透明的性质，而不是一个渐变或光谱，在这个光谱上，算法可以部分为黑或白。目前的研究积极致力于使这些黑盒算法（如神经网络）更加透明和可解释。然而，由于它们复杂的架构，它们仍然主要属于黑盒类别。

如果算法用于关键决策制定，理解算法生成结果背后的原因可能非常重要。避免使用黑盒算法，而改用白盒算法，可以更好地了解模型的内部工作。例如，在第7章"传统监督式学习算法"中讨论的决策树算法就是一种白盒算法。例如，可解释的算法将指导医生了解到底是哪些特征用于分类患者的健康状况。如果医生对结果有任何疑问，他们可以回头重新检查这些特定的特征以确保准确性。

机器学习算法与可解释性

在机器学习领域，可解释性的概念至关重要。但究竟什么是可解释性？从其核心来看，可解释性指的是我们能够理解和解释机器学习模型决策的清晰程度。

这涉及揭开模型预测的面纱，理解其背后的"原因"。

在利用机器学习，尤其是在决策场景中时，个体通常需要对模型的输出建立信任。如果模型的过程和决策是透明且可解释的，这种信任可以大大增强。为了说明可解释性的重要性，让我们考虑一个现实世界的场景。

假设我们想使用机器学习根据房屋的特征来预测波士顿地区的房价。再假设当地的城市法规将允许我们使用机器学习算法，但前提是我们能够在需要时提供详细的信息来证明预测信息的合理性。这些信息用于审计，以确保房产市场的某些部分不会被人为操控。使我们的训练模型具有可解释性，将提供这些额外的信息。

下面讨论各种现有的不同做法，它们能使训练后的模型具有可解释性。

解释策略的介绍

对于机器学习，有两种基本策略可为算法提供可解释性：

- **全局可解释性策略**：这是提供整个模型的详细制定信息。例如，考虑一个用于批准或拒绝个人贷款申请的大型银行的机器学习模型。全局可解释性策略可以用来量化该模型决策的透明度。全局可解释性策略并不关注个别决策的透明度，而是关于总体趋势的透明度。假设媒体对该模型存在性别偏见的猜测，全局可解释性策略将提供必要的信息以验证或否定这种猜测。
- **局部可解释性策略**：这是提供我们训练模型所做的单个预测的理由。目的是为每个独立决策提供透明度。例如，考虑前面预测波士顿地区房价的例子。如果房主质疑为什么模型将他们的房子估值为特定价格，局部可解释性策略将提供具体估值背后的详细理由，清晰说明各种因素和权重如何给出该估值。

对于全局可解释性，我们有一些技术，比如**概念激活向量测试（Testing with Concept Activation Vector，TCAV）**，它用于为图像分类模型提供可解释性。TCAV通过计算方向导数来量化用户定义的概念与图片分类之间关系的程度。例如，它可以量化将一个人分类为男性的预测对图片中是否存在面部毛发的敏感度。其他全局可解释性策略，比如部分依赖图（Partial Dependence Plot）和排列重要性（Permutation Importance）的计算，它们可以帮助解释我们训练模型中的公式。全局和局部可解释性策略都可以是模型相关的或模型无关的。模型相关的策略适用于某些类型的模型，而模型无关的策略可以应用于各种模型。

图16.1总结了机器学习的可解释性的不同策略。

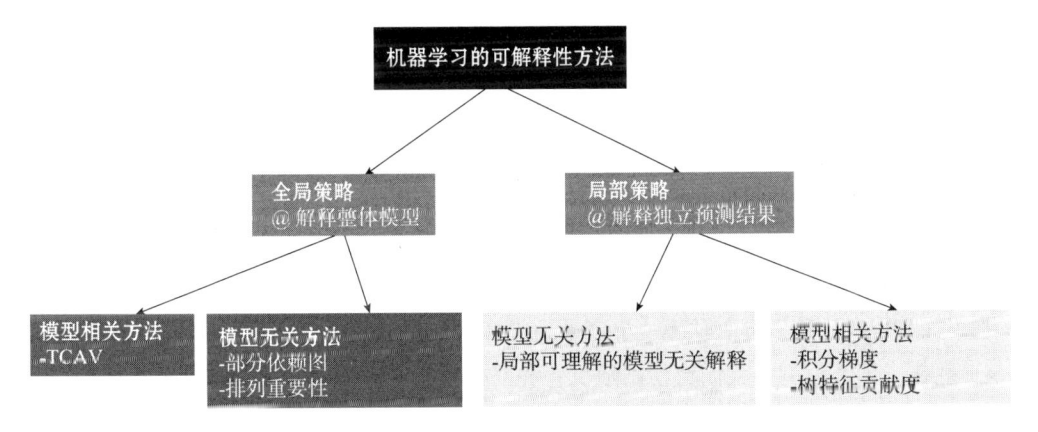

图16.1 机器学习的可解释性方法

现在，让我们来看看如何使用这些策略之一来实现可解释性。

实现可解释性

局部可理解的模型无关解释（Local Interpretable Model-Agnostic Explanation，LIME）是一种模型无关的方法，它用于解释训练后的模型产生的个体预测结果。由于它与模型无关，它可以解释大多数训练后的机器学习模型的预测结果。

LIME做解释需要在每个输入实例上进行各种细微修改，然后为该实例收集各种修改对局部决策边界的影响。它通过循环迭代来提供每个变量的详细信息，查看输出即可发现哪个变量对该实例的影响最大。

下面用 LIME 来解释房价模型的个体预测结果：

1）如果你以前从未使用过 LIME，那么需要使用 pip 来安装该软件包：

```
!pip install lime
```

2）然后，导入我们需要的 Python 包：

```
import sklearn
import requests
import pickle
import numpy as np
from lime.lime_tabular import LimeTabularExplainer as ex
```

3）我们将训练一个可以预测特定城市房价的模型。为此，我们将首先导入存储在 housing.pkl 文件中的数据集。然后，我们将探索它所包含的特征：

```
# Define the URL
url = https://storage.googleapis.com/neurals/data/data/housing.pkl

# Fetch the data from the URL
response = requests.get(url)
data = response.content

# Load the data using pickle
housing = pickle.loads(data)
housing['feature_names']
array(['crime_per_capita', 'zoning_prop', 'industrial_prop',
       'nitrogen_oxide', 'number_of_rooms', 'old_home_prop',
       'distance_from_city_center', 'high_way_access',
       'property_tax_rate', 'pupil_teacher_ratio',
       'low_income_prop', 'lower_status_prop',
       'median_price_in_area'], dtype='<U25')
```

基于这些特点，我们可以预测一个房子的价格。

4）现在，训练模型。我们将使用随机森林回归器来训练模型。首先，我们将数据分为测试集和训练集，然后使用它们来训练模型：

```
from sklearn.ensemble import RandomForestRegressor
X_train, X_test, y_train, y_test = sklearn.model_selection.train_test_
    split(housing.data, housing.target)

regressor = RandomForestRegressor()
regressor.fit(X_train, y_train)
RandomForestRegressor()
```

5）接下来，让我们确定类别列：

```
cat_col = [i for i, col in enumerate(housing.data.T)
                    if np.unique(col).size < 10]
```

6）现在，让我们使用所需的配置参数实例化 LIME 解释器。请注意，我们指定的标签是 'price'，代表波士顿的房价：

```
myexplainer = ex(X_train,
    feature_names=housing.feature_names,
    class_names=['price'],
    categorical_features=cat_col,
    mode='regression')
```

7）让我们尝试查看预测的详细信息。首先，让我们从 matplotlib 中导入绘图工具 pyplot：

```
exp = myexplainer.explain_instance(X_test[25], regressor.predict,
    num_features=10)

exp.as_pyplot_figure()
from matplotlib import pyplot as plt
plt.tight_layout()
```

房价预测的特征性解释如图 16.2 所示。

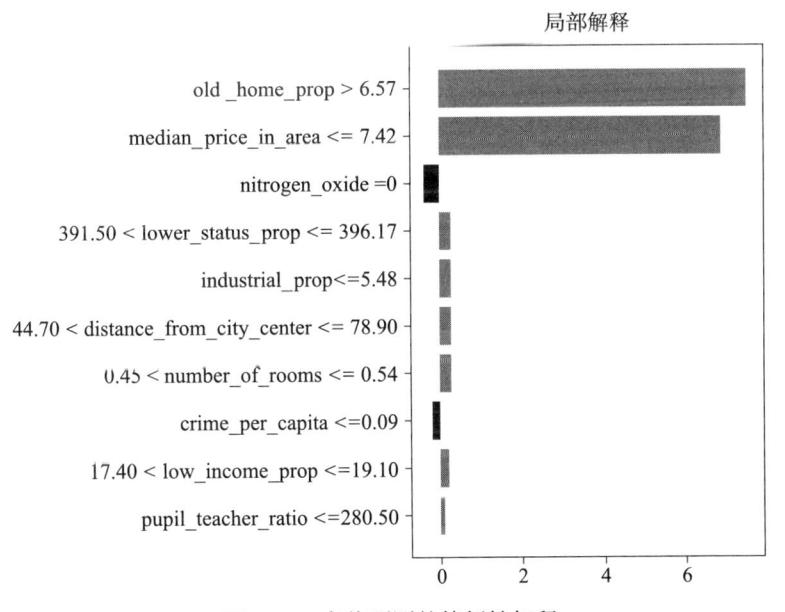

图 16.2　房价预测的特征性解释

8）由于 LIME 解释器针对个体预测工作，我们需要选择我们想要分析的预测。我们已请求解释器对索引为 1 和 35 的预测进行解释：

```
for i in [1, 35]:
    exp = myexplainer.explain_instance(X_test[i], regressor.predict,
        num_features=10)
exp.as_pyplot_figure()
plt.tight_layout()
```

让我们尝试用 LIME 分析前述解释，它告诉我们以下内容：

- **个体预测中使用的特征列表**：它们显示在图 16.3 的 y 轴上。
- **特征在决定决策中的相对重要性**：条形线越大，重要性就越高。数值在图 16.3 的 x 轴上显示。
- **每个输入特征对标签的正面或负面影响**：红色条表示特定特征的负面影响，绿色条表示特定特征的正面影响。

局部解释

- old_home_prop > 6.61
- median_price_in_area >16.70
- crime_per_capita > 2.87
- 330.00 < pupil_teacher_ratio <= 666.00
- 18.90 < low_income_prop <= 20.20
- lower_status_prop <= 375.69
- distance_from_city_center > 93.90
- high_way_access <= 2.08
- 0.53 < number_of_rooms <= 0.62
- 9.69 < industrial_prop <= 18.10

局部解释

- old_home_prop <= 5.90
- 11.38 < median_price_in_area <= 16.70
- pupil_teacher_ratio <= 277.00
- nitrogen_oxide=1
- 17.00 < low_income_prop <= 18.90
- 0.08 < crime_per_capita <= 0.22
- property_tax_rate=4
- 0.45 < number_of_rooms <= 0.53
- 9.69 < industrial_prop <= 18.10
- 3.13 < high_way_access <= 5.25

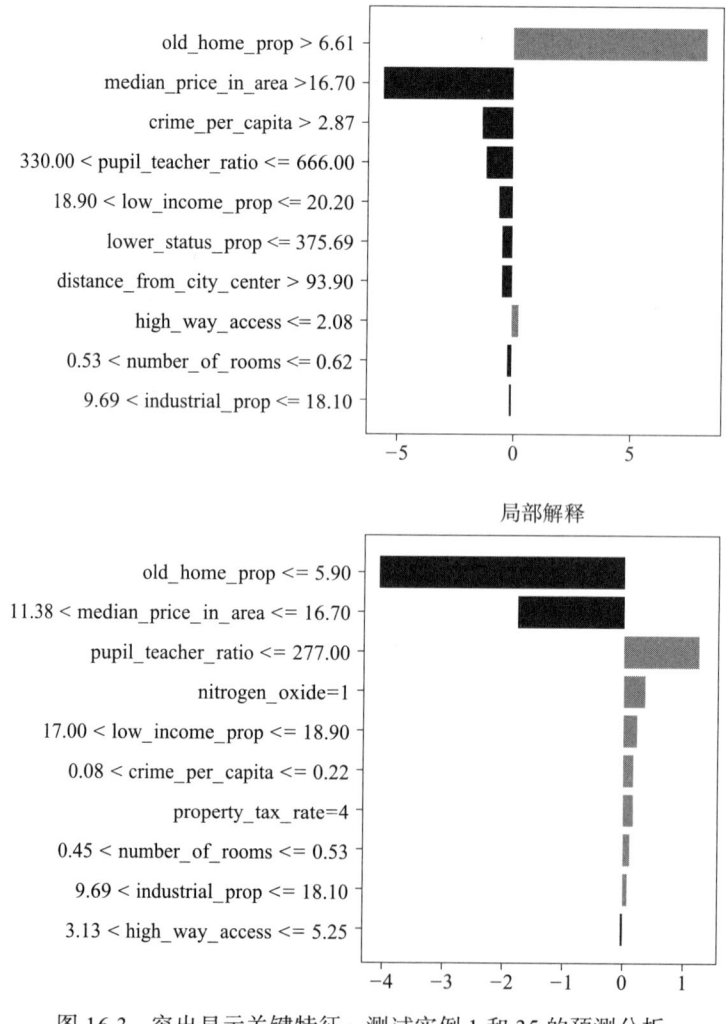

图 16.3　突出显示关键特征：测试实例 1 和 35 的预测分析

16.4 理解伦理与算法

算法伦理学，也被称为计算伦理学，探讨的是算法的道德维度。这个关键领域旨在确保运行算法的机器遵守伦理标准。算法的开发和部署可能会无意中导致不道德的结果或偏见。在设计算法时，预测其全部伦理影响是一个挑战。我们在这个背景下讨论的大规模算法，是指那些处理大量数据的算法。然而，当多个用户或设计者共同参与一个算法时，因为引入了各种人类偏见，会导致算法复杂性加剧。算法伦理学的总体目标是关注并解决以下领域出现的问题：

- **偏见和歧视**：有许多因素可以影响算法所创建的解决方案的质量。一个主要的关注点是不经意的和算法性的偏见。原因可能是算法的设计导致某些数据比其他数据更重要。或者，原因可能在于数据的收集和选择。这可能导致本应由算法计算的数据点被省略，或者本不该包含的数据被包括进来。例如，保险公司使用的一种算法来计算风险。可能使用关于车祸的数据，其中包括驾驶员的性别。基于可用数据，算法可能得出结论，认为女性涉及更多车祸，因此女性驾驶员自动收到更高的保险报价。
- **隐私**：算法使用的数据可能包含个人信息，并且可能以侵犯个人隐私的方式使用。例如，支持面部识别的算法就是因算法使用而导致隐私问题的一个例子。目前，世界各地的许多城市和机场都在使用面部识别系统。挑战在于如何使用这些算法来保护个人免受任何隐私侵犯。

> 越来越多的公司正在将伦理分析作为一个部分纳入算法设计过程。但事实是，只有等存在问题的用例被发现之后，问题才会变得清晰可见。

16.4.1 使用学习算法易出现的问题

能够根据数据模式的不断变化进行自我微调的算法统称为学习算法。这种算法实时处于学习模式，但是这种实时学习能力可能产生伦理影响。也就是说，算法的学习可能导致某种经不起从伦理角度进行推敲的问题性决策。学习算法被创建之后就处于持续进化中，因此几乎不可能对它们进行持续的伦理分析。

例如，让我们研究一下亚马逊在他们设计的用于招聘员工的学习算法中发现的问题。亚马逊在 2015 年开始使用一个 AI 算法来招聘员工。在部署之前，它经过了严格的测试，以确保其满足功能和非功能需求，并且没有偏见或其他伦理问题。由于它被设计为一个学习算法，随着新数据的出现，它会不断地自我微调。部署几周后，亚马逊惊讶地发现该 AI 算法竟然发展出了性别偏见。亚马逊将该算法下线并进行了调查。调查发现，由于新数据中的一些特定模式，导致了性别偏见的引入。具体来说，在最近的数据中，男性比女性多得多。而且最近数据中的男性恰好具有更相关的工作背景。实时的微调学习带来了一些无意的后果，导致算法开始偏向男性，从而引入了偏见。算法开始将性别作为招聘的决定因素之一。模型随后重新训练，并添加了必要的安全保障措施，以确保不会再次引入性别偏见。

> 算法复杂性日益增长，因此充分理解算法对社会个人和群体的长期影响变得越来越难。

16.4.2 理解伦理考量

算法解决方案是数学公式的体现。确保算法符合我们试图解决的问题的伦理敏感性，是开发算法的人员的责任。一旦解决方案被部署，需要定期监测，以确保在新数据出现和基本假设发生变化时，算法不会开始产生伦理问题。

算法的伦理考量取决于其类型。让我们来看一下以下算法及其伦理考虑的例子。以下是一些需要仔细考虑伦理问题的强大算法示例：

- ❑ 分类和回归算法在机器学习中具有不同的用途。分类算法将数据按预定义的类别进行分类，并可以直接用于决策过程。例如，它们可能确定签证批准或识别城市中特定的人口统计信息。另外，回归算法根据输入数据预测数值，并且这些预测确实可以用于决策。例如，回归模型可能预测在市场上挂牌房屋的最佳价格。本质上，分类提供了分类结果，回归提供了定量预测。在各种情况下，二者都对明智的决策具有价值。
- ❑ 用于推荐引擎时，算法可以将简历与求职者进行匹配，无论是针对个人还是群体。对于这种用例，算法应该实现局部和全局的可解释性。局部可解释性将为匹配到工作的特定个人简历提供可追溯性。全局可解释性将提供关于将简历与工作匹配所使用的整体逻辑的透明度。
- ❑ 数据挖掘算法可以用于从各种数据源中挖掘有关个人的信息，政府可以将其用于决策。例如，芝加哥警察部门使用数据挖掘算法来识别该市的犯罪热点和高风险个体。确保这些数据挖掘算法在设计和使用中满足与伦理相关的所有要求，需要通过慎重的设计和持续监控。

因此，算法的伦理考量将取决于它们所用于的具体用例以及它们直接或间接影响的实体。在开始将算法用于关键决策之前，需要从伦理角度进行仔细分析。这些伦理考量应该成为设计过程的一部分。

16.4.3　影响算法解决方案的因素

在进行算法解决方案的分析时，我们应该牢记以下因素。

非定论性证据

在机器学习中，数据集的质量和广度对于模型结果的准确性和可靠性起着至关重要的作用。通常情况下，数据可能显得有限，或缺乏提供确凿结果所需的全面深度。

例如，临床试验：如果一种新药只在一小群人身上进行测试，其结果可能无法全面反映其疗效。同样地，如果我们只研究一个城市中特定邮政编码区域的诈骗模式，有限的数据可能会暗示一种趋势，但这种趋势在更大范围上未必准确。

区分"有限数据"和"不确定的证据"是至关重要的。虽然大多数数据集本质上是有限的（没有任何数据集可以涵盖所有可能性），但"不确定的证据"指的是那些无法提供清晰或明确趋势或结果的数据。这一区别非常重要，因为基于不确定的模式做决策可能导致判断错误。因此，如果算法使用有限的数据，而我们要用算法找出的数学模式来做决策时，我们应该格外小心。

> 基于非定论性证据做出的决策容易导致非正义的行为。

可追溯性

机器学习算法通常具有单独的开发和生产环境。这可能导致训练阶段和推理阶段之间存在脱节。这意味着如果算法导致了某种损害，要追溯和调试起来非常困难。而且，当发现算法存在问题时，实际确定受其影响的人群也很困难。

误导性证据

算法是数据驱动的公式化方法。**垃圾进垃圾出 GIGO（Garbage-in，Garbage-out）** 原则意味着算法的结果只能像其所基于的数据一样可靠。如果数据中存在偏差，则这些偏差也会反映在算法中。

不公平的结果

算法的使用可能会伤害本就处于劣势的脆弱社区和群体。

此外，算法用于分配研究经费这一做法已被多次证明偏向男性人群。算法用于移民审批则有时会无意间偏向弱势群体。

即使使用高质量的数据和复杂的数学公式，但如果结果是不公平的，则所有努力仍是弊大于利的。

让我们来看看如何才能减少模型中的偏差。

16.5 减少模型中的偏差

正如我们之前讨论的，模型中的偏差是指特定算法的某些属性导致其产生不公平的结果。在当前世界中，存在性别、种族和性取向等有据可查的一般性偏见。这意味着，除非我们在收集数据之前努力消除这些偏差，否则我们收集的数据可能会表现出这些偏差。

大部分情况下，算法中的偏差是由人类直接或间接引入的。人类通过疏忽无意地引入偏差，或者通过主观意愿有意地引入偏差。人类偏见的一个原因是人脑容易受认知偏见的影响，在算法的数据处理和逻辑创建过程中反映出个人的主观性、信念和意识形态。人类偏见可以体现在算法使用的数据中，也可以体现在算法本身的构建中。对于遵循 CRISP-DM（即跨行业数据挖掘标准流程）生命周期的典型机器学习项目来说，偏差可能如图 16.4 所示。

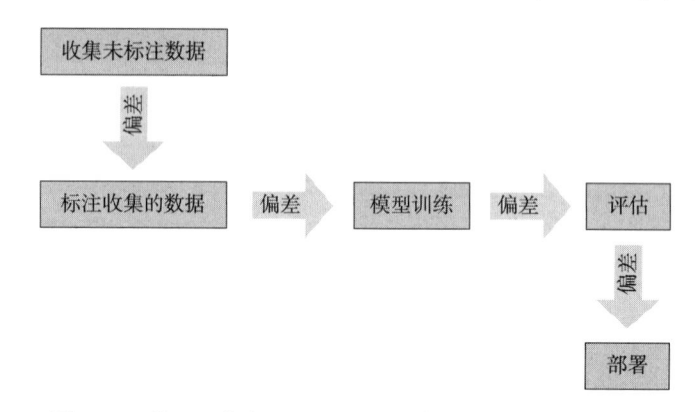

图 16.4 偏差可能在 CRISP-DM 生命周期的不同阶段引入

减少偏差最棘手的部分是识别和定位未曾意识到的偏差。

让我们来看看何时使用算法。

16.6 何时使用算法

算法如同是从业者工具箱中的工具。首先，我们需要理解在给定情况下哪种工具是最合适的工具。有时，我们需要问自己：待求解的问题是否已经找到求解方案，以及何时才是部署求解方案的恰当时间点。我们需要确定算法的采用是否为实际问题找到了高效的求解方案，而非其他的替代方案。为此，我们需要从三个方面分析使用算法的效果：

- **成本**：算法的采用能否收回实现算法时相关努力付出的成本？
- **时间**：所用求解方案与相对简单的替代方案相比，是否能够使整个流程更加高效？
- **准确性**：所用求解方案与相对简单的替代方案相比，是否给出了更准确的求解结果？

为了选到正确算法，还需要回答下列问题：

- 问题能否通过做出恰当假设而简化？
- 如何评估算法？
- 有哪些关键指标？
- 如何部署和使用算法？
- 算法需要提供可解释性吗？
- 安全性、性能和可用性这三项重要的非功能性需求被真正理解了吗？
- 有预期截止时间吗？

在根据上述标准选择算法之后，值得考虑的是，尽管大多数事件或挑战可以预见并解决，但仍有一些例外情况超出了我们传统的理解和预测能力。让我们更详细地探讨这一点。

理解黑天鹅事件及其对算法的影响

在数据科学和算法解决方案的领域中，某些不可预测且罕见的事件可能会带来独特的挑战。纳西姆·塔勒布在《随机致盲》（2001）一书中创造了"黑天鹅事件"这个术语，这个术语比喻了罕见且不可预测的事件。

要符合黑天鹅事件的标准，它必须满足以下条件：

- **意外性**：事件出乎大多数观察者的意料，例如广岛原子弹爆炸。
- **毁灭性**：事件具有破坏性和重要性，类似于西班牙流感大爆发。
- **事后可预测性**：在事件发生后显而易见，如果早些注意到相关线索，事件原本是可以预见的，就像在西班牙流感成为大流行病之前被忽视的迹象。
- **不是对所有人都意外**：有些人可能预见到了事件的发生，比如参与曼哈顿计划的科学家对原子弹的预见。

> 黑天鹅在首次从野外被发现之前的几个世纪中，它一直被用以表示不可能发生的事情。自野外发现黑天鹅后，这个词依然很流行，但其含义发生了变化。现在，黑天鹅表示任何无法预测的罕见事物。

黑天鹅事件对算法的挑战和机遇

- **预测困境**：尽管存在众多预测算法，从 ARIMA（差分自回归移动平均模型）到深度学习方法，预测黑天鹅事件仍然难以实现。使用标准技术可能会提供一种虚假的结果。例如，预测另一个类似 COVID-19（新型冠状病毒肺炎）的事件的确切时间因为缺乏足够的历史数据而充满挑战。
- **预测影响**：一旦黑天鹅事件发生，预见其广泛的社会影响是复杂的。我们可能既缺乏算法所需的相关数据，也缺乏对事件影响下的社会关系的理解。
- **预测潜力**：尽管黑天鹅事件看似随机，但它们其实是由被忽视的复杂前兆引起的。这为算法提供了机会：设计策略来预测和检测这些前兆可能有助于预见潜在的黑天鹅事件。

实际应用的相关性

考虑 COVID-19 疫情，这是一个典型的黑天鹅事件。一个潜在的实际应用可能涉及利用之前流行病的数据、全球传播模式和当地卫生指标。算法可以监测疾病的异常激增或其他潜在的早期指标，提示可能的全球健康威胁。然而，黑天鹅事件的独特性使这变得具有挑战性。

16.7 小结

在本章中，我们学习了设计算法时应考虑的实际因素。探讨了算法的可解释性的概念及其在不同层次上提供可解释性的方法。我们还讨论了算法中的潜在伦理问题。最后，我们描述了选择算法时需要考虑的因素。

算法是当今新自动化世界的引擎。学习、实验和理解使用算法的意义非常重要。理解算法的优势、局限性和使用算法的伦理影响，将极大地有助于将这个世界改造成更美好的生活环境。在这个瞬息万变的世界里，本书正在为实现上述重要目标而努力。